普通高等教育"十一五"国家级规划教材

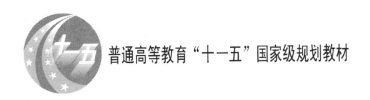

环 境 化 学

赵美萍 邵 敏 编著

北京大学出版社
PEKING UNIVERSITY PRESS

图书在版编目(CIP)数据

环境化学/赵美萍,邵敏编著. —北京:北京大学出版社,2005.9
(普通高等教育"十一五"国家级规划教材)
ISBN 978-7-301-08147-1

Ⅰ.环…　Ⅱ.① 赵…　② 邵…　Ⅲ.环境化学　Ⅳ.X13

中国版本图书馆 CIP 数据核字(2005)第 057667 号

内 容 提 要

　　本书共 15 章。第 1 章主要介绍环境化学的概况、研究方法和一些基本概念。第 2,8,13 章分别介绍天然大气、水体和土壤等环境要素的组成和化学过程方面的基本知识。第 14 和 15 章分别介绍土壤-植物系统的污染问题和近年来备受关注的室内环境问题。其他章节则以光化学烟雾污染、酸沉降污染、颗粒物污染、平流层臭氧损耗、气候变化、重金属污染、水体富营养化、持久性有机物污染等不同类型的重大环境问题为专题,系统介绍相关的化学问题、形成机制、影响危害及控制方法和技术。本书末还给出了各章思考题。

　　本书可作为高等院校化学、化工、环境科学、环境工程和农林等专业的课程教材使用,也可供从事相关研究的人员参考。

书　　　　名:环境化学
著作责任者:赵美萍　邵　敏　编著
责 任 编 辑:郑月娥
封 面 设 计:张　虹
标 准 书 号:ISBN 978-7-301-08147-1/O · 0624
出 版 发 行:北京大学出版社
地　　　　址:北京市海淀区成府路 205 号　100871
网　　　　址:http://www.pup.cn
电　　　　话:邮购部 62752015　发行部 62750672　编辑部 62767347　出版部 62754962
电 子 信 箱:zye@pup.pku.edu.cn
印 刷 者:北京汇林印务有限公司
经 销 者:新华书店
　　　　　　787 毫米×1092 毫米　16 开本　20.5 印张　500 千字
　　　　　　2005 年 9 月第 1 版　2017 年 5 月第 4 次印刷
定　　　　价:48.00 元

前　言

　　环境化学是一门新兴交叉学科,它的产生和迅速发展与半个多世纪以来地球环境问题的日益恶化和人类生存发展遇到的前所未有的挑战是紧密相关的。环境化学的根本内容是揭示环境现象的化学本质,但它又有别于早期的化学研究。例如,107 种元素的发现是在探索自然界的基本物质组成的过程中实现的;另外,燃烧过程、水体中的化学平衡、岩石的组成和向土壤矿物质的转化等都是环境中最基本的化学过程。但是从当今环境化学学科关注的焦点问题来看,上述内容只是天然环境的背景组成和自然变化过程。随着人类社会生产力的提高、科学技术的日新月异和人们生活需求的不断增加,地球环境在人类"认识"世界的水平还十分有限的情况下,就已经被"改造"得面目全非了。大气中骤然增加了许多前所未有的物种,臭氧层破坏、温室效应加剧和对流层大气氧化性增强等问题接踵而来。水体的富营养化原本是千百年漫长的历程,然而在我国,众多湖泊在短短几年中就经历了从贫营养到富营养的变迁,甚至水质完全恶化。而人类赖以获取粮食的土壤中,由于重金属和化学农药的污染,不仅使整个生态环境遭到破坏,而且进一步给人们带来了食品安全性的问题。因此,环境化学所关注的实际上是地球环境在人类活动的影响下所发生的变化,通过研究各种环境问题的形成机制和影响因素去探知其中蕴含的规律,进而为弥补已经造成的损失和预测未来人类的进一步发展可能带来的新的环境影响提供科学的方法和依据,使人类的发展行为更加合理化。

　　环境化学的研究体系涉及大气、水、土壤岩石、生物和能量等五大环境要素,内容十分丰富,一些非均相体系和界面过程更是近年来的研究热点。另外,环境化学的研究方向也逐渐形成了环境分析化学、环境污染化学和污染控制化学三个分支。本书编者从 1994 年起开始在北京大学化学与分子工程学院面向化学专业的本科生开设环境化学课,考虑到学生已先修过定量化学分析和仪器分析等课程,本课程在环境分析化学方面只作简单介绍,而将教学重点主要放在环境污染化学和污染控制化学两个方面。在教学过程中我们发现,学生非常关注环境问题,尤其是与自身关系密切的环境问题,特别渴望从根本上了解当今重大环境问题的形成原因和解决环境问题的思路和方法。同时我们也深切体会到,一本内容丰富、可读性强的教材不仅是课堂教学成功的必备硬件,而且是学生在课后学习和消化知识的主要依托,历届学生都对本课程配备一本合适的教材提出了迫切要求。

　　我们在 2000 年编写的《环境化学讲义》的基础上,经过篇章结构的调整和内容的丰富扩充,完成了本书的编写工作。全书共分为 15 章,是与目前的教学学时相对应安排设计的。第 1章主要介绍了环境化学的概况、研究方法和一些基本概念。在第 2,8,13 章中,分别系统、简明地介绍了天然大气、水体和土壤等环境要素的组成和化学过程方面的基本知识。其他章节则以不同类型的重大环境问题为专题,系统介绍了相关的化学问题、形成机制、影响危害及控制方法和技术。其中平流层臭氧损耗、气候变化、持久性有机物污染、土壤-植物系统的污染问题和室内环境问题等内容在国内已有的环境化学教科书中介绍得相对较少,许多书中虽有所涉及但未能反映出最新研究成果,本书在这方面作了较多努力。

本书第 1,6,7 和 15 章由邵敏编写;赵美萍编写其余各章并担任本书主编,负责全书的统稿和内容协调。限于时间较紧和编者的水平有限,书中仍有许多值得介绍的内容未能包括,我们期望在今后的教学实践中继续补充完善。对于书中的错误和不妥之处,恳请各位读者批评指正。

本书为北京大学立项的新兴学科与边缘学科课程教材之一,在编写过程中得到了北京大学出版社的资助,在此表示衷心的感谢。

编　者

2004 年 7 月

目　　录

第1章　绪论 ……………………………………………………………………（1）

1.1　环境化学概述 ………………………………………………………………（1）

　　1.1.1　化学品进入环境 ………………………………………………………（1）

　　1.1.2　环境科学中的化学 ……………………………………………………（3）

1.2　环境化学的研究方法 ………………………………………………………（7）

　　1.2.1　实地观测 ………………………………………………………………（7）

　　1.2.2　实验室研究 ……………………………………………………………（7）

　　1.2.3　模式计算 ………………………………………………………………（8）

1.3　环境化学的基本概念 ………………………………………………………（8）

　　1.3.1　环境要素 ………………………………………………………………（8）

　　1.3.2　环境背景值 ……………………………………………………………（8）

　　1.3.3　环境容量 ………………………………………………………………（9）

　　1.3.4　环境污染和污染物 ……………………………………………………（9）

　　1.3.5　源和汇 …………………………………………………………………（9）

　　1.3.6　均相反应和非均相反应 ………………………………………………（10）

　　1.3.7　污染物的生物毒性 ……………………………………………………（10）

　　1.3.8　污染物之间的复合作用 ………………………………………………（10）

第2章　大气环境概述 …………………………………………………………（11）

2.1　地球大气的演化过程 ………………………………………………………（11）

2.2　大气层的垂直结构 …………………………………………………………（12）

　　2.2.1　对流层 …………………………………………………………………（12）

　　2.2.2　平流层 …………………………………………………………………（14）

　　2.2.3　中间层 …………………………………………………………………（14）

　　2.2.4　热层 ……………………………………………………………………（14）

　　2.2.5　逃逸层 …………………………………………………………………（14）

2.3　对流层大气中微量气体的性质 ……………………………………………（15）

　　2.3.1　大气中物种浓度的表达 ………………………………………………（15）

　　2.3.2　对流层大气的组成和停留时间 ………………………………………（15）

　　2.3.3　大气组分的全球循环 …………………………………………………（16）

　　2.3.4　大气过程的时空尺度 …………………………………………………（18）

2.4　对流层大气中重要物种的源和汇 …………………………………………（20）

　　2.4.1　含硫化合物 ……………………………………………………………（20）

　　2.4.2　含氮化合物 ……………………………………………………………（23）

　　2.4.3　含碳化合物 ……………………………………………………………（24）

　　　2.4.4　含卤素化合物 ………………………………………………………………（25）
　　2.5　对流层大气化学反应 ……………………………………………………………（27）
　　　2.5.1　大气化学反应热力学 ……………………………………………………（27）
　　　2.5.2　大气化学反应动力学 ……………………………………………………（28）
　　　2.5.3　大气光化学反应 …………………………………………………………（28）
　　　2.5.4　大气中重要的光吸收物质 ………………………………………………（30）
　　　2.5.5　大气中的自由基 …………………………………………………………（32）
　　　2.5.6　对流层清洁大气中的光化学过程 ………………………………………（33）
第3章　光化学烟雾 ………………………………………………………………………（35）
　　3.1　大气中 VOCs 和 NO_x 的主要来源 …………………………………………（35）
　　　3.1.1　大气中 NMVOCs 的主要来源 …………………………………………（35）
　　　3.1.2　大气中 NO_x 的主要来源 ………………………………………………（38）
　　3.2　VOCs 的大气化学反应 …………………………………………………………（39）
　　　3.2.1　烷烃在大气中的反应 ……………………………………………………（39）
　　　3.2.2　烯烃在大气中的反应 ……………………………………………………（43）
　　　3.2.3　芳香烃在大气中的反应 …………………………………………………（47）
　　　3.2.4　羰基化合物在大气中的反应 ……………………………………………（48）
　　3.3　VOCs-NO_x 体系的光化学反应——光化学烟雾污染 ……………………（50）
　　　3.3.1　光化学烟雾污染的出现和日变化规律 …………………………………（50）
　　　3.3.2　光化学烟雾污染的形成机制 ……………………………………………（51）
　　　3.3.3　对流层臭氧的变化趋势 …………………………………………………（53）
　　3.4　光化学烟雾污染的影响因素和控制对策 ……………………………………（54）
　　　3.4.1　天气条件的影响 …………………………………………………………（54）
　　　3.4.2　VOCs/NO_x 比值的影响 ………………………………………………（55）
　　　3.4.3　EKMA 曲线 ……………………………………………………………（55）
　　　3.4.4　NO_x 和 VOCs 的排放控制 ……………………………………………（56）
第4章　酸沉降化学 ………………………………………………………………………（58）
　　4.1　大气中重要酸碱性气体的来源 ………………………………………………（58）
　　4.2　大气中硝酸的形成机制 ………………………………………………………（59）
　　　4.2.1　日间化学 …………………………………………………………………（59）
　　　4.2.2　夜间化学 …………………………………………………………………（59）
　　　4.2.3　硝酸的清除 ………………………………………………………………（60）
　　4.3　大气中硫酸的形成机制 ………………………………………………………（60）
　　　4.3.1　还原态硫的氧化 …………………………………………………………（60）
　　　4.3.2　SO_2 的均相气相氧化 …………………………………………………（61）
　　　4.3.3　SO_2 的液相氧化 ………………………………………………………（62）
　　4.4　干、湿沉降机制和沉降通量 …………………………………………………（69）
　　　4.4.1　大气中水相的化学平衡 …………………………………………………（69）
　　　4.4.2　降水的酸化过程 …………………………………………………………（70）

　　　　4.4.3　干沉降 ···（71）

　　4.5　酸沉降污染的危害及控制对策 ···（72）

　　　　4.5.1　酸沉降污染的危害 ···（72）

　　　　4.5.2　污染现状 ···（73）

　　　　4.5.3　煤炭脱硫技术 ···（74）

第5章　大气颗粒物 ···（79）

　　5.1　大气颗粒物的环境影响概述 ···（79）

　　　　5.1.1　降低大气能见度 ···（79）

　　　　5.1.2　凝结核作用 ···（79）

　　　　5.1.3　扩大污染范围 ···（79）

　　　　5.1.4　参与和影响大气化学反应 ···（79）

　　　　5.1.5　对全球气候变化的影响 ···（80）

　　　　5.1.6　在酸沉降和富营养化中的重要影响 ·······································（80）

　　　　5.1.7　损害人体健康 ···（80）

　　5.2　大气颗粒物的粒径分布及其来源、转化和去除规律 ······················（80）

　　　　5.2.1　粒径和沉降速率 ···（80）

　　　　5.2.2　大气颗粒物的来源 ···（81）

　　　　5.2.3　大气颗粒物的去除 ···（82）

　　　　5.2.4　大气颗粒物的三模态理论 ···（83）

　　5.3　大气颗粒物的化学组成 ···（85）

　　　　5.3.1　无机成分 ···（85）

　　　　5.3.2　有机成分 ···（87）

　　　　5.3.3　元素组成 ···（90）

　　　　5.3.4　大气棕色云 ···（91）

　　5.4　大气颗粒物表面的异相化学反应 ···（91）

　　　　5.4.1　NO_x 在大气细粒子表面的异相化学反应 ······························（91）

　　　　5.4.2　SO_2 在大气细粒子表面的异相化学反应 ······························（92）

　　　　5.4.3　PAHs 在大气细粒子表面的异相化学反应 ······························（93）

　　5.5　大气颗粒物污染的控制 ···（93）

　　5.6　城市空气质量报告 ···（95）

第6章　平流层化学 ···（97）

　　6.1　大气平流层的基本特征 ···（97）

　　　　6.1.1　平流层的物理特征 ···（97）

　　　　6.1.2　平流层的化学特征 ···（98）

　　6.2　平流层的气相化学过程 ···（101）

　　　　6.2.1　纯氧体系的臭氧化学——Chapman 机制 ······························（101）

　　　　6.2.2　臭氧分解的催化机制 ···（103）

　　6.3　南极臭氧洞 ···（107）

　　　　6.3.1　南极臭氧洞及全球臭氧损耗的观测 ·······································（107）

3

    6.3.2　南极臭氧洞产生的原因 ·· (110)

  6.4　臭氧层破坏的危害和人类保护臭氧层的行动 ····················· (113)

    6.4.1　臭氧层破坏的危害 ·· (113)

    6.4.2　人类保护臭氧层的行动 ·· (114)

第7章　全球气候化学 ··· (116)

  7.1　地球系统的能量平衡 ·· (116)

    7.1.1　地球系统的辐射平衡 ·· (116)

    7.1.2　辐射强迫 ··· (119)

  7.2　气候变化和温室气体 ·· (122)

    7.2.1　天然温室效应 ·· (122)

    7.2.2　人为的温室效应 ··· (123)

  7.3　区域污染和气候变化 ·· (133)

    7.3.1　大气臭氧在气候变化中的作用 ·· (133)

    7.3.2　颗粒物在气候变化中的作用 ·· (135)

    7.3.3　大气化学过程对温室气体的影响 ······································ (138)

  7.4　全球气候变化的影响和对策 ·· (139)

    7.4.1　全球气候变化的影响 ·· (139)

    7.4.2　全球气候变化的对策 ·· (140)

第8章　天然水环境化学 ··· (142)

  8.1　水环境与水资源 ··· (142)

    8.1.1　水的环境特性 ·· (142)

    8.1.2　地球上的水资源 ··· (143)

    8.1.3　天然水体的类型和特点 ·· (145)

  8.2　天然水的化学组成 ··· (146)

    8.2.1　无机离子 ··· (146)

    8.2.2　溶解性气体 ··· (147)

    8.2.3　有机质 ··· (148)

    8.2.4　胶体物质 ··· (149)

    8.2.5　生物质 ··· (150)

  8.3　天然水体中的化学平衡 ··· (150)

    8.3.1　酸碱平衡 ··· (150)

    8.3.2　配位平衡 ··· (152)

    8.3.3　氧化还原平衡 ·· (153)

    8.3.4　沉淀-溶解平衡 ··· (156)

    8.3.5　吸附-解吸平衡 ··· (156)

    8.3.6　分配作用 ··· (160)

    8.3.7　生物累积作用 ·· (160)

  8.4　水质评价 ··· (161)

    8.4.1　硬度 ··· (161)

　　8.4.2　酸度、碱度及 pH ·· (161)

　　8.4.3　有机物 ·· (162)

　　8.4.4　含氮化合物 ·· (163)

　　8.4.5　总溶解性固体 ·· (163)

8.5　水污染问题概述 ·· (164)

第9章　无机盐污染 ·· (166)

9.1　毒害性无机盐污染物 ·· (166)

　　9.1.1　氟化物 ·· (166)

　　9.1.2　氰化物 ·· (168)

　　9.1.3　硝酸盐和亚硝酸盐 ·· (169)

9.2　营养盐污染——水体富营养化 ·· (169)

　　9.2.1　水体的营养变化规律 ·· (169)

　　9.2.2　水中营养物质的来源和迁移转化 ·································· (172)

　　9.2.3　水体富营养化污染 ·· (175)

　　9.2.4　富营养化污染的危害 ·· (177)

　　9.2.5　富营养化污染的防治 ·· (179)

第10章　重金属污染 ·· (182)

10.1　金属的环境分类 ··· (182)

10.2　重金属的环境化学特性 ··· (184)

　　10.2.1　环境有机化作用 ··· (184)

　　10.2.2　形态与环境效应 ··· (186)

　　10.2.3　生物累积作用 ··· (187)

　　10.2.4　人体摄入途径和毒理机制 ······································· (188)

10.3　汞污染 ·· (189)

　　10.3.1　汞的分布、特性和用途 ··· (189)

　　10.3.2　汞在环境中的转化和迁移 ······································· (190)

　　10.3.3　汞对人体的毒害作用 ··· (193)

　　10.3.4　汞污染的防治 ··· (194)

10.4　铅污染 ·· (196)

　　10.4.1　铅污染的发现 ··· (196)

　　10.4.2　铅的环境分布和主要用途 ······································· (196)

　　10.4.3　铅的生物毒性和防治 ··· (197)

　　10.4.4　含铅废水的处理 ··· (198)

10.5　镉污染 ·· (199)

　　10.5.1　镉的环境分布和迁移规律 ······································· (199)

　　10.5.2　镉的毒害性 ··· (200)

10.6　砷污染 ·· (200)

　　10.6.1　砷的环境分布和用途 ··· (200)

　　10.6.2　砷在环境中的转化迁移 ··· (200)

10.6.3 砷的生物毒性和防治 ………………………………………… (201)

10.7 其他重金属污染 …………………………………………………… (202)

10.7.1 铬 …………………………………………………………… (202)

10.7.2 铜 …………………………………………………………… (203)

10.7.3 锌 …………………………………………………………… (204)

10.7.4 硒 …………………………………………………………… (204)

10.7.5 铊 …………………………………………………………… (205)

10.7.6 锡 …………………………………………………………… (206)

第 11 章 有机物污染 ……………………………………………………… (207)

11.1 有机污染物在环境中的迁移转化 ………………………………… (207)

11.1.1 挥发作用 ……………………………………………………… (208)

11.1.2 分配作用和吸附作用 ………………………………………… (208)

11.1.3 生物累积作用 ………………………………………………… (208)

11.1.4 降解转化作用 ………………………………………………… (209)

11.2 有机污染物的生物降解 …………………………………………… (210)

11.2.1 生物降解作用的影响因素 …………………………………… (211)

11.2.2 丙酮酸的氧化降解 …………………………………………… (211)

11.2.3 脂肪酸的 β 氧化机制 ……………………………………… (213)

11.2.4 烃类化合物的生物降解 ……………………………………… (214)

11.2.5 生物大分子有机物的生物降解 ……………………………… (215)

11.3 常见的有机污染物 ………………………………………………… (216)

11.3.1 石油污染物 …………………………………………………… (216)

11.3.2 多环芳烃 ……………………………………………………… (217)

11.3.3 表面活性剂 …………………………………………………… (218)

11.3.4 酚类化合物 …………………………………………………… (220)

11.3.5 酞酸酯 ………………………………………………………… (221)

11.4 持久性有机污染物 ………………………………………………… (222)

11.4.1 POPs 的化学名称、结构和毒性特点 ……………………… (222)

11.4.2 POPs 的环境化学行为特征 ………………………………… (227)

11.4.3 POPs 的构效关系 …………………………………………… (229)

第 12 章 废水处理化学 …………………………………………………… (231)

12.1 物理化学法 ………………………………………………………… (232)

12.1.1 物理方法 ……………………………………………………… (232)

12.1.2 溶剂萃取法 …………………………………………………… (233)

12.1.3 吸附法 ………………………………………………………… (233)

12.1.4 离子交换法 …………………………………………………… (233)

12.1.5 膜分离法 ……………………………………………………… (234)

12.1.6 絮凝沉淀法 …………………………………………………… (235)

12.2 化学法 ……………………………………………………………… (236)

12.2.1 化学中和法 …………………………………………………… (236)

12.2.2　化学沉淀法 ·· (236)

12.2.3　化学氧化法 ·· (238)

12.2.4　化学还原法 ·· (239)

12.2.5　电化学法 (239)

12.3　生物处理法 ·· (240)

12.3.1　生物化学法 ·· (240)

12.3.2　生物物理法 ·· (242)

12.3.3　植物富集法 ·· (243)

12.4　工业废水的综合防治 ·· (244)

12.4.1　改进工艺,减少排放 ·· (244)

12.4.2　综合利用,化害为利 ·· (245)

12.5　城市污水的处理 ·· (245)

第13章　土壤环境化学 ·· (247)

13.1　土壤的结构和组成 ·· (247)

13.1.1　土壤的形成过程 ·· (247)

13.1.2　土壤的基本结构和粒径分布 ·································· (248)

13.1.3　土壤的化学组成 ·· (249)

13.2　土壤的物理化学性质 ·· (253)

13.2.1　土壤的荷电性 ··· (253)

13.2.2　土壤的离子交换性质 ··· (254)

13.2.3　土壤的酸碱性 ··· (255)

13.2.4　土壤的氧化还原性 ··· (257)

13.2.5　土壤中的配位、螯合作用 ····································· (257)

13.2.6　土壤中的生化过程 ··· (258)

13.2.7　土壤的自净作用 ·· (258)

13.3　土壤污染的主要来源、类型和特点 ······························ (258)

13.3.1　土壤污染物及其主要来源 ···································· (259)

13.3.2　土壤污染的发生类型 ··· (259)

13.3.3　土壤污染的特点 ·· (260)

第14章　土壤-植物系统的污染和防治 ··································· (261)

14.1　土壤-植物系统中的重金属污染 ··································· (261)

14.1.1　重金属在土壤中的迁移转化 ·································· (261)

14.1.2　重金属在根际环境中的迁移转化机制 ····················· (263)

14.1.3　重金属之间的复合污染 ·· (268)

14.1.4　土壤中重金属污染的防治 ···································· (269)

14.2　土壤-植物系统中的化学农药污染 ································ (273)

14.2.1　有机合成农药的结构组成和毒性作用机理 ··············· (274)

14.2.2　有机农药在环境中的迁移转化规律 ························ (276)

14.2.3　农药污染对人类和生态环境的危害 ························ (280)

14.2.4　农药污染的综合防治 ……………………………………………… (282)

14.2.5　生物农药的开发和利用 …………………………………………… (284)

第 15 章　室内环境问题 ………………………………………………………… (287)

15.1　室内环境问题概述 ……………………………………………………… (287)

15.1.1　室内环境质量的主要影响因素 …………………………………… (287)

15.1.2　室内环境污染的主要类型 ………………………………………… (289)

15.2　室内放射性污染 ………………………………………………………… (290)

15.3　室内挥发性有机污染物污染 …………………………………………… (291)

15.3.1　甲醛 ………………………………………………………………… (292)

15.3.2　苯、甲苯和二甲苯 ………………………………………………… (293)

15.3.3　酞酸酯 ……………………………………………………………… (294)

15.3.4　尼古丁 ……………………………………………………………… (294)

15.3.5　三氯乙烯 …………………………………………………………… (294)

15.4　无机有害气体污染 ……………………………………………………… (294)

15.4.1　氮氧化物 …………………………………………………………… (294)

15.4.2　二氧化硫 …………………………………………………………… (295)

15.4.3　一氧化碳 …………………………………………………………… (295)

15.4.4　二氧化碳 …………………………………………………………… (295)

15.4.5　氡 …………………………………………………………………… (296)

15.5.6　臭氧 ………………………………………………………………… (296)

15.5　室内可吸入颗粒物污染 ………………………………………………… (296)

15.5.1　石棉 ………………………………………………………………… (297)

15.1.2　多环芳烃 …………………………………………………………… (297)

15.6　生物污染 ………………………………………………………………… (297)

15.7　室内空气质量的控制 …………………………………………………… (298)

15.7.1　控制污染源 ………………………………………………………… (298)

15.7.2　增加室内外空气交换 ……………………………………………… (299)

15.7.3　天然植物净化 ……………………………………………………… (299)

15.7.4　人工空气净化器 …………………………………………………… (299)

15.8　室内空气污染的治理——光催化氧化净化空气法 …………………… (299)

15.8.1　PCO 反应原理 ……………………………………………………… (299)

15.8.2　光催化剂 …………………………………………………………… (300)

15.8.3　动力学实验 ………………………………………………………… (301)

各章思考题 …………………………………………………………………… (305)

主要参考文献 ………………………………………………………………… (312)

第1章 绪 论

1.1 环境化学概述

环境化学是化学与环境科学的一门交叉学科,它主要是运用化学的理论和方法,研究对人类健康和自然生态系统具有重大影响的化学组分在环境中的存在形态及其迁移、转化、归宿和效应的规律.环境化学的根本任务是揭示各种环境现象的化学本质,它的内容不仅包括天然环境的化学组成和化学反应过程,还着力揭示在人类活动的影响下地球环境所经历的化学变化和这种变化的长期效应,从科学上阐明人类与环境之间协调发展所必须遵循的自然法则。

环境化学中的"环境"是以人类为核心划分出的"周围空间和事物",它实际上是包含了大气、水体、土壤和岩石及其他生物在内的一个空间开放的巨系统.而同时,由于环境问题的发生和发展与人类的生产、生活方式密切相关,使得环境化学在不同时期的具体研究对象还随着人类社会的发展而发生深刻的变化。

本节将从现代化学的一个典型事例入手,回顾环境问题曾经发生的快速变化,在此基础上分析和讨论环境化学与化学相比的一些特点,最后结合一些案例,简要介绍环境问题与化学之间的联系,借此希望建立对环境化学这一新型交叉学科的初步认识。

1.1.1 化学品进入环境

古罗马由于连年征战,祭祀活动很多.人们将牲畜的头颅供奉在桌案上,然后燃香祈祷.没有想到的是,人们发现经常有祭祀活动的山间溪流,可以有异乎寻常的清洁效果.现在人们熟知其中发生了动物油脂和草木灰间的皂化反应.到公元 70 年,罗马帝国学者 Pliny 第一次用羊油和草木灰制取块状肥皂获得成功.从此,罗马开始大量使用肥皂。

也有人认为,肥皂起源于古埃及.一次,埃及国王设宴招待宾客,由于来往的客人较多,厨师在忙乱中出差错,不小心将满满的一盆油碰翻了,洒满一地,伙夫们都赶来帮忙收拾场地.他们用手将沾有油脂的灰捧到厨房外扔掉,再回到水盆里洗手,意外地发现手洗得特别干净,比以往洗手要省时省水多了.师傅们都觉得奇怪,一再地尝试也用炭灰搓手上的油腻后再去洗手,用这种方式来除污,总是收到良好的效果.当国王知道他们发明了一种新的洗手方式后,吩咐照厨师的办法做出沾有油脂的炭灰块饼,放置在洗漱的地方,供客人使用.实际上这也就是肥皂的雏形。

以上故事都表明肥皂的出现是一个自然的过程,是天然产品.我国一些地区至今仍称肥皂为"胰子",显示其与动物油脂的渊源.然而,这些"纯天然"的产品满足不了人们不断增长的洗涤需求,于是开始有人寻找人工合成的方法来实现替代,以提高生产规模,创造商业利润。

终于,法国化学家 LeBlanc 通过自己的实验,于 1789 年发明了由食盐制取烧碱的方法,该方法主要有两步,第一步由食盐和硫酸在加热条件下生产硫酸钠,第二步由硫酸钠与石灰石和煤炭作用生成纯碱:

$$2NaCl + H_2SO_4 \longrightarrow Na_2SO_4 + 2HCl(g) \tag{1-1}$$

$$Na_2SO_4 + CaCO_3(煤炭) \longrightarrow CaSO_4 + Na_2CO_3 \tag{1-2}$$

然后由纯碱产生烧碱后与动物油和植物油皂化制作工业化的肥皂。

这项技术后来传到英国,女王伊丽莎白一世下令建厂,世界上最早的具有规模的肥皂工厂便在英国北部的默西(Mersey)河、泰恩(Tyne)河和克莱德(Clyde)河一带建成,这里建成了一大批所谓的"烧碱城",也成为了现代化工的发源地。一时,商旅繁忙,河上百舸竞流,将肥皂运往世界各地,同时带回来财源滚滚。

然而,LeBlanc工艺在环境上却是一大灾难。

首先,第一步工艺过程中会产生大量的氯化氢气体。这是一种强酸性的化学物质,释放进入空气后,对眼睛、鼻子和皮肤产生强烈的刺激,同时还引起工厂周围树木死亡,而且几乎寸草不生。工厂的工人暴露于更高浓度的氯化氢中,健康严重受损,甚至有事故的威胁。

其次,第二步工艺也是危机重重。硫酸钠、石灰石和煤炭加热后生成成堆的"黑灰",即碳酸钠、硫酸钙、亚硫酸钙和未完全燃烧的煤炭等。加入热水作用后,烧碱产品被提取出来,而留下一堆堆沉重而粘稠的化学废弃物。这些废弃物随着肥皂行业的发展而堆积如山,占用大量的土地,同时流出的废液造成土壤污染。在阴暗潮湿的条件下,废物堆中的亚硫酸钙会慢慢发生化学变化,以硫化氢的形式释放出来,造成严重的大气污染和健康危害。在干燥多风的条件下,废物堆则可能发生氧化作用,释放SO_2,氧化过快甚至会发生爆炸。

当然,"烧碱城"由于大量的煤炭使用,当地居民还必须忍受燃煤所带来的烟尘污染、SO_2污染以及SO_2氧化后生成的酸雨污染等。这一切的损失,都是源于日益膨胀的肥皂需求。

肥皂的生产发展到今天已经发生了翻天覆地的变化。回顾过去,只是为了重新唤起对环境问题发生原因的警觉:在追求发展的过程中,如果对可能的环境后果缺乏前瞻性,缺乏对人类-环境系统的深刻认识,甚至有意或无意地回避环境责任,曾经的梦魇可能会以不同的方式成为人类发展和幸福的新障碍。

人类技术的进步使得新化学品的增长成为大势所趋,徐光宪先生对此进行了总结(表1-1)。目前,全球大约每九秒的工作时间就发现一种新的化学物质,这其中有许多是给人类生活带来福祉的"明星分子"。如1864年诺贝尔用硝酸甘油制造出安全炸药,使硝酸甘油成为19世纪60年代的明星分子。诺贝尔患有严重的心脏病,医生曾建议他服用硝酸甘油,但被诺贝尔拒绝,1896年他终于因心脏病而逝世。硝酸甘油能缓解心绞痛的机理困惑了医学家、药理学家一百余年,直到20世纪80年代,才被药理学家Furchgott、Ignarro和Murad的出色工作所解决。原来硝酸甘油能缓慢释放NO,而NO能使血管扩张,它是传递神经信息的"信使分子"。这三位药理学家因此获得了1998年诺贝尔生理学或医学奖。美国辉瑞(Pfizer)公司根据这一原理研制出的新药Viagra™,也成为明星分子。此外,1985年合成的C_{60}、1991年合成的碳纳米管、最近出现的抗癌药物Epothilone A等都是这样的明星分子。

表1-1 新分子和新材料的飞速增长

年　份	已知化合物的数目	年　份	已知化合物的数目
1900	55万	1980	593万(大约10年加倍)
1945	110万(大约经45年加倍)	1985	785万
1970	236.7万(大约经25年加倍)	1990	1057.6万(大约10年加倍)
1975	414.8万	1999	超过2000万

引自:徐光宪,2001。

但是,与大量的人工化学品应运而生相伴随的是越来越严重的环境影响。自工业革命以来,人体内不同器官共被检测出超过 500 种的人造化学物质。

一些物质,虽然曾一度是"明星分子",如瑞士科学家 Paul Müller 发明的化合物 DDT(对-二氯二苯基三氯乙烷),曾一度被认为是杀虫剂的终极产物,人类可以从此不必为病虫害而苦恼,一些国家采用飞机播撒的方式大面积、大量地使用,Müller 为此获得 1948 年诺贝尔生理学或医学奖。然而出于生态学的担忧,以及随后发现的对人体健康甚至人类后代的影响,DDT 于 1972 年在美国开始被禁止使用,2001 年在约翰内斯堡由各国政府签署的《关于持久性有机污染物的斯德哥尔摩公约》中被列入全球持久性有机污染物(POPs)的首批淘汰清单。

当氟里昂(CFCs)被合成出来的时候,从事材料科学研究的工作者们痛惜这样完美的化合物不是产生于自己的实验室,商家后悔自己没有竞争过杜邦公司以将 CFCs 纳为自己的"摇钱树"。直到经过许多年以后,在地球上人迹罕至的南极上空出现了一个面积堪与美洲大陆相比的"臭氧空洞",科学家们揭示出 CFCs 等是造成臭氧洞的元凶时,人们才意识到又一次铸成大错,而要弥补这一错误预计要等到 2050 年以后。

更为复杂的是,当科学家确认臭氧层损耗的原因,政府和企业致力于开发氟里昂类物质的替代品时,又发现许多替代品虽然臭氧损耗能力较低,但却可能具有很强的全球增温的潜力。

因此,化学化工的发展推动技术进步,是社会发展的一个维度,是驱动力;而环境问题是思考和决策的另一个维度,是引导化学技术朝向人类和自然友好的方向盘。

1.1.2 环境科学中的化学

了解化学在环境问题研究中的作用,需要认识环境体系的一些重要特征。

环境系统中化学污染物从源排放,在环境介质(大气、水体、土壤和植被)之中或之间迁移和转化,然后相对固定下来或被分解消除,其间伴随着一系列物理的、化学的变化,涉及包括太阳在内的物质流和能量流,是一个动态的开放的系统。在这样的系统中更受关注的常常是速度,而不是平衡。

另外,环境系统是一个复杂系统。在这样的系统中,存在着自然过程和人为过程的相互作用,无论是湖泊的富营养化还是全球气候变化,都有着深刻的自然变化背景。生物或化学的自然净化能力是环境科学的重要问题。而且,环境中的过程相互交错,如南极的极低气温和涡旋的存在,才使得北半球释放的氟里昂物质在南极生成了"臭氧洞",大气的沉降可能是土壤和水体污染的来源,而严重污染的土壤可能是水体污染的一个巨大面源。气候变化更是涉及太阳、大气、海洋、植被、冰川,甚至社会经济活动的复杂巨系统。

因此,面对环境系统,需要了解化学物质在环境中的积累、相互作用和生物效应等问题,包括化学污染物致畸、致突变、致癌的生化机理,化学物质的结构与毒性之间的相关性,多种污染物毒性的协同作用和拮抗作用的化学机理,以及化学污染物在食物链传递中的生化过程等问题,需要化学、大气科学、生物学、医学和地学等许多学科的基础理论和方法来进行研究,环境问题的研究具有鲜明的跨学科的特点。

在了解环境问题以上特征的基础上,我们可以更清楚地认识化学这一基础学科在环境问题研究和控制中的作用。

1. 化学分析是识别和诊断环境问题的手段

化学分析是环境监测的主要手段。要认识和掌握环境中发生的污染问题,首先需要识别引起问题的化学组分,因此需要采用化学分析技术在环境中进行定性的分析;为理解污染的严重程度和变化趋势,则需要采用定量分析的技术得到组分在环境中的本底水平以及时间和空间的分布规律。

环境污染物种类繁多,而且含量极低,一般只有 ppm～ppb[①] 甚至 ppt 以下的水平,而且物质之间相互作用的情况十分复杂,要求分析技术具有高灵敏度、高准确度以及好的重现性和选择性。另外,不仅需对环境中的污染物作定性和定量的检测,还需对它们的毒性,尤其是长期低浓度效应进行鉴定。这就要应用各种专门设计的精密仪器,结合各种物理和生物的手段进行快速、可靠的分析。有时为了掌握区域环境的实时污染状况及其动态变化,还必须应用自动连续监测和卫星遥感等新技术。

另外非常重要的是,由于环境是一个动态的开放的体系,在环境数据的分析处理方面,必须综合考虑气象、水文等参数,以及污染源的排放特征和污染物从环境中去除的过程等多种因素的影响。

全球臭氧损耗问题的发生、发现和控制至今依然是科学研究的典范,也是全球科学界、政府和企业界合作的典范。在研究和解决这一问题的过程中,成千上万的人做出了自己的贡献。诺贝尔化学奖获得者 Molina 在当初提出人工合成的氟里昂类化学物质是造成破坏臭氧层的原因时,这一理论几乎受到来自氟里昂生产、使用行业的一致质疑和批评。这些反对的声音后来之所以迅速平息,而且淘汰氟里昂物质的国际协议迅速得到支持,James Lovelock 发明的对卤素化合物具有高灵敏度的电子俘获检测器(ECD)可谓功不可没。图 1-1 显示的测定结果清楚地表明,氟里昂类的代表物质 CFC-11($CFCl_3$)因为甲烷分子中的氢被完全卤代,在对流层中十分稳定,几乎在对流层顶以下完全均匀混合。但进入平流层后,CFC-11 立即分解,其中的 Cl 原子被释放出来,在今天我们已经熟知的催化机制下破坏臭氧。而 CF_4 则没有这样的作用。

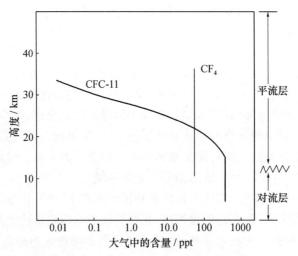

图 1-1 大气中 CFC-11 和 CF_4 浓度的垂直分布

Lovelock 因为这一研究获得了另一项环境大奖——VOLVO 奖。但是这位 1970 年首次实

[①] 关于 ppm,ppb 和 ppt 的含义,请见本书 2.3.1 节。这些单位目前已不再作为法定单位使用,但考虑到在环境化学相关文献中使用较为普遍,本书在某些章节中仍采用这些单位。

现在环境空气中测量 CFC-11 的科学家,在当初提交的进行大气中 CFC-11 的水平和垂直分布测量的项目申请书的评议中,被评审人认为是完全没有价值的研究("I could not imagine a more useless bit of knowledge than finding the atmospheric concentration of CFC-11.")。然而现在,在接近 10 个全球背景站上进行着氟里昂类物质及其替代物质的常规监测。

现在,人们将更多注意力投向全球气候变化。然而在具有白天和黑夜、陆地和海洋、地表和大气等不同特征的地球上把握温度的长期变化,在经历泥沙沉积的自然过程、水利工程等人工过程条件下进行地球水平面升高或降低的判断绝非易事。大气中的颗粒物由于对能见度、人体健康以及气候等的广泛影响引起科学家的浓厚兴趣,然而颗粒物组成的复杂和多变带来的分析技术的挑战,使美国在全国选择了若干地点建设超级观测站(super station),集中世界上几乎所有可能的高、精、尖的分析手段,进行相互的比对和验证,从中确定适宜的监测技术。

总之,化学污染物在环境中的含量是很低的,而且分布范围广泛,并处于很快的迁移或转化之中。为了获得这些化学污染物在环境中的变化规律,不仅要求对污染物进行定性和定量的检测,同时还需要根据环境系统的需要发展灵敏、准确、连续和自动化的分析技术。

2. 化学机理是揭示环境问题形成原因的基础

水俣是日本九州岛南部一个风景秀丽的小村庄。20 世纪初期,全村人口约 4 万人,世代依靠种植水稻和海里丰富的水产而生活。村里有制盐作坊,通过水俣湾的港口向外面运盐而获得一些现钱购买日常的生活用品。

由于西方现代化工的兴起,一些年轻人到西方学习了先进的技术之后,也打算在自己的国家开始创业。适逢日本将制盐收归国家专营,水俣村的惟一财路将被断绝。水俣村的居民听说一家碳化工企业正在附近寻址,于是主动登门要求将工厂设在自己的村里,答应提供近乎免费的土地,并承担化工厂铺设电缆的费用。

日本曾经引以自豪的 Chisso 公司由此诞生。公司最初的碳化钙产品并不畅销,只在当地居民夜间捕鱼时用做光源。公司用碳化钙为原料生产氰氨化钙,然后制造用做肥料的硫酸铵。进入 20 世纪 30 年代以后,有机化工开始在日本兴起,Chisso 公司从碳化钙中生产乙炔,乙炔在硫酸汞的催化作用下被转化成乙醛,这是最早生产乙醛的工艺。Chisso 公司不仅掌握了由乙醛生成乙酸的技术,而且开发了生产乙酸乙酯、醋酸纤维素、乙烯基乙炔、丙酮、丁醇和异辛烷等系列产品的技术,使其跻身世界最先进的有机化工企业的行列。水俣村也由小渔村变为一个现代城市。

然而,1950 年,水俣市奇怪地发现当地的猫得了一种怪病,走路不稳,抽筋麻痹,最后跳海"自杀"。1956 年 5 月,4 位病人被送入市医院,他们所患的疾病闻所未闻,但症状相同:严重的抽搐、间歇性的知觉丧失、反复的精神癫狂,然后进入持久的昏迷,最后可能在一阵高烧之后死亡。

科学家开始了非常艰苦的流行病学调查,试图将发病的数量与某种致病因素建立起关联。由于不能确定造成问题的物质,这样的探索十分考验研究人员的意志。直到 1966 年,才揭开了"水俣病"的病因是甲基汞中毒(图 1-2)。水俣市 Chisso 公司的氮肥厂内,长期以硫酸汞和氯化汞作催化剂,不仅在生产的过程中产生了毒性十分强烈的甲基汞副产品,而且工厂的废水排入附近港湾后,在海洋中通过细菌体内一种叫做甲基钴胺素的物质的作用,剩余的无机汞进一步发生甲基化。海洋中的甲基汞很容易进入鱼、虾、贝体内,再经食物链的富集,转移到其他动物或人体内,且其浓度提高了数万倍,造成严重的疾患,成为震惊一时的世界重大环境公害。

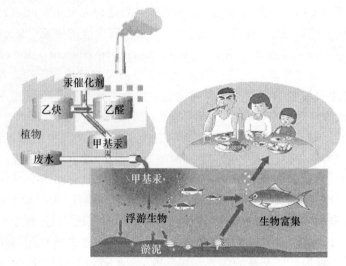

图 1-2　水俣病的致病过程图示

在这一漫长的过程中,研究人员揭示的最关键的污染机理是一个化学反应:

$$Hg^{2+} + H_2O + \underset{Bz}{\overset{CH_3^-}{\mid}} Co(III) \longrightarrow \underset{Bz}{\overset{\overset{H\quad H}{\underset{\downarrow}{O}}}{\mid}} Co(III) + CH_3Hg^+ \tag{1-3}$$

本书第 10 章将介绍更加详细的化学过程,但值得深思的是虽然从今天的角度看待这一问题没有身处其间般的沉痛,但是如果人类没有从中吸取足够的教训,这一历程可能还会重复。

3. 化学技术是控制环境污染的重要途径

由于许多环境问题是由环境中的化学物质所引起的,包括许多曾被认为是物理或者生物过程的环境污染或生态破坏都有化学品的作用,化学技术在许多时候也成为控制环境污染的一个重要的技术手段。

汽车是现代社会的"第一商品",西方发达国家的经济发展似乎证实机动车是其现代化的"发动机",中国也将汽车工业确立为国民经济的支柱产业之一。但是在许多城市出现机动车所伴随的交通拥堵和大气污染问题时,不同的人群对机动车具有非常不同的看法。无论如何,兴利去弊都是客观冷静的,催化转化成为机动车尾气治理的一项十分关键的技术,在美、日及欧洲一些国家已有 80%～100% 的轿车使用该技术,保障了这些国家在机动车快速发展过程中,机动车排放的污染物数量反而不断地下降。

自 2000 年起,我国的机动车排放的污染物在进入大气前要求在尾气管采用末端治理技术,例如安装三元催化装置等。三元催化加上闭环电喷(图 1-3)是目前先进的净化技术。三元催化转化器的内部是蜂窝状陶瓷载体,载体上涂有稀有的贵金属铂、铑、钯等作催化剂,当高温的汽车尾气通过转化器时,催化剂使其中的一氧化碳(CO)、碳氢化合物(HCs)发生氧化反应,氮氧化物(NO_x)发生还原反应。其效率与空燃比密切相关,因此需要严格控制空燃比,即在排气流中插入一个检测空燃比的氧传感器(Lambda 传感器),随时测定排气流中的氧浓度,并发出相应的信号给电控单元的计算机,通过计算机对供油时间加以修正,把空燃比精确地控制在理论空燃比附近,此即闭环三元催化。

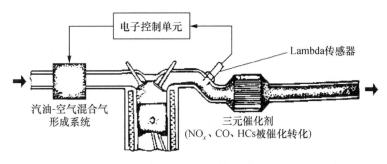

图 1-3　闭环三元催化转化器示意图

机动车尾气经过三元催化器发生的一系列化学反应包括:

$$2NO + 2CO \longrightarrow 2CO_2 + N_2 \tag{1-4}$$

$$2CO + O_2 \longrightarrow 2CO_2 \tag{1-5}$$

$$4C_mH_n + (4m + n)O_2 \longrightarrow 4mCO_2 + 2nH_2O \tag{1-6}$$

式中,C_mH_n 为碳氢化合物的通式。

当然,机动车污染控制是一项涉及交通工程、石油化工,甚至政府管理等在内的系统工程,并不完全是一个化学问题,但是化学技术的进步将推动机动车污染控制的步伐。

总之,从自然的角度,我们周围的环境系统以其本身的规律在产生、发展和更替,为人类生存和发展提供支撑。如果包括化学化工在内的经济系统能够向着环境友好的方向发展,将使本书后面各章中讨论的许多污染问题在不久的未来成为历史。

1.2　环境化学的研究方法

1.2.1　实地观测

实地观测是环境化学研究的基本方法,它不仅可以直接反映出一个地区的环境污染状况,而且许多重大的环境问题都是在长期观测的基础上揭示出来的,像臭氧层破坏、温室气体浓度的上升等都是十分典型的例子。

实地观测包括现场直接测量和采样后送回实验室分析。通过观测可以获得污染物的时空分布数据。同时测定一系列相关物种的浓度变化规律还可以找出其中的转化关系。卫星探测和遥感技术已经广泛地应用于环境化学研究中。

1.2.2　实验室研究

1. 高效环境分析方法的研究

环境样品具有基体复杂、污染物浓度低和形态多变等特点,观测数据的可靠与否取决于测量方法水平的高低,尤其是能否满足现场自动、快速测定的要求。因此,需要发展灵敏、准确、选择性好、速度快和自动化程度高的分析方法和技术。

对于需要采集、储存和进行前处理的样品,必须对相关技术进行研究,确保采样的代表性、储存和输送的稳定性和可靠性以及前处理的合理性。环境样品的系统分析和生物试验指导下的分离分析研究目前越来越受到重视。通过系统分析可全面掌握环境样品中污染物的种类与数量信息,而生物试验指导下的分离可以有针对性地筛选分析有毒组分。

目前普遍使用的分离和分析手段主要包括:色谱法,如气相色谱(GC)、高效液相色谱(HPLC)、薄层色谱(TLC)和超临界流体色谱(SFC)等,毛细管电泳法,质谱(MS),核磁共振谱(NMR)和分子光谱法,如红外光谱(IR)、紫外光谱(UV)和荧光光谱(FLU)法等。分离与分析检测联用技术是现代环境分析研究的主要发展方向,如固相萃取(SPE)-LC-MS,ICP-MS 等。为了使全球数据具有可比性,在分析方法标准化和环境标准参考物质的确立等方面的研究也越来越受到重视。

2. 基础理论研究

包括反应机理研究、理化常数的测定和定量构效关系研究等。

3. 实验模拟

利用实验装置模拟实际环境,从中找出污染物的形成、排放、扩散和相互转化规律。通过模拟实验可获得许多重要的信息,还可预测环境中的化学变化。

1.2.3 模式计算

是用数学方法研究环境化学体系的变化规律。可用于处理庞大而复杂的化学反应体系,对多组分多相体系进行热力学平衡计算,同时考虑相间传递和动力学过程,确定有关的参数,并预测未来可能出现的环境状况。目前光化学烟雾模式研究得最为成熟,酸沉降化学模式已用于超国界范围,湖泊富营养化预测模型也取得了重要的发展。模式的完善有赖于大量实测数据的积累、反应速率常数和物理参数的准确测定或不断修正。

因此,在实际工作中,上述研究方法是相互依赖、相互促进的。根据不同的研究目的选择相应的研究方法,可以单独使用其中一种,也可将多种方法结合起来使用,为阐明污染机制和制定控制对策提供科学可靠的依据。

1.3 环境化学的基本概念

1.3.1 环境要素

自然环境所包含的要素有大气、水、土壤岩石、生物和阳光等。前面四大要素分别构成了四大圈层,即大气圈(环绕地球的厚厚的大气层)、水圈(包括地球表面各种形式的水,如海洋、湖泊、河流、水库、积雪、冰河、极地冰帽和地下水等)、土壤岩石圈(其中土壤是最重要的部分,由矿物质、有机质、微生物、水分和空气组成)和生物圈(指地球上的生命,包括生物体及与其生存密切相关的事物)。这四大圈层只有在太阳能的作用下才能相互演化并进行物质和能量的交换和循环,从而使整个环境成为一个有机的整体或系统。

1.3.2 环境背景值

指自然环境在未受污染的情况下,各环境要素中化学元素或化合物的正常含量,又叫环境本底值。例如:清洁空气的组成为:N_2 78.09%,O_2 20.95%,Ar 0.93%,…;一般土壤中含 Hg 0.1 ppm,Cd 0.06 ppm;天然水中 Cr 含量 $0.007\sim0.013$ mg·L^{-1},F 含量 $0.15\sim0.4$ mg·

L^{-1} 等。环境背景值反映出天然环境的真实面目,是了解和评价环境质量的重要依据。但它又是相对的,一方面地理、地质条件不同,环境背景值就不同;另一方面,人类活动的影响无处不在,环境背景值只能是以相对未受或少受污染的地区来确定。

1.3.3　环境容量

一般指在人群健康和自然生态不受危害的前提下,环境各要素对污染物的最大容纳量。它是为实施环境污染物总量控制提出的概念,是制定环境标准和排放标准的重要依据。环境容量是有限的,与环境的自净能力密切相关。

1.3.4　环境污染和污染物

当环境中某种物质的浓度超过了正常水平而对人类、生态、材料及其他环境要素产生不良效应时,就构成了环境污染。该物质被称为环境污染物。

由于环境是一个开放的动态体系,污染物由排放源进入环境后便开始参与环境中的各种交换和循环过程,经过一定的停留时间后,又通过物理沉降、化学反应、生物活动等过程去除或转化为无害的形式。当污染物进入环境的速率大于从环境中去除的速率时,就会在环境中积聚而使浓度升高,若升高到超过了安全水平时,便会直接或间接地对人体、动植物和其他受体造成急慢性伤害。因此,环境污染是一个动态下的超标过程。

随着研究的不断深入,人们对污染物的认识也在改变。像甲烷、二氧化碳等气体过去一直被人们当做是大气中的常量组分,对人体健康没有直接危害,但近年来的研究发现,它们具有"温室气体"的性质,其浓度升高会造成全球性大气升温,从而导致极地冰川融化和相应的海平面上升,给人类生活带来巨大影响。另外像有些含卤素的烃类化合物,如CFCs,在对流层大气中对环境没有明显影响,但因其寿命较长,经过一定时间可以到达平流层,消耗平流层中的臭氧,使地面受到的紫外辐射增加,对人类生活和植物生长以及其他方面都造成危害。这种影响若长期积累,后果将十分严重。

污染物根据其来源,可划分为一次污染物和二次污染物。

一次污染物:指直接从污染源排放到环境中的污染物,也称原发性污染物。

二次污染物:由一次污染物在环境中经过化学或生物转化形成。它们通常比一次污染物更加复杂,危害也更大。

1.3.5　源和汇

1. 源

指污染物的发生源。按照产生过程的不同可划分为人为源和天然源。人为源包括人类生产活动和生活活动向环境中输送污染物的各种排放源,如工农业生产、交通运输、居民燃煤和生活污水等。天然源是指自然界中的各种物理、化学过程和生物活动向环境中排放各种污染物,如树木排放萜烯类化合物,稻田排放甲烷,动物反刍排放甲烷等有机物质等。

根据排放源的分布特点,又可分为点源、线源和面源。点源指工厂、发电站和市政污水等排放位置明确、排放物的组成和含量相对稳定的污染源,它们相对比较容易控制。交通工具等属于典型的线源,而其他一些不太显著的排放源,如农田、森林、绿地及城市街道等,都属于面源。例如,雨水可将公路、街道上的污物冲到下水道中,也可将农田、绿地中施用的农药、化肥淋溶到附近的河流中去。面源具有分布面积广、排放不规律、污染物数量多、种类杂等特点,治理起来更困难。

2. 汇

指污染物的归宿,即去除过程。污染物进入到环境中后主要通过光降解、化学反应、微生物活动和动植物吸收等过程去除。汇没有人为汇和天然汇之分。

源和汇是一对相反的过程,又是两个交错的概念。事实上在环境这个大体系中,没有孤立存在的物质,各种物质之间往往有着千丝万缕的联系,一种物质的增加可能会导致另一种物质的减少,而有些物质的汇常常又是另一些物质的源。

1.3.6 均相反应和非均相反应

均相反应(homogeneous reaction)指在单一相态中发生的化学反应,例如,在大气中挥发性有机物被 OH 自由基氧化的反应为均相气相反应。在云滴中 HSO_3^- 被 H_2O_2 氧化的反应为均相液相反应。

非均相反应(heterogeneous reaction)也称异相反应或多相反应,指反应涉及两相或两相以上的组分,或反应在两相间的界面上发生。南极臭氧洞的形成就是平流层大气中非均相化学反应的结果。

1.3.7 污染物的生物毒性

1. 急性毒性(acute toxicity)

指环境污染物一次或 24 小时内多次作用于人或动物机体引起的损害作用。急性毒性的大小有多种表示方法,常用的有半数有效量(ED_{50})和半数致死剂量(LD_{50})等。

ED_{50} 指直接引起一群受试动物的半数产生同一中毒效应所需毒物剂量的大小。LD_{50} 为在试验生物群体中能引起半数死亡所需的剂量,例如,水中毒物对水生生物的急性毒性可用 LD_{50} 表示,如 Cd 对金鱼的 96 h LD_{50} 为 2.13 mg·L^{-1}。

2. 慢性毒性(chronic toxicity)

指环境污染物在动物大部分或整个生命周期内持续损害机体的作用。慢性毒性的特点是低剂量长期损害,引起的损害缓慢、细微,一旦发作便难以逆转,并且可能会殃及后代。早期的水俣病和骨痛病以及当前的环境内分泌干扰物污染问题都是典型的长期低剂量摄入导致的慢性中毒。

1.3.8 污染物之间的复合作用

1. 协同作用(synergism)

是指两种以上污染物同时存在时,其作用强度大于各成分单独存在时的作用之和。例如大气水相中 Fe^{3+} 和 Mn^{2+} 单独存在时都对 S(IV)氧化成 S(VI)有催化作用,而当二者共存时还会产生协同催化作用,氧化反应速率大大加快。

2. 拮抗作用(antagonism)

是指一种物质的存在可抑制或减弱另一种物质的作用。例如在土壤-植物系统中,控制 Zn/Cd 的含量比在合适的范围时,Zn 对 Cd 的毒性有一定的拮抗作用。

第 2 章　大气环境概述

2.1　地球大气的演化过程

太阳系的九大行星中,离太阳最近的水星周围几乎没有大气层。接下来的三大行星,金星、地球和火星,周围的大气已完全不同于最初星球形成时的组成,而是由内部释放出的气体及其经过反应后的产物组成。再向外的几大行星的气体主要是 H_2 和 He,几乎保持着星球形成初期的原始组成。

地球周围的大气层向外一直延伸到距地表 1000 km 高度以外,不过大气圈质量的 99% 集中在近地表 30 km 的范围内。地球大气的主要成分是氮气和氧气,这是我们这颗星球上能够出现和存在高等生物的最重要条件之一。空间探测发现,地球大气的化学组成在太阳系的九大行星中非常特殊,离地球最近的两颗行星——金星和火星的大气化学组成与地球完全不同。金星的大气密度是地球的 90 倍,其中 CO_2 约占 97%,N_2 约占 3%,基本没有氧气存在。由于高浓度 CO_2 的强温室效应,使得金星表面的温度高达 750 K。火星周围的大气则极其稀薄,其密度仅为地球大气的 0.6%,且主要成分也是 CO_2(约占 95%),另外含少量 N_2(约 3%)和 Ar(约 2%)。由于火星的大气非常稀薄,它的表面温度比地球表面低,并且有较大的日变化。

如果只考虑地球在太阳系中的位置、轨道这些空间参数和地球自身的大小、质量等因素,由金星和火星的大气组成采用内插法可以推算出一种"理论上的"地球大气组成,它与实际地球大气的组成差别非常大。实际地球大气比"理论"地球大气的 CO_2 浓度低 1000 多倍,而 O_2 浓度高出 700 多倍,N_2 的浓度也高出 26 倍。这样一种特殊的地球大气是怎样形成的,又是怎样维持的?这曾是一个长期困惑科学家们的问题。目前普遍被接受的观点是,地球上生物圈的出现和发展改变了其原始大气的组成,并且生物圈的活动仍然控制着当今地球大气的基本组成。

今日大气圈的形成,经历了一个漫长的演化过程。早期地球大气的组成一般认为主要是 CO_2、N_2、$H_2O(g)$ 和少量的 H_2,跟现在火山喷发出的气体组成很相似,基本上是一种还原性的气氛。由于适当的日地距离,地球形成固体核心以后保持了适中的地表温度,加上适当的地表尺度,在一定阶段出现了液态水。

在水出现之前,由于太阳光强烈的紫外辐射,生命无法存在。直到水圈形成之后,在水面下 10 m 深处,短波紫外线被吸收了,而生命所需的 $\lambda > 290$ nm 的太阳辐射仍能保持足够的强度,使得水体吸收的一些还原态的气体成分在光能的作用下产生了简单的有机质,生命就从这里开始了。

这段时期只有水的光解作用可以产生少量的氧:

$$H_2O(g) + h\nu \longrightarrow H_2 + 1/2O_2 \tag{2-1}$$

大气中氧气的浓度还非常低,只有现在的 0.1%,所以最初出现的这些原始生命只能从化学和光化学过程所形成的有机质的发酵过程中获得能量。到了后来,它们有足够的能力通过光合作用制造碳水化合物并释放出 O_2:

$$CO_2 + H_2O + h\nu \longrightarrow \{CH_2O\} + O_2(g) \tag{2-2}$$

由此,大气中 O_2 的浓度开始明显增加,到距今大约 6 亿年前,达到现在浓度的 1%,人们把这一浓度看做生物发展史上的第一个关键浓度。因为在这一浓度条件下,由下列反应产生的大气臭氧浓度明显增加。

$$O_2 + h\nu(\lambda < 240\,\mathrm{nm}) \longrightarrow O + O \tag{2-3}$$

$$O_2 + O + M \longrightarrow O_3 + M \tag{2-4}$$

反应(2-4)称为三体反应。式中的 M 表示第三体分子,其作用是吸收反应产生的多余能量而使产物稳定下来。M 可以是体系中大量存在的任何物质,在大气体系中一般是 N_2 或 O_2 分子。与此同时,也发生着 O_3 的清除反应。

$$O_3 + h\nu(\lambda < 290\,\mathrm{nm}) \longrightarrow O_2 + O \tag{2-5}$$

$$O_3 + O \longrightarrow 2O_2 \tag{2-6}$$

尽管这时所生成的臭氧量还不多,但已经使到达水面的阳光紫外线大大减少,生物可以在水面生长,并通过光合作用释放出更大量的 O_2。到距今大约 4 亿年前,大气中氧气的浓度达到了现在的 1/10,这是生物发展史上的第二个关键点。O_3 的浓度也因此显著升高,并且逐渐形成了较为稳定的臭氧层,位于距地面约 15～30 km 的高度。

臭氧层对太阳紫外辐射的屏蔽作用使地球的面貌发生了巨大的变化。生物从海洋扩展到了陆地,绿色植物开始大量生长,光合作用产生的 O_2 大大增加,成为现代大气的主要成分,大气也由此转变成为一种氧化性的气氛。

总结地球大气演化的全过程,可以概括出以下几个特点:

(i) 整个演化过程的趋势是:较轻的气体如 H_2 和 He 逐渐从大气层中逃逸,CO_2 的含量大大减少,O_2 的含量显著增加。N_2 由于化学性质稳定,且 N 为生命必需元素和主要营养元素,在大气中逐渐累积并趋于稳定。现代大气是一个相对稳定的体系。

(ii) 演化规律是从原始大气的还原性气氛转变成了现代大气的氧化性气氛。

(iii) 生命的出现和生物圈的形成对地球大气的演变起了重要作用,并且至今仍在调控和维持着这种"特殊"地球大气的稳定。

2.2　大气层的垂直结构

地球大气的总质量为 5.2×10^{15} 吨,相当于地球本身质量的百万分之一。由于万有引力的作用,大气的密度随着高度的增加而降低。与大气密度的变化规律相比,大气温度和化学组成的变化曲线要复杂得多,如图 2-1 所示。这种按照气温的垂直分布特点来划分大气圈的方法称为热分层法。根据热分层法,大气分为对流层、平流层、中间层、热层和逃逸层等五层。

2.2.1　对流层

对流层是离地球表面最近的一层大气,它的上界随纬度和季节而变化。在赤道附近,对流层的厚度约为 16～18 km,在中纬度地区约为 10～12 km,而在两极附近只有约 8～9 km。对流层一般夏季较厚,冬季较薄。从厚度上讲对流层只是大气圈的一小部分,但它的质量占整个大

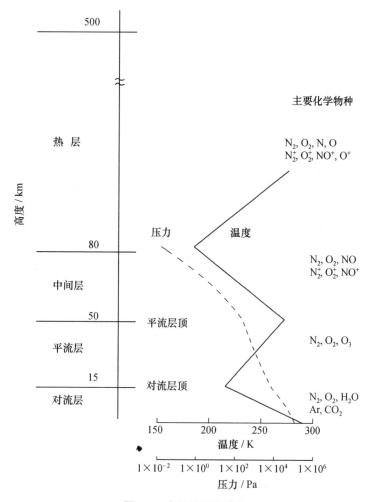

图 2-1　大气的垂直结构

气圈质量的 75% 以上。

　　地球辐射是对流层大气吸收的主要方面,离地面越远吸收越少,因此温度随高度的上升而逐渐下降,平均大约每上升 100 m,气温降低 0.6℃。贴近地表的大气受热会膨胀上升,而高层的空气冷缩后会下降,这样大气在垂直于地表的方向上就形成了强烈的对流运动,"对流层"因此而得名。

　　大气的这种上下对流,对从地面排放出的污染物的稀释和扩散是极为有利的。但在夜间,地面温度下降,容易出现低层大气下冷上热的稳定状态,这种现象称为"逆温"。逆温现象通常在每天凌晨都会不同程度地存在,太阳升起后,阳光照射到地面,底层大气温度升高,逆温现象会很快消失。然而在寒冷的季节、阴天或静风的天气条件下,逆温现象会持续较长时间。在逆温条件下,排放到大气中的污染物扩散不出去,容易发生污染事件。

　　对流层清洁大气的主要成分为 N_2(78%)、O_2(21%)和 Ar(约 1%)。此外还含有种类丰富的微量气体、颗粒物和自由基等组分。因对流层顶部的温度已降到 −50℃ 以下,来自地面的水汽在到达这里之前就早已凝结成冰,因此大气中的水汽几乎都聚集在对流层中(>90%)。

　　对流层大气因受地表影响的状况不同,在实际研究中常划分为两个区域。在 1～2 km 以下,大气与地表物体间的机械和热力作用强烈,通常称为摩擦层或边界层。排入大气的污染物绝大部分在这一层中活动,地表的建筑物、森林、山地等对大气中污染物的扩散和传输有很大影响。在 1～2 km 以上,对流层大气受地表影响较小,称为自由大气层。主要的天气过程如雨、雪、雹等的形成都是在这一层中。

2.2.2 平流层

从对流层顶向上至距地面大约 50 km 高度之间的大气层称为平流层。与对流层一样,平流层中的化学物种也主要是以分子形式存在,不同的是由于到达这里的太阳辐射波长范围是 200～280 nm;在距地面约 15～35 km 的高度范围内,存在一层臭氧层。臭氧是平流层中最重要的化学物种。

平流层大气温度的变化特点与对流层不同,随高度上升而逐渐增大,因此平流层大气很少上下方向的对流,而是以平流运动为主。平流层臭氧的浓度变化对对流层大气质量及地表生态系统都会产生重大影响。

2.2.3 中间层

自平流层顶向上到距地面约 80 km 高度之间的大气称为中间层。这里气体分子密度进一步降低,而更低波长的太阳辐射(<200 nm)在热层已经被吸收,因此光向热的转化效率较小,温度随高度增加而降低。

2.2.4 热层

热层距地面高度约为 80～500 km。这里的大气更加稀薄,总压力小于 10^{-3} Pa。从中间层向上进入热层后,所有的化学物种几乎都暴露在整个太阳光谱之下,波长在 200 nm 以下的高能光子足以使分子解离成原子:

$$N_2 + h\nu(\lambda < 126\, nm) \longrightarrow N + N \qquad \Delta H^{\ominus} = 945\, kJ \cdot mol^{-1} \qquad (2\text{-}7)$$

$$O_2 + h\nu(\lambda < 240\, nm) \longrightarrow O + O \qquad \Delta H^{\ominus} = 498\, kJ \cdot mol^{-1} \qquad (2\text{-}8)$$

解离产生的原子可以保持原子状态,也可以相互结合回到 N_2 或 O_2,或生成 NO。原子/分子的数量比随高度增加而增大,在 120 km 高度,氧原子的浓度与氧分子的浓度相当;N_2 由于更加稳定,N/N_2 值相对较小。波长更短的太阳辐射甚至可使分子和原子发生电离,如

$$N_2 + h\nu(\lambda < 80\, nm) \longrightarrow N_2^+ + e^- \qquad \Delta H^{\ominus} = 1500\, kJ \cdot mol^{-1} \qquad (2\text{-}9)$$

$$O + h\nu(\lambda < 91\, nm) \longrightarrow O^+ + e^- \qquad \Delta H^{\ominus} = 1310\, kJ \cdot mol^{-1} \qquad (2\text{-}10)$$

因此,中间层顶以上的区域也称为电离层。吸收太阳辐射解离产生的物种俘获电子后可重新回到分子态,同时释放出大量的热,因此大气随高度增加迅速增温。

热层是大气层中惟一一层主要化学物种是以原子或离子而非分子形式存在的区域。

2.2.5 逃逸层

热层以上的大气层由于受地球引力较小,有些组分可以脱离地球的引力而进入太空,因此称为逃逸层。这里的大气密度已接近太空密度,因此也常称为外层大气。

在以上各层中,与人类关系最为密切的是对流层和平流层,即距地面高度 50 km 以下的大气层。这部分大气常被称为低层大气。

2.3　对流层大气中微量气体的性质

2.3.1　大气中物种浓度的表达

在大气化学中最常用到的一个浓度表达方式是混合比。混合比的定义是在一定体积大气中某物种的数量(或质量)与该体积中所有组分的总数量(或质量)的比值。对于气态物种而言,所有组分指包括水汽在内的所有气态组分,但不包括颗粒物和液态水。因此混合比实质是所研究物种在总数量(或质量)中所占的比例。混合比一般用 ξ 表示,物种 i 的体积混合比为

$$\xi_i = c_i / c_{总} \tag{2-11}$$

式中 c_i 为 i 物种的摩尔浓度,$c_{总}$ 为空气的总摩尔浓度。根据理想气体定律,

$$c_{总} = \frac{n}{V} = \frac{p}{RT} \tag{2-12}$$

因此混合比 ξ_i 可表示为

$$\xi_i = \frac{c_i}{p/RT} = \frac{p_i/RT}{p/RT} = \frac{p_i}{p} \tag{2-13}$$

式中 p_i 为 i 物种的分压。可见,混合比相当于摩尔分数,不像摩尔浓度($mol \cdot m^{-3}$)随温度和压力而变化,因此混合比比摩尔浓度更适合用来描述大气中物种的含量,尤其是在涉及时空变化时。由于气体总量中包含了水汽,混合比会随湿度的变化而改变,有时这种变化可大到百分之几。为此,在通常情况下,混合比定义为物种在干燥空气中的摩尔分数。

在大气化学中经常用以下单位来表示混合比:

ppm(parts per million),百万分之一,10^{-6},国际单位为 $\mu mol \cdot mol^{-1}$;

ppb(parts per billion),十亿分之一,10^{-9},国际单位为 $nmol \cdot mol^{-1}$;

ppt(parts per trillion),万亿分之一,10^{-12},国际单位为 $pmol \cdot mol^{-1}$。

这些单位后面有时加上 v 或 m 用以区分是体积摩尔分数还是质量摩尔分数。如不特殊指明,一般都是指体积混合比。

除了体积混合比之外,大气物种的浓度有时也采用单位体积空气中所含该物种的质量数来描述,用 m_i 表示,单位是 $\mu g \cdot m^{-3}$。$\xi_i(ppm)$ 与 $m_i(\mu g \cdot m^{-3})$ 之间的换算关系式为

$$\xi_i = \frac{RT}{M_i p} m_i \tag{2-14}$$

式中 M_i 为物种 i 的摩尔质量,p 为大气压(Pa),T 为大气温度(K),R 为气体摩尔常数(值为 $8.314 \ Pa \cdot m^3 \cdot mol^{-1} \cdot K^{-1}$)。

在 298 K,1 atm(约 10^5 Pa)下,式(2-14)可简化为

$$\xi_i = \frac{0.02445}{M_i} m_i \tag{2-15}$$

2.3.2　对流层大气的组成和停留时间

对流层大气中除了 N_2、O_2 和稀有气体等主要成分外,还含有许多微量气体。而这些微量气体,正是大气化学中表现最活跃的组分。通常,物种从排放源产生到经化学反应或沉降去除,中间有一段在大气中停留的过程。定义某物种在进入大气后到被清除之前在大气中停留的平

均时间(经化学转化为其他物种算做被清除)为该物种的大气寿命,也称停留时间。表2-1列出了对流层中一些重要气体的含量和停留时间。

表 2-1　对流层大气的气体组成

	气　体	相对分子质量	平均混合比/ppm	停留时间
主要组分	N_2	28.01	780 840	10^6 年
	O_2	32.00	209 460	10 年
次要组分	Ar	39.95	9340	10^7 年
	CO_2	44.01	355	5~15 年
痕量组分	Ne	20.18	18	10^7 年
	He	4.003	5.2	10^7 年
	CH_4	16.04	1.72	10 年
	Kr	83.80	1.1	10^7 年
	H_2	2.016	0.58	6~8 年
	N_2O	44.01	0.31	120 年
	$H_2O(g)$	18.02	变化值	~10 天

根据大气组分停留时间的长短,可将其划分为三类:对于 N_2 和稀有气体来说,由于化学性质非常稳定,寿命可长达几百至几千万年,通常称为准永久性气体,或称非循环气体;第二类气体如 CO_2、CH_4、N_2O 等在大气中的停留时间为几年到上百年,称为可变化组分;第三类主要包括 CO、NO_x、NH_3、SO_2、H_2S、有机碳氢化合物和气溶胶粒子等,这类组分的停留时间一般都小于 1 年,通常为几天至一个星期,称为强可变组分。

2.3.3　大气组分的全球循环

环境中的物种在大气、海洋、生物圈和陆地等储库之间不断通过物理、化学或生物化学过程进行物质交换和转化的过程称为该物种的生物地球化学循环。生物地球化学循环反映出物种在各储库中的含量和在储库间的交换速率。图 2-2 是大气中氧气的循环示意图。

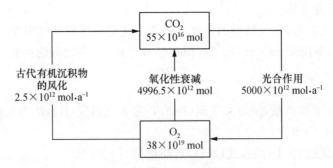

图 2-2　大气中 O_2 的循环

从图 2-2 可以看到,陆地和海洋植物的光合作用是大气中 O_2 的惟一来源,大气中的游离氧又通过氧化性衰减(即动植物的呼吸和腐败过程)、还原性无机物的氧化和古代有机沉积物的风化等化学和生物过程不断被消耗,构成大气中 O_2 的完整循环。O_2 循环表明,占据大气组成 20.946% 的 O_2 时时刻刻都在不断地运动中,它以一定的速率输入大气,同时又以一定的速率由大气输出,输入速率和输出速率相等,即大气中的 O_2 处于动态平衡中。

在进行大气物种的全球循环研究时,常把对流层看成一个大的已经混合均匀的储库来处理,或者把南北半球分开,各当做一个储库来处理。这里介绍将对流层和平流层划分为四个天然大气储库,即北半球对流层大气(NH^T)、南半球对流层大气(SH^T)、北半球平流层大气(NH^S)和南半球平流层大气(SH^S)建立的四元大气模型,如图 2-3 所示。利用此模型导出的平衡方程可用来估算物种的大气浓度和停留时间。

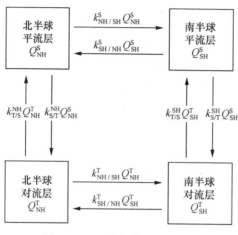

图 2-3　四元大气模型示意图

假定目标物在对流层和平流层大气中是通过不同的一级过程清除的,可分别用一级速率常数 k_T 和 k_S 来表示,那么该物种在对流层两储库中的清除速率分别为 $k_T Q_{NH}^T$ 和 $k_T Q_{SH}^T$,在平流层两储库中的清除速率分别为 $k_S Q_{NH}^S$ 和 $k_S Q_{SH}^S$。在对流层北半球大气中物种质量的动力学平衡为

$$\begin{aligned}
\frac{dQ_{NH}^T}{dt} = &\ k_{SH/NH}^T Q_{SH}^T - k_{NH/SH}^T Q_{NH}^T && \text{（在对流层 NH 和 SH 间的交换）}\\
&+ k_{S/T}^{NH} Q_{NH}^S - k_{T/S}^{NH} Q_{NH}^T && \text{（在对流层 NH 和平流层之间的交换）}\\
&- k_T^{NH} Q_{NH}^T && \text{（从对流层清除）}\\
&+ p_{NH} && \text{（源排放进入对流层 NH）}
\end{aligned} \qquad (2\text{-}16)$$

在稳态下,源和汇达到平衡:

$$0 = k_{SH/NH}^T Q_{SH}^T - k_{NH/SH}^T Q_{NH}^T + k_{S/T}^{NH} Q_{NH}^S - k_{T/S}^{NH} Q_{NH}^T - k_T^{NH} Q_{NH}^T + p_{NH} \qquad (2\text{-}17)$$

式(2-17)重新整理后得到

$$0 = -(k_{NH/SH}^T + k_{T/S}^{NH} + k_T^{NH})Q_{NH}^T + k_{SH/NH}^T Q_{SH}^T + k_{S/T}^{NH} Q_{NH}^S + p_{NH} \qquad (2\text{-}18)$$

对对流层 SH 应用同样的稳态平衡可得

$$0 = -(k_{SH/NH}^T + k_{T/S}^{SH} + k_T^{SH})Q_{SH}^T + k_{NH/SH}^T Q_{NH}^T + k_{S/T}^{SH} Q_{SH}^S + p_{SH} \qquad (2\text{-}19)$$

同样,对平流层的两部分储库,相应的平衡方程为

$$0 = -(k_{NH/SH}^S + k_{S/T}^{NH} + k_S^{NH})Q_{NH}^S + k_{SH/NH}^S Q_{SH}^S + k_{T/S}^{NH} Q_{NH}^T \qquad (2\text{-}20)$$

$$0 = -(k_{SH/NH}^S + k_{S/T}^{SH} + k_S^{SH})Q_{SH}^S + k_{NH/SH}^S Q_{NH}^S + k_{T/S}^{SH} Q_{SH}^T \qquad (2\text{-}21)$$

方程式(2-18)～(2-21)的四个方程中共有四个未知数:Q_{NH}^T,Q_{SH}^T,Q_{NH}^S 和 Q_{SH}^S,因此可分别求得物种在四个大气储库中的含量。整个大气中物种的总量则为

$$Q_{总} = Q_{NH}^{T} + Q_{SH}^{T} + Q_{NH}^{S} + Q_{SH}^{S} \qquad (2\text{-}22)$$

某物种分子在大气中的平均停留时间可由下式求出:

$$\tau = \frac{Q_{总}}{p_{NH} + p_{SH}} \qquad (2\text{-}23)$$

对于在对流层中就被完全清除的物种,只考虑对流层两个半球储库即可。而平流层的水平混合比垂直方向的混合快得多,对许多到达平流层的物种来说,平流层可以看做一个储库。这样上述四元模型就可以根据实际情况简化为三元或二元模型来处理。

下面以甲基氯仿(CH_3CCl_3)为例,简单介绍上述四元模型的实际应用。CH_3CCl_3 是一种人工合成的物质,排放源了解得比较清楚,在大气中的反应几乎是由 OH 自由基[①] 控制的,CH_3CCl_3 在大气中的混合比也很明确,因此 CH_3CCl_3 的全球稳态源汇平衡可用来估算 OH 自由基的全球平均浓度。已知 CH_3CCl_3 的排放数据如下

$$p_{NH} = 5.467 \times 10^{11} \text{ g} \cdot \text{a}^{-1}$$
$$p_{SH} = 2.23 \times 10^{10} \text{ g} \cdot \text{a}^{-1} \qquad (1978\text{—}1990 \text{ 年间的平均值})$$

CH_3CCl_3 主要通过与 OH 自由基的反应去除:

$$CH_3CCl_3 + OH \longrightarrow CH_2CCl_3 + H_2O \qquad (2\text{-}24)$$

反应(2-24)的速率常数 $k = 1.8 \times 10^{-12} \exp(-1550/T)$。为了估算对流层和平流层中的平均速率常数,对流层的平均温度取 277 K,平流层的平均温度取 12 km 处的 216.7 K。对流层 OH 的平均浓度取 8.7×10^5 分子数·cm^{-3},平流层 OH 的平均浓度取 12 km 的 6.48×10^6 分子数·cm^{-3}。CH_3CCl_3 还可以在平流层中光解,但光解速率比与 OH 的反应慢 4000 倍,因此这里忽略此反应的贡献。CH_3CCl_3 最终通过沉降到地球表面去除,一级去除系数为 0.012 a^{-1}。

此外,还需要四个大气储库间的交换速率数据:

$$k_{SH/NH}^{T} = k_{NH/SH}^{T} = 1.0 \text{ a}^{-1}, \quad k_{SH/NH}^{S} = k_{NH/SH}^{S} = 0.25 \text{ a}^{-1}$$
$$k_{S/T}^{NH} = k_{S/T}^{SH} = 0.4 \text{ a}^{-1}, \quad k_{T/S}^{NH} = k_{T/S}^{SH} = 0.063 \text{ a}^{-1}$$

利用以上数据和年排放速率,用四元模型可以估算出在对流层和平流层中 CH_3CCl_3 的稳态混合比和 CH_3CCl_3 在整个大气中的停留时间。结果列于表 2-2 中。

表 2-2　大气中 CH_3CCl_3 的混合比和大气寿命的估算值和观测值

	四元模型的计算结果	观测到的混合比
对流层混合比/ppt	129	160
平流层混合比/ppt	57	
大气寿命/年	5.0	

2.3.4　大气过程的时空尺度

大气犹如一个大的化学反应器,在巨大的时间和空间尺度上不断地有物种被输入和被清除。大气本身的运动尺度跨越了约 8 个数量级(见图 2-4),从不到 1 cm 的微小旋涡到跨洲传输的巨大空气团。一般将大气的运动尺度范围划分为微观尺度(microscale)、中尺度

---

① 大气中常见的自由基有: ·OH(氢氧自由基,以下简为 OH)、HOO·(氢过氧自由基,以下简为 HO₂)、ROO·(烷基过氧自由基,以下简为 RO₂)、R·(烷基自由基,以下简为 R)、RO·(烷氧基自由基,以下简为 RO)和 NO₃ 自由基等。

(mesoscale)、天气尺度(synoptic scale)和全球尺度(global scale)等四种。微观尺度对应的范围是分子尺度～100 m;中尺度范围为几十到几百千米;天气尺度指整个天气系统的运动范围,可达几百到几千千米的尺度;全球尺度通常都在 5×10^3 km 以上。

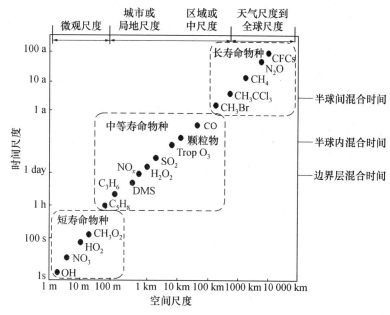

图 2-4　大气组分的空间和时间变化范围

各种大气化学现象的空间尺度特征列于表 2-3 中。表中许多现象是相互交叉的,例如,城市和区域空气污染之间、区域空气污染中的气溶胶和气溶胶-气候相互作用之间、温室气体增加和平流层臭氧消耗之间,以及对流层氧化能力和平流层臭氧损耗之间等都多少有一些连续性。

表 2-3　大气化学现象的空间尺度

现象	距离尺度/km	现象	距离尺度/km
城市空气污染	1～100	温室气体增加	1000～40 000
区域空气污染	10～1000	气溶胶-气候相互作用	100～40 000
酸雨/酸沉降	100～2000	对流层传输和氧化过程	1～40 000
有毒空气污染物	0.1～100	平流层-对流层交换	0.1～100
平流层臭氧损耗	1000～40 000	平流层传输和氧化过程	1～40 000

与各物种关系密切的是特征空间传输尺度。例如,反应活性最强的自由基大气寿命不到 0.01 秒,特征空间传输尺度只有约 1 cm;而甲烷寿命长达 10 年,基本可在整个地球大气中混合均匀。

根据理论估算,对某一大气物种,在半球范围内混合均匀约需要 1～2 个月,在全球范围内混合均匀约需要 1～2 年。所以,只要某物种的停留时间大于 1～2 年,则大气的运动足以使其在全球范围内混合均匀。准永久性气体和部分可变化组分的停留时间较长,即使源分布不均匀,也会在全球范围内被混合均匀。而强可变组分在大气中的时空分布受局地源的影响较大,在不同地区和不同高度的浓度水平往往有很大差别,而且有可能参与平流层或对流层的大气化学反应,因而是造成环境问题的主要因素。

2.4 对流层大气中重要物种的源和汇

大气中微量组分的种类很多,通常将其划分成含硫化合物、含氮化合物、含碳化合物和含卤素化合物等四类。这些物质的大气浓度范围虽然较低,一般在 ppm~ppb 甚至更低的水平。但它们的反应活性很强,对人类和生态环境造成多方面的影响。下面简要介绍各类化合物的源和汇。

2.4.1 含硫化合物

硫在地壳中的质量混合比不到 500 ppm,在大气中的体积混合比不到 1 ppm,但含硫化合物对大气化学和气候有着至关重要的影响。大气中的重要含硫化合物有硫化氢(H_2S)、二甲基硫((CH_3)$_2$S)、氧硫化碳(COS)、二硫化碳(CS_2)、二甲基二硫化物(CH_3SSCH_3)、二甲基氧硫化物(CH_3SOCH_3)、二氧化硫(SO_2)、三氧化硫(SO_3)、硫酸(H_2SO_4)和硫酸盐(SO_4^{2-})等。硫在大气中有 -2,-1,0,$+4$ 和 $+6$ 等五种价态,含硫化合物的化学反应活性一般与其价态的高低呈负相关性。价态为 -2 或 -1 的还原态硫化物可迅速被 OH 基氧化,与其他物种的反应较慢,停留时间约几天。含硫化合物的水溶性随硫元素价态的升高而增加,还原态含硫化合物易在气相中存在,而 $+6$ 价硫化物通常出现在颗粒物或液滴中。一旦转化为 $+6$ 价,含硫化合物的停留时间主要取决于湿沉降和干沉降。

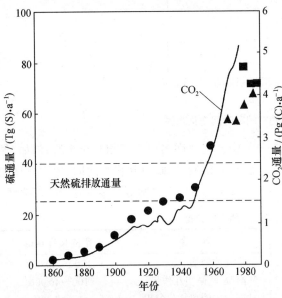

图2-5 1860 年以来全球 SO_2 和 CO_2 的人为源排放量变化情况

实线为 CO_2 排放量;●▲■为不同研究者估算出的 SO_2 排放量;虚线区域为全球天然排放通量(不包括海盐中硫酸盐的贡献)

估计每年全球除海盐外的硫排放量为 98~120 Tg(以 S 计)。人为源贡献其中的 75%,而人为排放部分的 90% 是来自北半球。图 2-5 显示了 1860 年以来全球的 SO_2 排放量变化情况。图中虚线部分为全球硫化物的天然源排放通量(不包括海盐硫酸盐),实线为 CO_2 人为源排放量的变化情况,作为对照。亚洲目前已成为世界上硫排放量最大的地区,硫排放不断增加的一个主要原因就是煤炭消耗量的逐年增加。表 2-4 总结了大气中重要含硫化合物混合比的观测值。

二甲基硫(DMS)是海洋排放的主要含硫物种。1972 年 Lovelock 首先在海洋表面测到了 DMS,并提出 DMS 可能是生物源硫物种,在全球硫的源汇平衡中有重要贡献。DMS 是海水中海底和浮游生物产生的,这意味着它可能在海洋表面普遍存在。有观点认为 DMS 是海洋浮游生物制造的二甲基磺基丙酸酯分解产生的。DMS 在表层海水中的浓度介于几个 ng(S)·L^{-1} 到几个 μg(S)·L^{-1} 之间,变化较大,平均浓度约为 100 ng(S)·L^{-1}。据观测 DMS 浓度存在日变化,并与海水深度和位置有关。根据 DMS 在大气中的浓度及其在海水中的亨利常数,海洋中的 DMS 浓度远大于与大气相平衡的值。这种不平衡导致了 DMS 从海水向大气的排放。

表 2-4　大气中含硫气体混合比的观测值

化合物	地 点	平均混合比/ppt
H_2S	海水表层	3.6~7.5
	海岸地区	65
	森林	35~60
	湿地	450~840
	城市地区	365
	自由大气层(2~5 km)	6~8.5
$(CH_3)_2S$	海水表层	80~110
	陆地表层	8~60
	自由大气层(2~5 km)	1.5~15
CS_2	海水表层	2~18
	陆地表层	35~120
	自由大气层(2~5 km)	5~7
COS	整个对流层	500
	海水表层	500
	陆地表层	545
SO_2	海水表层	20
	自由大气层(>5 km)——欧洲/北海/北极	50
	北美清洁陆地	160
	欧洲沿岸	260
	污染陆地大气	1500

DMS 在全球硫循环中的重要性被发现后,很快进行了大量的相关测量工作。DMS 在海水边界层(MBL)的平均混合比在 80~100 ppt 之间,但在海岸和上升流等水体上空可高达 1 ppb。正如表 2-4 中所列,DMS 的混合比随大气高度上升而迅速下降,在对流层自由大气中降为几个 ppt。在穿过大气-海水界面进入大气中后,DMS 主要与 OH 自由基和 NO_3 自由基反应。与 OH 基的反应在海洋大气中占主导地位。因为 OH 基的形成与太阳辐射密切相关,DMS 在白天被清除得更快,而在夜间 DMS 与 NO_3 基的反应更重要。因此,海洋边界层的 DMS 浓度表现出昼夜循环,夜间最高、白天最低。DMS 的氧化是大气中甲烷磺酸的惟一来源,也是海洋大气中 SO_2 的主要来源。有关的大气化学反应将在第 4 章中介绍。

氧硫化碳(COS)是全球背景大气中含量最丰富的含硫气体,这主要是因为它的反应活性低,在大气中的寿命较长。除火山喷发可直接将 SO_2 送入平流层外,COS 是惟一一种能通过扩散进入平流层的含硫物种。实际上,COS 进入平流层被认为是能维持平流层中正常硫酸盐气溶胶层的主要因素。据估算,COS 的全球源强为 0.73 Tg·a^{-1},全球大气寿命约为 7 年,在对流层的平均混合比为 500 ppt。

SO_2 是最重要的人为排放的含硫物种。它是一种无色有刺激性气味的气体,除一些过敏体质的人群外,SO_2 本身对人体的毒性不大。动物实验表明,即使动物连续暴露在 30 ppm 的 SO_2 下也无明显的生理上的反应。但在大气环境质量标准中对 SO_2 的大气浓度有严格的限制,主要原因在于 SO_2 在大气中能转化为硫酸和硫酸盐,导致酸沉降加剧,造成严重的危害。我国大气中 SO_2 的高浓度主要来源于煤炭等矿石燃料的燃烧,大量的 SO_2 排放和由此而导致的酸沉降污染是我国目前最为关注的大气环境问题之一。有关 SO_2 的大气化学反应将在第 4 章中详细介绍。

  图 2-6 描述了硫在全球生物地球化学循环中的主要储库以及在各储库中的含量估算值（用 Tg(S)）表示。图中箭头方向表示硫在储库之间的流动方向。硫化合物在大气中的主要转化路径如图 2-7 所示。

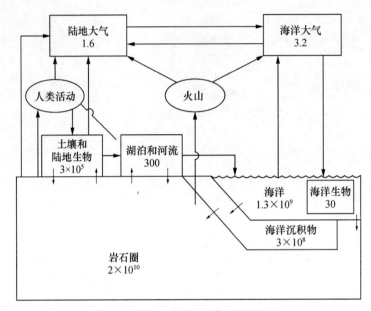

图 2-6　硫的生物地球化学循环示意图

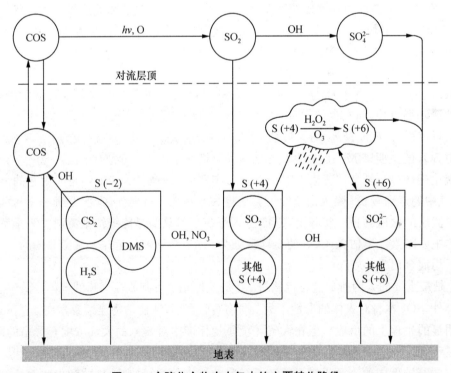

图 2-7　含硫化合物在大气中的主要转化路径

2.4.2　含氮化合物

大气中含量最高的含氮物种是 N_2，N 是地球上所有生命体的必需元素。由于 N_2 本身的化学性质十分稳定，不是大气化学中的活跃组分。除 N_2 外，其他重要的含氮物种有氧化亚氮（N_2O）、一氧化氮（NO）、二氧化氮（NO_2）、氨（NH_3）、亚硝酸（HNO_2）、硝酸（HNO_3）和硝酸盐（NO_3^-）等。

N_2O 为无色气体，主要来自天然源排放，是土壤中细菌活动的产物。N_2O 又称"笑气"，在医疗中可用做麻醉剂。NO 和 NO_2 一般合称为氮氧化物（NO_x）。NO 是高温燃烧条件下 N 的主要氧化产物，其中既包括燃料中所含 N 与大气中 O_2 反应的产物，也包括大气中的 N_2 和 O_2 在高温下的反应产物。在燃烧过程中也会产生和直接排放少量 NO_2，但大气中的 NO_2 主要还是来自 NO 的转化。燃烧源分为流动源（如汽车、轮船等）和固定源（如工厂）两种。在城市地区，NO_x 约 2/3 来源于汽车等流动源的排放，1/3 来自固定源。NO_2 本身是一种氧化剂，而且 NO_2 的光分解是对流层臭氧的主要来源，因此 NO_2 是对流层大气中非常活跃的化学物种之一。其他 N 的氧化物如 NO_3 和 N_2O_5 在大气中的浓度较低，但二者在大气化学中的作用不容忽视。硝酸（HNO_3）和亚硝酸（HNO_2）是氮氧化物在大气中进一步氧化的产物，也是氮氧化物通过降水等方式从大气中去除的主要途径。

氨是对流层中惟一呈碱性的气态组分，因此在酸沉降的研究中引起广泛的兴趣。氨主要来源于施用的肥料、人和动物的排泄物、生物腐殖质的细菌分解过程和一些工业过程。氨在大气中参与一系列的化学反应过程，最终去除产物对地表酸性物质的沉降有贡献，同时还可能加剧湖泊等水体的富营养化。

大气颗粒物中的硝酸盐和铵盐都不是直接从源大量排放出来的，而是大气中 NO、NO_2 和 NH_3 的转化产物。氨被氧化成 NO_2^- 和 NO_3^- 的过程称为硝化过程，N_2O 和 NO 是此反应的副产物，可直接排放到大气中。NO_3^- 还原为 N_2、NO_2、N_2O 或 NO 的过程称为去硝化作用，也称脱氮作用，主要是靠微生物完成的，是不断更新大气中 N_2 的一个过程。图 2-8 为大气中 N 循环示意图。

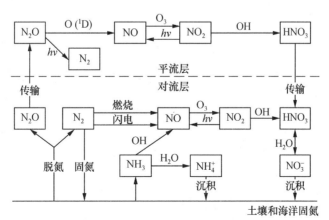

图 2-8　大气中的 N 循环示意图

大气中的 N_2 只有先被固定后才能为生物所利用。所谓固氮是指将 N_2 转化为含氮化合物的过程。天然固氮作用有两种方式，一是少数微生物能将 N_2 转化为 NH_3、NH_4^+ 和有机 N 化合物,例如豆科植物的根瘤菌和海洋中的蓝绿藻、固氮菌和梭菌等都具有固氮能力,生物固氮作用对大气中 N_2 固定的贡献约为 1.6×10^8 t·a^{-1};另一种天然固氮方式是宇宙射线或闪电,可导致 NO 的形成,最终以生物可利用的 NO_3^- 形式沉降到地表,通过此途径固定的氮约为 5×10^6 t·a^{-1}。除了天然固氮过程,人类活动也可通过生物、工业和燃烧等过程固氮。例如,增加豆类植物的种植量可使土壤中的 N 含量增加。在工业上主要是合成氨制造氮肥,工业固氮的贡献约为 6×10^7 t·a^{-1}。总之,每年大气中约有 2.3×10^8 t 的 N_2 被固定下来,其中人类活动的贡献约占 25%。

有关 N_2O、NO_x 和 NH_3 在大气化学中的行为和作用将在本书后续章节中详细介绍。

2.4.3　含碳化合物

大气中的含碳化合物种类极其丰富,包括一氧化碳(CO)、二氧化碳(CO_2)、有机碳氢化合物(HCs)及其含氧衍生物(如醛、酮、醚、醇和酸等)。

全球大气中 CO 的重要源和汇如表 2-5 所列。由表 2-5 可见,大气中的甲烷被 OH 自由基氧化是 CO 的主要来源,其他重要来源包括工业燃烧过程、生物质燃烧和非甲烷碳氢(NMHCs)的氧化等。这些源的不确定性很大。据估计,大气中约 2/3 的 CO 来自人为活动,包括人为产生的 CH_4 的氧化。在全球范围内,汽车尾气是 CO 的最主要的人为排放源。CO 主要的汇是与 OH 自由基的反应,少量可被土壤吸收,或扩散进入平流层。

表 2-5　CO 的源和汇估算值

源	范围/(Tg(CO)·a^{-1})	汇	范围/(Tg(CO)·a^{-1})
工业	300～500	OH 基反应	1400～2600
生物质燃烧	300～700	土壤吸收	250～640
生物活动	60～160	平流层损耗	～100
海洋	20～200		
甲烷氧化	400～1000		
NMHCs 氧化	200～600		
总源强	1800～2700	总汇强	2100～3000

引自:IPCC,1995.

CO 在对流层大气中的混合比为 40～200 ppb,在全球对流层尺度上的化学寿命约为 30～90 天。观测结果表明,北半球大气中的 CO 水平高于南半球,浓度最大值位于北半球中纬度地区附近。总的来说,在北半球大气中,CO 的混合比随高度上升而逐渐减小,在北纬 45°附近的自由大气层中平均值约为 120 ppb;在南半球大气中,CO 浓度的垂直分布相对更均一化,在南纬 45°附近的混合比约为 60 ppb。CO 的大气浓度还表现出季节变化规律,在北半球这种变化幅度平均为±40%,在南半球平均为±20%。最大浓度通常出现在春季,而最小浓度一般在夏末秋初出现。

CO 是清洁大气中含量较高的还原态化合物,因此对大气的氧化能力有重要的影响,而且CO 参与大气光化学反应过程,并对全球环境产生影响。

CO_2 是无毒的气体,CO_2 之所以受到普遍关注是因为它是最重要的温室气体,在全球气候变化中具有重要作用。据估计,如果大气中的 CO_2 浓度升高一倍,全球的气温将上升 3.6℃。人为活动产生的 CO_2 主要来源于化石燃料的燃烧,而一些天然过程包括海洋脱气、动植物的呼

吸作用等也是大气 CO_2 的重要来源。关于 CO_2 的大气化学性质将在第 7 章中详细介绍。

碳氢化合物是由碳和氢两种元素组成的一类化合物的总称,是大气中还原态的物质。根据目前的研究结果,大气中的碳氢化合物种类超过 400 种。如前所述,现代大气本身是氧化性的,因此,碳氢化合物在大气中具有很高的化学活性,其氧化产物也非常复杂,生成很多含氧化合物如醛、酮和酸等,最终的氧化产物是 CO_2。同时,碳氢化合物在大气化学中的反应又丰富了整个大气化学过程,加快了大气中其他组分的化学转化。因此,碳氢化合物的研究一直是大气化学一个非常活跃的领域,有关内容将在第 3 章中详述。

碳氢化合物中最惰性的甲烷,也备受人们重视。这主要是因为甲烷也是一种重要的温室气体,单个甲烷分子的温室效应大约是 CO_2 分子的 20 倍,但由于甲烷的大气浓度远低于 CO_2,因此甲烷总的温室效应次于 CO_2 而位居第二。有关甲烷的内容将在第 7 章中阐述。

碳氢化合物中还包括一类被称为多环芳烃(PAHs)的化合物。所谓多环芳烃是指含有两个以上苯环的碳氢化合物,在大气中多以颗粒物质的形式存在。由于许多多环芳烃化合物具有致癌和致突变的作用,因此一直是人们极为关注的一类大气污染物。苯并[a]芘是具有五个苯环的分子,是多环芳烃的代表性物质,在国家环境质量标准中已制定了严格的浓度限值。多环芳烃主要来源于汽车尾气的排放,另外,香烟烟雾和肉类食品的烹调过程也是不容忽视的排放源。

2.4.4　含卤素化合物

卤代烃是大气中含卤素有机化合物的总称。由 C、Cl 和 F 组成的卤代烃又称氯氟烃化合物(CFCs),其中含有 1 个或多个 H 原子的氯氟烃也称氢氯氟烃(HCFCs),而完全不含 H 原子的氯氟烃则称为全卤代烃。

最早引起人们兴趣的大气中的含卤素气态物质来自海盐。作为一类大气化学物质,卤代烃有一系列的天然和人为排放源,包括海盐、生物质燃烧和工业合成等。直到 1940 年前后,全球人造 CFCs 的数量都处于可忽略的水平。但在此后的几十年中,这个数量急剧增加,到 1992 年时,已增长到约 $2.5\ Tg \cdot a^{-1}$。大气中 Cl 的全球平均水平在 1945 年时约为 1ppb,其中 25% 来自人为贡献;到 1995 年,大气中 Cl 的总负荷已增加到 3.5ppb,其中 85% 来自人为贡献。

含卤素化合物的大气寿命与它们的清除途径密切相关,短的只有几天,长的可达几个世纪。表 2-6 列出了大气中重要含卤素化合物的全球平均浓度、大气负荷量、寿命及源和汇。在完全来自人工合成的卤代烃中,CFCs 被用做制冷剂(CFC-12、HCFC-22)、发泡剂(CFC-11、HCFC-22)和清洁剂(CFC-113);甲基氯仿(CH_3CCl_3)、二氯甲烷(CH_2Cl_2)和四氯乙烯(C_2Cl_4)用做除油剂、干洗剂和工业溶剂;甲基溴(CH_3Br)是常用的熏蒸剂。表 2-6 中所有的甲基卤化物都有天然源,CH_3Cl 和 CH_3Br 都是生物质燃烧的产物。

Lovelock 于 1971 年利用电子俘获检测器首次在大气中检测到了 SF_6 和 $CFCl_3$。Molina 于 1974 年提出 CFCs 在对流层中不易被清除,可到达平流层光解释放出 Cl 原子,从而破坏平流层 O_3。由于 CFCs 的化学惰性,它们在使用过程中形态几乎不发生变化,最终以原化合物的形式进入到大气中。对流层中化学物种的汇通常有氧化,光解和干、湿沉降等,但这些过程对 CFCs 的去除基本是无效的。$CFCl_3$ 和 CF_2Cl_2 惟一重要的汇是在平流层大气中部($25 \sim 40\ km$),在波长小于 230 nm 的阳光紫外辐射作用下发生解离。这些 CFCs 同时还是红外辐射的有效吸收者,是潜在的重要温室气体,相关内容将在第 7 章中介绍。

表 2-6　大气中的含卤素化合物

含卤素化合物	一般名称	混合比 (1992) /ppt	大气负荷量 /Tg	大气寿命 /年	源	汇
$CFCl_3$	CFC-11	268	6.2	50 ± 5	人为	平流层光解
CF_2Cl_2	CFC-12	503	10.3	102	人为	平流层光解
$CF_2ClCFCl_2$	CFC-113	82	2.6	85	人为	平流层光解
CF_2ClCF_2Cl	CFC-114	20	—	300	人为	平流层光解
CCl_4	四氯化碳	132	3.4	42	人为	平流层光解
CH_3CCl_3	甲基氯仿	160	3.5	5.4 ± 0.6	人为	对流层 OH
CH_3Cl	氯化甲烷	600	5.0	1.5	天然(海洋);生物质燃烧	对流层 OH
CF_2HCl	HCFC-22	105	1.5	13.3	人为	对流层 OH
CH_3Br	溴化甲烷	12	0.15	1.3	天然(海洋);生物质燃烧;人为	对流层 OH
CF_3Br	H-1301	2	0.05	65	人为	平流层光解
CF_4	全氟甲烷	70	0.9	50 000	人为	中间层光解
SF_6	六氟化硫	2.5	—	3200	人为	中间层分子
CF_3CHCl_2	HCFC-123			1.4	人为	对流层 OH
CF_3CHFCl	HCFC-124			5.9	人为	对流层 OH
CH_3CFCl_2	HCFC-141b			9.4	人为	对流层 OH
CH_3CF_2Cl	HCFC-142b	3.5		19.5	人为	对流层 OH
$CF_3CF_2CHCl_2$	HCFC-225ca			2.5	人为	对流层 OH
$CClF_2CF_2CHClF$	HCFC-225cb			6.6	人为	对流层 OH
$CHCl_3$	氯仿			0.55	人为;天然(海洋)	对流层 OH
CH_2Cl_2	二氯甲烷	<10		0.41	人为	对流层 OH
CF_3CF_2Cl	CFC-115	2		1700	人为	平流层 $O(^1D)$
C_2Cl_4	四氯乙烯			0.4	人为	对流层 OH

引自 Seinfield,1998.

含氢卤代烃与全卤代烃的大气化学行为之间差别十分明显,只要分子中含有一个 H 原子,如 CF_2HCl、$CHCl_3$ 和 CH_3CCl_3 等,在对流层中就可被 OH 自由基有效去除,到达平流层的量大大下降,大气寿命约为几个月到几十年。有些含氢物种还与海水反应,如大气中约 5%～10% 的 CH_3CCl_3 是被海水吸收去除的。CH_3CCl_3 和 HCFCs 也是重要的红外吸收物种,不过,它们的大气寿命较短,对辐射平衡的影响比全卤代烃小得多。

除以上四类化合物外,大气中重要的化学物种还有大气氧化剂(如 O_3)和颗粒物等,关于这两种物质的源和汇及大气化学行为将在第 3 章和第 5 章中详细介绍。各类微量物种对大气环境的影响状况总结于表 2-7 中。

表 2-7 大气中微量气体对环境的影响*

气 体	城市空气污染	酸沉降	能见度降低	温室效应	平流层 O_3 损耗	通过消耗 OH 基降低大气的自净能力
CO_2				+	+/-	
CH_4				+	+/-	+/-
CO	+					+
N_2O				+	+/-	
NO_x	+	+	+		+/-	-
SO_2	+	+	+	-		
CFCs				+	+	
O_3	+	+		+		-

* 表中+表示对该效应有贡献；—表示对该效应有缓解作用；+/—表示影响有时是加剧作用,有时是缓解作用。例如,CO_2、N_2O 和 NO_x 在不同高度对 O_3 的影响是不一样的；CH_4 在南半球减小了大气自净能力,但在北半球的作用刚好相反。

引自：Seinfiled,1998.

2.5 对流层大气化学反应

2.5.1 大气化学反应热力学

现代大气被称为氮氧大气,大气中许多活跃的化学反应过程都与 N 元素和 O 元素的参与有关。但是 N_2 和 O_2 之间直接的反应在环境大气条件(298 K)下是很难发生的。

$$N_2(g) + O_2(g) \longrightarrow 2NO(g) \qquad \Delta G^\ominus = 180\,kJ \cdot mol^{-1} \tag{2-25}$$

根据反应(2-25)的 $\Delta H^\ominus = 180\,kJ \cdot mol^{-1}$ 和 $\Delta S^\ominus = 24.9\,J \cdot mol^{-1} \cdot K^{-1}$,可计算出反应自发进行所需的温度条件为 $T \geqslant 7230\,K$。因此在通常大气条件下,NO 很少生成。但是在高温、燃烧条件下,NO 的生成量会大大增加,例如在机动车内燃机点火瞬间,温度可高达 2500℃ (2773 K),根据各反应物和产物的标准生成焓和绝对熵值,可计算出在此温度下反应(2-25)的标准 Gibbs 自由能变化为

$$\Delta G^\ominus_{2773\,K} = 111.2\,kJ \cdot mol^{-1}$$

利用 van't Hoff 方程可求出该反应的平衡常数：

$$K^\ominus_p = \exp(-\Delta G^\ominus_{2773\,K}/RT) = 8.02 \times 10^{-3}$$

在机动车尾气中 NO 所占的分压与 $K^\ominus_p$ 的关系式为

$$K^\ominus_p = \frac{(p_{NO}/p^\ominus)^2}{(p_{N_2}/p^\ominus)(p_{O_2}/p^\ominus)} \tag{2-26}$$

假定在汽油燃烧过程中压缩气缸内大部分 O_2 都被消耗掉了,剩余的气体组成为 $p_{N_2} = 650\,kPa$, $p_{O_2} = 1.0\,kPa$,温度为 2773 K,根据式(2-26)可计算出 N_2 和 O_2 反应所得的 $p_{NO} = 1.4\,kPa$,即在热气缸中 NO 的体积混合比为 2200 ppm。假设在汽车尾气系统中不对 NO 进行催化分解,那么这些 NO 气体将全部直接排放到大气中。实际上,在未安装排放控制装置的汽车尾气中也确实观测到了这个浓度水平的 NO。

理论上,反应(2-25)的逆反应是一个在常温下可自发进行的反应,根据大气中 N_2 和 O_2 的分压分别为 79 kPa 和 21 kPa,采用热力学的计算方法可算出在 25℃ 条件下,大气中 NO 的浓

度约为 2.8×10^{-14} kPa。这表明从热力学角度出发,尾气排放出的 NO 应当定量逆反应回到 N_2 和 O_2,在大气中残留的 NO 浓度几乎可以忽略,但是实际上,在燃烧源附近经常可以测到高浓度的 NO,本书第 3 章的光化学烟雾形成曲线就是一个典型的实例。可见,只根据热力学的计算不足以正确预测实际大气中的情况。

更深入的研究证实,造成上述重大差别的主要原因在于在大气温度下反应(2-25)的逆反应进行得极其缓慢。这就涉及大气化学反应的动力学问题。

2.5.2 大气化学反应动力学

假设上述尾气排放到大气中后的稀释倍数为 20 000 倍,最终的 NO 大气浓度应为 100 ppb,相当于 4.1×10^{-6} mol·m^{-3}。反应(2-25)的逆反应为

$$2NO(g) \longrightarrow N_2(g) + O_2(g) \tag{2-27}$$

此反应的二级反应速率常数是 $k = 2.6 \times 10^6 e^{-3.21 \times 10^4/T}$ m^3·mol^{-1}·s^{-1}。在 25℃ 下,k 为 4.3×10^{-41} m^3·mol^{-1}·s^{-1}。因此,NO 分解的起始速率为 $k[NO]_0^2 = 7.2 \times 10^{-52}$ mol·m^{-3}·s^{-1},此速率显然很慢。半衰期 $t_{1/2} = 1.8 \times 10^{38}$ 年,相当于地球年龄的 10^{28} 倍。可见,燃烧产生的 NO 虽然热力学不稳定,但在环境温度下动力学是极其惰性的。

观测结果表明,大气中 NO 的实际浓度是在上述两种极端情况之间。因为在大气中还有另外的反应参与控制 NO 气体的浓度,其中最重要的是 NO 被氧化成 NO$_2$ 的反应。不过以下反应

$$2NO(g) + O_2(g) \longrightarrow 2NO_2(g) \tag{2-28}$$

虽然从热力学上看很彻底,但同样存在动力学十分缓慢的问题,不能解释在光化学烟雾事件中很快建立起来的 NO$_2$ 平衡浓度。

实际上,包括 NO 在内的大气中各种低价态物质,如 H$_2$S、SO$_2$、NH$_3$ 和 CH$_4$ 等,在以降水或干沉降的形式回到地表时一般都已转化成了高价态,如 SO$_4^{2-}$、NO$_3^-$ 和 CO$_2$ 等。研究已经证实,在上述氧化过程中起主要作用的并不是空气中的 O$_2$,因为分子 O$_2$ 中的 O=O 相对较稳定(键能 502 kJ·mol^{-1}),在对流层的大气条件下,与大多数还原性气体都不能反应。这里真正发挥氧化作用的是一系列高活性的含 O 自由基。对 NO 而言,HO$_2$ 和 RO$_2$ 是两种最重要的自由基氧化剂,氧化反应的通式为

$$RO_2 + NO \longrightarrow RO + NO_2 \tag{2-29}$$

从上面的讨论我们可以看到,大气化学反应仅用热化学的理论知识来解释是不够的。实际上,在大气中,时时刻刻都在发生着活跃的化学反应,而这些反应过程从根本上讲是由太阳辐射驱动的。大气中存在的许多光吸收物质吸收了太阳辐射后被激发,进一步解离出其他的活性分子和自由基,才引发了大气中一系列的化学反应。

2.5.3 大气光化学反应

根据光化学定律,只有被吸收的光才对光化学过程是有效的,分子吸收光的过程是单光子过程,即一个分子吸收一个光子而被激发。大气光化学过程可表示为

$$A + h\nu \longrightarrow A^* \tag{2-30}$$

式中,A 表示基态分子,$h\nu$ 表示光子,A* 表示激发态分子。

激发态物种 A* 可进一步按下列途径继续反应:

(i) 解离：$\qquad\qquad$ $A^* \longrightarrow B_1 + B_2 + \cdots$

(ii) 与其他物质反应：$\quad$ $A^* + B \longrightarrow C_1 + C_2 + \cdots$

(iii) 发光：$\qquad\qquad$ $A^* \longrightarrow A + h\nu$（荧光或磷光）

(iv) 碰撞失活：$\qquad$ $A^* + M \longrightarrow A + M$

(v) 电离：$\qquad\qquad$ $A^* \longrightarrow A^+ + e$

实际上,被化学物种吸收了的光子并不一定都能引发反应,光化学反应的效率常用量子产率来表示。假设 A 被激发到 A^* 后按 n 种途径进一步反应,则其中第 i 个过程的初级量子产率 $\Phi_i = i$ 过程所得某种产物的分子数/被吸收的光子数 $= i$ 过程的反应速率/吸收光子的速率。由于激发产生的 A^* 分子总数与吸收的光子数相等,因此 $\Phi_i \leqslant 1$, $\sum(\Phi_i) = 1$。

例如,HCHO 吸收波长 $250\sim370\,\mathrm{nm}$ 的光后,可按两种途径进行反应：

$$\mathrm{HCHO} + h\nu(250\,\mathrm{nm} < \lambda < 370\,\mathrm{nm}) \longrightarrow \mathrm{H} + \mathrm{HCO} \qquad \text{解离产生自由基} \qquad (2\text{-}31\mathrm{a})$$

$$\longrightarrow \mathrm{H_2} + \mathrm{CO} \qquad \text{经过分子内部过程产生稳定分子}$$

$$(2\text{-}31\mathrm{b})$$

对于途径(2-31a),初级量子产率 $\Phi_a =$ 形成的 H 原子数/被 HCHO 吸收的光子数。一般来说,原子或自由基的测量是很困难的,而稳定产物的测量相对容易。不过要注意在这里测到的稳定产物 $\mathrm{H_2}$ 或 CO,实际上还包含了上述原子和自由基产物进一步反应生成的部分：

$$\mathrm{H} + \mathrm{HCO} \longrightarrow \mathrm{H_2} + \mathrm{CO} \qquad (2\text{-}32)$$

$$2\mathrm{H} \longrightarrow \mathrm{H_2} \qquad (2\text{-}33)$$

$$2\mathrm{HCO} \longrightarrow \mathrm{H_2} + \mathrm{CO} \qquad (2\text{-}34)$$

这就需要用总量子产率(Φ)来表示反应效率。

$$\Phi_{\mathrm{H_2}} = \text{生成的 } \mathrm{H_2} \text{ 分子数/被 HCHO 吸收的光子数}$$

Φ 也称表观量子产率,Φ 的值可能会大于 1,甚至远大于 1。量子产率主要用于研究反应的机理,如链反应机制。$\Phi \gg 1$ 的反应为链反应。

从反应速率来看,A^* 的形成速率等于光子的吸收速率：

$$\mathrm{d}[A^*]/\mathrm{d}t = j_{\mathrm{A}}[\mathrm{A}] \qquad (2\text{-}35)$$

其中 j_{A} 为一级反应速率常数(s^{-1}),通常认为与[A]无关。上述反应(2-30)的解离途径(i)中 B_1 的形成速率为

$$\mathrm{d}[B_1]/\mathrm{d}t = \Phi_1 j_{\mathrm{A}}[\mathrm{A}] \qquad (2\text{-}36)$$

式中 Φ_1 为该途径的量子产率。

定义 A 的吸收截面积为 $\sigma_{\mathrm{A}}(\mathrm{cm^2 \cdot 分子数^{-1}})$,则

$$\sigma_{\mathrm{A}} = b_a/n \qquad (2\text{-}37)$$

式中 b_a 为介质的吸收系数($\mathrm{cm^{-1}}$),n 为分子 A 的数密度(分子数$\cdot\mathrm{cm^{-3}}$),则 j_{A} 可表示为

$$j_{\mathrm{A}} = \int_{\lambda_1}^{\lambda_2} \sigma_{\mathrm{A}}(\lambda) \Phi_{\mathrm{A}}(\lambda) I(\lambda) \mathrm{d}\lambda \qquad (2\text{-}38)$$

式中 λ_2 和 λ_1 分别为分子吸收波长范围的上、下限。在对流层大气中,$\lambda_1 = 290\,\mathrm{nm}$,$\lambda_2$ 为 A 发生光吸收的最大波长。$I(\lambda)$ 为光化通量($\mathrm{cm^{-2} \cdot s^{-1} \cdot nm^{-1}}$),即单位体积空气接收到的来自所有方向的辐射通量。

当吸收光子的能量大于分子 A 中的化学键结合能时,分子可发生解离。有些光解反应的

产物本身也可以被激发,例如下列臭氧的光解反应:

$$O_3 + h\nu \longrightarrow O_2 + O \tag{2-39}$$

产物所处的能态与入射辐射的波长有关,在吸收波长小于阈值(约 310 nm)的条件下,产物为单重激发态氧原子 $O(^1D)$。$O(^1D)$ 是大气中最重要的激发态物种,它与水蒸气的反应是整个大气中 OH 自由基的来源,而 $O(^1D)$ 与 N_2O 的反应是平流层大气中 NO_x 的重要来源。

2.5.4 大气中重要的光吸收物质

对流层大气中能引起光化学反应的太阳辐射波长范围是 290~700 nm。这是因为波长小于 290 nm 的太阳辐射基本被高层大气中的 N_2、O_2 和 O_3 等物质吸收了,不能到达对流层。而从能引发化学反应的条件来看,激发态分子的能量必须大于分子内最弱的键断裂所需的能量,通常认为是 167.4 kJ·mol^{-1}。根据爱因斯坦能量方程,

$$E = N_0 h\nu = N_0 hc/\lambda \tag{2-40}$$

上述能量值对应的波长为 700 nm。在对流层大气中能吸收波长在 290~700 nm 的光并发生光解反应的物质主要有 NO_2、O_3、HNO_2、$RONO$、$ROOR'$、$RONO_2$、HNO_3、H_2O_2、$HCHO$、CH_3CHO 和 CH_3COCH_3 等。SO_2 分子的 S—O 键键能为 564.8 kJ·mol^{-1},对应波长为 218 nm,因此在对流层中,SO_2 不会发生光解反应,但可以吸收 290~400 nm 波长范围的光跃迁到激发态,反应活性大大增强。

1. NO_2 的光解反应

NO_2 是城市大气中最重要的光吸收分子,在低层大气中,它能吸收全部可见和紫外范围的太阳辐射,吸收曲线见图 2-9。

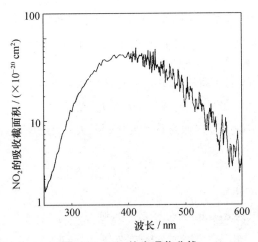

图 2-9 NO_2 的光吸收曲线

NO_2 的光解是对流层中最重要的光解反应。它是目前已知的对流层大气中 O_3 的惟一人为来源。

$$NO_2 + h\nu(\lambda \leqslant 420 \text{ nm}) \longrightarrow NO + O(^3P) \tag{2-41}$$

$$O(^3P) + O_2 + M \longrightarrow O_3 + M \tag{2-42}$$

当 $\lambda < 380$ nm 时,$\Phi_{NO} \approx 1$;当 $\lambda = 405$ nm 时,$\Phi_{NO} \approx 0.36$;当 $\lambda > 420$ nm 时,$\Phi_{NO} \approx 0$,即波长在 420 nm 以上的光只能使 NO_2 跃迁至激发态 NO_2^*,并不能继续发生光解离。

2. O_3、HNO_2 和 H_2O_2 的光解反应

O_3 的光吸收曲线如图 2-10 所示。其光解反应为

$$O_3 + h\nu(\lambda < 320\,nm) \longrightarrow O(^1D) + O_2 \tag{2-43}$$

$$O(^1D) + H_2O \longrightarrow 2OH \tag{2-44}$$

式中 $O(^1D)$ 为激发态氧原子,上述反应为清洁大气中 OH 自由基最重要的形成途径。近期的研究结果表明,在 $310\sim320\,nm$ 波长范围内 $O(^1D)$ 的量子产率为 $0.2\sim0.3$,而不是过去认为的接近于 0,据此估算出对流层和低层平流层中 $O(^1D)$ 的浓度值将比过去高 40%,使得 OH 自由基的浓度增加约 15%。这对加剧对流层和低层平流层的大气化学过程起到重要作用。

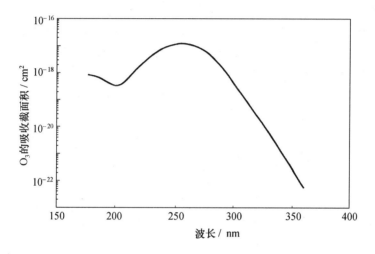

图 2-10　O_3 的光吸收曲线

HNO_2 和 H_2O_2 的光解反应也都是大气中 OH 自由基的重要来源,二者在污染大气中的贡献相对更为重要。

$$HONO + h\nu(\lambda < 400\,nm) \longrightarrow OH + NO \tag{2-45}$$

$$H_2O_2 + h\nu(\lambda < 360\,nm) \longrightarrow OH + OH \tag{2-46}$$

3. HCHO 和 CH_3CHO 的光解反应

HCHO 的光解反应为

$$HCHO + h\nu(250\,nm < \lambda < 370\,nm) \longrightarrow H + HCO \tag{2-31a}$$

$$\longrightarrow H_2 + CO \tag{2-31b}$$

研究表明波长较短时,途径(2-31a)重要;波长较长时,以途径(2-31b)为主。光解产生的自由基可迅速与大气中的 O_2 结合:

$$H + O_2 + M \longrightarrow HO_2 + M \tag{2-47}$$

$$HCO + O_2 \longrightarrow HO_2 + CO \tag{2-48}$$

CH_3CHO 的光解反应为

$$CH_3CHO + h\nu \longrightarrow CH_4 + CO \tag{2-49a}$$

$$\longrightarrow CH_3 + HCO \tag{2-49b}$$

CH_3CHO 光解离生成的 HCO 同样可以通过反应(2-48)形成 HO_2 自由基。因此,HCHO 和 CH_3CHO 的光解反应是对流层大气中 HO_2 自由基的主要来源。

4. SO_2 的光吸收

SO_2 在对流层大气中有两个吸收带。

$$SO_2 + h\nu(290\,nm < \lambda < 340\,nm) \longrightarrow {}^1SO_2(单重激发态) \qquad 强吸收 \qquad (2\text{-}50)$$

$$SO_2 + h\nu(340\,nm < \lambda < 400\,nm) \longrightarrow {}^3SO_2(三重激发态) \qquad 弱吸收 \qquad (2\text{-}51)$$

SO_2 分子中的一个电子被激发到较高能级，分子中两个不成对电子自旋方向相同，分子处于三重态。前已述及，$\lambda < 218\,nm$ 的光量子可使 SO_2 分子发生解离：

$$SO_2 + h\nu(\lambda < 218\,nm) \longrightarrow {}^3SO + O({}^3P) \qquad (2\text{-}52)$$

但这一反应在对流层不会发生，因而对流层 SO_2 的光化学反应不是光解而是与自由基的反应。

综上所述，大气中光吸收物质可分为两类：一类是吸收光后发生解离反应，产生的自由基使大气中的化学过程异常活跃；另一类是受激发后不解离，而是依赖与自由基的反应，由一次污染物转化为二次污染物（如 SO_2）。

2.5.5 大气中的自由基

现代大气是一个氧化性的气氛，大气化学最基本的特征就是氧化，人们甚至把大气中发生的化学过程看做是低温燃烧的火焰，自由基则是这一火焰的助燃剂，它们是推动大气化学反应的主要动力。大气中常见的自由基有：OH（氢氧自由基）、HO_2（氢过氧自由基）、RO_2（烷基过氧自由基）、R（烷基自由基）、RO（烷氧基自由基）和 NO_3 自由基等。自由基中电负性较强的原子的价电子层有未成对的电子，具有极强的得电子能力，因此起到强氧化剂的作用。

1. OH 自由基和 HO_2 自由基的来源

在清洁大气中 OH 自由基最重要的形成途径是 O_3 的光解离：

$$O_3 + h\nu(\lambda < 320\,nm) \longrightarrow O({}^1D) + O_2 \qquad (2\text{-}43)$$

$$O({}^1D) + H_2O \longrightarrow 2OH \qquad (2\text{-}44)$$

而在污染大气中，HNO_2 和 H_2O_2 的光解反应相对更为重要。

$$HONO + h\nu(\lambda < 400\,nm) \longrightarrow OH + NO \qquad (2\text{-}45)$$

$$H_2O_2 + h\nu(\lambda < 360\,nm) \longrightarrow OH + OH \qquad (2\text{-}46)$$

从 OH 的来源我们可以看到，其生成与太阳辐射直接有关。因此，它的大气浓度分布特点是，白天大于晚上，夏季大于冬季，热带上空为全球最高。全球平均浓度约为 7×10^5 个·cm^{-3}。

大气中的 HO_2 自由基主要来源于甲醛的光解。从反应(2-47)和(2-48)可以看出，大气中任何能生成 H 原子或甲酰基的反应都是对流层 HO_2 基的来源。乙醛也是 HO_2 基的来源之一，但其大气浓度较低，因而不如甲醛重要。

此外，研究还发现，HO_2 基的夜间来源与 NO_3 自由基的存在直接有关。

$$HCHO + NO_3 \longrightarrow HNO_3 + HCO \qquad (2\text{-}53)$$

从这些自由基的来源和分布特征我们可以看出它们在白天和夜间的相对重要性。

2. R、RO、RO_2 的来源

大气中含量最高的烷基自由基是甲基（CH_3），它主要来自乙醛和丙酮的光解。

$$CH_3CHO + h\nu \longrightarrow CH_3 + HCO \qquad (2\text{-}49b)$$

$$CH_3COCH_3 + h\nu \longrightarrow CH_3 + CH_3CO \qquad (2\text{-}54)$$

另外,O 原子和 OH 基可与大气中的 HCs 发生 H 摘除反应,生成烷基 R。

$$RH + O \longrightarrow R + OH \tag{2-55}$$

$$RH + OH \longrightarrow R + H_2O \tag{2-56}$$

大气中的甲氧基 CH_3O 主要来源于甲基亚硝酸酯和甲基硝酸酯的光解。

$$CH_3ONO + h\nu \longrightarrow CH_3O + NO \tag{2-57}$$

$$CH_3ONO_2 + h\nu \longrightarrow CH_3O + NO_2 \tag{2-58}$$

大气中的过氧烷基是由烷基与 O_2 结合形成的。

$$R + O_2 \longrightarrow RO_2 \tag{2-59}$$

3. 自由基的汇

大气中自由基的去除主要是通过与其他物种的反应使自由基之间相互转化或自由基之间复合生成稳定物种。例如:

$$CO + OH \longrightarrow CO_2 + H \tag{2-60}$$

$$H + O_2 + M \longrightarrow HO_2 + M \tag{2-47}$$

$$CH_4 + OH \longrightarrow CH_3 + H_2O \tag{2-61}$$

$$CH_3 + O_2 + M \longrightarrow CH_3O_2 + M \tag{2-62}$$

$$HO_2 + NO \longrightarrow NO_2 + OH \tag{2-63}$$

$$HO_2 + O_3 \longrightarrow 2O_2 + OH \tag{2-64}$$

$$HO_2 + OH \longrightarrow H_2O + O_2 \tag{2-65}$$

$$OH + OH \longrightarrow H_2O_2 \tag{2-66}$$

2.5.6　对流层清洁大气中的光化学过程

1. NO-NO_2-O_3 的基本光化学循环

假设大气中只有氮氧化物(NO、NO_2)存在时,NO-NO_2-O_3 之间将在阳光作用下,构成一个光稳态体系。首先是 NO_2 光解生成原子 O,原子 O 能迅速与氧气分子结合生成臭氧,而臭氧一旦生成,又很快与 NO 反应生成 NO_2。

$$NO_2 + h\nu \longrightarrow NO + O \tag{2-41}$$

$$O + O_2 + M \longrightarrow O_3 + M \tag{2-42}$$

$$O_3 + NO \longrightarrow NO_2 + O_2 \tag{2-67}$$

一般认为大气中 O_2 的浓度是基本不变的,那么在上述反应中,共涉及四个物种,即 NO_2、NO、O 和 O_3。其动力学方程为

$$d[O]/dt = k_1[NO_2] - k_2[O][O_2][M] \tag{2-68}$$

由于原子 O 极不稳定,一经生成就立即与大气中的 O_2 发生反应而消失,因此可采用稳态近似法来处理,即

$$d[O]/dt = 0 \tag{2-69}$$

于是,

$$k_1[NO_2] = k_2[O][O_2][M] \tag{2-70}$$

由此得到的 O_3 稳态浓度为

$$[O_3] = \frac{k_1[NO_2]}{k_3[NO]} \tag{2-71}$$

式(2-71)表明大气中若无其他反应参与,则 O_3 的浓度取决于$[NO_2]/[NO]$。但由此计算出的

大气 O_3 浓度比实际测到的结果小得多,说明在大气中必定还存在着其他反应使 O_3 浓度增加或能与反应(2-67)竞争的反应。研究发现,这些反应主要是由大气中的含碳化合物引起的。

2. 清洁大气中的基本化学过程

远离人为源的地区空气相对清洁,组成较为简单,浓度也比较低。但研究结果表明在这些清洁的天然大气中,仍存在着一系列化学和光化学反应,其中关键的物种是 CH_4、CO、O_3 和 NO_x。

引发天然对流层大气中化学反应的是 O_3 的光分解。O_3 光分解成 $O(^1D)$,再与 H_2O 作用生成两个 OH,由此引发一系列反应。

$$CO + OH \longrightarrow CO_2 + H \tag{2-60}$$

$$CH_4 + OH \longrightarrow CH_3 + H_2O \tag{2-61}$$

H 和 CH_3 与空气中的 O_2 结合形成过氧自由基。

$$H + O_2 + M \longrightarrow HO_2 + M \tag{2-47}$$

$$CH_3 + O_2 + M \longrightarrow CH_3O_2 + M \tag{2-62}$$

过氧自由基将清洁大气中的 NO 氧化为 NO_2,同时又生成 OH 基和 HO_2 基,起到链传递的作用。

$$CH_3O_2 + NO \longrightarrow NO_2 + CH_3O \tag{2-72}$$

$$HO_2 + NO \longrightarrow NO_2 + OH \tag{2-63}$$

$$CH_3O + O_2 \longrightarrow HCHO + HO_2 \tag{2-73}$$

主要的链终止反应是

$$OH + NO_2 \longrightarrow HNO_3 \tag{2-74}$$

$$HO_2 + HO_2 \longrightarrow H_2O_2 + O_2 \tag{2-75}$$

在接下来的几章中,将陆续介绍对流层大气中的一些重要化学问题。对流层是人类生活所在的大气区域,这一层大气中发生的化学反应对人类健康和整个生态环境的影响最直接,这里的环境问题也是人们最为关注的。

第 3 章　光化学烟雾

光化学烟雾是城市化进程的产物。交通和能源等工业的快速发展将大量的氮氧化物(NO_x)和挥发性有机化合物(volatile organic compounds,简称 VOCs)排入大气,在强日光、低风速和低湿度等稳定的天气条件下发生一系列复杂的化学反应,生成以臭氧为主,同时还包括醛类、过氧乙酰硝酸酯(PAN)、过氧化氢(H_2O_2)和细粒子气溶胶等污染物的强氧化性气团,这种现象被称为光化学烟雾污染。

光化学烟雾污染最早于 20 世纪 40 年代发生在美国洛杉矶地区,之后,在日本、英国、德国、澳大利亚和中国等国家也都相继在一定程度上发生过。这一类型的污染几乎是目前世界各大城市面临的首要大气环境问题。

光化学烟雾污染是典型的二次污染,由源排放的一次性污染物在大气中经过化学转化形成,污染范围有时可达下风向几十到上百千米,属于区域性的污染问题。本章将从光化学烟雾的前体物 NO_x 和 VOCs 的来源及其在大气中的化学反应特征出发,介绍与光化学烟雾产生有关的化学过程和污染物的转化规律。

3.1　大气中 VOCs 和 NO_x 的主要来源

对流层大气中含有数量可观、种类丰富的有机物,包括烷烃,烯烃,炔烃,芳香烃及其含 O、N、S 和卤素的衍生物等,沸点通常在 50~250℃ 之间,通常被称为挥发性有机化合物。

无论从含量还是反应活性来讲,碳氢化合物(HCs)都是 VOCs 中非常重要的一类。在大气化学研究中,通常把 HCs 划分为甲烷(CH_4)和非甲烷碳氢化合物(NMHCs)两类。这是因为二者在大气环境中的化学行为和对大气环境造成的影响等方面都存在很大差异。NMHCs 在大气光化学反应中表现活跃,是形成光化学污染物及大气中高浓度有机酸的重要前体物;而甲烷的化学性质相对稳定,在光化学反应中比 NMHCs 的活性低得多,研究它的重要性在于它是一种温室气体,对全球气候的变化存在潜在影响。本节主要介绍非甲烷挥发性有机物(NMVOCs)的主要来源,有关甲烷的内容将在第 7 章中介绍。

3.1.1　大气中 NMVOCs 的主要来源

1. 人为源

主要包括汽油燃烧、生物质燃烧、溶剂挥发和其他一些过程。表 3-1 给出了 NMVOCs 的全球人为源排放量估算值。从表 3-1 可以看出,交通运输是全球最大的 NMVOCs 人为排放源。汽油的典型成分为 C_1~C_4 烃,汽车尾气的排放既包括汽油不完全燃烧的产物,也包括汽油的挥发物。燃烧产生的 NMVOCs 的组成和数量都与燃烧条件有很大关系,一般在汽车匀速行驶时排放较少,而在汽车加速或减速的过程中排放较多。表 3-2 为某城市地区实测大气中一些主要 NMVOCs 的种类和大气浓度。由表 3-2 可见人为源排放的典型成分是低碳烷烃、烯烃

（<C_{10}）及甲苯、二甲苯等芳香烃。

我国兰州西固地区由于石化工业的排放，空气中NMHCs的浓度比其他城市高出许多，20世纪70年代的观测结果显示兰州市大气中NMHCs的平均浓度达 1～2 ppm。

表 3-1　NMVOCs 的全球人为源排放量

人类活动		排放量估算值/(Tg·a^{-1})
燃料生产和运输	石油	8
	天然气	2
	精炼油	5
	汽油运输	2.5
燃料消耗	煤炭	3.5
	木材	25
	作物残枝（包括废弃物）	14.5
	木炭	2.5
	堆肥	3
	公路运输	36
	化工	2
	溶剂使用	20
	未控制的废弃物燃烧	8
其他		10
总量		142

表 3-2　某城市地区大气中 NMVOCs 的种类和大气浓度

化合物	大气混合比中间值（以 C 计）/ppb	化合物	大气混合比中间值（以 C 计）/ppb
乙烷	27.1	苯	17.0
乙烯	22.3	3-甲基己烷	7.4
乙炔	17.3	庚烷	6.0
丙烷	56.0	甲基环己烷	7.0
丙烯	7.8	甲苯	49.1
异丁烷	19.4	乙苯	7.6
丁烷	42.0	间/对二甲苯	25.2
异戊烷	52.4	邻二甲苯	10.0
戊烷	24.0	1,2,4-三甲苯	8.2
2-甲基戊烷	16.0	甲醛	9.1
3-甲基戊烷	11.8	乙醛	14.8
己烷	10.8	丙酮	22.4
甲基环戊烷	10.1		

2. 天然源

自然界生长的植物可以向大气中释放挥发性有机物。表 3-3 列出了我国几种常见树种排放 NMHCs 的组成情况。

表 3-3 我国不同树种排放 NMHCs 的组成情况

树 种	排放物中的主要 NMHCs 组成
松树	大量：α-蒎烯、β-蒎烯、α-松油烯、d-苎烯、莰烯、β-罗勒烯； 少量：异戊二烯、戊烷、庚烷、辛烷、壬烷、正十一烷
柏树	α-蒎烯、β-蒎烯、α-松油烯、d-苎烯、莰烯、β-罗勒烯
杨树	异戊二烯
槐树	大量：异戊二烯；少量：戊烯、戊烷、正十一烷
槐树(开花期)	异戊二烯、α-蒎烯、β-蒎烯、α-松油烯、d-苎烯、莰烯、β-罗勒烯

由表 3-3 可以看出,树木排放的 NMHCs 主要为异戊二烯(isoprene)和一系列单萜烯
(monoterpenes)物质,只有很少量的链烷烃。以松树和柏树为代表的针叶树木,排放物主要是
单萜烯。而杨树和槐树等阔叶树种,排放物以异戊二烯为主。进入开花期的槐树,在排放异戊
二烯的同时,也排放一定量的单萜烯物质。图 3-1 给出了一些常见的植物排放的 NMHCs 的化
学结构式。

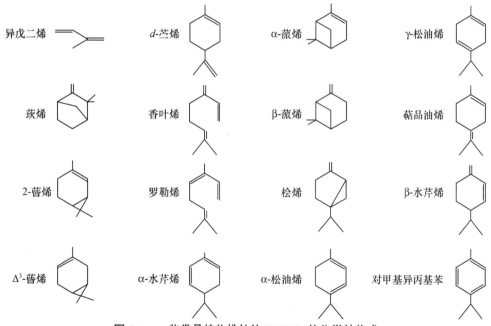

图 3-1 一些常见植物排放的 NMHCs 的化学结构式

研究发现,植物排放 NMHCs 通常有两种机制,一是在光合作用过程中形成并很快释放到
大气中;另一种是储存在叶片表面的脂腺中,然后缓慢挥发。不同植物排放的异戊二烯和单萜
烯类型不同,而且控制其排放速率的生物化学和生物物理过程也都很独特。

异戊二烯(2-甲基-1,3-丁二烯)是生物排放的 HCs 中与光合作用关系密切的特征物种。一
般认为它是与植物光合作用或呼吸作用有关的副产物。至今没有证据显示异戊二烯可以在植
物体内储存或代谢。异戊二烯的排放对光强十分敏感,在夜间排放很少,另外排放速率还随温
度的升高而增大。相比之下,萜烯似乎跟生物物理过程关系更密切,与树叶的脂腺成分及萜烯
的蒸气压等都有关,温度越高,排放速率越大。但对光照的依赖性不像异戊二烯那么强,在夜间
也持续排放。

从图 3-1 可以看出,单萜烯($C_{10}H_{16}$)实际是以异戊二烯(C_5H_8)为结构单体的二聚体。这些

生物源 NMHCs 分子中都含有双键,具有很高的反应活性,在大气中寿命较短,但对大气化学过程有着至关重要的影响。

迄今已确认排放 NMHCs 的植物多达 400 余种,排放量亦十分可观。从全球尺度来看,最大的 HCs 生物排放源在热带地区,主要排放物种为异戊二烯,这是由于高温和生物质分布密集导致的结果。表 3-4 列出了全球天然 VOCs 的排放量估算值。从总量来看,天然源排放 HCs 的量远远超过了人为源的贡献。

表 3-4　全球各类天然 VOCs 的排放量估算值(单位：$Tg \cdot a^{-1}$)

源	异戊二烯	单萜烯	其他活性 VOCs	总 VOCs*
森林	372	95	177	821
作物	24	6	45	120
灌木	103	25	33	194
海洋	0	0	2.5	5
其他	4	1	2	9
总量	503	127	260	1150

* 总 VOCs 中还包括了其他非活性的 VOCs 组分。

3.1.2　大气中 NO_x 的主要来源

NO_x 是 NO_2 和 NO 的总称,是大气化学中反应活性很强的一类物种。NO_x 的人为来源主要是燃料燃烧,其中流动燃烧源,如汽车等交通工具的贡献约占 2/3,其他固定燃烧源的贡献约占 1/3,主要包括钢铁厂和发电厂等工业源。无论是流动源还是固定源,燃烧产生的 NO_x 主要是 NO,占 90% 以上,只有很少部分被氧化为 NO_2。

研究发现,燃烧产生 NO_x 的机理与 SO_2 有所不同,除了燃料中的含氮化合物在燃烧过程中氧化生成 NO_x 外,空气中的 N_2 在燃烧产生的高温(2100℃)条件下也会被氧化成 NO_x。前者称为燃料型 NO_x,后者称为温度型 NO_x。

NO_x 的天然源包括闪电、土壤排放和大气中其他含 N 化合物的转化。生物体腐败产生的 NO_3^- 在细菌的作用下可转化为 NO,然后再进一步缓慢氧化为 NO_2;大气中的 N_2O 在 $O(^1D)$ 的氧化作用下可转化为 NO;另外,有机体中氨基酸分解产生的 NH_3 也可被 OH 自由基经多步氧化生成 NO_x。全球 NO_x 排放量的估算值列于表 3-5 中。

表 3-5　全球 NO_x 的排放量估算值

源	数量/($Tg(N) \cdot a^{-1}$)	说　明
化石燃料燃烧	24	地表源;北半球>95%
土壤释放(天然和人为)	12	陆地表面源
生物质燃烧	8	热带表面源
闪电	5	对流层自由大气源
NH_3 氧化	3	对流层源
飞机	0.5	8~12 km 源;北半球 95%
平流层中传输	0.1(总 NO_y 0.6)	对流层自由大气源

1970 年,全球化石燃料燃烧产生的 NO_x 约为 18.1 $Tg(N) \cdot a^{-1}$,但到 1986 年已上升到 24.3 $Tg(N) \cdot a^{-1}$。表 3-5 中还单独列出了飞机的排放量,因其主要发生在距地表 8~12 km 的自由大气层中,而非地面源排放。虽然这部分排放从数量上看仅占燃烧源总量的很小一部分,

但对北半球该高度和纬度地区的 NO_x 有重要贡献。

图 3-2 给出了北美、欧洲和亚洲 NO_x 人为排放的变化趋势。从图中看,长期以来,欧洲和北美是全球的 NO_x 人为排放最大贡献者,但亚洲由于快速的经济增长,NO_x 排放增长十分迅猛,是未来影响区域和全球 O_3 分布的主要因素。

空气中高浓度的 NO_2 会刺激和伤害人体呼吸系统,引起支气管炎、肺炎、肺气肿等疾病。但更重要的是,NO_x 由于具有较高的光化学活性,在大气光化学过程中起着非常重要的作用,是造成酸雨和光化学烟雾污染的重要前体物。

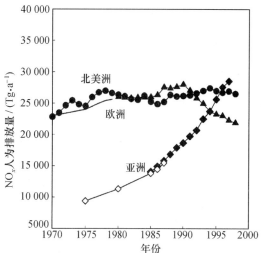

图 3-2　北美、欧洲和亚洲 NO_x 人为排放的变化趋势

有时,将 NO_x 及其大气氧化产物合在一起称做活性奇氮物种,用 NO_y 表示。除 NO_x 外,NO_y 还包括 HNO_3、HNO_2、NO_3、N_2O_5、HNO_4(过氧硝酸)、$R(CO)OONO_2$(过氧酰基硝酸酯,PANs)、$RONO_2$(烷基硝酸酯)和 $ROONO_2$(过氧烷基硝酸酯)等。HNO_3 和 NO_3^- 气溶胶是大气中 NO_x 的主要归宿。NO_3 自由基在夜间边界层中的混合比达 300 ppt,是对流层大气中重要的活性自由基。N_2O 和 NH_3 不属于活性奇氮物种之列。

根据源强和大气浓度的估算值,气态 NO_x(包括 HNO_3)在对流层的平均停留时间约为 1~4 天,硝酸盐约为 3~9 天。由于停留时间相对较短,NO_x 排放造成的环境影响一般在局地或区域范围内,不会造成全球性影响。

3.2　VOCs 的大气化学反应

VOCs 作为还原性物种,在大气中的反应主要是与 O_3 分子及 OH 和 NO_3 自由基等氧化剂之间的反应。

3.2.1　烷烃在大气中的反应

烷烃通常用 R—H 表示,包括直链烷烃(称为正烷烃)和支链烷烃,是大气中反应活性最小的一类碳氢化合物。烷烃分子中含饱和的 C—C 键和 C—H 键,在大气中的反应主要是与 OH 基、Cl 原子和 NO_3 自由基的摘氢反应。

1. 烷烃的摘氢反应

$$RH + OH \longrightarrow R + H_2O \qquad\qquad (3\text{-}1)$$

$$RH + Cl \longrightarrow R + HCl \qquad\qquad (3\text{-}2)$$

$$RH + NO_3 \longrightarrow R + HNO_3 \quad(\text{夜间}) \qquad (3\text{-}3)$$

一般来说,碳原子上的 H 被取代得越多,剩余的 C—H 键就越弱,而从弱键上摘氢的速率比从强键上要快得多,因此烷烃分子中碳原子上的取代状况对整个分子的活性有明显影响。

与反应(3-1)相比,发生在夜间的反应(3-3)速度要慢得多,但它是夜间形成 HNO_3 的主要反应。白天的 HNO_3 则主要是通过以下反应形成的。

$$NO_2 + OH + M \longrightarrow HNO_3 + M \tag{3-4}$$

由于分子中无不饱和键,烷烃一般不与 O_3 反应。

2. 过氧烷基自由基(RO_2)在大气中的反应

H 摘取反应产生的烷基自由基在大气中大量存在的 O_2 分子的作用下,可被迅速氧化成为过氧烷基自由基,反应如下:

$$R + O_2 + M \longrightarrow RO_2 + M \tag{3-5}$$

根据所含 H 原子数,RO_2 自由基可按一级(RCH_2O_2)、二级($RR'CHO_2$)和三级($RR'R''CO_2$)来划分。在 1 atm、室温下,R 与 O_2 的结合反应速率常数 $\geqslant 10^{-12}$ $cm^3 \cdot$ 分子数$^{-1} \cdot$ s^{-1}。由于大气中 O_2 的浓度很高,$R+O_2$ 的反应跟其他反应(如 R 的形成反应)相比,可以看做是瞬间完成的。因此,一旦形成 R 自由基也就认为同时形成了 RO_2 自由基。

在大气中,RO_2 可以与 NO、NO_2、HO_2 或其他 RO_2 发生反应。

(1) RO_2 与 NO 和 NO_2 的反应

在对流层大气条件下,RO_2 自由基与 NO 的反应有两种可能的情况:

$$RO_2 + NO \longrightarrow RO + NO_2 \tag{3-6}$$

或 $$RO_2 + NO + M \longrightarrow RONO_2 + M \tag{3-7}$$

在通常情况下,RO_2 都是按第一条路径与 NO 反应生成 NO_2,NO_2 光解则形成 O_3 分子。

$$NO_2 + h\nu(300\,nm < \lambda < 400\,nm) \longrightarrow NO + O \tag{3-8}$$

$$O + O_2 + M \longrightarrow O_3 + M \tag{3-9}$$

上述反应的净结果是无需消耗 NO 和 NO_2 即可形成 O_3。而在无 RO_2 存在的条件下,NO 向 NO_2 的转化主要是通过 NO 与 O_3 的反应生成的,在这种情况下,没有净的臭氧生成。可见,对流层大气中 RO_2 的存在对臭氧的生成有至关重要的作用。

不同 RO_2 自由基与 NO 的反应速率常数差别不大,从较大烷基过氧自由基的 5×10^{-12} $cm^3 \cdot$ 分子数$^{-1} \cdot s^{-1}$ 到过氧乙酰基的大约 2×10^{-11} $cm^3 \cdot$ 分子数$^{-1} \cdot s^{-1}$。反应还与温度呈弱的负相关关系,并且被认为是通过不稳定的过氧亚硝酸酯(ROONO)中间物进行的(不过该中间物从未被测到过)。

在 R 较大的 RO_2 自由基与 NO 的反应中可能生成数量可观的烷基硝酸酯,见反应(3-7)。生成硝酸酯的产率取决于烷基的大小和结构以及总压力和温度条件,一般高压、低温条件有利于烷基硝酸酯的生成。此外,RO_2 自由基还可与 NO_2 反应,生成过氧硝酸酯。

$$RO_2 + NO_2 + M \longrightarrow ROONO_2 + M \tag{3-10}$$

(2) $RO_2 + RO_2$ 的反应

当 R 为较小的烷基时,RO_2 自身的相互反应速率是很慢的,而大烷基的过氧自由基之间的反应速率则要快一些。当 RO_2 中含有 C—H 键时,反应可通过两条路径进行:一是生成两个烷氧自由基,另一是生成一个羟基化合物和一个羰基化合物。例如对于过氧乙基的反应:

$$C_2H_5O_2 + C_2H_5O_2 \longrightarrow C_2H_5O + C_2H_5O + O_2 \tag{3-11}$$

$$C_2H_5O_2 + C_2H_5O_2 \longrightarrow CH_3CHO + C_2H_5OH + O_2 \tag{3-12}$$

这些路径的相对产率取决于具体的自由基和反应温度,没有明显的一定之规。假如没有 α-H 存在,则只能按照第一条路径进行。

由于在内陆大气条件下 RO_2 与 NO 的反应占主导,而在清洁、背景地区的大气中与 HO_2 的反应占主导,因此,RO_2 自身之间的反应相对不重要。但从自由基总的汇来看,这类反应不能忽略,尤其是在 NO_x 含量低的地区。在强光化学氧化性的条件下,自由基的复合程度增加,而且由于反应速率是随 $[RO_2]^2$ 增加的,因而这些反应仍然是自由基重要的汇。

（3）RO_2+HO_2 的反应

在背景大气中,RO_2 与 HO_2 的反应是重要的链终止反应。对较小的 RO_2 物种,产物是有机氢过氧化物,产率大于 90%；一些取代基多的大 RO_2 分子则一般形成羰基化合物和水。

$$RO_2 + HO_2 \longrightarrow ROOH + O_2 \tag{3-13}$$

$$RO_2 + HO_2 \longrightarrow R'CHO + H_2O + O_2 \tag{3-14}$$

有机氢过氧化物可与 OH 基反应或光解,经过约一天的停留时间后通过沉降等途径从大气中去除。与 OH 的反应和沉降去除可导致一系列与 O_3 形成有关的自由基的减少,因此这些过程在背景大气中非常重要。

在城市地区大气等受人类活动影响较大的内陆地区,对流层低层大气中 RO_2 与 NO 的反应是最重要的。

3. 烷氧自由基（RO）在大气中的反应

在 RO_2 与 NO 或 RO_2 自身的相互反应中形成的烷氧自由基非常重要,对我们观测到的 VOCs 氧化产物的分布情况起着决定作用。通常情况下,RO 自由基可与 O_2 反应,受热分解,或通过内部 H 转移异构化。图 3-3 为 2-戊氧基在大气中的三种反应途径。

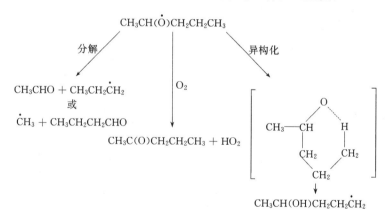

图 3-3　2-戊氧基在大气中的三种反应途径

由图 3-3 可见,这些路径之间的竞争反应不仅控制了碳链的长度,而且决定了分子氧化的程度,而后者对分子的溶解性有重要的影响作用。

烷氧自由基是 OH 的有机同类物,由此可能会预期 RO 以与 OH 类似的方式进行摘氢反应。然而,由于热分解或与 O_2 反应的迅速发生,RO 自由基在大气中很少进行摘氢反应,而当链长超过 4 个碳原子时,内部异构化反应是可能发生的,并导致羟基烷基自由基的形成。

RO 与 O_2 的反应一般是被 O_2 摘去一个 H 原子,生成 HO_2 自由基和一个羰基化合物。

$$R_1CH(O)R_2 + O_2 \longrightarrow R_1C(O)R_2 + HO_2 \tag{3-15}$$

不同 RO 与 O_2 的反应速率常数相近,在 298 K 下约为 $10\sim15\,cm^3\cdot$ 分子数$^{-1}\cdot s^{-1}$。一般与羰基相连的碳链长度 $\leqslant C_2$ 的初级 RO 易与 O_2 反应。

在 RO 自由基的热分解反应中,不含取代基的 RO 分解产物为羰基和烷基自由基。含取代基的 RO 则分解形成一个羰基和一个含氧自由基(通常是酰基或 CH_2OH)。

$$CH_3CH_2CH(O)CH_3 \longrightarrow C_2H_5 + CH_3CHO \qquad (3\text{-}16)$$

$$CH_3C(O)CH(O)CH_3 \longrightarrow CH_3CO + CH_3CHO \qquad (3\text{-}17)$$

$$CH_2(OH)CH_2O \longrightarrow CH_2OH + CH_2O \qquad (3\text{-}18)$$

以上分解过程为单分子过程,与温度、压力密切相关。分解速率常数主要受活化能控制,后者又与烷基自由基分解过程的焓变有关。分解吸热越多,活化能越高,反应越慢。

烷氧自由基在实际大气中的归趋取决于其与 O_2 的反应和分解反应之间的竞争结果,因此,真正值得关注的是这两个过程的相对速率比,而不是各自的绝对速率。理论上讲,分解反应与温度相关,而与 O_2 的反应几乎与温度无关,二者之比应当与温度有关,使得烷氧自由基的氧化机制随对流层大气的高度而变化。

最近发现的化学活化作用可能会减少这种温度的依赖性。RO_2 自由基与 NO 的反应(大气中 RO 自由基的主要形成路径)是明显的放热反应,多余的能量通常储存在 RO 基中,这实际上是反应通过长寿命的中间产物进行的一种结果。如果供给 RO 基的内能足够大,它会自动分解,而无需通过碰撞活化克服势垒。目前已有四五个体系被确认化学活化作用很重要。

4. 烷烃在大气中光氧化的完整历程

下面以丙烷为例说明简单烷烃在大气中光氧化的完整历程。第一步摘氢反应以摘取分子内部的 H 原子为主。一系列反应如下所示:

$$CH_3CH_2CH_3 + OH \longrightarrow CH_3CHCH_3 + H_2O \qquad (3\text{-}19)$$

$$CH_3CHCH_3 + O_2 \longrightarrow CH_3CH(O_2)CH_3 \qquad 快速 \qquad (3\text{-}20)$$

$$CH_3CH(O_2)CH_3 + NO \longrightarrow NO_2 + CH_3CH(O)CH_3 \qquad (3\text{-}21)$$

$$CH_3CH(O)CH_3 + O_2 \longrightarrow CH_3C(O)CH_3 + HO_2 \qquad 快速 \qquad (3\text{-}22)$$

由于以上反应(3-20)和(3-22)均为快速反应,可被合并到其他决速步骤中,这样上述反应可以更简略地表示为

$$CH_3CH_2CH_3 + OH \xrightarrow{\text{O}_2} CH_3CH(O_2)CH_3 \qquad (3\text{-}23)$$

$$CH_3CH(O_2)CH_3 + NO \xrightarrow{\text{O}_2} NO_2 + CH_3C(O)CH_3 + HO_2 \qquad (3\text{-}24)$$

假设 $CH_3CH(O_2)CH_3$ 自由基在大气中仅参加这两个反应,则反应可进一步简化为一个反应来表示。

$$CH_3CH_2CH_3 + OH + NO \xrightarrow{\text{O}_2} NO_2 + CH_3C(O)CH_3 + HO_2 \qquad (3\text{-}25)$$

进一步假设 HO_2 自由基在大气中也只与 NO 反应,总反应可表示为

$$CH_3CH_2CH_3 + OH + 2NO \xrightarrow{\text{O}_2} 2NO_2 + CH_3C(O)CH_3 + OH \qquad (3\text{-}26)$$

由上可见,OH 对丙烷攻击后总的结果是将两分子 NO 氧化成了 NO_2,并生成一分子丙酮,同时 OH 基再生。因此丙烷的光氧化过程可以看做是一个链反应机制,其中活性物种 OH 可以再生。对大的烷烃,如丁烷等,大气光氧化机制更加复杂。首先,一些过氧烷基自由基与 NO 的反应可导致烷基硝酸酯的生成,并产生烷氧自由基。另外,烷氧自由基除与 O_2 反应外还可能会发生异构化。正丁烷与 OH 基的反应机制如图 3-4 所示。

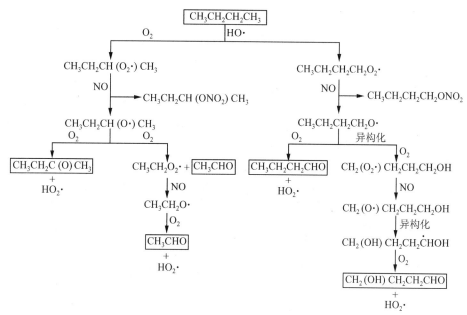

图 3-4 正丁烷与 OH 基的反应机制

3.2.2 烯烃在大气中的反应

烯烃是汽油燃料和汽车尾气中的重要成分,在城市大气中占 NMVOCs 的约 10%。烯烃分子中含有不饱和的 C＝C 双键,易与 OH、Cl、NO_3、O_3 和原子 O 等发生反应。其中与 O_3 的反应是烯烃氧化的主要路径。另外由于大气中原子 O 的含量水平很低,故与原子 O 的反应不如其他路径重要。

1. 烯烃与 OH 自由基的反应

OH 自由基与烯烃的加成反应比与烷烃的摘氢反应所需的活化能低,因此反应更迅速。下面以乙烯为例,说明烯烃与 OH 基反应的整个过程。

$$CH_2＝CH_2 + OH \longrightarrow HOCH_2CH_2 \tag{3-27}$$

$$HOCH_2CH_2 + O_2 \longrightarrow HOCH_2CH_2O_2 \qquad 快速 \tag{3-28}$$

$$HOCH_2CH_2O_2 + NO \longrightarrow NO_2 + HOCH_2CH_2O \tag{3-29}$$

$HOCH_2CH_2O$ 自由基接下来分解或与 O_2 反应。

$$HOCH_2CH_2O \longrightarrow HCHO + CH_2OH \tag{3-30}$$

$$HOCH_2CH_2O + O_2 \longrightarrow HOCH_2CHO + HO_2 \tag{3-31}$$

在 298 K 下,反应(3-30)和(3-31)所占的比例分别为 72% 和 28%。

最后,CH_2OH 与 O_2 反应,生成 HCHO 和 HO_2 自由基。

$$CH_2OH + O_2 \longrightarrow HCHO + HO_2 \tag{3-32}$$

按照与前述丙烷类似的处理方法,乙烯与 OH 基的总反应可表示为

$$CH_2＝CH_2 + OH + 2NO \xrightarrow{O_2} 2NO_2 + 1.44HCHO + 0.28HOCH_2CHO + HO_2 \tag{3-33}$$

对于非对称烯烃,如丙烯,加成作用在双键的两头都有可能发生。

$$CH_3CH＝CH_2 + OH \longrightarrow CH_3CHCH_2OH \tag{3-34a}$$

或

$$\longrightarrow CH_3CH(OH)\dot{C}H_2 \tag{3-34b}$$

实验结果表明,反应以第一条途径(3-34a)为主,约占 65%。

除单烯烃外,大气中还含有 1,3-丁二烯和 2-甲基-1,3-丁二烯(异戊二烯)等二烯烃化合物,对这类分子,OH 基一般加成到 1-位和 4-位,如下所示:

$$\underset{1}{>}C\underset{2}{=}C\underset{3}{-}C\underset{4}{=}C<$$

现有数据表明,乙烯分子与 OH 反应后继续氧化生成的 $HOCH_2CH_2O$ 自由基(反应(3-29))与 O_2 的反应可与分解反应相竞争。但对于 $\geqslant C_3$ 的烯烃,生成的 β-羟基烷氧自由基主要是发生分解反应,部分可发生异构化,与 O_2 的反应可以忽略。分解反应如下:

$$R_1R_2C(OH)—C(O)R_3R_4 \longrightarrow R_1R_2C(OH) + R_3R_4C=O \tag{3-35}$$

常见 1-烯烃与 OH 基反应生成羰基化合物的产率列于表 3-6 中。

表 3-6　常见 1-烯烃与 OH 基反应生成羰基化合物的产率

1-烯烃	产　率	
	HCHO	RCHO
丙烯	0.86	0.98(乙醛)
1-丁烯		0.94(丙醛)
1-戊烯	0.88	0.73(丁醛)
1-己烯	0.57	0.46(戊醛)
1-庚烯	0.49	0.30(己醛)
1-辛烯	0.39	0.21(庚醛)

由表 3-6 可见,从丙烯到 1-辛烯,由—C＝C—键断裂生成的 HCHO 和 RCHO 的产率显著减小。

在较大的烯烃分子中,尤其是存在有烯丙基的 H 时,H 摘取反应是可能发生的。例如 1-丁烯的反应如下:

$$CH_3CH_2CH=CH_2 + OH \longrightarrow CH_3CHCH=CH_2 + H_2O \tag{3-36}$$

这是因为该 C—H 键键能较低,约为 $334.7 \text{kJ} \cdot \text{mol}^{-1}$,故有可能与加成反应竞争。不过一般大气中 OH 对烯烃分子的摘氢反应不足以与加成反应竞争。对于 Cl 原子,摘氢反应是主要反应,因为其进行得非常快。

丙烯与 OH 反应的全过程如图 3-5 所示。

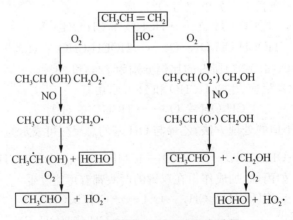

图 3-5　丙烯与 OH 基反应的全过程

2. 烯烃与 O_3 的反应(Criegee 双自由基历程)

烯烃与 O_3 的反应过程一般认为是 O_3 加成到烯烃的双键上,首先生成一个五元环的初级臭氧化物,其中三个氧原子保持彼此相连。此初级臭氧化物不稳定,O—O 键和 C—C 键发生断裂,生成一个羰基化合物和一个具有两个活性位置的自由基中间产物。反应如式(3-37)所示。该中间产物是 1957 年由 Criegee 提出来的,故称为 Criegee 双自由基。

$$\begin{array}{c}R_1\\R_2\end{array}C=C\begin{array}{c}R_3\\R_4\end{array} + O_3 \longrightarrow \left[\begin{array}{c}O-O\\ \diagdown \;\; O\; \diagup \\ C\cdots C\\ R_1\;R_2\;\;R_3\;R_4\end{array}\right]^* \longrightarrow \begin{array}{c}R_1\\R_2\end{array}C=O + \begin{array}{c}R_3\\R_4\end{array}\dot{\overset{\centerdot}{C}}-O-\dot{O} \tag{3-37}$$

对于不对称烯烃,更倾向于生成取代基少的羰基化合物和取代基较多的 Criegee 双自由基。Criegee 双自由基活性很强,只有一部分被稳定,具体比例与参与反应的烯烃有关。其余大部分(70%~90%)则分解成更小的片段,包括稳定的分子和自由基。分解的程度和产物的性质以及被稳定的 Criegee 双自由基的进一步反应是人们感兴趣的问题。对最简单的 Criegee 双自由基(CH_2OO),一般认为在大气中可继续发生下列反应:

$$\begin{aligned}[CH_2OO]^* &\longrightarrow H + H + CO_2\\ &\longrightarrow H_2 + CO_2\\ &\longrightarrow H_2O + CO\\ &\longrightarrow OH + HCO\\ + M &\longrightarrow CH_2O_2 + M\end{aligned} \tag{3-38}$$

需要指出的是,由于 Criegee 双自由基活性极强,迄今在气相中一直未能检测到。只在液相臭氧分解反应中用光度法测到过分子较大的 Criegee 双自由基。目前受到关注的一个问题是一些大的 Criegee 双自由基能直接释放出 OH 自由基。假如事实如此,则 OH 基的生成在夜间也能继续。有观点认为 H 原子在 Criegee 双自由基内部可能通过五元环发生转移,反应如式(3-39)所示。有关 OH 基的确切形成机制目前仍在争论中。

$$\begin{array}{c}H\\ \diagup\\ H\; C\; \diagdown \\ H \end{array}\begin{array}{c}R\\ \diagup\\ C-O\\ \diagdown\\ \dot{O}\end{array} \longrightarrow \begin{array}{c}R\\ \diagdown\\ H_2C\end{array}C-O-OH \longrightarrow \begin{array}{c}R\\ \diagdown\\ H_2\dot{C}\end{array}C=O + OH \tag{3-39}$$

被稳定的 Criegee 双自由基可以进一步与不饱和化合物或含—OH 的化合物如 H_2O 或酸进一步反应。

$$\begin{aligned}CH_2O_2 + H_2O &\longrightarrow HOCH_2OOH\\ &\longrightarrow HCOOH + H_2O\\ + HCOOH &\longrightarrow HC(O)OCH_2OOH\end{aligned} \tag{3-40}$$

虽然烯烃与 O_3 的反应速率常数不如与 OH 反应的大,但由于 O_3 的大气浓度远高于 OH 基,因而烯烃与 O_3 的反应十分重要。

3. 烯烃与 NO_3 自由基的反应

NO_3 氧化能力很强,白天迅速光解,但在夜间大气浓度较高,因此对夜间大气中有机物的氧化清除作用很重要。尽管 VOCs 与 NO_3 的反应速率比与 OH 的慢,但 NO_3 的大气含量比

OH 高得多,二者总的贡献相当。例如,在德国沿海地区测得 NO$_3$ 的平均水平为 3 ppt,相当于 8×10^7 分子数·cm^{-3}(24 h 平均),相应的 OH 自由基 24 h 平均浓度约为 10^6 分子数·cm^{-3}。VOCs 与 OH 的反应速率比与 NO$_3$ 的快 10~1000 倍,因而二者的氧化能力是一个数量级。

NO$_3$ 的大气浓度通常受到与 NO$_2$ 和 N$_2$O$_5$ 所建立的平衡反应的限制。在实验室中,N$_2$O$_5$ 常用做 NO$_3$ 的发生源。

$$NO_2 + NO_3 + M \longrightarrow N_2O_5 + M \tag{3-41}$$

$$N_2O_5 + M \longrightarrow NO_2 + NO_3 + M \tag{3-42}$$

烯烃双键与 NO$_3$ 的反应机制类似于与 OH 基的反应,首先形成一取代的烷基自由基,然后快速与 O$_2$ 结合形成过氧自由基。有时也可以加成两个 NO$_3$ 自由基,生成二硝酸酯。图 3-6 为丙烯与 NO$_3$ 的反应机制。

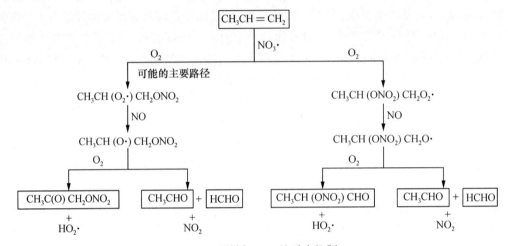

图 3-6　丙烯与 NO$_3$ 的反应机制

烯烃与 NO$_3$ 的反应速率常数在室温下比与 O$_3$ 的反应大 3~4 个数量级。在清洁大气中,与 NO$_3$ 反应可能是天然烯烃主要的汇。

异戊二烯是大气化学中最重要的生物源排放的 VOCs 物种,它可与 OH、NO$_3$ 和 O$_3$ 反应。异戊二烯与 OH 的反应主要是加成反应,OH 基可能加成到四个位置,实验室研究已在该反应的产物中检测到了甲醛、异丁烯醛(CH$_2$=C(CH$_3$)CHO)和甲基乙烯酮(CH$_2$=CHC(O)CH$_3$)等。异戊二烯与 O$_3$ 的反应与其他烯烃一样,也是从 O$_3$ 加成到 C=C 双键上生成两个初级臭氧化物开始,然后各自分解生成相应的双自由基,最终产物与 OH 基的氧化产物类似,也测到了甲醛、异丁烯醛和甲基乙烯酮,同时和其他烯烃与 O$_3$ 的反应一样,在产物中还检测到了可观的 OH 基,平均每摩尔 O$_3$ 与异戊二烯反应约生成 0.27 mol OH 自由基。

异戊二烯与 NO$_3$ 的反应从 NO$_3$ 加成到 C=C 双键上开始,以在 1 位的加成为主,反应生成 OOCH$_2$CH=C(CH$_3$)CH$_2$ONO$_2$,然后在 NO 的存在下,形成相应的烷氧自由基。此烷氧自由基可与 O$_2$ 反应生成 HO$_2$ 和 CH$_3$C(CH$_2$ONO$_2$)=CHCHO,通过从—CH$_2$ONO$_2$ 上摘氢异构化或从—CH$_3$ 上摘氢异构化,生成 C$_5$-羟基硝化羰基化合物或甲醛和 C$_4$-硝化羰基化合物。

异戊二烯的上述氧化产物可继续与 OH 和 O$_3$ 反应。异丁烯醛和甲基乙烯酮还可发生光解。

3.2.3　芳香烃在大气中的反应

芳香烃在汽车尾气中的含量较高,图 3-7 为城市大气中一些重要芳香化合物的结构式。

苯　　甲苯　　乙苯　　邻二甲苯　　间二甲苯　　对二甲苯

1,2,4-三甲苯　　1,3,5-三甲苯　　邻乙基甲苯　　间乙基甲苯　　对乙基甲苯

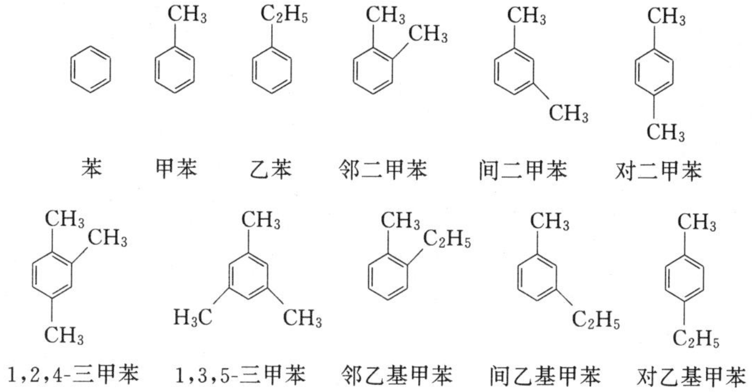

图 3-7　城市大气中一些重要芳香化合物的结构式

芳香烃的光化学活性位于烷烃和烯烃之间,与 OH 基的反应一般通过两条途径:

1. 加成反应

在对流层的大气温度条件下,加成反应占优势,且主要是邻位反应。加成反应的产物可与 NO_2 或 O_2 继续发生反应。图 3-8 是甲苯与 OH 的加成反应机制。

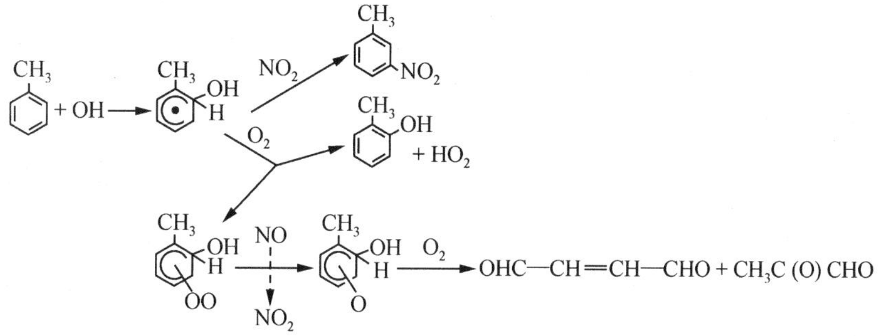

图 3-8　甲苯与 OH 的加成反应机制

2. 摘氢反应

目前已获得了许多芳香烃与 OH 基反应的速率常数数据,但具体的氧化机制并不是十分明确。根据目前的研究结果,与 OH 自由基反应是大气中芳香烃的惟一去除途径。图 3-9 是甲苯与 OH 的摘氢反应机制。

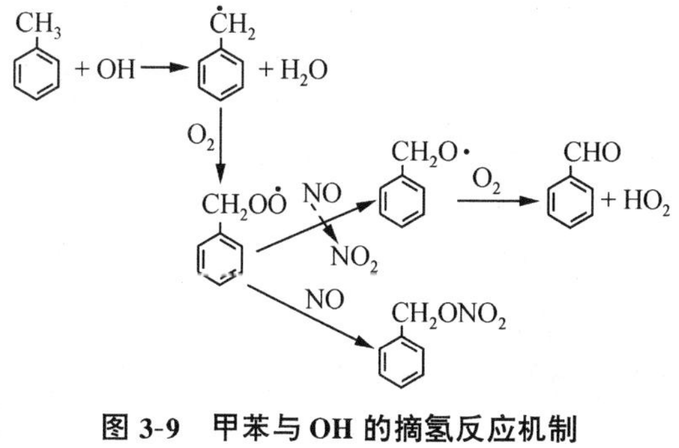

图 3-9　甲苯与 OH 的摘氢反应机制

3.2.4 羰基化合物在大气中的反应

羰基化合物(醛和酮)含有一个 C = O 双键,除了与自由基的反应外,分子的光化学活性也大大增强。

1. 醛在大气中的反应

醛与 OH 基和 Cl 原子的反应非常快,使其寿命限制在几个小时,反应导致酰基自由基的形成,并迅速与 O_2 结合。

$$RCHO + OH \longrightarrow RCO + H_2O \tag{3-43}$$

$$RCO + O_2 \longrightarrow RC(O)O_2 \tag{3-44}$$

对于甲醛,只有一个 H 被摘取。

$$HCHO + OH \longrightarrow HCO + H_2O \tag{3-45}$$

$$HCO + O_2 \longrightarrow HO_2 + CO \tag{3-46}$$

HCHO 还能与 HO_2 很快地反应。

$$HCHO + HO_2 \Longleftrightarrow (HOOCH_2O) \Longleftrightarrow OOCH_2OH \tag{3-47}$$

生成的过氧化物比较稳定,可与大气中的 NO 反应,然后与 O_2 作用,最终导致甲酸的生成。

$$OOCH_2OH + NO \longrightarrow OCH_2OH + NO_2 \tag{3-48}$$

$$OCH_2OH + O_2 \longrightarrow HCOOH + HO_2 \tag{3-49}$$

甲酸构成酸雨中有机酸的一部分。乙醛与 OH 基反应产生的乙酰基被大气中的 O_2 氧化生成过氧乙酰基,后者与 NO_2 结合生成过氧乙酰硝酸酯(PAN)的整个反应过程如下:

$$CH_3CHO \xrightarrow{OH} CH_3CO \xrightarrow{O_2} CH_3C(O)O_2 \xrightarrow{NO_2} CH_3C(O)O_2NO_2(PAN) \tag{3-50}$$

醛与 NO_3 的反应类似于与 OH 基的反应,但在大气条件下对醛的清除贡献较小。

$$RCHO + NO_3 \longrightarrow RCO + HNO_3 \tag{3-51}$$

2. 酮在大气中的反应

酮与 OH 和 Cl 原子的反应不如醛活跃,速率常数与相应的烷烃化合物差不多。Br 原子和 NO_3 可从醛分子上摘取一个 H 原子,但与酮的反应活性很差。与 OH 的反应是大气中酮的主要去除途径。例如,2-丁酮中含氢的三个 C 原子中的任何一个都可能受到 OH 的攻击。

$$OH + CH_3CH_2C(O)CH_3 \xrightarrow{O_2} H_2O + CH_3CH(OO)C(O)CH_3 \tag{3-52a}$$

$$\xrightarrow{O_2} H_2O + CH_3CH_2C(O)CH_2OO \tag{3-52b}$$

$$\xrightarrow{O_2} H_2O + OOCH_2CH_2C(O)CH_3 \tag{3-52c}$$

其中(3-52a)为主要反应路径。所得自由基与 NO 的进一步反应为

$$CH_3CH(OO)C(O)CH_3 + NO \longrightarrow CH_3CH(O)C(O)CH_3 + NO_2 \tag{3-53}$$

$$CH_3CH(O)C(O)CH_3 \longrightarrow CH_3CHO + CH_3CO \tag{3-54}$$

可见,酮在大气化学反应中主要产物是醛和 PAN 的前体物。

丙酮是大气中普遍存在的物种,混合比约为 1ppb。在北半球特别清洁地区的大气中,混合比约为 500 ppt。由大气观测数据和三维光化学模式估算出全球丙酮的源强为 40~60 Tg ·

a^{-1},其中约 51%是由 HCs(如丙烷、异丁烷和异丁烯等)经大气氧化形成,26%来自生物质燃烧,21%由生物直接排放,还有少量来自人为活动排放。丙酮从大气中的清除估计光解过程占 64%,OH 反应占 24%,分解占 12%。丙酮光解产生的 CH_3CO 自由基是 PAN 的前体物,在北半球对流层中部和上部贡献约 $40\sim50\,ppt$ 的 PAN。根据对流层模式计算,观测到的 PAN 中约 50%是通过此机制形成的。丙酮在大气中的平均寿命估计为 16 天。图 3-10 总结了丙酮在大气中的光氧化机制。

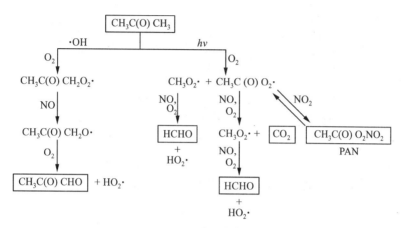

图 3-10　丙酮在大气中的光氧化机制

3. 羰基化合物的光解反应

如第 2 章中所述,羰基化合物在大气中可发生光解反应。光解是甲醛最重要的去除途径之一,但对酮的去除贡献相对较小。不过,在对流层上部,由于干燥的条件限制了通过臭氧光解生成 OH 的数量,因而酮的光解,例如丙酮,便成为自由基的重要提供源。正如图 3-10 中所示,丙酮在对流层顶部是 HO_2 自由基的一个重要来源。

羰基化合物的光解途径往往不止一条,如 HCHO 光解可形成 H+HCO 或 H_2+CO。二羰基化合物如乙二醛和甲基乙二醛由于共轭羰基的存在更易光解,结果在 400 nm 左右产生很强的吸收。尽管在这一吸收区域的量子产率很小,但丰富的太阳辐射使光解能迅速进行。甲基乙二醛是异戊二烯氧化形成的,在异戊二烯含量高的大气中甲基乙二醛的光解是自由基的一个重要来源。

值得强调的是对一个给定的有机物,其反应活性是由所有组成基团的反应活性决定的。例如,异丁烯醛($CH_2=C(CH_3)CHO$),可归为醛类,也可看做是烯,容易从—CHO 基团上摘氢也可在 C=C 双键的两头加成 OH 基,还可发生羰基的光解。在某些情况下,由于相邻基团的给电子或吸电子作用,某一基团的存在会显著影响另一个的活性。

羰基化合物氧化形成的过氧酰基自由基 $RC(O)O_2$ 非常重要,因为它们是 PANs 一类分子的前体物。PANs 化合物能将活性 N 从污染地区传输到清洁地区。

$$RC(O)O_2 + NO_2 + M \longrightarrow RC(O)O_2NO_2 + M \qquad (3\text{-}55)$$

大气中重要 VOCs 的对流层寿命估算值总结于表 3-7 中。

表 3-7　大气中重要 VOCs 的对流层寿命估算值

化合物	由与下列物种反应决定的大气寿命			光解（$h\nu$）
	OH 自由基	O_3	NO_3 自由基	
正丁烷	5.7 d	—	2.8 a	
丙烯	6.6 h	1.6 d	4.9 d	
苯	12 d	—	—	
甲苯	2.4 d	—	1.9 a	
间二甲苯	7.4 h	—	200 d	
甲醛	1.5 d	—	80 d	4 h
乙醛	11 h	—	17 d	5 d
丙酮	66 d	—	—	38 d
异戊二烯	1.7 h	1.3 d	0.8 h	
α-蒎烯	3.4 h	4.6 d	2.0 h	
β-蒎烯	2.3 h	1.1 d	4.9 h	
莰烯	3.5 h	18 d	1.5 d	
2-蒈烯	2.3 h	1.7 h	36 min	
3-蒈烯	2.1 d	10 h	1.1 h	
d-苎烯	1.1 h	1.9 h	53 min	
萜品油烯	49 min	17 min	7 min	

3.3　VOCs-NO$_x$ 体系的光化学反应——光化学烟雾污染

3.3.1　光化学烟雾污染的出现和日变化规律

含有 NO$_x$ 和 VOCs 的大气,在阳光紫外线的强烈照射下,发生一系列复杂的化学反应,产生一些氧化性很强的物质,如臭氧(O$_3$)、醛类(RCHO)、过氧乙酰硝酸酯(PAN)、硝酸(HNO$_3$)和过氧化氢(H$_2$O$_2$)等,这些氧化性产物与反应物的混合物被称为光化学烟雾。光化学烟雾的特征是呈淡蓝色,具有强氧化性,对人的眼睛和呼吸道有强烈刺激作用,伤害植物叶片(发白枯萎),致使橡胶开裂,并使大气能见度降低。

20 世纪 50 年代初,Smit 确定了烟雾中的刺激性气体为 O$_3$,并首次提出光化学烟雾是由于强烈的日光引发了大气中存在的碳氢化合物和氮氧化物之间的化学反应造成的。城市大气中,这两种前体物的主要来源就是汽车尾气。继洛杉矶之后,光化学烟雾污染在世界各地不断出现。1974 年在我国的兰州西固地区也观测到了光化学烟雾污染。

图 3-11 为洛杉矶光化学烟雾发生当天观测到的结果。由图可见,NO、NMHCs 的浓度最大值出现在早上 7：00～9：00,在傍晚时又出现一个小峰,这两次峰值对应的时间正是人们上下班的高峰期,即交通最为繁忙的阶

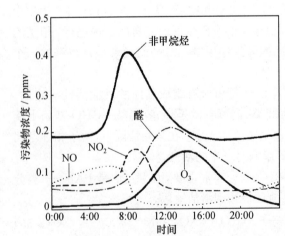

图 3-11　洛杉矶光化学烟雾的日变化曲线
（小时平均浓度）

段。上午随着阳光照射的逐渐增强,NO 和 NMHCs 的浓度开始逐渐下降,而 NO₂ 的浓度则逐渐上升并达到峰值。此后 NO₂ 浓度逐渐降低,O₃ 的浓度迅速增加并达到最大值。这种 NO/NMHCs、NO₂ 和 O₃ 相继出现浓度峰值的现象在洛杉矶、东京和其他一些地区都曾观测到,是光化学烟雾污染的一个典型特征。

从以上污染物的日变化特点可以初步推测出 NO₂ 和 O₃ 是在日光照射下通过大气光化学反应产生的,而不是直接由源排放的一次污染物。

为了阐明光化学烟雾中各物种浓度随时间变化的机理,发展了烟雾箱实验。即在一个大容器里,通入反应气体,在人工光源(黑光灯)的照射下,模拟大气化学反应。图 3-12 为烟雾箱模拟实验的测定结果之一。从图中不难看出它与图 3-11 的相似之处。测定结果表明,当 NMHCs 与 NOₓ 共存时,在紫外线作用下会出现 NO 转化为 NO₂,NMHCs 化合物被氧化消耗,O₃ 和其他氧化剂如 PAN、HCHO、HNO₃ 等二次污染物生成等结果。

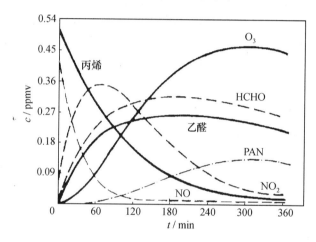

图 3-12　烟雾箱模拟实验结果

3.3.2　光化学烟雾污染的形成机制

光化学烟雾的形成是一个复杂的化学反应过程,对其曾先后提出过多种反应机理,有些机理包含上百个反应。这里主要介绍 Seinfield(1986)概括的光化学烟雾形成的简化机制。该机制共包括 12 个反应式:

$$NO_2 + h\nu(\lambda \leqslant 420\,nm) \longrightarrow NO + O(^3P) \tag{3-56}$$

$$O(^3P) + O_2 + M \longrightarrow O_3 + M \tag{3-57}$$

$$NO + O_3 \longrightarrow NO_2 + O_2 \tag{3-58}$$

$$RH + OH \xrightarrow{O_2} RO_2 + H_2O \tag{3-59}$$

$$RCHO + OH \xrightarrow{O_2} RC(O)O_2 + H_2O \tag{3-60}$$

$$RCHO + h\nu \xrightarrow{O_2} RO_2 + HO_2 + CO \tag{3-61}$$

$$HO_2 + NO \longrightarrow NO_2 + OH \tag{3-62}$$

$$RO_2 + NO \xrightarrow{O_2} NO_2 + R'CHO + HO_2 \tag{3-63}$$

$$RC(O)O_2 + NO \xrightarrow{O_2} NO_2 + RO_2 + CO_2 \qquad (3\text{-}64)$$

$$OH + NO_2 \longrightarrow HNO_3 \qquad (3\text{-}65)$$

$$RC(O)O_2 + NO_2 \longrightarrow RC(O)O_2NO_2 \qquad (3\text{-}66)$$

$$RC(O)O_2NO_2 \longrightarrow RC(O)O_2 + NO_2 \qquad (3\text{-}67)$$

利用以上反应可以说明图 3-11 中的各条曲线。清晨大量的 NMHCs 和 NO 由汽车尾气和其他源排入大气,二者的浓度迅速增加。随着太阳辐射的逐渐增强,大气中夜间形成的少量的 NO_2 开始光解,生成少量 O_3。O_3 光解产生的 OH 自由基开始氧化 NMHCs,并生成 HO_2、RO_2 等自由基,这两种自由基可将大气中的 NO 有效地氧化成 NO_2,同时又生成 OH,继续氧化 NMHCs。如此循环往复,直到大气中的 NMHCs 和 NO 被消耗完。在此过程中,NO_2 逐渐增多,并继续光解产生 O_3,使 O_3 得以积累,同时 NO_2 还可与自由基反应生成 PAN、HNO_3 等稳定的氧化物。当 NO_2 量下降到一定程度时,O_3 的生成量受到影响,而 O_3 在大气中通过光解以及与 NMHCs 和 NO 的反应也在不断消耗,当其累积速率与消耗速率达成平衡时,O_3 浓度达到最大。下午,随着日光的减弱,NO_2 光解受到抑制,于是反应趋于缓慢,产物浓度相继下降。

由上可见,对流层大气化学反应可以看做是从 NO_2 的光解开始的,而了解对流层化学的关键则在于 OH 自由基。OH 与许多 NMHCs 反应生成烷基过氧自由基,又在 HO_2 与 NO 的反应中得以再生,从而推动氧化反应不断进行,直到前体物被消耗殆尽。图 3-13 总结了大气中 $VOCs\text{-}NO_x$ 体系的主要化学反应过程。

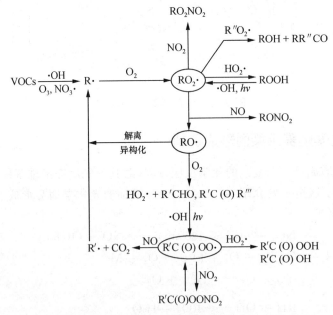

图 3-13　大气中 $VOCs\text{-}NO_x$ 体系的主要化学反应过程

判断一个地区是否有光化学烟雾的生成,大致有以下一些基本方法:

1. **实际测量大气中臭氧的浓度**

光化学烟雾是一种化学转化形成的二次污染物。这种污染事件发生时,由于强氧化性的化学物质直接与人体的粘膜系统接触,因此往往会造成头晕、咳嗽、刺眼和流泪,长期接触会引起呼吸系统等的病变。但是由于城市的空气污染物组成比较复杂,一些其他的污染物,挥发性有机物如甲醛、芳香烃类物质和细颗粒物等也会造成类似的不良反应。因此,这些症状可以作为光化学烟雾存在可能性的征兆,而不是科学的依据。要诊断是否确实发生这种污染,需要进行大气 O_3 浓度的实测,在掌握大气 O_3 浓度水平和超标频率等信息的基础上,并比较同期其他污染物如 SO_2、PM10 的污染状况,才可以对是否发生光化学烟雾有一个初步的判断。

2. 大气中 NO-NO_2-O_3 的日变化规律

大气中光化学烟雾的生成过程因为经历前述的化学转化,因此一般具有比较明显的日变化规律。主要由当地污染源排放生成的光化学烟雾,大气中的 NO-NO_2-O_3 会出现比较清晰的 NO、NO_2、O_3 浓度先后达到高峰的现象(如图 3-11),NO 的峰值一般由污染源的排放造成,而 NO_2 和 O_3 的高峰则与光化学的过程有关,因此也显示与太阳光强度变化之间的联系。发生这样的现象可以比较肯定有反应(3-56)～(3-67)中所描述的光化学链反应过程发生。

在观测到的高 O_3 水平存在较大的远距离输送或平流层输送的情况下,不一定能观测到 NO-NO_2-O_3 的日变化规律,或者反过来,当 O_3 浓度水平很高,而 NO、NO_2、O_3 污染物的日变化不明显时,可以考虑水平和垂直方向 O_3 的可能输送。

3. 过氧酰基硝酸酯(PANs)的监测

过氧酰基硝酸酯(peroxyacyl nitrates,简称 PANs)是具有 $RC(O)OONO_2$ 结构的一系列化合物的总称。这类化合物最早就是在光化学烟雾中检测发现的。PANs 的两个主要物种是过氧乙酰硝酸酯(PAN)和过氧丙酰硝酸酯(PPN),其中 PAN 是最经常出现,也是这类化合物中浓度最高的组分,是光化学烟雾的特征污染物。如果在大气中监测到 PAN 的存在,可以认定该地区发生了光化学烟雾污染现象。

PANs 不能吸收波长在 290 nm 以上的辐射,因此在对流层中不发生光解。它的水溶性也不强,所以水相清除也不是其主要的汇。过去曾一度认为 PANs 只在城市污染大气中存在,但现在发现它其实普遍存在于城市、郊区及全球大气环境中。目前的研究结果表明,PANs 的光化学活性和水溶性都不强,与 OH 的反应速率也较慢,因此在对流层中主要的去除途径是热分解回到 NO_2 和过氧酰基。热分解反应的程度与温度密切相关,因而 PANs 的大气寿命随温度变化很大,在 298 K 约为 30 min,在 273 K 约 8 h,而在对流层上部的温度条件下,PANs 相当稳定,寿命长达几个月,可以被传输到很远的地方。PAN 的混合比在北半球自由大气中约为 100 ppt,且变化较大;在热带地区约为 10 ppt。PAN 在大气中的浓度垂直分布梯度明显,在海洋边界层的混合比通常不到 2 ppt。

PAN 能强烈刺激眼睛,引起流泪和炎症;还能伤害植物,使多种植物叶子的背面呈青铜色或发生玻璃化。有研究指出,它还是造成皮肤癌的可能试剂。

PAN 作为 NO_2 在对流层大气中的一个储库分子,可以远距离输送和释放出 NO_2 分子,不仅扩大了污染范围,还成为又一次光化学烟雾的潜在引发剂。此外,PAN 能在雨水中解离出 NO_3^- 和有机物,参与降水的酸化。

3.3.3　对流层臭氧的变化趋势

光化学烟雾污染最大的特征是形成了强氧化性的二次污染物,最重要的是 O_3,占 90% 以上,是光化学烟雾的主要产物。臭氧主要危害人体的气管和肺部,对心脏及脑组织也有一定影响。长期小剂量接触 O_3,可引起肺病和衰老等病症。臭氧可损伤植物叶片,影响其生长和降低产量,还可使织物、纸张等发脆,使橡胶老化而降低强度。

除对人体健康和生态系统的直接影响外,O_3 的光解是全球对流层 OH 自由基的主要来源,对大气中的痕量组分的来源和化学转化有重要的影响。对流层 O_3 还是对温室效应有贡献的化学组分,因此 O_3 的全球变化趋势值得关注。

大气中臭氧总量的 90% 以上聚集于平流层中,对流层大气中臭氧的背景浓度一般不到 50 ppb。由于人为排放 NO_x 和 VOCs 数量的增加,使城市及附近地区大气中的 O_3 浓度普遍升高,一般都在 100 ppb 以上。当发生光化学烟雾污染时,大气中 O_3 浓度可高达 200～400 ppb,这一浓度水平对人体健康和生态材料都会造成严重危害。表 3-8 列出了不同地区在夏季臭氧的日最高浓度的典型范围。

表 3-8　不同地区夏季臭氧的典型日最高浓度范围

地　区	O_3 混合比/ppb
城市-郊区	100～400
农村	50～120
偏远热带森林地区	20～40
偏远海洋地区	20～40

北半球是人为活动密集的地区,也是人口集中的区域,因此 O_3 及其前体物排放变化较大,O_3 变化引起的影响也相对严重。图 3-14 给出了近 30 年北半球一些背景地区大气 O_3 浓度的观测数据。从图上的结果来看,O_3 的变化可能具有比较明显的区域特点,不同点上的变化曲线有较大的差别。其中,位于德国南部的高山点上对流层 O_3 呈现了长期的持续增长;位于爱尔兰西海岸的观测点上也显示了增长的趋势,但近些年出现了起伏不定的变化曲线;在美国内陆的观测点(Whiteface Mountain)清楚地给出自 20 世纪 80 年代末期一直到现在的下降势头;而位于夏威夷的 Mauna Loa 和阿拉斯加的 Barrow 则主要表现为振荡的变动过程。

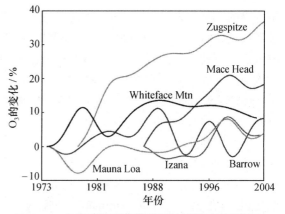

图 3-14　北半球若干背景观测站测得的对流层 O_3 浓度的变化趋势

Zugspitze 在德国;Mace Head 在爱尔兰;Izana 在西班牙;
Whiteface Mtn, Mauna Loa 和 Barrow 均在美国
来源:CMDL/NOAA 2004 年年会

3.4　光化学烟雾污染的影响因素和控制对策

3.4.1　天气条件的影响

O_3 浓度的上升往往与高温天气有关。首先,植物排放 NMVOCs 的速率随温度的升高而增大,人为源 VOCs 的挥发排放也与温度正相关,这些前体物浓度的增加对 O_3 浓度的升高有重要贡献。

从化学反应上看,O_3 浓度在很大程度上受 PANs 化学的影响,因为 PANs 是 NO_x 和自由基在低温下的汇,温度升高时,PANs 解离释放出的 NO_2 和自由基会显著增强 O_3 的生成反应。

光照强度也是影响一次污染物向二次污染物转化的重要因素。一方面,NO_2 的光解随光强增加而加快;另一方面,自由基的产生也与光照呈正相关。有实验测得雨后大气中 O_3 的浓度高于雨前,这可能是因为雨后颗粒物浓度下降、太阳辐射增强造成的。但根据烟雾箱的实验结果,湿度对光化学烟雾形成的影响不大。

从气象学角度讲,高温常常伴随着高压,大气处于稳定状态,垂直混合作用减小,因此在气温高、光照强的条件下容易发生光化学烟雾污染。

3.4.2 VOCs/NO_x 比值的影响

OH 基是 O_3 形成化学中的关键物种,OH 与 VOCs 的反应是氧化过程的开始。实际上,在 VOCs 和 NO_x 之间存在着对 OH 自由基的竞争。当 VOCs/NO_x 比值高时,OH 主要与 VOCs 反应;反之,则主要与 NO_x 反应。当 VOCs/NO_x 达某一比值时,OH 基与 VOCs 和与 NO_x 的反应速率相当。这一比值与 VOCs 的组成和反应活性密切相关。在大气条件下,以下反应的二级速率常数约为 1.7×10^4 ppm^{-1} · min^{-1}。

$$OH + NO_2 + M \longrightarrow HNO_3 + M \tag{3-68}$$

考虑城市大气的平均 VOCs 浓度水平和反应活性,VOCs 与 OH 反应的平均速率常数为 3.1×10^3 ppm(C)$^{-1}$ · min^{-1}(ppm(C)表示以碳原子计的体积混合比浓度)。这样,OH 与 NO_x 反应的速率常数约为 OH 与 VOCs 的 5.5 倍,当 VOCs/NO_x 的比值刚好等于 5.5 时,OH 与二者的反应速率相当;当 VOCs/NO_x 小于 5.5 时,以与 NO_x 的反应为主,使 OH 不氧化 VOCs,阻止了进一步生成 O_3;而当 VOCs/NO_x 大于 5.5 时,则优先与 VOCs 反应。当 NO_x 浓度足够低,或 VOCs/NO_x 足够高时,进一步降低 NO_x 有利于过氧自由基相互之间的复合反应发生,这样通过从体系中清除自由基,也可阻止 O_3 的形成。

总体上讲,VOCs 浓度增加意味着 O_3 浓度的增加,但 NO_x 的增加则会随 VOCs/NO_x 比值的不同可能造成 O_3 的减少,也可能造成 O_3 的增加。O_3 的产生速率并非与 NO_x 的量成正比。若给定 VOCs 的浓度水平,则对应某个 NO_x 浓度生成的 O_3 量最大。在此 VOCs/NO_x 值以下,随着 NO_x 的上升,O_3 生成量下降。由于 VOCs/NO_x 的比值足够低而抑制 O_3 生成的情况,在城市中心和 NO 源烟羽中可能会出现。郊区大气中 VOCs/NO_x 通常比较高,这是因为 NO_x 比 VOCs 清除得快,而且郊区 NO_x 的强排放源少。

由上可见,在对流层大气中,O_3 的生成主要受 NO_x 的控制。由于 NO_x 和自由基的清除速率与 VOCs 和 NO_x 浓度之间的关系非常复杂,O_3 的生成量并不随前体物浓度的增加而线性增加。

3.4.3 EKMA 曲线

为了进一步定量反映 NMHCs 和 NO_x 的初始浓度和相对比值对 O_3 生产量的影响,以不同浓度 NMHCs 和 NO_x 的混合物为初始条件,用臭氧等浓度曲线模式算出 O_3 产生的日最大值,然后绘成曲线,可为制定控制光化学烟雾污染的对策提供依据。这些曲线被称为 EKMA (empirical kinctic modeling approach)曲线。图 3-15 为一个典型的城市大气 EKMA 曲线图。图中假设 NMHCs 包含了丙烯、丁烯(含量比 1:3)和醛类(占总量的 50%)。初始 NO_x 中 25% 为 NO_2。

研究已证实,某一地区能够生成的最大臭氧浓度和其前体物之间并非线性的关系,也就是

55

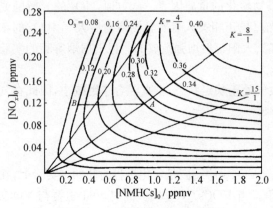

图 3-15 O_3 生成的 EKMA 曲线

$$K=[NMHCs]_0/[NO_x]_0$$

说,并不是 NO_x 或 NMHCs 的大气浓度增加一倍,能够生成的臭氧浓度也相应地增加一倍。上述 EKMA 图是在一定假设条件下得到的,但它能很清晰地描述在该假设条件下臭氧生成过程中 NMHCs 和 NO_x 的相对重要性,及 NMHCs/NO_x 比值对臭氧生成的影响。这些信息对光化学烟雾污染的控制是十分重要的。

将图中各等浓度线的转折点连成一线,即 $K=[NMHCs]/[NO_x]=8$ 的直线,称为脊线,脊线将图分为两部分。在脊线的右侧区域内,如果氮氧化物浓度保持不变,碳氢化合物浓度的变化对臭氧的生成影响不大,但氮氧化物浓度的减少会导致臭氧浓度显著减少,因此这一区域称为"氮氧化物"灵敏区。离城市较远的郊区和乡村大气通常具有这样的大气条件特征,由于 NMHCs/NO_x 高,即 NO_x 相对较少,O_3 的生成主要受 NO_x 的限制,在这种情况下控制光化学烟雾,应主要采取控制氮氧化物的措施。若两种前体物同时减少,O_3 浓度也明显下降。

但是在脊线的左侧区域内,情况却有所不同。保持氮氧化物浓度不变,臭氧的生成对碳氢化合物浓度的变化非常敏感,控制大气中的碳氢化合物可有效地减少臭氧的浓度。这样的区域称为"碳氢化合物"灵敏区。而且,当 K 值进一步减小到 4 以下时(即图中 $K=4/1$ 左侧的区域),如果保持碳氢化合物的浓度不变,减少氮氧化物浓度反而会导致臭氧浓度显著升高。可以预测,在这样的大气条件下如果只采取控制氮氧化物的措施来试图减轻光化学烟雾污染,结果可能会适得其反。城市大气一般具有这种特点,由于汽车尾气的贡献使得 NO_x 十分充足,这时光照条件和 O_3 的形成速度是控制 O_3 浓度的主要因素,减少 NMHCs 可减缓 OH 自由基向 HO_2 自由基的转化,使 NO 被氧化成 NO_2 的过程受到抑制,从而在同样的照射时间内达不到最大值。在 $K=4$ 的左侧,NO_x 浓度相当高,NO 消耗 O_3 的反应对 O_3 浓度的控制不可忽视,因此,若 NMHCs 不变,只减少 NO_x 的量,O_3 浓度反而会升高。

利用 EKMA 曲线图可为区域总量控制提供依据,根据 O_3 的环境目标值,预测降低臭氧浓度所必需的碳氢化合物或氮氧化物浓度的减少量,并优化分配到源排放的控制。例如,假设某城市中 NMHCs/NO_x 比值为 8,当前臭氧浓度为图 3-15 中的 A 点,若要将其降低至图中的 B 点,在不能降低氮氧化物的情况下,应将碳氢化合物的浓度减少 67%。进而确定各个源的碳氢化合物允许排放量。

不同城市和地区的污染源分布和排放特征不同,NMHCs/NO_x 比值及气象条件等因素也不同。因而要想对某一城市或区域的光化学烟雾污染进行有效的控制,必须针对这一地区具体的大气状况和特征绘制相应的 EKMA 曲线,才能得出可靠的结论。

3.4.4 NO_x 和 VOCs 的排放控制

汽车尾气是城市大气中 NO_x 和 VOCs 的主要排放源,因此改进技术控制汽车尾气排放是减小二者大气浓度的有效途径,具体措施有改进燃料组成和燃烧条件、安装尾气净化装置及发展电动汽车等。

在燃烧过程中试图通过改变燃烧条件来减少 NO_x 和 VOCs 的生成量是一个两难的问题。首先,为减少燃料中 VOCs 的排放,应采用贫燃富氧燃烧体系,即空燃比>化学计量比,这与提高燃烧温度和增大燃烧效率是一致的。然而在这一方案下由于空气量大,燃烧温度高,NO 的生成量和释放量会显著增加。而如果采取低温燃烧方式,虽可减少 NO 的生成量,但燃料使用效率大大降低。因此,实际中是采用燃料按计量比燃烧后尾气通过高效尾气净化装置进行处理,目前普遍应用的是电控汽油喷射系统(简称电喷)结合三元催化系统。

电喷系统可以合理控制喷油量,使油气混合比在加减速、上下坡和平坦行驶等不同的条件下都能处于最佳状态,保证汽油充分燃烧。三元催化系统是使尾气先后通过两种不同的催化剂。第一步通过的催化剂为铑,主要用来催化 NO_x 还原,还原剂即为尾气流中未完全氧化的组分 HCs 和 CO 等。反应为

$$2NO + 2CO \longrightarrow N_2 + 2CO_2 \tag{3-69}$$

第二步主要是为剩余的 HCs 和 CO 提供 O_2,使之转化为 CO_2 和 H_2O。使用钯或铂作为催化剂,使氧化反应容易进行。

$$RH + O_2 \longrightarrow CO_2 + H_2O \tag{3-70}$$

$$2CO + O_2 \longrightarrow 2CO_2 \tag{3-71}$$

电喷和三元催化技术的结合使用可使 HCs、NO 和 CO 的排放量比使用前降低 90% 以上。

除汽车尾气外,许多富含 VOCs 的溶剂和燃料在储存、运输和其他使用过程中也会通过挥发进入到大气中。对于这类排放,常用的控制方法有加强容器密封性以减少泄漏、利用吸附剂或吸收液进行浓缩回收或经过氧化转化为 CO_2 和 H_2O 等。

第4章　酸沉降化学

由于现代大气的氧化性特点,含 N、S 和 C 组分在大气中总的转化趋势是氧化态不断升高,导致大量酸性物质的生成。大气中酸性物质向地表迁移并被地表物质吸收或吸附的过程称为大气酸沉降。酸沉降的过程可以是通过降水的方式,如雨、雪、雾和雹等,称为湿沉降(wet deposition);也可以是在气流的作用下直接向地表的迁移,称为干沉降(dry deposition)。酸沉降化学主要研究在沉降过程中与酸有关的各种化学问题,包括各种酸碱性气体和颗粒物污染物的来源和形成机制、降水的酸化过程、干沉降的机制、沉降通量的测定和酸沉降污染的控制等。

4.1　大气中重要酸碱性气体的来源

大气中具有酸碱性的化学物种主要包括 SO_2、H_2SO_4(SO_4^{2-})、NO_x、HNO_3(NO_3^-)、NH_3(NH_4^+)等。表 4-1 列出了它们的主要来源和在大气中的含量水平。

表 4-1　大气中含 N 和含 S 物种的来源和含量

物　种		大气混合比/ppbv	停留时间/天	来　源
含 N 物种	NO_x	1~10(城市); 0.1~1(偏远地区)	0.2(城市、夏季)~ 10(偏远地区、冬季)	燃烧、闪电、微生物过程
	NH_3	0.1~1	2~70	排泄物、肥料、微生物过程
含 S 物种	SO_2	0.01~0.3	3~5	燃烧、硫化物矿石冶炼、火山喷发
	H_2S	0.05~0.3	1~2	次层土壤、湿地
	CS_2	0.02~0.5	50	次层土壤、湿地
	$(CH_3)_2S$	0.01~0.07	1	海洋
	COS	0.3~0.5	200~400	海洋、土壤
	CH_3SH			海洋、土壤
	CH_3SSCH_3			海洋、土壤

引自 Vanloon,2001.

大气中的 SO_2 主要来自于含硫燃料的燃烧。石油的含硫量一般为0.03%~7.89%,除元素硫、硫化物外,还含有硫醇、噻吩、苯并噻吩、二苯并噻吩和其他有机硫化物约 200 种。煤的含硫量一般为 0.5%~11%,无机硫主要以黄铁矿和砷黄铁矿形式存在,有机硫主要以硫醇、硫醚和含硫杂环化合物等形式存在于复杂的煤晶格中。全世界每年由人为源排入大气的 SO_2 上千万吨,其中约 60% 来自煤的燃烧,约 30% 来自石油的燃烧和炼制。

SO_2 的天然源主要是大气中 H_2S 气体等的氧化转化。这些低价态硫主要来自自然界有机物的腐化和微生物对硫酸盐的还原。火山活动是 SO_2 直接排入平流层的一个途径,使平流层气溶胶显著增加,通过物理阻挡太阳辐射使全球气温明显下降。此外,平流层中的含硫化合物也参加其他化学过程,造成不同的环境影响。大气中 SO_2 的寿命主要由与 OH 基的反应决定,同时干沉降也是 SO_2 从大气中清除的一个有效途径。

大气中的氨主要来自动物废弃物、土壤腐殖质的氨化、土壤氨基肥料的损失以及工业排放。其生物来源主要是废弃有机物中的氨基酸经细菌分解产生。

氨在大气中可以参与降水中的化学反应,中和降水的酸度。而当其以铵盐的形式降落到地表后,又成为造成土壤酸化的一个重要因素,因此,NH_3 对大气酸沉降的贡献近年来引起越来越多的关注。

$$NH_4^+ + 2O_2 \xrightarrow{\text{硝化细菌}} NO_3^- + 2H^+ + H_2O \tag{4-1}$$

4.2　大气中硝酸的形成机制

4.2.1　日间化学

NO 可被 O_2、O_3 或 RO_2 氧化,如

$$NO + O_3 \longrightarrow NO_2 + O_2 \tag{4-2}$$

此过程产生的 NO_2 对 O_3 和 OH 的生成有重要贡献,是光化学烟雾的重要引发反应。NO_x 从大气中去除的主要机制是被 OH 氧化为 HNO_3。

$$NO_2 + OH + M \longrightarrow HNO_3 + M \tag{4-3}$$

此反应主要在白天发生,速率常数为 $1.2 \times 10^{-11}(T/298)^{-1.6}\,\mathrm{cm}^3 \cdot 分子数^{-1} \cdot s^{-1}$。

4.2.2　夜间化学

在夜间,另一条生成 HNO_3 的途径变得更加重要。它是由 NO_3 自由基参与的反应。NO_3 自由基在白天或夜间均可形成,但由于其在光照作用下会分解,因而在夜间才有可能积累。NO_3 自由基的形成反应为

$$NO_2 + O_3 \longrightarrow NO_3 + O_2 \tag{4-4}$$

NO_3 自由基可参加一系列反应,主要通过与 NO_x 的反应被破坏。

$$NO_3 + NO_2 \longrightarrow NO + NO_2 + O_2 \tag{4-5}$$

$$NO_3 + NO \longrightarrow 2NO_2 \tag{4-6}$$

与 OH 基类似,NO_3 自由基可加成到烯烃的双键上。

$$NO_3 + C_nH_{2n} \longrightarrow C_nH_{2n}NO_3 \tag{4-7}$$

NO_3 与烷烃和醛类的一般从 H 摘取反应开始。

与烷烃的反应:　　$$NO_3 + RH \longrightarrow R + HNO_3 \tag{4-8}$$

与醛类的反应:　　$$NO_3 + RCHO \longrightarrow RCO + HNO_3 \tag{4-9}$$

在上述反应中,形成了 HNO_3。由 NO_3 和 NO_2 生成 N_2O_5 的反应进行得很快,N_2O_5 溶于水也生成 HNO_3。

$$NO_3 + NO_2 \longrightarrow N_2O_5 \tag{4-10}$$

$$N_2O_5 + H_2O \longrightarrow 2HNO_3 \tag{4-11}$$

大气中的 NO_x 在夜间大部分通过上述反应转化成为 HNO_3,少量 NO_x 可通过以下反应生成 PANs:

$$\underset{\text{PANs}}{RC(O)OO + NO_2 \longrightarrow RC(O)OONO_2} \tag{4-12}$$

当 $p_{PAN} > 1$ Pa 时，PAN 可与水发生以下反应：

$$CH_3C(O)OONO_2 + H_2O \longrightarrow NO_3^- + CH_3C(O)O_2^- + 2H^+ \tag{4-13}$$

当 $p_{NO_2}^2$（或 $p_{NO_2} \cdot p_{NO}$）$> 1.0 \times 10^{-4}$ Pa^2 时，NO 与 NO$_2$ 还可发生以下溶解转化反应：

$$NO + NO_2 + H_2O \longrightarrow 2HNO_2 \tag{4-14}$$

$$NO_2 + NO_2 + H_2O \longrightarrow 2H^+ + NO_2^- + NO_3^- \tag{4-15}$$

NO_2^- 可被进一步氧化成 NO_3^-。

$$NO_2^- + H_2O_2 \longrightarrow NO_3^- + H_2O \tag{4-16}$$

4.2.3 硝酸的清除

HNO$_3$ 通过干沉降或湿沉降从大气中去除，是酸性降水的主要贡献者之一。HNO$_3$ 与 NH$_3$ 的反应非常普遍：

$$NH_3 + HNO_3 \longrightarrow NH_4NO_3 \tag{4-17}$$

NH$_4$NO$_3$ 可形成液滴经湿沉降去除，也可以固体颗粒物的形式直接沉降到地表。

4.3 大气中硫酸的形成机制

4.3.1 还原态硫的氧化

大气中硫酸的形成过程比硝酸更复杂，反应可以从一系列不同氧化态的含硫化合物开始。H$_2$S、CS$_2$、(CH$_3$)$_2$S、COS、CH$_3$SH 和 CH$_3$SSCH$_3$ 等都含有 -2 价的硫，在大气中，H$_2$S、CS$_2$ 和 COS 通过 OH 基氧化，首先生成 SH 自由基。

$$H_2S + OH \longrightarrow H_2O + SH \tag{4-18}$$

$$CS_2 + OH \longrightarrow COS + SH \tag{4-19}$$

$$COS + OH \longrightarrow CO_2 + SH \tag{4-20}$$

以上三种含 S 化合物中，COS 直接由海洋排放或通过 CS$_2$ 氧化生成，且上述反应速率较慢，因此 COS 的对流层大气寿命相对较长，估计在 0.5～1 年之间。扩散到平流层是其主要的清除路径。在平流层中，COS 可经光化学反应生成 SO$_2$，最终转化为硫酸盐成为平流层气溶胶的重要组分。反应(4-18)～(4-20)生成的 SH 基可进一步氧化生成 SO$_2$。

$$SH + O_2 \longrightarrow SO + OH \tag{4-21}$$

$$SH + O_3 \longrightarrow SHO + O_2 \tag{4-22}$$

$$SHO + O_2 \longrightarrow SO + HOO \tag{4-23}$$

$$SO + O_2(O_3、NO_2) \longrightarrow SO_2 + 其他产物 \tag{4-24}$$

海洋表面生长的浮游植物可产生大量的(CH$_3$)$_2$S，它是进入大气的还原性含硫化合物中最重要的物种之一。OH 基与(CH$_3$)$_2$S 可发生摘氢或加成反应。

$$(CH_3)_2S + OH \longrightarrow CH_3SCH_2 + H_2O \tag{4-25}$$

$$(CH_3)_2S + OH \longrightarrow CH_3S(OH)CH_3 \tag{4-26}$$

生成的自由基产物可被进一步氧化，已在海洋大气气溶胶中检测到了二甲亚砜和甲烷磺酸等反应产物，同时也有 SO$_2$ 形成。这些氧化反应的详细机制目前还不十分清楚。

通过以上各种过程,还原态含硫化合物都可被氧化,主要产物为 SO_2,并最终转化为硫酸。在远离人为活动的地区,二甲基硫是造成降水或颗粒物的 pH 低于 5.7 的主要原因。

除以上还原态含 S 化合物的氧化外,SO_2 还大量从化石燃料燃烧和硫化物矿冶炼排放到大气中,正是这种过剩的人为源导致工业活动密集的内陆地区大气酸性进一步增强。SO_2 向 H_2SO_4 的转化至少通过两种不同的机制,一是气相中的均相氧化,另一是液相氧化过程。

4.3.2　SO_2 的均相气相氧化

1. 直接光氧化

从热力学观点看,大气中的 SO_2 被 O_2 氧化的反应可以自发完全进行。

$$2SO_2 + O_2 \longrightarrow 2SO_3 \tag{4-27}$$

但在没有催化剂的均相气相条件下,反应(4-27)进行得极为缓慢,几乎可以完全忽略此反应对大气中 SO_2 转化为 SO_3 的贡献。

根据 SO_2 的光吸收特点,SO_2 分子在对流层中不会发生光解离,只能跃迁至 $^1SO_2$ 或 $^3SO_2$。能量较高的单重态 $^1SO_2$ 分子不稳定,很快通过内部穿越过程转变为 $^3SO_2$,并放出磷光:

$$^1SO_2 \longrightarrow {}^3SO_2 + h\nu(磷光) \tag{4-28}$$

或与第三体碰撞失活而被稳定:

$$^1SO_2 + M \longrightarrow SO_2 + M \tag{4-29}$$

因此,大气中激发态的 SO_2 主要是以 $^3SO_2$ 的形式存在。由于 $^3SO_2$ 的寿命较长,对 SO_2 的均相氧化起很大作用。例如,

$$^3SO_2 + SO_2 \longrightarrow SO_3 + SO \quad (将基态 SO_2 氧化为 SO_3) \tag{4-30}$$

或

$$^3SO_2 + O_2 \longrightarrow SO_3 + O \quad (被 O_2 直接氧化成 SO_3) \tag{4-31}$$

$$^3SO_2 + M \longrightarrow SO_2 + M \quad (淬灭反应) \tag{4-32}$$

在清洁大气中,SO_2 直接光氧化速率很慢,每小时氧化量约为 0.1%。研究发现当有 NO 存在时,氧化速率大大加快:

$$^3SO_2 + NO \longrightarrow NO_2 + SO \tag{4-33a}$$

$$SO + SO_2 \longrightarrow SO_3 + S \tag{4-33b}$$

$$NO_2 + SO_2 \longrightarrow SO_3 + NO \tag{4-33c}$$

总反应:

$$^3SO_2 + 2SO_2 \xrightarrow{NO} 2SO_3 + S \tag{4-33}$$

其中,NO 起了催化作用。

2. 自由基氧化

SO_2 的自由基氧化速率比直接光氧化快得多,因此更重要。氧化过程一般从下面反应开始:

$$SO_2 + OH + M \longrightarrow HOSO_2 + M \tag{4-34}$$

此反应看上去是三级反应,但由于在低层对流层中 M 的含量很大,反应可看做准二级反应。随大气高度的增加,气体压力下降可导致反应速率减小。但这里还必须考虑另一个影响速率常数的因素。与许多其他有简单物种参加的自由基-自由基和离子-分子间的反应一样,此结合反应的活化能为负值,因此由于随高度上升大气温度的逐渐下降,反应速率又会增加。综合考虑温度和压力的影响,该二级反应速率常数的变化情况如图 4-1 所示。

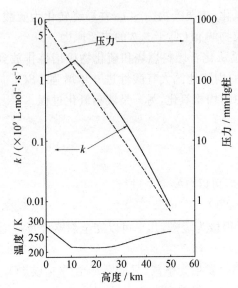

图 4-1 二级反应(4-34)速率常数
随温度和压力的变化

反应(4-34)是氧化反应的开始,也是整个过程中的决速步,生成的 $HOSO_2$ 将经历一系列相对快速的反应,最终形成 H_2SO_4。其中最简单也最重要的致酸反应为

$$HOSO_2 + O_2 + M \longrightarrow HOO + SO_3 + M$$
$$(4\text{-}35)$$

产物进而溶解在水中形成 H_2SO_4。反应过程中生成的过氧氢自由基也可与 NO 反应:

$$NO + HOO \longrightarrow NO_2 + OH \quad (4\text{-}36)$$

生成的 NO_2 和 OH 可进一步反应形成硝酸,见反应(4-3)。

有一部分 OH 基可与其余的 SO_2 反应,因此上述反应是一个自我加速的过程。

SO_2 还可通过其他一些均相反应生成 H_2SO_4,包括直接与原子 O 反应,反应速率常数与 SO_2 和 OH 反应的速率常数相当,但在对流层大气中原子 O 的混合比大约比 OH 低两个数量级。

4.3.3 SO_2 的液相氧化

S(Ⅳ)氧化生成 S(Ⅵ)的反应也可在液相中进行,反应从 SO_2 的溶解开始:

$$SO_2(g) \longrightarrow SO_2(aq) \quad K_H = 1.81 \times 10^{-5} \ \text{mol} \cdot \text{L}^{-1} \cdot \text{Pa}^{-1} \quad (4\text{-}37)$$

$$SO_2(aq) + H_2O \longrightarrow HSO_3^-(aq) + H^+(aq) \quad K_{a_1} = 1.72 \times 10^{-2} \ \text{mol} \cdot \text{L}^{-1} \quad (4\text{-}38)$$

$$HSO_3^-(aq) \longrightarrow SO_3^{2-}(aq) + H^+(aq) \quad K_{a_2} = 6.43 \times 10^{-8} \ \text{mol} \cdot \text{L}^{-1} \quad (4\text{-}39)$$

与 CO_2 类似,SO_2 在水中的溶解度与 pH 有关,不过比 CO_2 大得多。假设在 p° 下大气中 SO_2 的混合比为 10 ppbv,则当液滴的 pH 为 4 时溶解度为 $2.2 \times 10^{-6} \ \text{mol} \cdot \text{L}^{-1}$,当 pH 为 7 时溶解度为 $2.2 \times 10^{-3} \ \text{mol} \cdot \text{L}^{-1}$。溶解度是影响非均相反应速率的重要因素之一。

研究表明在液相中 S(Ⅳ)可通过多种途径被氧化为 S(Ⅵ),氧化剂主要有 O_3、H_2O_2、O_2(在 Mn(Ⅱ)和 Fe(Ⅲ)的催化作用下)、OH、SO_5^-、HSO_5^-、SO_4^-、PAN、CH_3OOH、$CH_3C(O)OOH$、HO_2、NO_3、NO_2、N(Ⅲ)、HCHO 和 Cl_2^- 等。

1. O_3 对 S(Ⅳ)的氧化

尽管 O_3 在气相中与 SO_2 的反应速率很慢,但在液相中以下反应可以较快进行。

$$O_3 + SO_2 \cdot H_2O \longrightarrow 2H^+ + SO_4^{2-} + O_2 \quad (4\text{-}40a)$$

$$O_3 + HSO_3^- \longrightarrow H^+ + SO_4^{2-} + O_2 \quad (4\text{-}40b)$$

$$O_3 + SO_3^{2-} \longrightarrow SO_4^{2-} + O_2 \quad (4\text{-}40c)$$

现有数据表明,S(Ⅳ)的氧化速率与 O_3 溶解量的关系式为

$$v_0 = -\frac{d[S(Ⅳ)]}{dt} = (k_0[SO_2 \cdot H_2O] + k_1[HSO_3^-] + k_2[SO_3^{2-}])[O_3] \quad (4\text{-}41)$$

式中 $k_0 = (2.4 \pm 1.1) \times 10^4 \ \text{L} \cdot \text{mol}^{-1} \cdot \text{s}^{-1}$,$k_1 = (3.7 \pm 0.7) \times 10^5 \ \text{L} \cdot \text{mol}^{-1} \cdot \text{s}^{-1}$,$k_2 = (1.5 \pm$

$0.6)\times10^9 \text{L}\cdot\text{mol}^{-1}\cdot\text{s}^{-1}$。研究认为 S(IV)与 O_3 的反应是通过 S(IV)对 O_3 的亲核攻击进行的。根据液相中 S(IV)三种形态的亲核反应活性,SO_3^{2-} 最快,$SO_2\cdot H_2O$ 最慢,这从三个反应速率常数的相对大小可以反映出来。随着体系 pH 的升高,$[HSO_3^-]$ 和 $[SO_3^{2-}]$ 增大,整个反应速率加快。当 O_3 大气混合比为 30 ppb 时,反应速率从 pH=2 时的小于 $0.001\,\mu\text{mol}\cdot\text{L}^{-1}\cdot\text{h}^{-1}\cdot\text{ppb}(SO_2)^{-1}$ 到 pH=6 时增加到 $3000\,\mu\text{mol}\cdot\text{L}^{-1}\cdot\text{h}^{-1}\cdot\text{ppb}(SO_2)^{-1}$。在气相中 OH 氧化 SO_2 的速率一般在 $1\%\cdot\text{h}^{-1}$ 的量级,因此 S(IV)被 O_3 液相氧化的反应在 pH 4 以上时重要。

不过,随着反应生成 SO_4^{2-} 量的不断增加,体系 pH 会逐渐下降,又会使反应速率降下来。因此这种反应速率随 pH 升高显著加快的反应进行到一定程度就会受到自身抑制。由于大气中 O_3 的普遍存在,当云水 pH>4 时,S(IV)与 O_3 的反应对大气中 SO_2 的清除和云水的酸化具有重要贡献。

S(IV)与 O_3 的反应不受 Cu^{2+}、Mn^{2+}、Fe^{2+} 和 Fe^{3+} 等微量金属离子存在的影响。但有研究指出该反应的速率与溶液离子强度有关。根据在 18℃ 下的实验数据,应对式(4-41)求出的反应速率 v_0 作如下校正:

$$v = (1 + FI)v_0 \tag{4-42}$$

式中 F 是支持电解质中离子的特征参数,I 为溶液的离子强度($\text{mol}\cdot\text{L}^{-1}$),$v$ 和 v_0 分别表示离子强度为 I 和 0 时的反应速率。实验测得 NaCl 和 Na_2SO_4 的 F 值分别为 1.59 ± 0.3 和 3.71 ± 0.7,$NaClO_4$ 和 NH_4ClO_4 的 F 值均小于 1.1。这些结果表明在离子强度为 $1\,\text{mol}\cdot\text{L}^{-1}$ 的海盐粒子溶液中,O_3 对 S(IV)的氧化速率比离子强度为 0 的液滴中快 2.6 倍。

2. H_2O_2 对 S(IV)的氧化

H_2O_2 的大气混合比约为 $1\sim2$ ppb,且极易溶于水($K_H=7.0\times10^{-1}\,\text{mol}\cdot\text{L}^{-1}\cdot\text{Pa}^{-1}$),是云、雾中最重要的氧化剂。

$$HSO_3^- + H_2O_2 \underset{k_2}{\overset{k_1}{\rightleftharpoons}} HOOSO_2^- + H_2O \tag{4-43}$$

反应主要通过 H_2O_2 对 HSO_3^- 的亲核取代进行,生成过氧亚硫酸根 $HOOSO_2^-$,结构式如图 4-2(a)所示。$HOOSO_2^-$ 很快重排成硫酸氢根 HSO_4^-,结构式见图 4-2(b)。

图 4-2　$HOOSO_2^-$ 和 HSO_4^- 的结构式

HSO_4^- 质子化的产物即为 H_2SO_4。

$$HOOSO_2^- + H^+ \xrightarrow{k_3} H_2SO_4 \tag{4-44}$$

根据这一反应,在稳态条件下,通过 H_2O_2 氧化 SO_2 生成的 H_2SO_4 的速率可表示为

$$\frac{d[H_2SO_4]}{dt} = k_3[HOOSO_2^-][H^+] \tag{4-45}$$

假设 HSO_4^- 达到稳态浓度,则

$$\frac{d[HOOSO_2^-]}{dt}=k_1[HSO_3^-][H_2O_2]-k_2[HOOSO_2^-]-k_3[HOOSO_2^-][H^+]=0 \tag{4-46}$$

式(4-46)整理得

$$k_1[\text{HSO}_3^-][\text{H}_2\text{O}_2] = [\text{HOOSO}_2^-](k_2 + k_3[\text{H}^+]) \tag{4-47}$$

$$[\text{HOOSO}_2^-] = \frac{k_1[\text{HSO}_3^-][\text{H}_2\text{O}_2]}{k_2 + k_3[\text{H}^+]} \tag{4-48}$$

将式(4-48)代入式(4-45):

$$速率 = \frac{\mathrm{d}[\text{H}_2\text{SO}_4]}{\mathrm{d}t} = \frac{k_1 k_3[\text{HSO}_3^-][\text{H}_2\text{O}_2]}{k_2 + k_3[\text{H}^+]}[\text{H}^+] \tag{4-49}$$

速率常数的取值为 $k_1 = 5.2 \times 10^6 \text{ L} \cdot \text{mol}^{-1} \cdot \text{s}^{-1}$ 和 $k_2/k_3 = 10^{-1}$。当 pH>2 时，$k_3[\text{H}^+] \ll k_2$，反应速率为

$$v = k_1 k_3 k_2^{-1}[\text{HSO}_3^-][\text{H}_2\text{O}_2][\text{H}^+] \tag{4-50}$$

利用 K_H 和 K_{a_1} 的方程，

$$[\text{H}^+][\text{HSO}_3^-] = K_\text{H} K_{a_1} p_{\text{SO}_2} \tag{4-51}$$

$$v = k_1 k_3 K_\text{H} K_{a_1} k_2^{-1}[\text{H}_2\text{O}_2] p_{\text{SO}_2} = k[\text{H}_2\text{O}_2] p_{\text{SO}_2} \tag{4-52}$$

此速率公式适用于 pH 2～5 之间，在此范围内 HSO_3^- 是 S(Ⅳ)的主要存在形式，H_2O_2 的氧化作用最重要，反应速率几乎与 pH 无关。当 pH<2 时，从式(4-49)可以看出反应速率会下降。当 pH 更高时，SO_3^{2-} 成为 S(Ⅳ)的主要存在形式，由于它不与 H_2O_2 反应，此氧化路径的贡献明显减小。

3. 过氧有机物对 S(Ⅳ)的氧化

甲基过氧化氢与 HSO_3^- 的反应为

$$\text{HSO}_3^- + \text{CH}_3\text{OOH} + \text{H}^+ \longrightarrow \text{SO}_4^{2-} + 2\text{H}^+ + \text{CH}_3\text{OH} \tag{4-53}$$

在 pH 2.9～5.8 的范围内，反应速率为

$$v = k[\text{H}^+][\text{HSO}_3^-][\text{CH}_3\text{OOH}] \tag{4-54}$$

式中 k 在 18℃ 下为 $(1.7 \pm 0.3) \times 10^7 \text{ L}^2 \cdot \text{mol}^{-2} \cdot \text{s}^{-1}$。因为随着 $[\text{H}^+]$ 的增加，$[\text{HSO}_3^-]$ 会逐渐减小，所以总反应速率几乎与 pH 无关。类似地，过氧乙酸与 HSO_3^- 的反应为

$$\text{HSO}_3^- + \text{CH}_3\text{C(O)OOH} \longrightarrow \text{SO}_4^{2-} + \text{H}^+ + \text{CH}_3\text{COOH} \tag{4-55}$$

在 pH 2.9～5.8 的范围内反应(4-55)的速率方程为

$$v = (k_1 + k_2[\text{H}^+])[\text{HSO}_3^-][\text{CH}_3\text{C(O)OOH}] \tag{4-56}$$

式中 k_1 和 k_2 在 18℃ 下分别为 $601 \text{ L} \cdot \text{mol}^{-1} \cdot \text{s}^{-1}$ 和 $(3.64 \pm 0.4) \times 10^7 \text{ L}^2 \cdot \text{mol}^{-2} \cdot \text{s}^{-1}$。总反应速率与 pH 正相关。甲基过氧化氢和过氧乙酸的亨利常数分别为 $227 \text{ mol} \cdot \text{L}^{-1} \cdot \text{atm}^{-1}$ 和 $473 \text{ mol} \cdot \text{L}^{-1} \cdot \text{atm}^{-1}$，比过氧化氢的 $7.45 \times 10^4 \text{ mol} \cdot \text{L}^{-1} \cdot \text{atm}^{-1}$ 低两个多数量级，二者在大气中典型的混合比分别为 1 ppb 和 0.01 ppb，按照亨利定律，相应的液相平衡浓度分别只有 $0.2 \mu\text{mol} \cdot \text{L}^{-1}$ 和 $5 \text{ nmol} \cdot \text{L}^{-1}$。因此在通常大气条件下，反应(4-53)和(4-55)的速率很慢，对 S(Ⅳ)的氧化贡献不大。

4. SO_2 的催化氧化

在水溶液中，分子 O_2 氧化 S(Ⅳ)的速率通常很慢，然而，大气水相中常含有少量的过渡金属离子，这些金属离子可催化分子 O_2 氧化 S(Ⅳ)的反应的进行。这一领域的研究曾引起人们极为广泛的兴趣，现已证明能加快该反应速率的离子有 Fe(Ⅲ)、Mn(Ⅱ)、Cu(Ⅱ)和 Co(Ⅲ)等，其中较重要的是 Fe(Ⅲ)和 Mn(Ⅱ)，总反应可表示为

$$S(\text{IV}) + O_2 \xrightarrow{Fe^{3+},Mn^{2+}} S(\text{VI}) \tag{4-57}$$

（1）Fe（Ⅲ）的催化氧化

Fe（Ⅲ）在水溶液中存在以下平衡：

$$Fe^{3+} + H_2O \rightleftharpoons FeOH^{2+} + H^+ \tag{4-58}$$

$$FeOH^{2+} + H_2O \rightleftharpoons Fe(OH)_2^+ + H^+ \tag{4-59}$$

$$Fe(OH)_2^+ + H_2O \rightleftharpoons Fe(OH)_3(s) + H^+ \tag{4-60}$$

$$2FeOH^{2+} \rightleftharpoons Fe_2(OH)_2^{4+} \tag{4-61}$$

以上 Fe（Ⅲ）的各种形态中，Fe^{3+}、$FeOH^{2+}$、$Fe(OH)_2^+$ 和 $Fe_2(OH)_2^{4+}$ 均为可溶态，$Fe(OH)_3$ 为不溶态。Fe^{3+} 的浓度可由与 $Fe(OH)_3$ 的平衡反应确定。

$$Fe(OH)_3(s) + 3H^+ \rightleftharpoons Fe^{3+} + 3H_2O \tag{4-62}$$

在 298 K 下，$[Fe^{3+}] \approx 10^3 [H^+]^3$。当 pH 为 4.5 时，$[Fe^{3+}] = 3 \times 10^{-11}\ mol \cdot L^{-1}$。

在 pH 0～3.6 的范围内，Fe（Ⅲ）催化氧化 S（Ⅳ）的速率为

$$v = -\frac{d[S(\text{IV})]}{dt} = k\frac{[Fe(\text{III})][S(\text{IV})]}{[H^+]} \tag{4-63}$$

研究发现液滴溶液的离子强度和硫酸盐浓度大时对 Fe（Ⅲ）催化氧化 S（Ⅳ）的反应有抑制作用。考虑到这些因素的影响，k 的表达式为

$$k = k^* \frac{10^{-2\sqrt{I}/(1+\sqrt{I})}}{1 + 150[S(\text{VI})]^{2/3}} \tag{4-64}$$

式中，$[S(\text{VI})]$ 的单位用 $mol \cdot L^{-1}$，k^* 为 $6\ s^{-1}$。实验发现，SO_3^{2-} 与 SO_4^{2-} 表现出相似的抑制作用，在通常的大气浓度条件（$[S(\text{IV})] < 0.001\ mol \cdot L^{-1}$）下，这一影响可以忽略。但上述速率方程不适用于 $[S(\text{IV})] > 0.001\ mol \cdot L^{-1}$ 的实验室研究。根据以上速率方程，在 pH 0～3.6 范围内，通常大气浓度条件下，Fe（Ⅲ）催化氧化 S（Ⅳ）的反应速率很慢。但当 pH＞3.6 时，Fe（Ⅲ）催化氧化 S（Ⅳ）的速率方程完全不同，这表明在两个 pH 范围内，反应机制可能不相同。在高 pH 范围内，可能存在自由基链反应机制。由于 pH＞3.6 时 Fe（Ⅲ）的溶解度非常小，而催化反应速率取决于实际溶解态的 Fe^{3+} 浓度，而不是液滴中总 Fe 量，因此在高 pH 下的速率方程目前还不十分确定。下面是一些经验表达式：

pH 4.0 时，　　　　$-d[S(\text{IV})]/dt = 1 \times 10^9 [S(\text{IV})][Fe(\text{III})]^2$ （4-65）

pH 5.0～6.0 时，　　$-d[S(\text{IV})]/dt = 1 \times 10^{-3}[S(\text{IV})]$ （4-66）

pH 7.0 时，　　　　$-d[S(\text{IV})]/dt = 1 \times 10^{-4}[S(\text{IV})]$ （4-67）

这些经验公式对应的条件为：$[S(\text{IV})] \approx 10\ \mu mol \cdot L^{-1}$，$[Fe(\text{III})] > 0.1\ \mu mol \cdot L^{-1}$，$I < 0.01\ mol \cdot L^{-1}$，$[S(\text{VI})] < 10\ \mu mol \cdot L^{-1}$，$T = 298\ K$。注意在 pH 5.0～7.0 的速率表达式中没有出现 $[Fe(\text{III})]$ 一项，这是因为一般认为在正常大气条件下总会有微量的 Fe 存在。在高 pH 范围内 Fe（Ⅲ）催化氧化 S（Ⅳ）的反应很重要。Fe（Ⅱ）不直接催化 S（Ⅳ）的氧化，一般在 S（Ⅳ）被氧化之前先被氧化成 Fe（Ⅲ）。

研究还发现一些结构不太复杂的有机分子，例如甲酸盐、乙酸盐、三氯乙酸盐、乙醇、异丙醇和烯丙醇等，在 pH 5 以上对 Fe（Ⅲ）催化氧化 S（Ⅳ）的反应有抑制作用，而在 pH 3 以下则没有。在偏远地区，云水中的甲酸盐是主要的抑制剂，不过抑制程度小于 10%。而在城区附近，甲酸盐在高 pH 下可使催化氧化速率减小 10～20 倍。

(2) Mn(Ⅱ)的催化氧化

Mn(Ⅱ)催化 S(Ⅳ)氧化的可能机理为

$$Mn^{2+} + SO_2 \rightleftharpoons MnSO_2^{2+} \tag{4-68a}$$

$$2MnSO_2^{2+} + O_2 \longrightarrow 2MnSO_3^{2+} \tag{4-68b}$$

$$MnSO_3^{2+} + H_2O \rightleftharpoons Mn^{2+} + H_2SO_4 \tag{4-68c}$$

总反应：

$$2SO_2 + 2H_2O + O_2 \xrightarrow{Mn^{2+}} 2H_2SO_4 \tag{4-68}$$

在大气条件下上述氧化反应的速率计算方法目前还不十分清楚,最初认为与$[H^+]$成反比,但也有研究提出离子强度的影响更大。

(3) Fe(Ⅲ)/Mn(Ⅱ)的协同催化作用

当 Fe^{3+} 和 Mn^{2+} 在大气的液滴中共存时,S(Ⅳ)的催化氧化反应速率比两种离子单独存在时的速率之和快 3～10 倍,表明两种离子之间存在协同催化作用。在 pH 3.0,$[S(Ⅳ)] < 10 \mu mol \cdot L^{-1}$时,总反应速率为

$$-d[S(Ⅳ)]/dt = 750[Mn(Ⅱ)][S(Ⅳ)] + 2600[Fe(Ⅲ)][S(Ⅳ)]$$
$$+ 1.0 \times 10^{10}[Mn(Ⅱ)][Fe(Ⅲ)][S(Ⅳ)] \tag{4-69}$$

5. OH 基对 S(Ⅳ)的氧化

OH 和 HO_2 等自由基既可从大气气相被清除到液相中,也可在液相中反应形成,液相中涉及 OH 和 HO_2 自由基的反应有 20 多个。

自由基对 S(Ⅳ)的氧化反应从 OH 对 HSO_3^- 和 SO_3^{2-} 的攻击开始,形成过亚硫酸根阴离子自由基 SO_3^-。

$$HSO_3^- + OH \longrightarrow SO_3^- + H_2O \tag{4-70}$$

$$SO_3^{2-} + OH \longrightarrow SO_3^- + OH^- \tag{4-71}$$

反应(4-70)和(4-71)均为初级反应,在 298 K 下的反应速率常数 k 分别为 4.5×10^9 L $\cdot$ $mol^{-1} \cdot s^{-1}$和 5.2×10^9 L $\cdot mol^{-1} \cdot s^{-1}$。$SO_3^-$ 的存在现已得到确认,接下来此阴离子自由基与液相中的溶解 O_2 快速反应形成过氧硫酸根自由基 SO_5^-。

$$SO_3^- + O_2 \longrightarrow SO_5^- \tag{4-72}$$

298 K 下,此反应的速率常数 k 为 1.5×10^9 L $\cdot mol^{-1} \cdot s^{-1}$。$SO_5^-$ 的归宿是通过一系列反应形成 HSO_5^-、SO_3^- 和 S(Ⅳ),使氧化反应的机制变得较为复杂。SO_5^- 与 S(Ⅳ)的反应为

$$SO_5^- + HSO_3^- \longrightarrow HSO_5^- + SO_3^- \tag{4-73}$$

$$SO_5^- + SO_3^{2-} + H_2O \longrightarrow HSO_5^- + SO_3^- + OH^- \tag{4-74}$$

这两个反应都比较慢,SO_5^- 主要的汇是自身相互反应。

$$SO_5^- + SO_5^- \longrightarrow 2SO_4^- + O_2 \tag{4-75}$$

或

$$SO_5^- + SO_5^- \longrightarrow S_2O_8^{2-} + O_2 \tag{4-76}$$

反应(4-75)比(4-76)的速率快约 4 倍,产生的硫酸根自由基(SO_4^-)可与 HSO_3^- 快速反应生成 SO_4^{2-}。

$$SO_4^- + HSO_3^- \longrightarrow SO_3^- + H^+ + SO_4^{2-} \tag{4-77}$$

图 4-3 为 S(Ⅳ)被 OH 氧化的自由基氧化链反应示意图。

在上述反应机制中 SO_4^{2-} 的生成速率随 pH 增加而增大,主要原因是 S(Ⅳ)的溶解度随

pH 增加而增大。在 pH 5 以下,速率不超过 $0.2\ \mu mol \cdot L^{-1} \cdot s^{-1}$。

在实际云滴中,SO_4^- 和 SO_5^- 还会参与一系列其他反应,使得氧化反应速率的影响因素更加复杂。

6. NO_x 对 S(Ⅳ) 的氧化

NO_x 在水中的溶解度较小,水相浓度低,因此反应

$$2NO_2 + HSO_3^- + H_2O \longrightarrow 2NO_2^- + 3H^+ + SO_4^{2-} \qquad (4\text{-}78)$$

在大多数情况下不重要。但在城市地区的雾中 NO_2 浓度较高,当大气中 NH_3 浓度较高、中和能力强时,这一途径可能对 S(Ⅳ)氧化贡献较大。

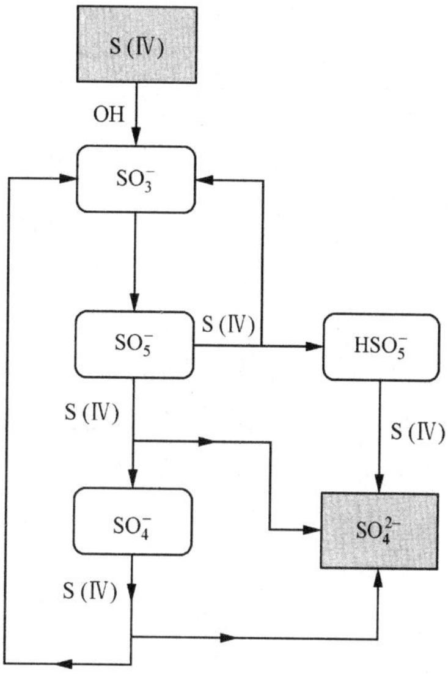

7. S(Ⅳ) 与 HCHO 的反应

在云和雾中,HSO_3^- 和 SO_3^{2-} 可与溶解的 HCHO 反应,生成羟甲基磺酸($HOCH_2SO_3H$, HMS)。

$$HCHO(aq) + HSO_3^- \longrightarrow HOCH_2SO_3^- \qquad (4\text{-}79)$$

$$HCHO(aq) + SO_3^{2-} \longrightarrow {}^-OCH_2SO_3^- \qquad (4\text{-}80)$$

图 4-3　S(Ⅳ)被 OH 基氧化的自由基氧化链反应示意图

反应(4-79)和(4-80)均为初级反应,速率常数分别为 $k_{(4\text{-}79)} = 7.9 \times 10^2\ L \cdot mol^{-1} \cdot s^{-1}$ 和 $k_{(4\text{-}80)} = 2.5 \times 10^7\ L \cdot mol^{-1} \cdot s^{-1}$。HMS 为强酸,在云水中完全解离为羟甲基磺酸根($HOCH_2SO_3^-$, HMSA)。

$$HOCH_2SO_3H \Longleftrightarrow HOCH_2SO_3^- + H^+ \qquad (4\text{-}81)$$

HMSA 可进一步解离生成 $^-OCH_2SO_3^-$:

$$HOCH_2SO_3^- \Longleftrightarrow {}^-OCH_2SO_3^- + H^+ \qquad (4\text{-}82)$$

不过第二步解离很弱($K = 2 \times 10^{-12}\ mol \cdot L^{-1}$),因此在实际大气液相中 HMS 主要以 $HOCH_2SO_3^-$ 的形式存在。HMSA 的形成速率 v_f 为

$$v_f = (k_{(4\text{-}79)}[HSO_3^-] + k_{(4\text{-}80)}[SO_3^{2-}])[HCHO] \qquad (4\text{-}83)$$

v_f 随 pH 呈指数增加,因为 $[HSO_3^-]$ 和 $[SO_3^{2-}]$ 随 pH 增加而增大。在 pH>5 时,反应变得很重要。

HMSA 与液相中的 OH^- 反应又会再解离生成 SO_3^{2-} 和 HCHO。

$$HOCH_2SO_3^- + OH^- \longrightarrow HCHO(aq) + SO_3^{2-} + H_2O \qquad (4\text{-}84)$$

$$v = k[HOCH_2SO_3^-][OH^-] \qquad (4\text{-}85)$$

此二级反应速率常数 $k = 3.6 \times 10^3\ L \cdot mol^{-1} \cdot s^{-1}$。解离反应所需的时间在 pH 4 下为 770 h,在 pH 6 下为 7 h,在 pH 7 下为 45 min。可见在酸性条件下 HMSA 的分解可以忽略,但在中性条件下却很可观。由于 HMSA 生成和解离的平衡需几个小时才能达到,所以在大气云水中 HMSA 的浓度与 HSO_3^- 和 HCHO 一般不平衡。

HMSA 化学一个有趣的特征是高 pH 有利于其形成却不利于其稳定存在。然而如果云水和雾水的 pH 在初始时高,然后由于 S(Ⅳ)的氧化逐渐降低,那么 HMSA 就可在其中稳定存在。在云雾水中尚未测到 HMSA 与 O_3 或 H_2O_2 间的直接反应,但与 OH 的反应是确定存在的:

$$HOCH_2SO_3^- + OH + O_2 \longrightarrow SO_5^- + HCHO + H_2O \qquad (4\text{-}86)$$

此反应将 HMSA 与前面介绍 S(Ⅳ)的自由基氧化链反应联系起来。反应(4-86)的速率与

pH 有关,二级速率常数为 $2.6\times10^8\,L\cdot mol^{-1}\cdot s^{-1}$。由于与 OH 的反应,HMSA 的大气寿命约为几个小时,是白天云雾水中 HMSA 主要的汇。在不同环境大气中都测到了 HMSA,其浓度在 SO_2 和 HCHO 的排放源附近有时可高达 $300\,\mu mol\cdot L^{-1}$。HMSA 的形成解释了在 pH 高时 S(Ⅳ)的相对高浓度,因为从价态上讲,HMSA 属于 S(Ⅳ)中的一员。在以上情况下,SO_2(以及 HSO_3^{2-} 和 SO_3^{2-})的寿命是极短的,测到的 S(Ⅳ)主要是 HMSA,而不是 HSO_3^{2-} 和 SO_3^{2-}。

8. S(Ⅳ)各种液相氧化路径的比较

下面来对照比较一下液相中 SO_2 的各条氧化路径在不同 pH 和温度下的重要性。给定 pH,计算各路径相应的氧化速率,可得到如图 4-4 所示的结果,其中各物种的浓度值设为 $[SO_2(g)]=5\,ppb$,$[H_2O_2(g)]=1\,ppb$,$[NO_2(g)]=1\,ppb$,$[O_3(g)]=50\,ppb$,$[Fe(Ⅲ)(aq)]=0.3\,\mu mol\cdot L^{-1}$ 和 $[Mn(Ⅱ)(aq)]=0.03\,\mu mol\cdot L^{-1}$。

由图 4-4 可见,当 pH<4~5 时,H_2O_2 氧化是 S(Ⅳ)氧化的最有效途径;而当 pH≥5 时,O_3 最重要,当 pH=6 时,O_3 的氧化速率比 H_2O_2 快 10 倍;在高 pH 条件下,Fe(Ⅲ)/Mn(Ⅱ) 催化 SO_2 氧化的路径变得重要;NO_2 的氧化在整个 pH 范围内都不重要。

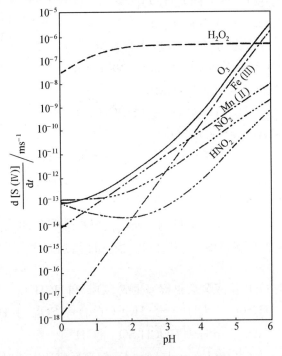

图 4-4 SO_2 液相氧化途径的比较

$[SO_2(g)]=5\,ppb$,$[H_2O_2(g)]=1\,ppb$,$[NO_2(g)]=1\,ppb$,$[O_3(g)]=50\,ppb$,$[Fe(Ⅲ)(aq)]=0.3\,\mu mol\cdot L^{-1}$,
$[Mn(Ⅱ)(aq)]=0.03\,\mu mol\cdot L^{-1}$

S(Ⅳ)被 OH 基氧化的速率不易简单计算,因为总速率取决于自由基链增长和终止的速率,除了与 S(Ⅳ)和 OH 基的浓度有关外,还与 HO_2、HCOOH 和 HCHO 等的浓度有关,需采用化学动力学模式才能计算。

在低 pH 条件下,大多数氧化反应机制受到抑制的主要原因是 SO_2 的溶解性随酸度增大而降低。H_2O_2 是目前发现的惟一一种与 pH 几乎无关的氧化剂。

温度对氧化反应速率的影响是两方面因素竞争的结果。在低温条件下,气体溶解度较大,但反应速率通常随温度降低而减小；温度升高时，反应速率加快，但气体的溶解度下降。一般来说，除 Fe/Mn 催化的氧化反应外，溶解度的增加占主导作用，温度越低，反应速率越快。但在过渡金属催化的反应中，由于活化能较大，在给定 SO_2 浓度的条件下，SO_4^{2-} 的形成速率随温度的降低而减小。

除上面介绍的气相氧化和液相氧化路径外，一些固体的表面，如石墨、煤烟颗粒等的表面，也可以催化 SO_2 的氧化。

$$2SO_2 + O_2 \xrightarrow{\text{固体表面}} 2SO_3 \tag{4-87}$$

氧化速率与颗粒表面的性质及相对湿度有关，此处不再详述。

4.4　干、湿沉降机制和沉降通量

4.4.1　大气中水相的化学平衡

大气中的水约占地球上总水量的 0.001％，主要以云、雾、雨、露和湿颗粒物等形式分布在大气中。物种在气相和液相间分配的平衡常数称为亨利常数。表 4-2 列出了在 298 K 下大气中一些重要气体在液态水中的亨利常数。

表 4-2　298 K 下大气中一些重要气体的亨利常数

物　种	$H/(\text{mol}\cdot\text{L}^{-1}\cdot\text{atm}^{-1})$	物　种	$H/(\text{mol}\cdot\text{L}^{-1}\cdot\text{atm}^{-1})$	物　种	$H/(\text{mol}\cdot\text{L}^{-1}\cdot\text{atm}^{-1})$
O_2	1.3×10^{-3}	SO_2	1.23	HCl	727
NO	1.9×10^{-3}	CH_3ONO_2	2.6	HO_2	2.0×10^3
C_2H_4	4.8×10^{-3}	CH_3O_2	6	HCOOH	3.6×10^3
NO_2	1.0×10^{-2}	OH	25	HCHO	2.5
O_3	1.13×10^{-2}	HNO_2	49	CH_3COOH	8.8×10^3
N_2O	2.5×10^{-2}	NH_3	62	H_2O_2	7.45×10^4
CO_2	3.4×10^{-2}	CH_3OH	220	HNO_3	2.1×10^5
H_2S	0.12	CH_3OOH	227	NO_3	2.1×10^5
DMS	0.56	$CH_3C(O)OOH$	473		

应当指出的是，表中数据只反映出气体物理溶解度的大小，并未考虑物种溶解后的进一步变化，实际上表中所列的气体中有几种在溶解于水后会进一步发生解离或与水发生反应。例如，天然大气中所含的 CO_2 气体在降水溶液中存在着下列溶解平衡：

$$CO_2 + H_2O \Longrightarrow H_2CO_3 \Longrightarrow H^+ + HCO_3^- \tag{4-88}$$

北半球大气中 CO_2 的浓度约为 365 ppm，与此相平衡的降水 pH 为 5.7。可见，仅考虑 CO_2 气体的溶解平衡，天然降水是弱酸性的，降水中的 H^+ 浓度比纯水高约 20 倍。实际上，除 CO_2 外，降水中还会吸收和溶解包括有机酸、天然硫化物和碳酸钙颗粒物等在内的其他酸碱性物种，因而降水的 pH 是多种因素综合作用的结果。

降水是大气净化的主要途径。大气中的污染物进入降水主要通过雨除和冲刷两种方式。雨除是指以大气中的颗粒物作为云的凝结核，水蒸气在其表面凝结形成云滴，云滴在长大的过程中，不断地吸收和吸附周围的气体，当云滴逐渐长大成为雨滴降落到地面时，其中所含的气溶胶粒子和气体也就随之从大气中被清除。雨除对粒径小于 $1\,\mu m$ 的气溶胶粒子去除效率较高，尤其是对具有吸湿性和可溶性的粒子和水溶性气体十分有效。冲刷则是指在降雨过程中大气中的气体或颗粒物与雨滴发生碰撞或通过扩散、吸附进入雨滴,从而从大气中去除的过程。冲刷对于粒径在 $4~\mu m$ 以上的气溶胶粒子去除效率较高。在雨除和冲刷两种机制的共同作用下,大气中的大量污染物都会进入降水,而降水的成分也由此变得十分复杂。

4.4.2 降水的酸化过程

以降水中硫酸的生成为例,降水酸化的过程可以简单地归纳为:

(i) 由源排放的气态 SO_2 经过气相反应生成硫酸(H_2SO_4)或硫酸盐气溶胶(SO_4^{2-});

(ii) 在成云过程中,硫酸(H_2SO_4)或硫酸盐气溶胶(SO_4^{2-})粒子以凝结核的形式进入云水;

(iii) 云水直接吸收 SO_2 气体,在云水中 SO_2 液相氧化为 SO_4^{2-};

(iv) 云滴变为雨滴后,在降落过程中将大气中的气溶胶粒子冲刷进入水体;

(v) 雨滴在下降过程中,吸收 SO_2 气体,在水相中 SO_2 被氧化为 SO_4^{2-}。

从上述过程可见,由于大气层总体上是氧化性的,SO_2 气体进入大气后将发生氧化,氧化过程既可以在气体状态下进行,也可以在水相中发生,其结果都是将 SO_2 气体氧化为硫酸或硫酸盐气溶胶这样酸性很强的组分。这些组分通过成云过程或雨下冲刷的过程进入降水,然后降落到地表。整个过程可以用一个简单的图示(图 4-5)来表示。

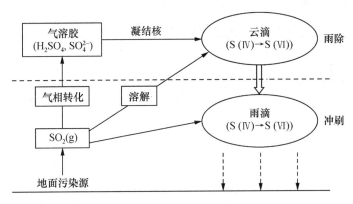

图 4-5 降水酸化过程示意图

与 SO_2 气体相似,大气中许多其他气态组分,如氮氧化物、碳氢化合物、氨(NH_3)和过氧化氢(H_2O_2)等也会从大气中被清除进入降水,参与雨水的酸化。

硝酸和硫酸的相对重要性取决于离源的距离,因为 NO_x 向硝酸的转化速率以及沉降速率比硫酸的快。这可以通过下面的计算证明。考虑两个主要均相过程的决速步:

$$NO_2 + OH + M \longrightarrow HNO_3 + M \tag{4-3}$$

$$SO_2 + OH + M \longrightarrow HOSO_2 + M \tag{4-34}$$

在地表条件下,反应(4-3)和(4-34)的速率常数分别为 $1.2 \times 10^{-11}~cm^3 \cdot 分子数^{-1} \cdot s^{-1}$ 和 $1.2 \times 10^{-12}~cm^3 \cdot 分子数^{-1} \cdot s^{-1}$,都是在 p° 和 25℃ 下的估算值。在工业区大气中,NO_2 和 SO_2 的浓度分别为 50 和 25 $\mu g \cdot m^{-3}$。在夏季 OH 基的 24 h 平均浓度为 1.7×10^6 分子数 $\cdot cm^{-3}$。计算可得 NO_2 的初始氧化速率约为每小时损失初始浓度的 7%,而对 SO_2 约为每小时损失初始浓度的 0.7%。需要注意的是,以上计算中采用了一些假设和估算条件,而且只考虑了均相氧化过程。

综合考虑各种氧化路径,发现当 SO_2 和 NO_x 都从工业源排放出来,且排放物和转化产物一同沿下风向移动时,离源越远,硫酸盐和硝酸盐的摩尔比越大。

4.4.3 干沉降

干沉降是指大气中的污染气体和气溶胶粒子在气流作用下直接向地表迁移并被地表土壤、水体和植被等吸附去除的过程。它是除湿沉降外污染物从大气中去除的另一条重要途径。与湿沉降相比,干沉降的相对重要性取决于以下几个因素:首先是物种的存在形式是气态还是颗粒态;其次是该物种在水中的溶解度如何以及该地区的降水量情况;最后是该地区的地表类型。

大气的湍流程度,尤其是紧贴地面的一层大气的湍流情况,控制了物种向地表迁移的速率。对气体,溶解性和化学反应性可影响地表的吸收。对颗粒物,粒径、密度和形状等因素会影响到被地表俘获的情况。而地表本身的性质也是影响干沉降的一个重要因素,惰性的表面可能很难吸收或吸附某些气体,光滑的表面可能会造成颗粒物的反弹。植被表面的情况变化很大,不易用理论描述,一般认为对干沉降是有利的。

干沉降的贡献用干沉降通量来表示,与物种的大气浓度成正比。

$$F = -v_d c \tag{4-89}$$

其中 F 为垂直于地表方向的干沉降通量,表示单位时间、单位表面上物种的沉降量;比例系数 v_d 为沉降速率;c 为物种在大气中的浓度。v_d 实际上受到一系列复杂的物理和化学过程的影响,很难给出确定值,研究中大多采用阻抗模型,如图 4-6 所示。

由图 4-6 可见,干沉降的过程类似电流通过一系列阻抗的过程,大致可分为三个步骤:

(i) 污染物向贴近地表的薄层大气层外边界传输,主要由大气湍流控制,受到的阻力主要是空气动力学阻力,用 R_a 表示;

(ii) 污染物扩散通过贴近地表的薄层大气(约 $0.01 \sim 0.1 \text{ cm}$ 厚)到达地表,气体分子主要靠分子运动,颗粒物则主要靠布朗运动,受到的阻力主要是表面阻力,用 R_s 表示;

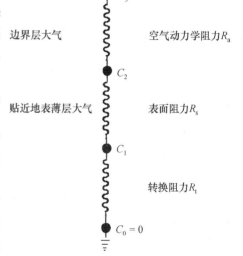

图 4-6 大气干沉降机制的阻抗模型

(iii) 污染物被接收表面吸附或溶解去除,受到的阻力称为转换阻力,用 R_t 表示。

因此,在干沉降过程中物种受到的总阻力为

$$R = R_a + R_s + R_t \tag{4-90}$$

干沉降速率则可表示为

$$v_d = 1/R = (R_a + R_s + R_t)^{-1} \tag{4-91}$$

影响 v_d 的重要因素包括风速、地球表面粗糙度以及地表对污染物的吸附去除能力。其中最重要的是污染物和地表的性质。若 R_t 很大,即地表对污染物的吸附和溶解作用很少,则很难通过干沉降去除,与其他两个因素几乎无关。

4.5 酸沉降污染的危害及控制对策

4.5.1 酸沉降污染的危害

"酸雨"这一概念最早于1872年由英国化学家R. A. Smith提出。20世纪50年代,欧洲和北美由于大量使用化石燃料,相继出现大片森林衰退、枯死及湖泊酸化、鱼类大量死亡的现象。后来的研究证实造成这一恶果的元凶即是酸雨。

通常认为清洁地区降水的pH背景值大约在5.0～5.6之间,pH小于5.0的降水被称为酸性降水或称酸雨。但由于降水是一个包含气态污染物和颗粒物的复杂溶液体系,仅根据pH这一单一指标,有时不能正确判定降水是否受到严重污染。要判定是否有酸雨污染发生,除测定pH外,还应同时分析降水中的酸性成分,如硫酸根离子(SO_4^{2-})、硝酸根离子(NO_3^-)的浓度水平以及当地大气、土壤等对酸性的中和能力等因素。

包括酸雨和干沉降在内的大气酸沉降作为一种严重的污染现象,不仅对自然和人文环境中的许多方面产生巨大的破坏作用,而且直接危害人体健康。下面列举其中几个主要方面。

1. 对土壤的影响

酸沉降使土壤pH下降,因而导致大量的阳离子,特别是钙、镁、铁等重要的营养元素从土壤中溶出和流失,造成土壤的营养状况降低,妨碍植物的生长和发育。同时,土壤酸性增强也导致被固定在土壤颗粒中的有害重金属被淋溶出来,并被植物吸收或进入水体,加重了污染。

此外,土壤中具有固氮作用的硝化反应为:$NH_4^+ + 2O_2 \longrightarrow NO_3^- + 2H^+ + H_2O$。土壤酸化对此反应有抑制作用,不利于N的有效利用。同时,土壤酸化还影响微生物的繁殖,进一步减少土壤对N的吸收量,导致土壤含N量下降。总之,土壤酸化会导致土壤污染加剧和贫瘠化。

2. 对植物的危害

抑制植物种子的发芽,引起显著的森林生产率的下降。另一方面,酸沉降能破坏叶面的蜡质保护层和植物的表皮组织,还能使植物所含的阳离子从叶片中析出,造成某些营养成分的流失,影响植物的生长,严重时导致大片森林的死亡。另有研究表明,酸雨对植物的光合作用有抑制作用,影响植物的成熟,从而会降低产量。

除了对植物的直接伤害外,酸沉降还可以通过土壤酸化对植物产生间接的影响,降低森林抵御虫害的能力。

3. 对水体的影响

酸雨发生的地区,地表水明显酸化。在全球范围内,湖泊、河流及生活在其中的鱼类等水生生物受到酸雨的直接或间接的威胁。当水体的pH下降到4.5～5左右时,许多鱼类将会死亡。水体酸化使重金属从土壤和底泥中溶出,进入水体对水生生物产生毒害作用。而水体的pH降低,还会使鱼类骨骼中的钙含量减少,影响鱼类的繁殖和生长。此外,水体酸化还加重了对船舶底部及其他水下设备的腐蚀作用。

4. 对材料的影响

酸沉降对建筑物、金属材料、纺织品、皮革、纸张、油漆、橡胶等物质的腐蚀作用十分严重,在全球造成巨大的经济损失。材料表面的涂料因酸雨腐蚀而失去光泽甚至变质脱落,而光洁坚硬的大理石建筑则被酸雨腐蚀成为松软的石膏。世界上许多著名的建筑物已被酸雨破坏得面目全非。

5. 对人体健康的影响

酸沉降对人体健康能产生很大的危害。水质酸化后,由于一些重金属的溶出,对饮用者会产生危害。很多国家由于酸雨的影响,地下水中的铅、铜、锌、镉的浓度已上升到正常值的 10～100 倍。含酸的空气使多种呼吸道疾病增加,特别是在形成硫酸雾的情况下,其微粒侵入人体肺部,可引起肺水肿和肺硬化等疾病而导致死亡,对老人和儿童等的影响更为严重。

4.5.2　污染现状

我国是煤炭资源大国,20 世纪 80 年代,酸雨主要出现在大量使用高硫煤的西南地区。到 90 年代中期,全国煤炭消耗量超过 12 亿吨,二氧化硫排放量达 2370 万吨。根据 1981—1993 年期间对全国两千多个环境监测站监测数据的分析,环境空气中 SO_2 浓度超标城市不断增多,有 62.3% 的城市 SO_2 年平均浓度超过国家空气质量二级标准,年均降水 pH 低于 5.6 的地区已占全国国土面积的 40% 左右。酸雨覆盖区域蔓延至长江以南、青藏高原以东以及四川盆地的广大地区。

我国自"六五"期间(1980—1985 年)就开始组织大规模的酸雨研究,国家和地方政府也采取了多项措施控制和缓解酸雨及 SO_2 的污染问题。1995 年,全国人大常委会通过了新修订的《中华人民共和国大气污染防治法》,规定在全国范围内划定酸雨控制区和 SO_2 污染控制区,即所谓的"两控区",在"两控区"内强化对酸雨和 SO_2 污染的控制。

考虑到酸雨和 SO_2 污染特征的差异,分别确定了酸雨控制区和 SO_2 污染控制区的划分基本条件。对于 SO_2 污染控制区,重点针对局地的 SO_2 排放源进行控制。在国家环境空气质量标准中,SO_2 年平均浓度的二级标准和日平均浓度的三级标准分别是保护居民和生态环境不受危害的基本要求及不受急性危害的最低要求。据此,以城市为基本控制单元,将 SO_2 排放量较大、环境空气 SO_2 年平均浓度超过国家二级标准和日平均浓度超过国家三级标准的划定为 SO_2 污染控制区。对于酸雨控制区,则综合考虑降水的酸度、地区酸沉降的临界负荷和经济发展状况。这里酸沉降的临界负荷指一个地区最敏感的生态系统不会发生有长期有害影响的化学变化时,该地区生态系统所能承受的酸性物质的最大沉降量。将降水 pH≤4.5、硫沉降超过临界负荷、SO_2 排放量较大的区域划定为酸雨控制区。

根据上述"两控区"的划分原则,划定"两控区"的总面积约为 109 万平方千米,其中酸雨控制区主要是长江以南、四川和云南以东地区,面积约为 80 万平方千米,占国土面积的 8.4%;SO_2 污染控制区面积约为 29 万平方千米,占国土面积的 3%。

我国的能源结构长期以煤炭为主,煤炭的使用贡献了我国 SO_2 排放量的约 90%。硫沉降强度较高的地区有以贵州为中心的西南区、以长三角为中心的华东区、以珠三角为中心的华南区、冀鲁豫地区和京津冀地区。随着经济高速发展,能源需求一直持续增加。为从源头控制"两控区"SO_2 排放,对含硫量大于 3% 的高硫煤的开采和使用实施严格限制,同时优先考虑低硫煤和洗选动力煤向"两控区"的供应。到 2005 年,全国煤炭消耗量增至 21.67 亿吨,SO_2 排放量达 2549 万吨。"十五"期间,通过在"两控区"内实施 SO_2 排放总量控制,取得了一定的成效。同时由于新建火电厂大量分布在"两控区"外,SO_2 排放的控制范围也相应扩大到全国。

2006 年,SO_2 排放量下降到 2294 万吨。到 2010 年,下降到 2185.1 万吨。2015 年,SO_2 排放量为 1859.1 万吨,酸雨控制区面积占国土面积的 7.6%。到 2020 年,酸雨控制区面积进一步下降到占国土面积的 4.8%。

4.5.3 煤炭脱硫技术

1. 燃前脱硫法

煤的燃前脱硫分物理法、化学法和生物法三种。物理法脱硫是依据煤炭颗粒与含硫化合物的比重、磁性和导电性等特点发展的去除煤中无机硫的方法。其优点是过程比较简单;缺点是不能同时除去煤中的有机硫,而且无机硫的晶体结构、大小及分布影响脱硫效果和煤炭回收率。化学法的原理是通过将硫氧化或置换而达到脱硫的目的。其最大优点是能脱除大部分无机硫(不受硫的晶体结构、大小和分布的影响)和相当部分的有机硫;缺点是必须高温、高压并使用腐蚀性沥滤剂,因此过程能耗大,设备复杂,因经济成本太高难以投入实际应用。生物法的原理是利用微生物能够选择性地氧化有机或无机硫的特点,去除煤炭中的硫元素。它的优点是既能除去煤中有机硫又能除去无机硫,且反应条件温和,设备简单,成本低。目前常采用的是生物浸出法和表面处理法,是当前国内外煤炭脱硫研究开发的热点。

生物浸出法是利用微生物的氧化作用将黄铁矿氧化分解成铁离子和硫酸,硫酸溶于水后从煤炭中除去。这种方法的优点是装置简单,只需在煤堆上面洒上含有微生物的水,使水浸透在煤中,生成的硫酸在煤堆的底部收集。此方法已有几十年的研究历史,技术上比较成熟,脱硫效率也令人满意。由于是将煤中的硫直接代谢转化,当采用合适的微生物时,能同时处理煤中的无机硫和有机硫,理论上具有很大的应用价值。但其最大的缺点是处理时间较长,因为所用的硫杆菌属于自养型微生物,生长速度慢。采用这种方法处理一批煤,一般需要 30 天以上的时间,而且其浸出的废液如果不能及时处理,很易造成二次污染。为提高浸出率,目前已开发了空气搅拌式、管道式和水平转筒式反应器等,以缩短处理时间。

表面处理法是为了提高脱硫效率、缩短脱硫时间开发的一种新处理技术,又称为微生物浮选脱硫技术。这种方法是把煤粉碎成微粒并与含有微生物的水混合,在其悬浮液下面吹进微细泡。若水中不含微生物,则煤和黄铁矿的表面均附着气泡。由于空气和水的浮力作用,两者一起浮于水面不能分开。当水中加入微生物时,由于微生物附着在黄铁矿微粒的表面,使得黄铁矿的表面由疏水性变成亲水性,而煤炭颗粒表面仍保持疏水性的特点。在浮选柱中气泡的推动下,煤炭颗粒上浮而黄铁矿颗粒则下沉至底部,从而把煤和黄铁矿分开。这种方法可以大大地缩短处理时间,实验表明,所采用的氧化铁硫杆菌对黄铁矿有很强的专一性,能在数秒钟之后就起作用,显著地抑制黄铁矿的悬浮性。经过 3~30 min 的处理就能去除约 80% 的黄铁矿,并且还可去除一部分灰分。不过与浸出法相比,此法煤炭的回收率较低。

寻找高效脱硫微生物是决定微生物脱硫方法应用价值的一个重要方面。目前发现对煤炭中黄铁矿硫最有效的脱硫菌种是氧化铁硫杆菌(*Thiobacillus ferrooxidans*)和硫氧化菌(*T. thiooxidans*);对煤炭中的有机硫最有效的菌种为假单胞菌属(*Pseudomonas*)和硫化叶菌属的一些微生物。表 4-3 总结了几种主要脱硫微生物菌种的生长特性和脱硫特点。

表 4-3　几种主要脱硫微生物菌种的生长特性和脱硫特点

	最适温度/℃	最适 pH	营　养	能　源	脱硫形态
硫杆菌属	25～35	2～3	自养	单质硫、硫化物、二价铁	黄铁矿
硫化叶菌属	60～70	1.5～2.5	兼性、自养	单质硫、硫化物	黄铁矿、有机硫
假单胞菌属	25～35	中性	异养	有机物	有机硫
埃希氏菌属	中温	中性	异养	有机物	有机硫

从表 4-3 可看出,用于脱除煤炭中黄铁矿硫的细菌都属于化能自养型微生物;而异养型细菌只适合脱除煤炭中的有机硫;对兼性自养型微生物,则对煤炭中的无机硫和有机硫都有脱除效果。在我国高硫煤中绝大部分是黄铁矿硫,占煤总含硫量的 60% 以上,因而针对去除黄铁矿硫而开发的煤炭脱硫技术具有重大的实用价值。

另一种类似的分离方法是微生物-絮凝法,它采用的是一种本身疏水的分歧杆菌。在煤浆中,这种细菌有选择地吸附在煤表面,使煤表面接触角增大,疏水性增强,在细菌作用下彼此结合形成絮团,而硫铁矿和其他杂质颗粒不吸附细菌,仍分散在煤浆里,可强化分离效果。煤吸附得愈多,接触角增加就愈多,从而加大煤和矿物杂质疏水性的差异,为煤的疏水絮凝创造了条件。此法对硫分为 2.5%、灰分 12.1% 的煤分选,一次可除去 85% 的黄铁矿硫和 60% 的灰分。

2. 烟气脱硫法

燃烧后脱硫的方法又称烟气脱硫法(FGD),是目前控制 SO_2 排放的有效途径之一,也是当前世界上普遍采用的方法。迄今各国研究出的烟气脱硫方法上百种,不过真正在工业中得到应用的大约只有十几种。烟气脱硫按反应产物的物质形态(液态、固态)可分为湿式、半干式和干式三种。其中湿法烟气脱硫技术占 85% 左右,喷雾干燥脱硫技术约占 8.4%,吸收剂再生脱硫法约占 3.4%,炉内喷射吸收剂及尾部增湿活化脱硫法约占 1.9%,其他烟气脱硫形式还有电子束脱硫、海水脱硫、循环流化床烟气脱硫等。为严格控制二氧化硫的燃烧排放量,我国新建大型火电厂和现役电厂主力机组必须安装相应的烟气脱硫装置以达到国家排放标准。

湿法脱硫是采用液体吸收剂洗涤含 SO_2 的烟气,吸收除去其中的 SO_2。湿法脱硫设备简单,操作容易,脱硫效率高。缺点是脱硫后烟气温度较低,不利于烟囱排放。在实际中使用广泛,主要有石灰石-石膏法、海水脱硫、黄磷和碱含水乳液脱硫法等。目前世界上大机组脱硫以湿法脱硫占主导地位,但湿法脱硫一次性投资昂贵,设备运行费用较高。干法是用粉状或粒状吸收剂、吸附剂或催化剂来去除废气中的 SO_2,反应在无液相介入的干燥条件下进行,无废水、废酸等二次污染物生成,因而不会有腐蚀、结垢等系列问题。缺点是脱硫效率不高,设备庞大,操作要求高。

(1) 石灰/石灰石法

这是一项较为成熟的方法,其基本原理是用石灰石或石灰作为脱硫剂去除烟气中的 SO_2。具体操作模式有石灰/石灰石直接喷射法、石灰-石膏法等。

石灰/石灰石直接喷射法是将石灰石或石灰粉料直接喷入炉膛内进行脱硫。石灰石在炉膛内的高温区被煅烧成 CaO,烟气中的 SO_2 与之发生反应而被吸收。由于烟气中 O_2 的存在,在吸收反应的同时还会发生氧化反应。反应过程为

$$CaCO_3 \xrightarrow{\triangle} CaO + CO_2 \tag{4-92}$$

$$2CaO + 2SO_2 + O_2 \longrightarrow 2CaSO_4 \tag{4-93}$$

　　为了提高脱硫效率和脱硫剂的利用率,近年来研究设计了多种高效脱硫装置,如循环流化床法和炉内喷钙及尾部增湿活化脱硫法(LIFAC)等。

　　石灰-石膏法是采用石灰石或石灰的浆液吸收烟气中的二氧化硫,属于湿式脱硫法。反应分为吸收和氧化两个过程:

$$Ca(OH)_2 + SO_2 \longrightarrow CaSO_3 + H_2O \tag{4-94}$$

$$CaCO_3 + SO_2 \longrightarrow CaSO_3 + CO_2 \tag{4-95}$$

$$CaSO_3 + 1/2O_2 + 2H_2O \longrightarrow CaSO_4 \cdot 2H_2O \tag{4-96}$$

　　反应的副产物硫酸钙在处理池中沉降下来,经分离后抛弃处置,也可回收用于制造石膏或石膏板。这项技术的脱硫效率在90%以上,但需要消耗大量的水和石灰石(或石灰),同时产生的废弃物数量也较大。

　　(2) 氨法

　　本方法是将氨水通入吸收塔中,形成$(NH_4)_2SO_3$-NH_4HSO_3-H_2O吸收液体系,吸收除去废气中的SO_2。反应机理为

$$NH_3 + H_2O + SO_2 =\!=\!= NH_4HSO_3 \tag{4-97}$$

$$2NH_3 + H_2O + SO_2 =\!=\!= (NH_4)_2SO_3 \tag{4-98}$$

$$(NH_4)_2SO_3 + H_2O + SO_2 =\!=\!= 2NH_4HSO_3 \tag{4-99}$$

　　反应(4-99)是氨法中真正的吸收反应,在吸收过程中生成的NH_4HSO_3不能继续吸收SO_2,因此需要不断地补充氨液,使NH_4HSO_3转变为$(NH_4)_2SO_3$,保持吸收能力。

$$NH_4HSO_3 + NH_3 =\!=\!= (NH_4)_2SO_3 \tag{4-100}$$

　　NH_4HSO_3含量达到一定比例的吸收液要从洗涤系统中引出,并进一步处理。当处理废气中含有O_2或SO_3时,可能发生以下副反应:

$$2(NH_4)_2SO_3 + O_2 =\!=\!= 2(NH_4)_2SO_4 \tag{4-101}$$

$$2NH_4HSO_3 + O_2 =\!=\!= 2NH_4HSO_4 \tag{4-102}$$

$$2SO_2 + O_2 =\!=\!= 2SO_3 \tag{4-103}$$

　　氨法脱硫的具体实施工艺多种多样,其吸收原理基本一致,不同之处在于对吸收液的处理方法和技术路线。氨法特别适合于对低浓度SO_2的治理。

　　(3) 双碱法

　　石灰-石膏法由于采用了含有固体颗粒的浆状物料,在使用过程中容易结垢造成吸收系统的堵塞。采用双碱法可以克服这一缺点。双碱法是先用可溶性碱性清液作为吸收剂吸收SO_2,然后再用石灰乳或石灰对吸收液进行再生,这种方法由于采用液相吸收,不存在结垢和浆料堵塞问题,副产物石膏的纯度也高一些。典型的双碱法有钠碱双碱法、碱性硫酸铝-石膏法和CAL法。钠碱双碱法的第一碱液为Na_2CO_3或$NaOH$溶液;碱性硫酸铝的制备和吸收SO_2的反应分别为

$$2Al_2(SO_4)_3 + 3CaCO_3 + 6H_2O =\!=\!= Al_2(SO_4)_3 \cdot Al_2O_3 + 3CaSO_4 \cdot 2H_2O + 3CO_2 \tag{4-104}$$

$$Al_2(SO_4)_3 \cdot Al_2O_3 + 3SO_2 =\!=\!= Al_2(SO_4)_3 \cdot Al_2(SO_3)_3 \tag{4-105}$$

　　CAL液为向$CaCl_2$水溶液中加入消石灰或生石灰所得的溶液。$CaCl_2$与$Ca(OH)_2$生成复合反应体,使$Ca(OH)_2$的溶解度明显增加。在吸收过程中$CaCl_2$不参加反应,只在系统中循环,因此CAL法中的反应过程仍为消石灰与SO_2的反应。

（4）金属氧化物吸收法

一些金属氧化物,如 MgO、ZnO、MnO_2 和 CuO 等,都对 SO_2 具有较好的吸收能力,可用来治理 SO_2 废气。具体使用可采用干法或湿法。干法是使用金属氧化物固体颗粒或将相应的金属盐类负载于多孔载体后对 SO_2 进行吸收,此法脱硫效率较低,应用较少。湿法是将氧化物制成浆液洗涤气体,因其吸收效率较高,吸收液易于再生,应用较多。

金属氧化物在有丰富吸收剂来源和存在适宜的配套生产工艺的情况下最为实用,例如氧化锌法适于治理锌冶炼烟气的制酸系统中排出的含 SO_2 尾气,由于氧化锌浆液可用锌精矿沸腾焙烧炉的旋风除尘器烟尘配制,而所得 SO_2 产物又可送去制酸,因而很好解决了吸收剂的料源和吸收产物的处理问题。氧化锌法的吸收和再生化学反应如下:

吸收:

$$ZnO + SO_2 + 2.5H_2O \Longrightarrow ZnSO_3 \cdot 2.5H_2O \tag{4-106}$$

$$ZnO + 2SO_2 + H_2O \Longrightarrow Zn(HSO_3)_2 \tag{4-107}$$

$$ZnSO_3 + SO_2 + H_2O \Longrightarrow Zn(HSO_3)_2 \tag{4-108}$$

$$Zn(HSO_3)_2 + ZnO + 4H_2O \Longrightarrow 2ZnSO_3 \cdot 2.5H_2O \tag{4-109}$$

再生:吸收后溶液经过滤得到亚硫酸锌渣,将其加热再生 ZnO 并得高浓度 SO_2。

$$ZnSO_3 \cdot 2.5H_2O \xrightarrow{300 \sim 350℃} ZnO + SO_2 + 2.5H_2O \tag{4-110}$$

（5）活性炭吸附法

活性炭吸附法是用活性炭吸附烟气中的 SO_2,使烟气得到净化,然后通过活性炭的再生,获得相应产品,它是采用固体吸附剂吸附废气中 SO_2 的一种最常用的方法。

吸附的总反应为

$$2SO_2 + 2H_2O + O_2 \Longrightarrow 2H_2SO_4 \tag{4-111}$$

吸附到一定程度,活性炭需要再生,可用水洗出活性炭微孔中的硫酸,得到稀硫酸,再将活性炭干燥;也可通过加热再生,对吸附有 SO_2 的活性炭加热,使炭与硫酸发生反应。

$$2H_2SO_4 + C \xrightarrow{\triangle} 2SO_2 + 2H_2O + CO_2 \tag{4-112}$$

SO_2 得到富集,可用来制硫酸或硫磺。

（6）尿素法

尿素法是一种用尿素净化烟道气的新工艺,所用吸收液尿素要求 pH 为 5～9,尿素法脱除 SO_2 的总反应为

$$SO_2 + CO(NH_2)_2 + 1/2O_2 + 2H_2O \longrightarrow (NH_4)_2SO_4 + CO_2 \tag{4-113}$$

反应后回收硫酸铵可用做化肥。SO_2 脱除率是随着尿素浓度的增大而增大,浓度达到一定值可使脱除率近 100%,且不会对设备有腐蚀作用。

（7）电子束法

电子束法亦称高能辐射化学法,此法用于同时脱除 SO_2 和 NO_x。其基本原理为用高能量的电子束来照射烟气,使烟气中的各种气体分子如 N_2、O_2 和 H_2O(g) 等被激发,生成 OH、HO_2、O、N、N^+ 等自由基活性物质,这些活性物质使烟气中的 SO_2 和 NO_x 发生氧化反应,产物遇水形成 H_2SO_4 和 HNO_3。注入脱硫剂 NH_3 后进一步生成 $(NH_4)_2SO_4$ 和 NH_4NO_3,经收集后可作为肥料使用,脱硫率达 90%。

(8) 电化学法

虽然湿法、干法、半干法在大型火力发电厂应用极为普遍,对 SO_2 脱除效率很高,但在水泥厂、玻璃厂、金属的热处理与表面加工过程等不是很适用。电化学法弥补了上述常规方法的不足,除 SO_2 的同时还可用来制取硫酸,电解体系为 Br^-/Br_2。脱硫过程中发生了两个反应,一是电池的电解反应:

$$2HBr \Longrightarrow H_2 + Br_2 \tag{4-114}$$

二是湿壁塔中的吸收反应:

$$SO_2 + Br_2 + 2H_2O \Longrightarrow 2HBr + H_2SO_4 \tag{4-115}$$

H_2SO_4 经浓缩得到浓硫酸,其浓度在 85% 以上,可作为重要的化工原料。电解反应和吸收反应是循环的,从而实现高效脱硫,实验表明脱除率可达 98%。

(9) 海水脱硫法

天然海水的碱度为 $1.2 \sim 2.5\ \mu mol \cdot L^{-1}$,pH 为 $8.0 \sim 8.3$,海水脱硫工艺利用了海水的天然碱度,吸过 SO_2 的海水经恢复系统处理后排入大海。此法投资少,但占地面积大,适宜在近海地区使用。

总之,煤炭消费过程中 SO_2 的排放控制是一项十分重要的工作。在酸雨污染严重的地区,除了严格限制高硫煤的开采和积极开发推广适宜的脱硫技术外,还应考虑制定能源结构调整计划,以洁净的燃气、燃油或水电、核电等逐步改变一次性能源过分依赖煤炭的状况,尤其是减少民用燃煤量。同时,加强工艺改造和技术革新,努力提高能源的使用效率,对我国许多地区和企业将是具有很大潜力的重要措施。

此外还应推行有效的管理制度和经济政策,包括:

(1) 实行区域二氧化硫排放总量控制和重点污染源排污许可证制度

国家根据不同阶段两控区总量和基本控制单元的二氧化硫排放总量向各省、直辖市、自治区下达总量控制指标,各级环境保护部门根据两控区污染控制目标确定二氧化硫污染源的允许排放总量,并利用排污许可证方式将排污总量分配到各个排污单位,对污染源排放二氧化硫实施监督管理。

(2) 试行二氧化硫排污交易政策

在排污许可证制度的基础上,政府环境保护行政主管部门在保证排污总量不超过规定的控制目标前提下,可试行排污企业间买卖政府分配的允许二氧化硫排放总量指标,以使排污企业结合自己的实际情况,选择实现污染物总量控制指标和排污许可限值费用最小的方法,将排污总量降到最低水平。

(3) 推行有利于污染控制的二氧化硫排污收费政策

提高二氧化硫排污收费标准,使其逐步达到等于或高于治理成本,真正使污染控制成本成为产品总成本的组成部分,形成谁污染谁就会在经济上受损失的机制,促使排污企业积极增加投入,主动治理污染。

最后,在我国两控区的控制规划实施过程中,还应大力加强环境监测。环境监测是两控区酸雨和二氧化硫污染状况和规划实施控制效果科学评估的重要手段,监测结果还可为进一步的控制工作提供指导建议。

第5章 大气颗粒物

分散在大气中的各种固体和液体微粒总称为大气颗粒物(particulate matter,简称 PM)。这些固体或液体微粒可在空气中较长时间停留,形成相对稳定的悬浮体系,称为大气气溶胶(aerosol)。当分散相分别为液态、固态和液固混合态时,对应的大气气溶胶分别称为雾(fog)、烟(smoke)和烟雾(smog)。

根据来源和形成机制的不同,大气颗粒物可分为一次颗粒物和二次颗粒物。其中由天然或人为污染源直接释放到大气中的颗粒物为一次颗粒物,而由污染气体和一次颗粒物在大气中通过反应转化形成的粒子称为二次颗粒物。二次颗粒物又可分为分散性颗粒物和凝聚性颗粒物。由气体凝聚生成的粒子称为凝聚性颗粒物,其颗粒比较小,而且均匀;由固体或液体大颗粒变小的颗粒物称为分散性颗粒物,其颗粒比较大,而且不均匀。

单位体积空气中的颗粒物总质量通常用总悬浮颗粒物(total suspended particulates,简称 TSP)表示,单位为 $mg \cdot m^{-3}$。测定时一般使用标准大容量颗粒物采样器(空气流量在 $1.1 \sim 1.7\, m^3 \cdot min^{-1}$),用滤膜收集。采集到的颗粒物粒径一般在 $100\, \mu m$ 以下,多数小于 $10\, \mu m$。TSP 是评价大气质量的一个重要污染指标。我国大气环境质量标准中规定 TSP 的一级、二级和三级标准分别为 $0.15, 0.30$ 和 $0.50\, mg \cdot m^{-3}$。

5.1 大气颗粒物的环境影响概述

5.1.1 降低大气能见度

粒径在 $0.1 \sim 1.0\, \mu m$ 之间的大气颗粒物,与太阳辐射中可见光的波长(约为 $0.4 \sim 0.8\, \mu m$)相近,对太阳光具有较强的散射作用,是造成大气能见度降低的主要原因。硫酸盐颗粒物的粒径范围刚好属于此范围,因此硫酸盐颗粒物对光散射贡献较大。除硫酸盐外,处于这一粒径范围的还有燃烧和工业过程产生的其他粒子,如工业飞灰、细粉尘和有机气溶胶等。

5.1.2 凝结核作用

颗粒物对大气来说是必不可少的组分。在过饱和水蒸气的存在下,粒径小于 $0.1\, \mu m$ 的颗粒物可作为凝结核,逐渐长成雾滴或云滴。假如大气中没有颗粒物,则成云和降水都很难发生。

5.1.3 扩大污染范围

气溶胶是造成污染物远距离传输的重要因素。尤其是飘尘,能在大气中长期悬浮,易将污染物传输到很远的地方。

5.1.4 参与和影响大气化学反应

气溶胶粒子能提供反应界面,有些在气相中进行得比较慢的反应,例如:

$$N_2O_5 + H_2O \xrightarrow{\text{表面}} 2HNO_3 \qquad (5-1)$$

在颗粒物表面则可较快地发生非均相反应。颗粒物表面在其中可能起了催化作用。

5.1.5 对全球气候变化的影响

气溶胶粒子中的碳黑(soot)能吸收太阳辐射,使大气温度升高;而硫酸盐气溶胶对太阳辐射又具有反射作用,使大气温度下降(即所谓阳伞效应)。气溶胶粒子对全球辐射平衡的这种复杂的影响使之成为全球气候模式中最不确定的因素之一。

5.1.6 在酸沉降和富营养化中的重要影响

气溶胶粒子中所含的碳酸钙、氨等碱性成分能中和降水中的酸性物质,这是许多 SO_2 排放量大的地区并未发生严重的酸雨污染的一个重要原因。而气溶胶粒子中的含氮化合物如 NO_3^- 和 NH_4^+,对部分地区水体中 N 含量的增加具有较大贡献,是造成水体富营养化的一个潜在因素。

5.1.7 损害人体健康

可吸入粒子中有害的化学成分会对人体健康造成严重的危害。例如,H_2SO_4 液滴能附着在肺泡上刺激肺泡,增加了气流阻力而使呼吸困难。细粒子上吸附的多环芳烃(如苯并[a]芘),具有极强的致癌作用,能引起组织细胞发生癌变。

由上可见,颗粒物的粒径和化学成分不同,其大气化学行为不同,对人体健康和全球气候的影响也不同。因此,大气颗粒物的粒径大小和化学组成是决定其环境影响和危害性的重要因素,也是本章要介绍的主要内容。

5.2 大气颗粒物的粒径分布及其来源、转化和去除规律

5.2.1 粒径和沉降速率

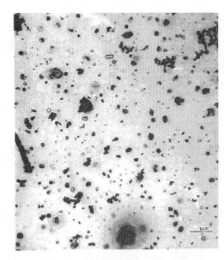

图 5-1 伦敦空气中颗粒物的电子显微镜照片

放大倍数×13 000,摄于 1963 年

无论是清洁地区还是污染严重的城市大气中,都含有相当数量的颗粒物质,有时数浓度高达 $10^7 \sim 10^8$ cm^{-3}。图 5-1 为 1963 年拍摄到的一张伦敦空气中颗粒物的电子显微镜照片(放大倍数为 13 000 倍)。

从图 5-1 可见,实际大气中的颗粒物质不仅数量巨大,而且形状极不规则,大都不宜直接用其几何直径来描述其大小,因此研究中普遍采用的是有效直径表示法,其中最常用的是空气动力学直径(D_p)。D_p 的定义为:与所研究粒子具有相同的降落速率,密度为 1 g·cm^{-3} 的球体直径。D_p 可由下式表示:

$$D_p = D_g \cdot k \cdot \sqrt{\frac{\rho_p}{\rho_0}} \qquad (5-2)$$

式中 D_p 为粒子的空气动力学直径(μm),D_g 为粒子的几何直径(μm),k 为形状参数(球状 $k=1.0$),ρ_p 为粒子密度

(忽略浮力效应)，ρ_0 为参考密度($\rho_0 = 1\,\mathrm{g \cdot cm^{-3}}$)。

表 5-1 列出了不同粒径大小、密度为 $1\,\mathrm{g \cdot cm^{-3}}$ 的球形粒子在静止空气中的沉降速率。从表 5-1 所列数据可以看出，粒径在 $100\,\mu\mathrm{m}$ 以上的粒子由于自身的重力不能在大气中悬浮，会很快降落到地面，因而不属于大气颗粒物研究的范围。粒径在 $10 \sim 100\,\mu\mathrm{m}$ 之间的粒子只能在大气中停留较短的时间，然后逐渐沉降到地面，故称为降尘。粒径在 $10\,\mu\mathrm{m}$ 以下的粒子不仅能在大气中较长时间地悬浮，而且能进入人体呼吸道，因此称为飘尘或可吸入粒子(inhalable particles，简称 IP)，现在文献中更多地用 PM10 来表示这部分粒子。

表 5-1　在静止空气中密度为 $1\,\mathrm{g \cdot cm^{-3}}$ 的球形粒子的沉降速率

	粒径/μm	沉降速率/ms^{-1}
悬浮颗粒物	0.1	8×10^{-7}
	1	4×10^{-5}
	10	3×10^{-3}
沉降颗粒物	100	0.25
	1000	3.9

5.2.2　大气颗粒物的来源

1. 海盐粒子

海洋表面约 2% 覆盖着白色溅沫，在海面强大风力的作用下，这些溅沫可形成非常细小的粒子，粒径范围约为 $5 \sim 500\,\mu\mathrm{m}$，图 5-2 为海洋气溶胶形成过程示意图。

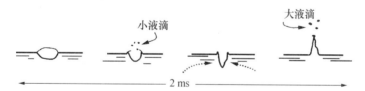

图 5-2　海洋气溶胶的形成过程示意图

在泡沫形成后的几毫秒内，四周水的压力使其凹陷、变形，表面膜裂开，生成一些非常小的水滴，同时在泡沫重力降落过程中，还会形成几个粒径较大的粒子。小粒子粒径范围约为 $5 \sim 25\,\mu\mathrm{m}$，含海盐质量 $2 \sim 300\,\mathrm{pg}$；较大粒子的粒径约 $25 \sim 500\,\mu\mathrm{m}$，含盐质量约 $300\,\mathrm{pg} \sim 2\,\mu\mathrm{g}$。形成的大粒子很快回到海洋中，而小粒子则被吹送到大气中，水分很快蒸干，成为固态颗粒物，即海盐粒子。海盐粒子基本上是由海水中的溶解性成分组成，但因为泡沫是在海面形成的，因此也反映出表面水的组成特征。实际上，天然水体的表面微层富含表面活性组分，许多是两性的有机大分子，可以俘获中性有机溶质和金属离子，因此，海盐粒子中经常富含除了 Na^+、Cl^- 等大体积海水中主要组分外的其他物种。富集程度可用化学浓缩因子(chemical concentration factor，简称 CCF)来表示，CCF 的定义式如下：

$$\mathrm{CCF} = \frac{(c_x/c_{Na})_{粒子}}{(c_x/c_{Na})_{海水}} \tag{5-3}$$

式中分子为海盐中目标元素和钠元素中的浓度比，分母为相应元素和钠元素在海水中的浓度比。

据观测，有些元素在海盐粒子中的 CCF 大于 100，尤其是 Hg、Pb 和 Cd 等有大气源的元素。这些元素还倾向于与海洋中发现的一些有机大分子中所含的羧酸和含氮配体形成络合物。另外测得有些有机物种的 CCF 也较大。

2. 扬尘

扬尘(dust)是在风力作用下从固体表面产生的,反映出源表面的化学组成。例如,沙漠扬尘主要是硅锰矿成分,有时被传输到几千千米之外。陆地源颗粒物的参照元素应当是用地壳中的主要组成元素,硅虽然含量丰富,但分析难度大,所以实际很少用。铝是地圈中丰度最高的金属元素,容易测量,因此是一个很好的参照元素。扬尘中元素富集的影响因素比海洋情况复杂,有土壤表面的组成差异,还有人类活动的影响等。

城市扬尘是许多研究者感兴趣的对象,除土壤组分外,城市扬尘还含有植被颗粒,水泥、轮胎和制动衬面颗粒物及汽车尾气中的颗粒物等。城市大气颗粒物中烟、花粉、气体凝聚产物与扬尘交混在一起,使源的识别十分困难。

3. 燃烧产物

从森林大火到以化石燃料为能源的火力发电厂,各种天然和人为活动的燃烧过程都会释放出组成复杂的燃烧产物,除 CO_2 和 H_2O 外产物中还含有少量其他气体及颗粒物质。具体的产物组成与燃料和燃烧方式有关。当燃氧比大于计量比或燃烧温度相对低时,含碳燃料燃烧不完全,元素 C 以黑烟的形式排放出来,例如柴油发动机就属于这种情况。即使在燃烧充分时,也会释放出由最初存在于燃料中的微量组分转化生成的一些颗粒物质,例如,燃煤产物中总是有一定量的飞灰。当木材、煤及其他含碳燃料在含氧量低和低温条件燃烧时,还会生成多环芳烃,沉积在碳黑或其他颗粒物的表面。

5.2.3　大气颗粒物的去除

大气颗粒物的去除取决于两个重要的物理过程,一是沉降,二是碰并。沉降是在重力作用下向地面迁移的过程,包括干沉降和湿沉降两种机制。干沉降是粗粒子从大气中去除的主要机制。在流体中球形粒子在重力作用下降落的终端速率(即沉降速率)由斯托克斯定律(Stoke's Law)决定,

$$v_t = \frac{(\rho_p - \rho_a)CgD_p^2}{18\eta} \tag{5-4}$$

式中 v_t 为粒子终端速率($m \cdot s^{-1}$),ρ_p 为粒子的密度($g \cdot m^{-3}$),ρ_a 为空气的密度($25℃,p^\circ$ 下为 $1.2 \times 10^3 g \cdot m^{-3}$),$C$ 为校正因子,g 为重力加速度($9.8 m \cdot s^{-2}$),D_p 为粒径(m),η 为空气粘度($25℃,p^\circ$ 下为 $1.9 \times 10^{-2} g \cdot m^{-1} \cdot s^{-1}$)。

另一个与颗粒物大气寿命有关的物理过程为碰并,它是指小粒子靠布朗运动扩散,相互碰撞后合并成为大粒子的过程。在具有特定组成和密度的颗粒物单分散体系(即粒子大小均一的气溶胶体系)中,碰并速率由下式决定:

$$-\frac{dN}{dt} = 4\pi DCD_p N^2 \tag{5-5}$$

式中 N 为粒子浓度(m^{-3}),D 为粒子在空气中的扩散系数($m^2 \cdot s^{-1}$),C 为校正因子,D_p 为粒径(m)。假设 D,C 和 D_p 均为常数,则碰并速率可表示为

$$-\frac{dN}{dt} = k_2 N^2 \tag{5-6}$$

由上式可得颗粒物在大气中的半衰期 $t_{1/2}$ 为

$$t_{1/2} = \frac{1}{k_2 N} = \frac{1}{4\pi D C D_p N} \tag{5-7}$$

当粒子小到接近分子水平时,上述基于布朗扩散限制的碰撞方程就不适用了。碰并速率更适合用气体动力学理论来描述。由于粒子扩散速率与粒径的平方成反比,碰并过程对很小的粒子更重要,而当粒径大于约 $0.01\,\mu m$ 时,基本可以忽略。

由于沉降和碰并两个过程,大粒子和小粒子在大气中的寿命都较短,如图 5-3 所示,寿命最长的是粒径处于中间范围的那部分粒子。

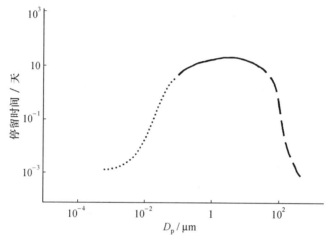

图 5-3　不同粒径颗粒物在大气中的寿命

……表示的部分,碰并为主要清除机制;−−− 表示的部分,沉降为主要清除机制;中间实线表示相对长寿命的部分

湿沉降分为雨除和冲刷两种方式,$D_p < 0.1\,\mu m$ 的粒子可作为凝结核,形成云滴或雨滴去除;粗粒子主要通过冲刷作用去除。干沉降在大气颗粒物去除中的贡献约占($< 10\%$)～20%。湿沉降清除效率较高,约占总量的 $80\% \sim 90\%$,对吸湿性及可溶性粒子成分尤其有效。根据上述特点,$D_p = 0.1 \sim 5\,\mu m$ 之间的粒子相对不易清除,因而容易积聚和传输。

5.2.4　大气颗粒物的三模态理论

研究发现大气颗粒物的粒径分布与其来源或形成过程有密切联系,Whitby 于 1976 年概括提出了大气颗粒物的三模态理论。根据这一理论,大气颗粒物可划分为三种模结构:D_p 小于 $0.05\,\mu m$ 的粒子称为爱根核模(Aitken nuclei mode);D_p 在 $0.05 \sim 2\,\mu m$ 之间的粒子称为积聚模(accumulation mode);D_p 大于 $2\,\mu m$ 的粒子称为粗粒子模(coarse particle mode)。图 5-4 为大气颗粒物三模态的典型示意图,图中同时显示出了各模态粒子的主要来源及主要形成和去除机制。

爱根核模主要来源于燃烧过程产生的一次颗粒物和气体分子通过化学反应均相成核转换成的二次颗粒物,因此又称为成核型。这种核模多在燃烧源附近新产生的一次颗粒物和二次颗粒物中发现,特点是粒径小、数量多、表面积(或体积)的总量大。随着时间的推移,小粒子相互碰并形成大粒子,进入积聚模,这一过程称为“老化”,在“老化”了的气溶胶粒子中就不易找到核模粒子了。

积聚模主要来源于爱根核模的凝聚、燃烧过程所产生热蒸气的冷凝和由大气化学反应所

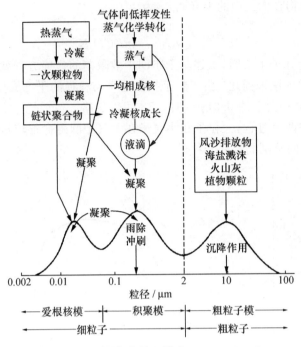

图 5-4 大气颗粒物的三模态(Whitby,1976)

产生的各种气体分子转化成的二次颗粒物的凝聚等。有文献报道,大气中硫酸盐总量的 95%、铵盐总量的 96.5% 都存在于积聚模粒子范围。

粗粒子模主要来源于机械过程所造成的扬尘、海盐溅沫、火山灰和风沙等一次颗粒物,大多数是由表面崩解和风化作用形成。这种粒子的化学成分与地表土的化学成分相近,而且各地的平均值变化不大。

爱根核模之间或爱根核模与小的积聚模之间相互作用,都能使爱根核模长大而进入积聚模粒径范围;但粗粒子与细粒子(爱根核模+积聚模)之间很少相互作用,基本上是相互独立的。表 5-2 列出了这三种粒子模相互作用的凝聚速率。

表 5-2 各种粒子模相互作用的凝聚速率(单位:% · h^{-1})

模　态	核　模	积聚模	粗　模
核　模	31	—	—
积聚模	79	4.8	—
粗　模	0.5	0.0013	0.0005

二次颗粒物的生成,即经大气化学反应产生的气体向粒子转化的过程,称为气溶胶粒子的成核过程,分为均相成核和非均相成核(异相成核)两种机制。均相成核是指当物种的蒸气在大气中达到一定的过饱和度时,由单个蒸气分子凝结成分子团的过程。非均相成核是当有外来粒子作为核心时,蒸气分子凝结在该核心表面的过程。

在 Whitby 三模态理论中,爱根核模和积聚模合称为细粒子,粒径大于 2 μm 的粒子称为粗粒子,这种粗细粒子的划分具有十分重要的意义,它们不仅来源不同,化学组成、传输和去除机制不同,而且对环境质量和人体健康的影响也不同。目前一般把 2.5 μm 作为粗细粒子划分的界限。因为 D_p<2.5 μm 的粒子不仅能进入人体呼吸道,而且能到达呼吸道深处,甚至沉积

在肺泡上,危害十分严重,这部分粒子通常用 PM2.5 表示。此外还有 PM1.0,称为超细粒子,它们可随气体透过肺泡膜进入血液中,危害更加严重。

5.3 大气颗粒物的化学组成

大气颗粒物包含多种无机组分和有机组分,如硫酸盐、硝酸盐、铵盐、矿物质、海盐、有机物和水分等。此外还含有一些生物有机颗粒成分,如花粉、孢子和植物碎片等。

5.3.1 无机成分

气溶胶粒子中的无机成分与其来源和形成过程密切相关。天然来源的无机成分,如扬尘,主要是当地的土壤粒子;火山爆发喷出的火山灰,除主要由硅和氧组成的岩石粉末外,还含有一些金属元素如锌、锑、硒、锰和铁等的化合物。海洋溅沫释放出来的颗粒物的主要成分有 $NaCl$ 粒子、硫酸盐粒子及少量镁的化合物。

人为源释放出的气溶胶粒子,则与燃烧物(如煤和石油等化石燃料、固体废弃物等)及燃烧条件有很大关系。人为源对气溶胶细粒子的贡献尤为重要,因而在细粒子中富含 SO_4^{2-}、NO_3^-、NH_4^+、痕量金属(如 Fe、Mn、Ca、Mg、Se、Sb 和 Pb)和碳黑等。

1. NH_4HSO_4 和 $(NH_4)_2SO_4$

NH_4HSO_4 和 $(NH_4)_2SO_4$ 是典型的凝聚性颗粒物,是由两条并列进行的反应生成物结合产生的。第一个反应是从硫的还原有机态(-2 价)开始,例如 $(CH_3)_2S$,在大气中的氧化剂作用下,先被氧化成 SO_2,然后与大气中原有的 SO_2 一样被进一步氧化为 H_2SO_4。H_2SO_4 的蒸气压很低,在气相中 H_2SO_4 的饱和浓度只有 $4\,\mu g \cdot m^{-3}$,因而在一般大气条件下都会凝结。

同时,NH_3 从各种排放源释放到大气中。例如,在水体或土壤中,腐败生物质和有机质在微生物的降解作用下,蛋白质等含 N 化合物会被氨化,释放 NH_3/NH_4^+ 到环境中。动物排泄物以及含 N 化肥的分解过程中也会释放出 NH_3/NH_4^+。例如尿素的分解反应为

$$CO(NH_2)_2 + H_2O \longrightarrow CO_2 + 2NH_3 \tag{5-8}$$

据估计,上述含 N 化合物中 20% 的 N 是以 NH_3 的形式挥发到大气中了。此外,一系列工业过程也排放出 NH_3。

在大气中,NH_3 与 H_2SO_4 反应生成 NH_4HSO_4 或 $(NH_4)_2SO_4$,以颗粒物的形式存在,粒径大约在 $0.1\sim1.0\,\mu m$ 之间。因为 H_2SO_4 通常是过量的,所以在大多数情况下,以 NH_4HSO_4 为主。

H_2SO_4 和 SO_4^{2-} 气溶胶粒子在刚形成时属于核模范围,但核模粒子之间能迅速凝聚而进入积聚模范围。积聚模相对稳定,与粗模之间相互独立,所以大部分 H_2SO_4 和 SO_4^{2-} 气溶胶粒子都维持在积聚模中。

研究表明,只有粒径在 $0.1\sim1.0\,\mu m$ 之间的粒子才能对光线产生最大的散射,因为最有效的散射直径应与可见光的波长(约为 $0.4\sim0.8\,\mu m$)相近,而此粒径范围刚好属于积聚模范围,这也就是硫酸盐气溶胶粒子对光散射贡献较大的一个主要原因。

亲水性硫酸盐还可作为凝结核,使水汽在其表面凝结成云。颗粒物浓度高时,会形成包含大量细小液滴的云。这种云看上去更白,比含有少数大液滴的云反射性更强。这是云反射程度

受大气颗粒物影响的一个重要方面,也使得全球气候变化的研究更加复杂化。

2. 硝酸和硝酸盐

HNO_3 比 H_2SO_4 容易挥发,在气相中的饱和浓度可达 $1.2\times10^8\ \mu g\cdot m^{-3}$,所以大气中的 HNO_3 一般都以气态形式存在,很少凝结成 HNO_3 气溶胶粒子。

硝酸盐气溶胶通常以 $NaNO_3$、NH_4NO_3 或 NO_x 吸附在颗粒物上的形式存在。硝酸盐气溶胶粒子在粗、细粒子间的分布比例与同期 NH_3、NO_x 和 SO_2 的排放量有关。当 SO_2 排放量较大,而 NH_3 排放量相对较少时,HNO_3 主要与碱性土壤粒子反应,多存在于粗粒子中;而当 NO_x 排放量较大,而 NH_3 源强也较大时,硝酸盐粒子主要由大气化学反应转化而成,在细粒子中的量要超过其在粗模中的量。一般是前一种情况占优势。

在距离海洋较近的大气中,$NaCl$-NO_x-$H_2O(g)$-空气体系可能是大气硝酸盐气溶胶的一个重要来源。在湿空气中加入 NO_2 和 $NaCl$,很快就建立起 $NaNO_3$ 和 $HCl(g)$ 混合物的平衡体系。该反应的第一步可能是湿空气中的 NO_2 先与水蒸气作用产生 HNO_3 和 NO。

$$3NO_2 + H_2O \longrightarrow 2HNO_3 + NO \tag{5-9}$$

在相对湿度大于 75% 时,HNO_3 或 NO_2 可能吸附在含有 $NaCl$ 的液滴上或被吸收到液滴中,并发生置换反应:

$$HNO_3 + NaCl \longrightarrow NaNO_3 + HCl(g) \tag{5-10}$$

所产生的 HCl 气体随之脱附,进入大气中。因此,对于许多沿海城市来说,上述体系既是硝酸盐气溶胶粒子的重要来源,又是 HCl 酸性气体的主要贡献者。

硝酸盐可加剧当地水体的富营养化程度,造成酸沉降污染,NO_3^- 本身也会对人体带来危害。

典型城市气溶胶的粒径-组成分布情况如图 5-5 所示。

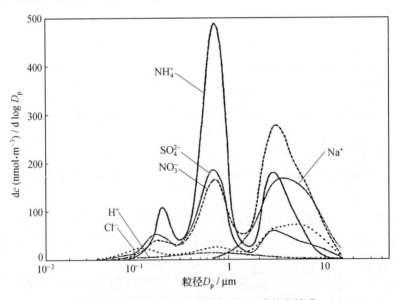

图 5-5 典型城市气溶胶的粒径-组成分布情况

这些结果表明硫酸盐、硝酸盐和铵盐在 $0.1\sim1.0\ \mu m$ 粒径范围内有两个模态(液滴态和凝聚态),在 $1\ \mu m$ 以上为第三个模态(粗模态)。凝聚模态的峰在 $0.2\ \mu m$ 左右,是由气相转化生成的二次气溶胶的凝聚产物。液滴模态的峰在 $0.7\,\mu m$ 左右,是第 4 章中介绍过的异相液相反应形成的。一半以上的 NO_3^- 与大部分 Na^+、Cl^- 等在粗模中,是硝酸与 $NaCl$ 及其他矿物质气溶胶反应的产物。

3. 碳黑

气溶胶中的含 C 部分由元素 C 和有机 C 组成。元素 C 又称碳黑(soot)、煤烟或烟炱,是含碳有机物不完全燃烧的产物。碳黑呈黑色,通常较为蓬松,是元素碳掺杂的形态。碳黑颗粒大体上是球形,而纯石墨是层状结构,因此二者是不同的。碳黑对太阳辐射有吸收作用,使大气温度上升,在能见度方面的影响也较大。

碳黑组分可被看做人为燃烧源的直接排放物,在偏远地区大气颗粒物中只占 0.3%。

4. 飞灰

飞灰(fly ash)主要在燃煤和市政及工业焚烧炉内产生,属于可吸入粒子。飞灰的主要成分是金属和非金属氧化物,如 SiO_2、Al_2O_3、Fe_2O_3 和 CaO 等,与燃料的组成和燃烧温度有关,另外还含有少量有催化活性的金属如 V、Mn、Cr 和 Co 等,及少量毒性较强的元素如 As、Cu、Ag 和 Pb 等。表 5-3 列出了燃烧产生的飞灰的组成范围,其中不包括未燃烧的碳。

表 5-3　燃煤产生的飞灰的元素组成

元　素	含量范围/(mg·g⁻¹)	平均值/(mg·g⁻¹)	元　素	含量范围/(mg·g⁻¹)	平均值/(mg·g⁻¹)
Si	$90\sim280$	210	P	$1\sim10$	3
Al	$46\sim150$	110	Zn	$0.027\sim2.9$	0.45
Fe	$25\sim180$	76	V	$<0.095\sim0.65$	0.27
Ca	$7\sim220$	62	Cr	$0.037\sim0.65$	0.25
K	$3\sim25$	14	Pb	$0.021\sim2.1$	0.17
S	$1\sim64$	13	As	$0.008\sim1.4$	0.16
Mg	$2\sim42$	11	U	$0.011\sim0.03$	0.019
Na	$1\sim63$	9	Cd	$0.006\sim0.017$	0.012
Ti	$1\sim10$	7			

飞灰的水提取物通常显碱性,有时 pH 可高达 11。曾有人提出用飞灰作为修复酸性土壤的低等级石灰,但由于飞灰中常含有可观的微量元素,使飞灰的处置成为一个问题。研究发现,Pb 和 Hg 一般沉积在极细粒子的表面,这是由于在燃烧过程中低沸点金属挥发,然后在壁炉或烟囱中温度较低的区域凝聚到颗粒表面造成的。由于沉积在表面,这些有毒元素易被溶出,也易被生物吸收,具有较大的潜在危害。

飞灰的比表面大,大气中 SO_2 向 SO_3 的转化相当一部分是发生在这些颗粒物上。另外飞灰还可吸附有毒的氯代二苯并二噁英和氯代二苯并呋喃,焚烧炉中产生的这些有毒物质就吸附在飞灰上。

5.3.2　有机成分

气溶胶粒子中的有机成分约占总量的 20%～40%。有机气溶胶是目前气溶胶化学研究的热点问题。这一方面是因为对气溶胶中有机成分的了解远不如对无机成分那样充分;另一方面,越来越多的结果揭示出有机气溶胶在大气化学和大气能量平衡中的重要作用及对人体健康的潜在危害。

目前已经检测到的气溶胶粒子中含有的有机成分包括烷烃、烯烃、芳香烃和多环芳烃等多种烃类物质，及各种有机酸、酚类、环酮、醌类、亚硝胺、杂氮化合物和二噁英等。这些有机物质主要来自矿物燃料燃烧、废弃物焚化、汽车尾气、油脂类食物烹制和吸烟等各种高温燃烧过程，由于蒸气压较低，在大气中易凝聚成液滴或颗粒，或吸附在其他颗粒物表面。有机气溶胶的粒径一般都较小，属于爱根核模或积聚模。

最早引起人们关注的有机气溶胶是多环芳烃（polycyclic aromatic hydrocarbons，简称PAHs），主要指分子中含有两个以上苯环的有机烃类化合物。由于苯环之间连接方式的不同，多环芳烃通常分为两种类型，一种是相邻的两个苯环之间各以一个碳原子相互连接，形成联苯类的化合物，例如联三苯等；另一种是两个或多个苯环通过共用环上相邻的两个碳原子彼此相接的化合物，其更确切的名称是稠环芳烃，例如菲、芘、苯并[a]芘等。此处着重介绍的是稠环芳烃的问题，但按照文献中的习惯，仍采用多环芳烃这一名词。

自然界的生物过程、火山活动和森林火灾等都能形成多环芳烃。煤热解过程产生的煤焦油是 PAHs 最大的人为来源。另外，肉类的烹调加工过程、香烟烟雾、汽车尾气、垃圾焚烧也都释放数量可观的多环芳烃。在用碳作为电极电解精炼铝的过程中也会释放出大量的 PAHs。吸烟产物中已鉴定出 150 多种含 2～7 个苯环、带有烷基或其他取代基的 PAHs。大气中常见 PAHs 在水中的溶解度数据列于表 5-4 中。PAHs 的蒸气压变化范围很大，达 7 个数量级（见表 5-5）。

表 5-4　大气中常见 PAHs 的结构式和在水中的溶解度数据

名　称	缩　写	结构式	溶解度/($\mu g \cdot L^{-1}$)
萘（naphthalene）	NAP		31 700
苊烯（acenaphthylene）	ACE		3930
9H-芴（9H-fluorene）	FLN		1980
菲（phenanthrene）	PHEN		1290
蒽（anthracene）	ANTHR		73
芘（pyrene）	PYR		135
荧蒽（fluoranthene）	FLUR		260
环戊[cd]芘（cyclopenta[cd]pyrene）	CPY		—
苯并[a]蒽（benzo[a]anthracene）	BaA		14

（续表）

名　称	缩　写	结构式	溶解度/(μg·L^{-1})
苯并菲(triphenylene)	TRI	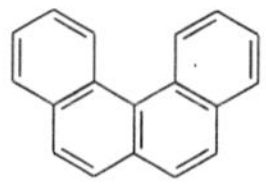	43
䓛(chrysene)	CHRY	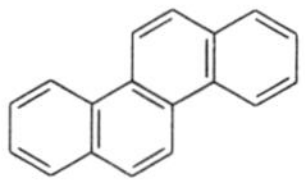	2
苯并[a]芘(benzo[a]pyrene)	BaP	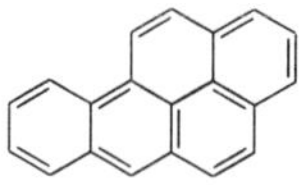	0.05
苯并[e]芘(benzo[e]pyrene)	BeP	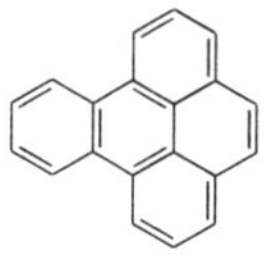	3.8
苝(perylene)	PER	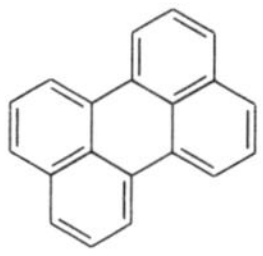	0.4
苯并[ghi]苝(benzo[ghi]perylene)	BghiP	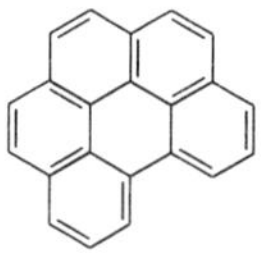	0.3
晕苯(coronene)	COR	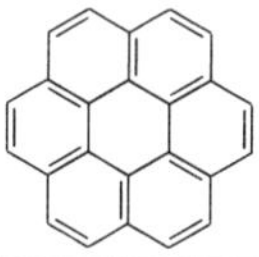	0.1

表 5-5　PAHs 的蒸气压数据

化合物	$\log p^{\ominus}(20℃)$/Pa	A_{p}/K	$K_{\mathrm{p}}(20℃)$	$c_{\mathrm{PM}}/c_{\mathrm{g}}$
芴	−0.6	—	4.8×10^{-6}	0.00048
菲	−1.38	4124	3.1×10^{-5}	0.0031
蒽	−1.41	4124	3.3×10^{-5}	0.0033
荧蒽	−2.42	4412	3.6×10^{-4}	0.0036
芘	−2.61	4451	5.6×10^{-4}	0.056
苯并[a]芴	−3.12	4549	1.9×10^{-3}	0.19
苯并[b]芴	−3.1	4549	1.8×10^{-3}	0.18
苯并[a]蒽	−3.9	4836	0.012	1.2
䓛	−3.94	4836	0.013	1.3
苯并菲	−3.94	4836	0.013	1.3
苯并[b]荧蒽	−5.00	5180	0.16	16
苯并[k]荧蒽	−5.01	5180	0.17	17
苯并[a]芘	−5.21	5310	0.27	27
苯并[e]芘	−5.25	5310	0.29	29

引自：Pankow and Bidleman,1992.

表 5-5 还给出了分配系数 K_p。由于 K_p 是半经验参数,数据由实测结果而来,K_p 可用来估计 PAHs 在气相和颗粒相中的分配,而无需知道控制分配的实际过程是吸附还是吸收。PAHs 的 K_p 与温度的关系式为

$$\log K_p = A_p/T - 18.48 \tag{5-11}$$

式中 A_p 为常数,与化合物有关,数据列于表 5-5 中。在 25℃ 平衡状态下,含 2~3 个苯环的低相对分子质量的 PAHs(如萘、蒽、菲、芴等)主要在气相中;含 4 个苯环的 PAHs 在两相中都有,实验测得䓛(相对分子质量为 228)在蒸气和固相中的分配几乎是相等的;而苯并[a]芘等含 5~6 个环的 PAHs 主要在颗粒物相中存在。

大气中 PAHs 的本底浓度一般为 0.1~0.5 ng·m^{-3},城市大气中可达几十 ng·m^{-3}。一般认为 PAHs 主要是工业城市大气中的重要污染物,在偏远地区不重要,但实际上,在北美极地大气中测到了 1 ng·m^{-3} 甚至更高浓度的 PAHs。这说明 PAHs 在大气中的反应活性不强,附着在颗粒物表面可远距离传输。这种污染物沉积在颗粒物表面由工业地区向极地传输的现象称为"蚱蜢效应",因为在夏季,来自南方的风和高温条件利于污染气体向北传输,而到了冬季,固相颗粒物增多,污染气体在其上沉积下来,由北风向南回迁的少。到下一个温暖季节来临时,这些污染物又会进一步向极地"跳跃"。

测得在新燃烧产物中 PAHs 在 0.01~0.5 μm 粒径范围内,但在城市大气气溶胶中 PAHs 有两个模态,第二个模态在 0.5~1.0 μm 粒径范围内。

多环芳烃在紫外线照射下易光解氧化,例如,苯并[a]芘在大气中可被光解氧化成 1,6-、3,6- 和 6,12- 醌苯并芘。大气中的氧化性气体也可将多环芳烃氧化成含有醌基的化合物。此外,多环芳烃还可被沉积物和海水中的微生物分解,仍以苯并[a]芘为例,在微生物作用下可氧化成 7,8-二羟基-7,8-二氢-苯并[a]芘和 9,10-二羟基-9,10-二氢-苯并[a]芘。

在海鱼和淡水鱼体内都检出了多环芳烃,鱼体对不同多环芳烃化合物的富集能力不同。多环芳烃能抑制水生植物生长,对水生动物也具有毒害性。由于多环芳烃及其取代衍生物脂溶性较强,因此普遍存在于人体脂肪组织中,包括肝脏和乳汁内。

多环芳烃的致癌作用很早就被人们发现,并进行了长期的研究。但并非所有的多环芳烃都有致癌性质,而且有致癌作用的多环芳烃其致癌机制也不完全一样。研究认为与多环芳烃的电子结构特点和代谢过程有关。实验证明,苯并[a]芘在生物体内的代谢过程中生成的二氢二醇环氧化物,是真正具有致癌活性的最终致癌物。

另外,多环芳烃还具有破坏造血和淋巴系统的作用,能使脾、胸腺和隔膜淋巴结退化,抑制骨骼形成。在许多动物实验中,多环芳烃还表现出致畸作用。

5.3.3　元素组成

在大气颗粒物样品中通常可以检测出 40 多种微量元素,这些元素来自各种不同的排放源,包括燃煤、石油、木材燃烧、钢铁冶炼、锅炉、扬尘、废弃物焚烧等。表 5-6 列出了一些元素在不同地区的浓度及其模态范围。

由表 5-6 所列数据可见,这些元素的浓度即使在同样的污染水平下,变化范围都可跨越 3 个数量级,说明局地源的贡献很大。总的来说,Pb、Fe 和 Cu 等元素浓度较高,而 Co、Hg 和 Se 等元素浓度较低。燃烧产生的元素通常以氧化物的形态存在,但组成不确定。

表 5-6　大气颗粒物中测到的各种元素的浓度及其粒径范围

元　素	模　态	浓度/($ng \cdot m^{-3}$)		
		偏远地区	郊　区	城市地区
Fe	细模和粗模	0.6～4200	55～14 500	130～13 800
Pb	粗模	0.01～65	2～1700	30～90 000
Zn	粗模	0.03～450	10～400	15～8000
Cd	粗模	0.01～1	0.4～1000	0.2～7000
As	粗模	0.01～2	1～28	2～2500
V	细模和粗模	0.01～15	3～100	1～1500
Cu	细模和粗模	0.03～15	3～300	3～5000
Mn	细模和粗模	0.01～15	4～100	4～500
Hg	—	0.01～1	0.05～160	1～500
Ni	细模和粗模	0.01～60	1～80	1～300
Sb	粗模	0～1	0.5～7	0.5～150
Cr	细模和粗模	0.01～10	1～50	2～150
Co	细模和粗模	0～1	0.1～10	0.2～100
Se	细模和粗模	0.01～0.2	0.01～30	0.2～30

5.3.4　大气棕色云

20 世纪 90 年代初期,科学家在南亚上空发现了一片 3 km 厚的褐色云层。卫星图片显示,这片污染云团覆盖了整个亚洲南部,北至中国北部,西面由印度延伸至阿富汗及巴基斯坦,面积达 2590 万平方千米。这一现象被称为大气棕色云(atmospheric brown cloud,简称 ABC)。研究表明,褐色云团中主要包含硫酸盐、硝酸盐、有机物、碳黑、飞灰及其他有害颗粒物,主要来自生物质燃烧、工业排放。直接影响包括:到达地表的太阳辐射减少,低层大气受太阳辐射加热增加 50%～100%,以及减少降水和农业减产等,尤其严重的是对人体健康造成不良影响。

5.4　大气颗粒物表面的异相化学反应

大气多相化学反应指在液体和固体表面上气-凝聚界面的传质和反应过程及随后在液滴内部或颗粒物上液态表层内的输送和反应过程,包括大气化学物种在粒子表面发生的化学转变和光化学过程。

大气中的细粒子比表面积很大,一般为 $4～200 \, m^2 \cdot g^{-1}$,吸附或吸着能力强,大气中的许多污染物质都可在细粒子表面富集,且细粒子在大气中的停留时间较长,为大气多相化学反应提供了活性界面。

5.4.1　NO_x 在大气细粒子表面的异相化学反应

NO、NO_2、N_2O、N_2O_5 和 HNO_3 与海盐中 $NaCl$ 的反应是大气中 $NaNO_3$ 的主要来源。反应式为

$$2NO_2(g) + NaCl(s) \longrightarrow NaNO_3(s) + ClNO(g) \tag{5-12}$$

$$N_2O_5(g) + NaCl(s) \longrightarrow NaNO_3(s) + ClNO_2(g) \tag{5-13}$$

$$HNO_3(g) + NaCl(s) \longrightarrow NaNO_3(s) + HCl(g) \tag{5-14}$$

N_2O_5 与 KBr 的反应情况有所不同,检测到的产物为 Br_2,而非 $BrNO_2$。推测可能是由于 $BrNO_2$ 不稳定,继续以中间吸附产物的形式与 KBr 反应生成 Br_2。

$$N_2O_5(g) + KBr(s) \longrightarrow KNO_3(s) + BrNO_2(ads) \tag{5-15}$$

$$BrNO_2(ads) + KBr(s) \longrightarrow KNO_2(s) + Br_2(g) \tag{5-16}$$

反应生成的 KNO_2 可与 HNO_3 反应生成 HONO。

$$N_2O_5(g) + H_2O(ads) \longrightarrow 2HNO_3(ads) \tag{5-17}$$

$$HNO_3(ads) + KNO_2(s) \longrightarrow KNO_3(s) + HONO(g) \tag{5-18}$$

反应(5-18)是大气中气态亚硝酸的一个可能来源,而亚硝酸是白天 OH 基的重要来源之一。

在碳黑表面的反应是 NO_x 去除和转化的重要途径之一,NO 可与碳黑表面吸附的 O_2 反应生成 NO_2,NO_2 在碳黑表面吸附更快。NO_x 可阻止碳黑表面碳的氧化。

NO_x 在大气矿物质粒子表面也可发生异相反应。NO_2 首先与矿物质颗粒表面反应生成亚硝酸盐,然后继续反应生成硝酸盐和气态 NO。

$$NO_2(g) \longrightarrow MNO_2(s) \tag{5-19}$$

$$2MNO_2(s) \longrightarrow MNO_3 + NO(g) \tag{5-20}$$

$$MNO_2(s) + NO_2(g) \longrightarrow MNO_3(s) + NO(g) \tag{5-21}$$

式中 M 为金属氧化物颗粒中的金属元素。

5.4.2 SO_2 在大气细粒子表面的异相化学反应

大气中碳黑颗粒物对 SO_2 的催化氧化作用很早就有报道,研究表明只有在 H_2O 和 O_2 存在的条件下,SO_2 才能在碳黑的表面有效氧化,氧化产物为 HSO_4^-。Goodman 等人研究了 SO_2 在 $\alpha\text{-}Al_2O_3$ 和 MgO 颗粒物表面的反应。发现在干燥条件下,SO_2 能在 $\alpha\text{-}Al_2O_3$ 表面形成强吸附的亚硫酸氢盐和亚硫酸盐,在 MgO 表面形成亚硫酸盐。当颗粒物表面存在吸附水时,MgO 表面吸附的亚硫酸盐转化为硫酸盐,但在 $\alpha\text{-}Al_2O_3$ 表面不发生这种转化。

大气细粒子表面的异相化学反应在大气化学中起着十分重要的作用,目前对其机理和动力学了解得还很不充分,例如,颗粒物表面的分子形态、反应过程中表面性质的变化及其对反应机理和产物的影响;颗粒物表面的氧化还原反应,尤其是还原性有机颗粒物对光化学氧化剂的消耗;包含自由基及活性中间产物的异相反应的速率参数;颗粒物界面光化学及过渡态金属离子的光催化反应机理等方面都有待于进一步深入研究。

在我国,随着城市和经济的发展,大气颗粒物污染已成为一个严重的环境问题。中国的能源结构以燃煤为主,燃煤排放一直是城市大气细颗粒物的主要来源。近年来城市机动车数量急剧增加,由此造成部分地区出现光化学烟雾,使我国许多城市大气中既有来自煤烟和光化学烟雾的高浓度细颗粒物,又有高浓度光化学氧化剂共存,同时频繁发生的沙尘暴带来的细颗粒物使城市大气污染问题变得更加复杂。沙尘暴中细粒子含 Al、Fe 和 Mn 等元素很多,而 SO_2、NO_x 在这些金属氧化物颗粒界面上的光化学反应对大气中酸性物质的形成贡献显著。

细颗粒物与 O_3、HO_2 和 NO_3 等光氧化剂之间的相互作用使得大气污染化学过程变得极为复杂。大气光氧化剂与 SO_2、NO 以及萜烯、芳烃等有机物的反应导致大气中细粒子浓度增加,而细粒子表面进行的光氧化剂消耗反应和过渡态金属的光催化氧化等异相化学反应也影响到大气的氧化性,这些反应又使得细粒子的化学成分变得更加复杂,潜在危害也更加严重。

5.4.3　PAHs 在大气细粒子表面的异相化学反应

吸附在颗粒物表面的 PAHs 可以参与大气化学反应,产物的极性通常都强于母体化合物。苯并[a]芘和其他 PAHs 在一些颗粒物基体上与气相 NO_2 和 HNO_3 的反应生成一硝基和二硝基 PAHs。NO_2 和 HNO_3 同时存在是 PAHs 发生硝化反应的必要条件。反应速率强烈依赖于颗粒基体的性质,而产物的定性组成与基体无关。颗粒物表面的水分也十分利于 PAHs 的异相硝化反应。PAHs 的反应活性分类列于表 5-7 中。

表 5-7　PAHs 的反应活性分类

活性级别	反应活性从 I 级到 VI 级逐渐减小
I	苯并[a]丁省,二苯并[a,h]芘,戊省,丁省
II	蒽嵌蒽,蒽,苯并[a]芘,环戊[c,d]芘,二苯并[a,l]芘,二苯并[a,i]芘,二苯并[a,c]丁省,二萘嵌苯
III	苯并[a]蒽,苯并[g]菌,苯并[g,h,i]二萘嵌苯,二苯并[a,e]芘,茜,芘
IV	苯并[c]菌,苯并[c]菲,苯并[e]芘,菌,晕苯,二苯蒽,二苯并[e,l]芘
V	苊烯,苯并荧蒽,荧蒽,茚[1,2,3-cd]荧蒽,茚[1,2,3-cd]芘,萘,菲,苯并菲
VI	联苯

引自:Nielsen,1984.

5.5　大气颗粒物污染的控制

工业过程排放的颗粒物通过使用优质燃料、改进工艺、提高燃烧效率等措施可有效减少。另外,还可采用一些装置从烟气中去除颗粒物。常用的收集手段包括沉降箱、旋风收尘器、织物滤尘器、洗涤器和静电集尘器等,如图 5-7 所示。图 5-8 比较了各种除尘方法对不同粒径颗粒物的去除效率。

沉降箱是最简单的收集装置,也是应用最广泛的颗粒物控制方法,该箱包括各种不同的隔板和开放空间,使粒子有足够的时间靠重力沉降下来。由于沉降速率是受重力限制的,该方法对粒径在 $10\,\mu m$ 以上的粒子最有效。

旋风收尘器是一个锥形装置,使废气流在其中以螺旋方式旋转,导致大粒子在向心力的作用下向锥壁移动,一旦碰触到壁上,粒子将滑进锥体并进入下方的收集容器中。粒子的清除程度同样遵循斯托克斯定律,但由于旋风作用,沉降速率可大大加快,因而有效清除范围可包括更小的粒子。

袋滤器或织物滤尘器的工作原理与真空吸尘器基本相同,使气流通过一个多孔纤维材料,对 $0.01\sim10\,\mu m$ 范围的颗粒物最有效。这类滤尘器对温度和湿度很敏感,在使用过程中细孔会逐渐被堵塞,因此必须定期清洗。

洗涤器是使气流与水喷射成的水雾接触,用相对大的水滴俘获小粒子,粒径迅速增加,使之快速沉降。

静电集尘器使气流中的粒子通过俘获两电极间放电产生的电子而带负电。一旦带电后颗粒物将移向正极被收集,从而从气流中清除。

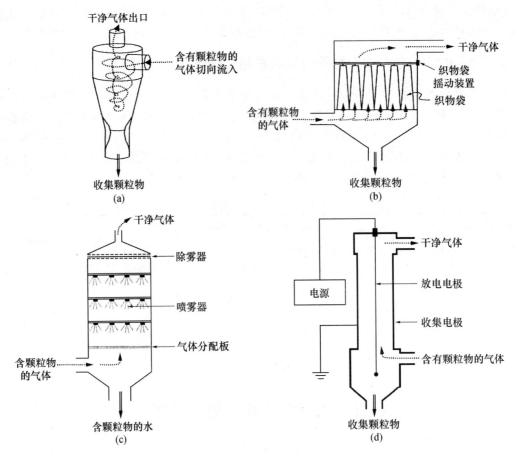

图 5-7　点源排放大气颗粒物的控制方法

（a）旋风收尘器；（b）织物滤尘器；（c）洗涤器；（d）静电集尘器

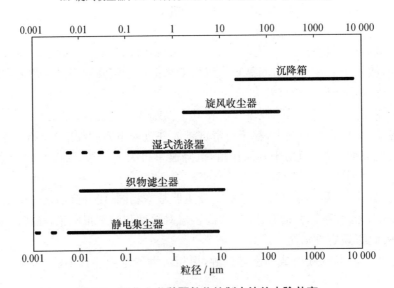

图 5-8　工业上各种颗粒物控制方法的去除效率

上述方法对某些点源排放出的一次颗粒物适用,但对面源排放及二次颗粒物还需采用其他手段进行控制。

5.6　城市空气质量报告

近年来,我国越来越多的城市开始采用空气污染指数(atmospheric pollution index,简称 API)法向公众提供环境空气质量日报服务。根据我国城市环境空气污染的特点和污染防治重点,主要提供总悬浮颗粒物(或可吸入颗粒物)、二氧化硫、氮氧化物(二氧化氮)、一氧化碳和臭氧的污染指数,并指明首要污染物和空气污染程度。表 5-8 和表 5-9 分别给出了这些污染指数所对应的污染物浓度限值和相应的空气质量状况,可供参考。

表 5-8　污染指数及污染物浓度限值

污染指数 API	污染物浓度/$(mg \cdot m^{-3})$				
	PM10	二氧化硫	二氧化氮	一氧化碳*	臭氧*
500	0.600	2.620	0.940	150	1.200
400	0.500	2.100	0.750	120	1.000
300	0.420	1.600	0.565	90	0.800
200	0.350	0.800	0.280	60	0.400
100	0.150	0.150	0.120	10	0.200
50	0.050	0.050	0.080	5	0.120

* 小时均值。

表 5-9　空气污染指数及空气质量级别(供参考)

API	空气质量级别	空气质量状况	对健康的影响	对应空气质量的适用范围
0～50	I	优	可正常活动	自然保护区,风景名胜区和其他需要特殊保护的地区
51～100	II	良	可正常活动	城镇规划中确定的居住区、商业交通居民混合区、文化区、一般工业区、农村地区
101～200	III	轻度污染	长期接触,易感人群症状有轻度加剧,健康人群出现刺激症状	特定工业区
201～300	IV	中度污染	一定时间接触后,心脏病和肺病患者症状显著加剧,运动耐受力降低,健康人群普遍出现症状	
>300	V	重度污染	健康人群出现强烈症状,运动耐受力降低,提前出现某些疾病	

空气污染分指数的计算方法如下：当某种污染物的浓度 c_i 在表 5-9 中的两级浓度 c_n 与 c_{n+1} 之间时,其污染分指数 I_i 为

$$I_i = \frac{(c_i - c_n)}{(c_{n+1} - c_n)}(I_{n+1} - I_n) + I_n \tag{5-22}$$

式中,c_i 为 i 物种的大气浓度($\text{mg} \cdot \text{m}^{-3}$),$c_{n+1}$ 和 c_n 分别为表中与 c_i 最接近的高、低两个浓度点,I_n 和 I_{n+1} 分别为 c_n 和 c_{n+1} 对应的污染指数值。

各种污染参数的污染分指数都计算出以后,取最大者作为该区域或城市的空气污染指数 API,即 $\text{API} = \max(I_1, I_2, \cdots, I_n)$。

第6章 平流层化学

前面几章中介绍的光化学污染、酸沉降污染以及颗粒物污染问题基本上属于城市或区域性的大气环境问题,本章将进入全球性环境问题的讨论。虽然上述问题也受到全球的关注,但是全球性环境问题一般是指无论污染物是从地球上的哪个角落释放出来,在大气和水的作用下可以向全球各个方向传播,甚至扩散到平流层,从而导致对整个地球的生命支撑系统产生危害的重大环境问题。

平流层臭氧损耗是十分典型的全球环境问题。一方面,平流层臭氧损耗的研究揭示了人工合成化学品对臭氧层的巨大损害,推动科学界、企业和政府间的全球合作,并成为一个解决全球环境问题的范例;另一方面,平流层臭氧损耗确立的非均相化学机制大大扩展了环境化学的研究思路,对环境化学的发展具有重大贡献。

6.1 大气平流层的基本特征

6.1.1 平流层的物理特征

顾名思义,平流层的最大特点是大气以平流运动为主,极少垂直方向的对流运动。这主要是因为平流层的温度结构与对流层不同,在对流层顶到距地表大约35 km的高度内,大气温度变化非常微小,这一高度平流层的大气温度非常低,大约在 $-80℃$ 左右。自35 km到平流层顶,气温随高度的升高而上升。平流层温度低,空气稀薄,水蒸气极少,在这一层气象过程也极少发生。

到达平流层的太阳辐射与对流层相比,含有更多的短波紫外辐射,见图6-1。

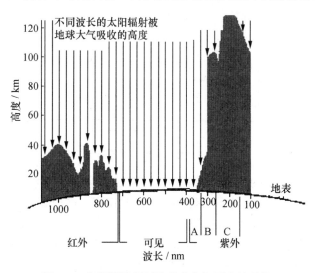

图 6-1 太阳紫外辐射及其在大气层中的吸收

97

一般将来自太阳的紫外辐射根据波长分为三个区,其中波长为 315～400 nm 的紫外线称为 UV-A 区,臭氧对这一波长范围的紫外线基本上不吸收。事实上,这一波段少量的紫外线也是地表生物所必需的,它可促进人体的固醇类转化成维生素 D,如果缺乏会引起软骨病,尤其会对儿童的发育产生不良影响。波长为 280～315 nm 的紫外线称为 UV-B 区,这一波段的紫外辐射是可能到达地表并对人类和地球其他生命造成最大危害的部分。波长为 200～280 nm 的紫外线部分称为 UV-C 区,该区紫外线波长短,能量高,但是这一区的紫外线能被大气中的氧气和臭氧完全吸收,不会到达地表造成不良影响。

尽管平流层中的氧气和臭氧分子能够吸收 97%～99% 的高频紫外辐射,但仍有部分 UV-B 波段的紫外辐射可能到达地表,成为太阳辐射中对人类和地球上其他生命造成最大危害的部分。

6.1.2 平流层的化学特征

从化学特征上看,平流层中最重要的化学组分就是臭氧(O_3)。近地层的臭氧是光化学烟雾过程中生成的主要二次污染物,同时由于 O_3 也是大气 OH 自由基的来源,因此是对流层化学的关键物质。但是,对流层大气中的 O_3 仅占大气臭氧总量的 10% 左右,平流层保存了大气中 90% 以上的臭氧,主要集中在距地面 15～35 km 的高度范围内,浓度最大值位于约 20～25 km 高度,这一层高浓度的臭氧就是所谓的"臭氧层"(图 6-2)。事实上臭氧浓度峰值出现的高度是随纬度变化的,一般在赤道附近最大浓度出现在 25 km 左右,在中纬度地区出现在 20 km 左右,在极地地区位于 16 km 左右。夏季臭氧的浓度高于冬季。

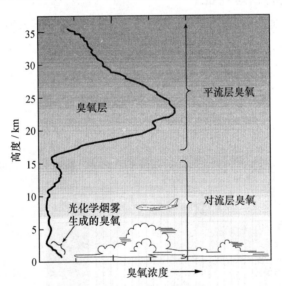

图 6-2 大气臭氧的垂直分布

臭氧(O_3)是平流层大气的主要热源,可吸收 200～320 nm 的阳光紫外线而使平流层温度升高,对平流层的温度结构和大气运动起着决定性的作用。同时由于臭氧吸收了短波长紫外线,对地球上的生命系统具有重要的保护作用。

平流层臭氧的混合比可以达到 10 ppm,但整个大气中臭氧的含量实际上极其微少。如果在 0℃ 下,沿着垂直于地表的方向将大气中的臭氧全部压缩到一个标准大气压,得到的臭氧层总厚度只有 3 mm 左右。这种用从地面到高空垂直柱中臭氧的总层厚来反映大气中臭氧含量的方法叫做柱浓度表示法。目前一般采用多布森单位(Dobson unit,简称 D. U.)来表示,定义在 STP(标准温度和压力)下,10^{-5} m 厚的臭氧为一个 D. U.,则正常大气中臭氧的柱浓度约为300 D. U.。

实际上,平流层的化学过程在过去很长时间内并不是平流层研究的重要内容。主要是因为平流层距地表较远,由地面污染源排放出来的气体大部分在未到达平流层之前就已经转化为其他物种或通过干、湿沉降的形式回到地表。因此只有那些在对流层寿命相对长的物种才有可能进入平流层。

另一方面,太阳辐射中的强紫外辐射部分可以使许多气体分子发生解离,从而引发一系列与对流层大气差别较大的化学反应。根据平流层中化学物种的转化关系,将直接来自对流层的化合物分子称为源分子(source molecule),在平流层中以活性中间体存在的组分称为自由基(radical),而将反应生成的相对稳定的产物称为储库分子(reservoir molecule)。表 6-1 列出了平流层中的主要痕量气体组分。

表 6-1　平流层中的主要痕量气体化学组分

物　种	源分子	自由基	储库分子
含氮化合物*	N_2O	NO、NO_2	HNO_3、$ClONO_2$、HNO_4、N_2O_5
含氢化合物	CH_4、H_2O、H_2	H、OH、HO_2	HNO_3、HCl、$HOCl$、H_2O_2
卤族化合物	CFCs**、Halon***、CH_3Cl、CH_3Br、CCl_4、CH_3CCl_3、$CHClF_2$ 等	Cl、ClO	$HOCl$、$ClONO_2$、HCl

＊　除对流层输送外,这两类化合物也有飞机等直接向平流层的排放,如 NO、NO_2 和 H_2O。

＊＊　CFCs(氟氯碳化合物),表示式为 CFC-xyz,其中 x,y,z 分别与分子中含 C、H、F 的数目有关,x 为碳原子数减 1,y 为氢原子数加 1,z 为氟原子数。$x=0$ 时,一般略去不写,对应甲烷的卤代衍生物。

＊＊＊　Halon(哈龙),常用的消防灭火剂,毒性小,不污染和损坏受灾物品。Halon 为含 Br 的卤代烷烃,表示式为 Halon-$abcd$,其中 a,b,c,d 分别为分子中所含的碳原子数、氟原子数、氯原子数和溴原子数。

这些组分进入平流层的简要过程大致为:

1. 奇氮物种(NO_x)

源分子主要是 N_2O。N_2O 由地表产生,由于不溶于水,在对流层中基本是惰性的。当其扩散进入平流层后,约有 90% 光解转化为 N_2,有约 2% 转化为 NO。

$$N_2O + h\nu(\lambda \leqslant 315 \text{ nm}) \longrightarrow N_2 + O(^1D) \tag{6-1}$$

$$N_2O + O(^1D) \longrightarrow 2NO \tag{6-2}$$

此外,超音速和亚音速飞机排放的 NO 也是平流层 NO_x 的一个来源。NO_x 另一个较小的天然源是 N_2 分子在宇宙射线的作用下解离出 N 原子,然后与空气中的 O_2 或 O_3 分子结合生成 NO。

2. 奇氢物种(HO_x)

主要是由 CH_4、$H_2O(g)$ 或 H_2 与激发态原子氧 $O(^1D)$ 反应生成的。$O(^1D)$ 主要来自 O_3 的光解离。

$$O_3 + h\nu(\lambda \leqslant 310 \text{ nm}) \longrightarrow O_2 + O(^1D) \tag{6-3}$$

$$CH_4 + O(^1D) \longrightarrow OH + CH_3 \tag{6-4}$$

$$H_2O + O(^1D) \longrightarrow 2OH \tag{6-5}$$

$$H_2 + O(^1D) \longrightarrow OH + H \tag{6-6}$$

3. 奇氯、奇溴物种(ClO_x, BrO)

海洋生物产生的 CH_3Cl 少量可进入平流层并光解产生 Cl 原子。

$$CH_3Cl + h\nu \longrightarrow Cl + CH_3 \tag{6-7}$$

这一来源贡献的氯原子量实际很少。平流层的活性氯原子更重要的来源是人工合成的氟氯碳化合物,最典型的代表物是 $CFCl_3$ 和 CF_2Cl_2。它们在平流层中既可以光解释放出所含的全部氯原子,也可以与 $O(^1D)$ 反应生成 ClO,参与破坏臭氧分子。

$$CFCl_3 + h\nu(175\,nm < \lambda < 220\,nm) \longrightarrow CFCl_2 + Cl \tag{6-8}$$

$$CFCl_2 + h\nu(175\,nm < \lambda < 220\,nm) \longrightarrow CFCl + Cl \tag{6-9}$$

继续解离直到释放出所有的氯原子。

$$O(^1D) + CF_nCl_{4-n} \longrightarrow CF_nCl_{3-n} + ClO \tag{6-10}$$

一个 $CFCl_3$ 可形成三个 ClO 基。

Halon 类的物质也经历同样的过程,在平流层的强紫外辐射作用下分解,如 Halon-1211:

$$CBrClF_2 + h\nu(175\,nm < \lambda < 220\,nm) \longrightarrow CClF_2 + Br \tag{6-11}$$

为了证实平流层的化学组成,科学家开展了大量的观测,主要是针对一些重要组分的垂直分布研究。图 6-3 给出了一些物种随高度的分布情况。从图上可以看到,除水溶性极强的 HCl 外,其他绝大多数组分在对流层内几乎不参与化学反应,因此随高度的混合比变化非常小。但一旦进入平流层,由于平流层的紫外辐射能量高,在对流层不能分解的分子在平流层被破坏,产生一系列的自由基组分,参与平流层的化学过程。

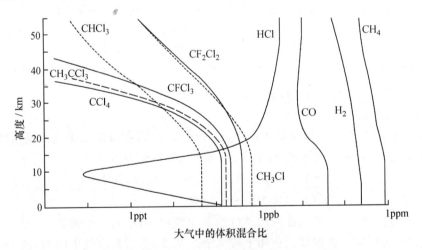

图 6-3 进入平流层的一些源分子的垂直分布示意图

另外,平流层内也存在颗粒物组分。在温度 $-80 \sim -45\,℃$ 的范围内,平流层气溶胶主要由 $60\% \sim 80\%$ 的硫酸水溶液组成。这一全球分布、稳定存在的背景平流层气溶胶是由地球表面的源排放出的氧硫化碳(COS)的氧化产物。COS 化学性质稳定,不易溶于水,因而具有较长的对流层寿命。它扩散到平流层在紫外线照射下解离,最终形成硫酸,成为天然平流层气溶胶的主要成分。

其他地表排放的含硫物种,如 SO_2、DMS 和 CS_2 等,大气寿命较短,通常不足以被传输到平流层中。但由于地表频繁的火山喷发将大量的 SO_2 直接输送到低平流层和中平流层,平流层中的气溶胶实际很少以背景浓度水平存在。最近发生的几次大型火山喷发,如 1963 年的阿贡(Agung)火山喷发、1982 年的爱尔琴科(El Chichón)火山喷发和 1991 年的皮纳图博(Pinatubo)火山喷发,向平流层输送造成的硫酸气溶胶雾,都是在几个月时间内遍布全球,远远超过背景浓度,每次喷发过后需经过数年时间才能逐渐回到背景水平。而目前火山喷发的实际频率使平流层气溶胶的浓度比背景值高出许多。1991 年 6 月的皮纳图博火山喷发是 20 世纪中发生的最大的一次火山喷发,估计使平流层的气溶胶增加了 30 Tg,导致两年多的时间中平流层气溶胶浓度水平居高不下。

6.2　平流层的气相化学过程

6.2.1　纯氧体系的臭氧化学——Chapman 机制

地球大气的演变最终形成了最适合生命生存和繁衍的环境。臭氧层,由于独特的阻挡紫外辐射的能力,成为地球生命支撑系统的组成因素之一。实际上臭氧层存在的原因是一个有趣的科学问题,第一个揭示臭氧层产生原因的学者是英国科学家 Sidney Chapman,他于 1930 年提出,平流层臭氧的形成和去除是一个自然的过程。Chapman 认为,在平流层,低层大气输送的氧气在紫外辐射的作用下分解为原子氧,原子氧再与氧分子结合即生成臭氧分子;当然原子氧也可能与臭氧分子发生碰撞,将臭氧分子分解为两个氧气分子。在这个过程中,氧原子破坏臭氧分子的能力是与平流层臭氧的量成正比的。当臭氧分子在平流层生成的速率与去除的速率一致的时候,平流层的臭氧总量处于动态平衡状态而保持稳定。

用化学反应式来描述,即为:

(i) 臭氧的生成反应(发生在 25 km 以上)为

$$O_2 + h\nu(\lambda \leqslant 240\,nm) \longrightarrow 2O(^3P) \tag{6-12a}$$

$$O(^3P) + O_2 + M \longrightarrow O_3 + M \tag{6-12b}$$

总反应:
$$3O_2 + h\nu \longrightarrow 2O_3 \tag{6-12}$$

(ii) 臭氧的清除反应为

$$O_3 + h\nu \longrightarrow O_2 + O(^3P) \tag{6-13a}$$

$$O(^3P) + O_3 \longrightarrow 2O_2 \tag{6-13b}$$

总反应:
$$2O_3 + h\nu \longrightarrow 3O_2 \tag{6-13}$$

其中反应(6-13a)并不能真正清除臭氧,因为光解产生的原子氧会很快与分子氧结合重新生成臭氧,但此过程中臭氧吸收了大量的太阳紫外辐射,有效地保护了地表生态系统。真正起清除作用的是反应(6-13b)。

Chapman 以上述纯氧体系中氧的光解离和再结合的平衡模型为依据,提出了关于平流层臭氧的形成理论,称为臭氧化学的 Chapman 机制。此机制最大的成功之处在于解释了平流层臭氧的形成机制及其吸收阳光紫外线的机理。该理论在平流层化学占据主导地位达 40 余年。

到 20 世纪 70 年代,一些研究开始分析平流层臭氧生成和消除的定量关系,很快发现 Chapman 机制是不完整的。采用对流层化学的拟稳态近似方法(pseudo steady-state approach,简称 PSSA)可对臭氧层体系下的臭氧浓度水平进行简单分析。

在 Chapman 机制中,用 j_1 和 j_2 分别表示 O_2 和 O_3 的光解速率常数,k_1 和 k_2 是反应 (6-12b)和(6-13b)的速率常数,假定平流层 O_2 和惰性物种 M 的浓度水平为固定的常数,则在纯氧体系中,O 原子和 O_3 的净生成速率分别为

$$\frac{d[O]}{dt} = 2j_1[O_2] + j_2[O_3] - k_1[O][O_2][M] - k_2[O][O_3] \tag{6-14}$$

$$\frac{d[O_3]}{dt} = k_1[O][O_2][M] - j_2[O_3] - k_2[O][O_3] \tag{6-15}$$

由于氧原子是寿命极短的组分,当 O_3 达到生成和去除速率相等的平衡状态时,平流层内奇氧分子的净生成速率为零。

$$\frac{d[O]}{dt} + \frac{d[O_3]}{dt} = 0 \tag{6-16}$$

于是,可以得到

$$k_2[O][O_3] = j_1[O_2] \tag{6-17}$$

如前所述,反应(6-13a)由于相对反应(6-13b)而言,实际上并不真正起到去除 O_3 分子的作用,即 $j_2[O_3] \gg k_2[O][O_3]$,这样式(6-15)可以简化为

$$k_1[O][O_2][M] = j_2[O_3] \tag{6-18}$$

由式(6-17)和(6-18)可得到稳态时的平流层 O_3 浓度为

$$[O_3] = \sqrt{\frac{j_1 k_1 [M]}{j_2 k_2}} [O_2] \tag{6-19}$$

根据式(6-19)中各参数随高度的分布,可以计算基于 Chapman 机制的 O_3 浓度。采用距地面约 40 km 高空的条件,上述各主要参数的大致数值可参见表 6-2。

表 6-2　平流层 40 km 高度处的一些化学过程参数

参　数	j_1	j_2	k_1	k_2	[M]	$[O_2]$
取值	5.7×10^{-10}	1.9×10^{-3}	9.1×10^{-34}	2.2×10^{-15}	8.1×10^{16}	1.7×10^{16}
单位	s^{-1}	s^{-1}	$cm^6 \cdot$分子数$^{-2} \cdot s^{-1}$	$cm^3 \cdot$分子数$^{-1} \cdot s^{-1}$	分子数$\cdot cm^{-3}$	分子数$\cdot cm^{-3}$

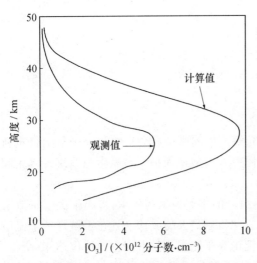

图 6-4　平流层中 O_3 浓度的估算值和观测值对照

计算得到的 O_3 浓度大约为 1.7×10^{12} 分子·cm^{-3},与图 6-4 中的观测结果相比,计算值远大于实际观测到的 O_3 水平。据 1974 年 Johnston 估计,在 45 km 以下的平流层中,通过反应(6-13b)中氧原子消耗的臭氧,并考虑自平流层到对流层的臭氧输送,臭氧自平流层的去除总量仅占臭氧生成量的 20% 左右。

氧原子是平流层中活跃的自由基,但其在化学过程中的作用不能够在定量的水平上解释平流层臭氧的生成和去除关系,二者之间存在显著的差异。进一步的研究证实,平流层中相对以较高水平存在的化学组分如 N_2、CO_2 和水蒸气等也不是臭氧去除的原因。一个巨大的困惑是其他可能的化学组分均以极其低微的含量存在于平流层,这些痕量组分如何能够产生 4 倍于氧原子的臭氧去

除能力呢?

1950 年,两位从事数理研究的学者 David R. Bates 和 Marcel Nicolet 最早提出水蒸气在平流层分解后的自由基 HO$_x$ 可能通过催化的方式破坏臭氧。随后一大批学者纷纷开始研究表 6-1 中的痕量组分如何以催化过程参与平流层臭氧化学。

6.2.2　臭氧分解的催化机制

研究证实,平流层中存在的一些微量组分可以按下面的机制催化臭氧分子的分解反应:

$$Y + O_3 \longrightarrow YO + O_2 \tag{6-20a}$$
$$YO + O \longrightarrow Y + O_2 \tag{6-20b}$$

净结果:
$$O_3 + O \longrightarrow 2O_2 \tag{6-20}$$

其中 Y 主要是指平流层中的三类活性物种,即奇氮(NO、NO$_2$)、奇氢(H、OH、HO$_2$)、奇氯(Cl、ClO)和奇溴(Br、BrO)等。这些活性物种在平流层大气中的浓度虽然仅为 ppb 量级,但由于它们是以循环的方式进行反应,往往一个活性物种可导致成百上千甚至上万个 O$_3$ 分子的破坏。

1. 奇氢组分的催化反应

平流层大气中奇氢自由基的主要前体物是水汽和甲烷。水蒸气要穿过对流层顶进入平流层,必须经过对流层顶的类似"冷阱"的作用,尽管对流层顶的温度随着季节有所变化,但是一般而言,对流层顶温度很低,到达平流层的水汽在平流层的浓度水平大约只有 2~3 ppmv。

甲烷的来源十分复杂,其来源与人类生产生活所需的能源(煤炭、天然气)、稻田和畜牧等有密切关系,因此在过去很长时期内,甲烷的大气浓度增长速度非常快。与此同时,甲烷在对流层相对惰性,寿命可以长达 10 年左右,因此有可能在全球水平和垂直水平混合均匀,并进入平流层,据估计,全球甲烷的大约 8% 在平流层被分解去除。

含氢化合物在平流层生成 HO$_x$(OH+HO$_2$)后,即通过反应(6-20)的基本催化过程清除臭氧分子。但在平流层的不同高度上,由于参与反应的物种浓度水平条件不同,反应过程有一定的差异。主要是因为在较高的平流层,大气中 O(^{1}D) 含量丰富,因此 HO$_2$ 向 OH 的传递通过 O(^{1}D) 进行,而在较低的平流层,大气中 O(^{1}D) 含量很少,在将 HO$_2$ 转化为 OH 的过程中 O$_3$ 的竞争力更强。表 6-3 总结了在平流层不同高度处的 HO$_x$ 反应。

表 6-3　平流层不同高度处的 HO$_x$ 反应

低平流层(10~20 km)	中平流层(20~40 km)	高平流层(40~50 km)
OH+O$_3$ ⟶ HO$_2$+O$_2$	OH+O$_3$ ⟶ HO$_2$+O$_2$	OH+O ⟶ H+O$_2$
HO$_2$+O$_3$ ⟶ OH+2O$_2$	HO$_2$+O ⟶ OH+O$_2$	H+O$_2$+M ⟶ HO$_2$+M
		HO$_2$+O ⟶ OH+O$_2$
净结果:O$_3$+O$_3$ ⟶ 3O$_2$	净结果:O+O$_3$ ⟶ 2O$_2$	净结果:O+O ⟶ O$_2$

平流层的 HO$_x$ 经过以下过程转化为储库分子,结束对 O$_3$ 的清除作用:

$$OH + HO_2 \longrightarrow H_2O + O_2 \tag{6-21}$$
$$HO_2 + HO_2 \longrightarrow H_2O_2 + O_2 \tag{6-22}$$

2. 奇氮组分的催化反应

Paul J. Crutzen 最早于 1970 年提出氮氧化物是清除平流层臭氧的催化剂,对天然的臭氧平衡有重要作用。由于 20 世纪 70 年代左右美国拟开展大型的超音速飞机发展计划,这一平流层内的飞行器可能直接向平流层排放大量的水蒸气和氮氧化物,科学家对排放是否造成严重的臭氧损耗产生了极大的争议。为弄清这一问题,组织了大规模的研究。与此前的动力学、气象学研究不同的是,这些研究的核心是化学转化,也奠定了化学过程在平流层臭氧变化中的主导作用。

在不考虑超音速飞机等人为直接排放源的前提下,平流层中含氮化合物的 65% 是来自对流层传输的 N_2O,10% 是在宇宙射线作用下 N_2 和 O_2 合成 NO,25% 是通过高对流层的闪电合成 NO 输送到平流层。N_2O 产生于地表的微生物过程,在对流层的混合比大约为 320 ppbv。由于在对流层极不活泼,大气寿命长达 120 年,其主要的去除过程是进入平流层后被破坏。

NO 和 NO_2 催化转化 O_3 分子的反应为

$$NO + O_3 \longrightarrow NO_2 + O_2 \tag{6-23a}$$

$$NO_2 + O \longrightarrow NO + O_2 \tag{6-23b}$$

净结果:
$$O + O_3 \longrightarrow 2O_2 \tag{6-23}$$

这一有氧原子参与的过程主要发生于平流层的较高层,由于平流层的氮氧化物绝大部分来自对流层,因此在平流层的浓度分布基本上是随高度上升而逐渐下降的。在高对流层和低平流层,对氮氧化物而言也会发生下面的反应,即 NO_2 的光解及后续过程:

$$NO_2 + h\nu \longrightarrow NO + O \tag{6-24}$$

$$NO + O_3 \longrightarrow NO_2 + O_2 \tag{6-25}$$

$$O + O_2 + M \longrightarrow O_3 + M \tag{6-26}$$

此即对流层中的基本光化学循环,该反应历程对氮氧化物更为重要,但在奇氧的生成和去除中没有作用。

在平流层化学中,表 6-1 中所列的各族之间的化学反应实际上是相互交叉的,非常重要的反应如:

$$NO_2 + OH + M \longrightarrow HNO_3 + M \tag{6-27}$$

$$NO_2 + ClO + M \longrightarrow ClONO_2 + M \tag{6-28}$$

这样的反应如果发生在对流层,则基本意味着 HNO_3 和 $ClONO_2$ 将通过降水和表面沉降过程去除,但在平流层由于颗粒物表面远比对流层少,而紫外辐射却更强,因此,上述储库分子均可能再次发生光解而释放自由基。当然 HNO_3 也可能发生下面的过程:

$$HNO_3 + OH \longrightarrow NO_3 + H_2O \tag{6-29}$$

其他重要的 NO_x 催化转化的链中止反应还有

$$NO_2 + O_3 \longrightarrow NO_3 + O_2 \tag{6-30}$$

$$NO_3 + NO_2 \longrightarrow N_2O_5 \tag{6-31}$$

$$N_2O_5(g) + H_2O(表面) \longrightarrow 2HNO_3(表面) \tag{6-32}$$

3. 奇氯、奇溴的催化反应

在探寻平流层臭氧损耗机制的过程中,最重要但同时也是最曲折的发现是奇氯、奇溴的催化反应。1972 年,在 HO_x、NO_x 催化机制的基础上,美国航空航天局(NASA)委托两位研究大气电离层的学者 Richard S. Stolarski 和 Ralph J. Cicerone 对当时的平流层臭氧研究进行分析,寻找是否存在重大的薄弱环节。当时 Stolarski 是一位物理学家,而 Cicerone 是电力工程师,当意识到平流层臭氧是一个新的未知领域,两位均转入大气化学研究。1973 年,他们向 NASA 报告含氯物质是破坏臭氧的主要化合物。

但是这一发现受到普遍的质疑,主要原因是他们未能给出平流层内含氯化合物的显著的来源。当时所认识到的无论是海洋的 CH_3Cl 或是火山喷发造成的氯排放,均不能在平流层臭氧化学过程中产生足够的影响。1974 年,Sherwood Rowland 和 Mario Molina 揭示了人工合成的氟里昂类物质是平流层臭氧破坏的重要原因。

大气中含氯的化合物种类很多,浓度的变化也很大。自 1987 年国际关于保护臭氧层的《蒙特利尔议定书》生效以来,人类生产活动向大气的排放显著减少,氯原子的浓度大约在 1992—1994 年间达到其最高峰,大约 3 ppbv,目前正逐步下降。由于这一类化合物在对流层几乎不参加任何化学反应,惟一的去除途径是进入平流层后被破坏,因此,大气氯浓度的下降是一个十分缓慢的过程。

与含氯化合物不同,虽然 Halon 类物质是受控的化学品,但大气中含溴化合物的浓度还在上升,主要原因是甲基溴(CH_3Br)的贡献。CH_3Br 大约一半来源于人为活动如熏蒸和生物质燃烧,另一半来自生物活动等天然过程。最近 CH_3Br 已被纳入受控物质清单。表 6-4 列出了一些含氯和含溴化合物的来源和大气寿命。

表 6-4　一些含氯和含溴化合物的来源和大气寿命

类　别	化合物名称	分子式	对大气氯或溴浓度的贡献(1997)/%	寿命/年
含溴化合物	甲基溴	CH_3Br	55	0.7
	二溴甲烷	CH_2Br_2	5.7	42
	Halon-1211	$CBrClF_2$	20	20
	Halon-1301	$CBrF_3$	14	65
	Halon-2402	$CBrF_2CBrF_2$	5	
含氯化合物	CFC-11	CCl_3F	23	50
	CFC-12	CCl_2F_2	28	120
	四氯化碳	CCl_4	12	42
	CFC-113	$CClF_2CClF_2$	16	85
	甲基氯仿	CH_3CCl_3	10	4.8
	HCFC-22	$CHClF_2$	3	12
	氯甲烷	CH_3Cl	15	1.3
	氯化氢	HCl	3	极短

在平流层,Cl、ClO 通过下面的过程破坏臭氧:

$$Cl + O_3 \longrightarrow ClO + O_2 \tag{6-33a}$$

$$ClO + O \longrightarrow Cl + O_2 \tag{6-33b}$$

净结果:

$$O + O_3 \longrightarrow 2O_2 \tag{6-33}$$

上述的反应似乎显示,由于有氧原子的参与,因此 Cl、ClO 只在较高的平流层发挥作用,Molina 通过动力学实验揭示大气中存在 ClOOCl 的"双体"分子,发生以下反应:

$$ClO + ClO \longrightarrow ClOOCl \qquad (6\text{-}34a)$$

$$ClOOCl + h\nu \longrightarrow Cl + ClOO \qquad (6\text{-}34b)$$

$$ClOO \longrightarrow Cl + O_2 \qquad (6\text{-}34c)$$

$$2Cl + 2O_3 \longrightarrow 2ClO + 2O_2 \qquad (6\text{-}34d)$$

净结果:
$$2O_3 \longrightarrow 3O_2 \qquad (6\text{-}34)$$

因此,氯原子的臭氧消除作用可以是没有氧原子参与的过程。

实际上,即使在对流层,如果有氯原子存在的环境(如海岸),氯原子就是一个与 OH 重要性相当的氧化剂。同样的,氯原子在平流层还会发生以下过程,它们虽然不是消除臭氧的过程,但对研究含氯、含氮化合物在平流层的化学行为是不容忽视的。

$$ClO + NO \longrightarrow Cl + NO_2 \qquad (6\text{-}35)$$

$$Cl + CH_4 \longrightarrow HCl + CH_3 \qquad (6\text{-}36)$$

对含溴化合物来说,上述过程基本相同,但是 Br 原子与 CH_4 的反应比 Cl 原子快,HBr 的光解速率及与 OH 的反应速率也都比 HCl 快。因此,Br 原子比 Cl 原子更难于生成储库分子,而更易于形成活性的自由基,其结果是一个 Br 原子破坏臭氧分子的能力是一个 Cl 原子的 $40 \sim 100$ 倍。

另外,含氯化合物和含溴化合物之间存在协同效应,两种化合物同时存在时破坏臭氧的能力大于各自单独存在时损耗臭氧分子作用的加和。估计主要是以下反应的存在加速了含氯、含溴自由基的生成:

$$ClO + BrO \longrightarrow Br + OClO \qquad (6\text{-}37a)$$

$$\longrightarrow Br + ClOO \qquad (6\text{-}37b)$$

$$\longrightarrow BrCl + O_2 \qquad (6\text{-}37c)$$

随后继续下面的过程:

$$OClO + h\nu \longrightarrow ClO + O \qquad (6\text{-}38)$$

$$ClOO \longrightarrow Cl + O_2 \qquad (6\text{-}39)$$

$$BrCl + h\nu \longrightarrow Br + Cl \qquad (6\text{-}40)$$

至于含氯化合物和含溴化合物在平流层生成储库分子的过程,除已提及的与甲烷作用生成 HCl、HBr 外,非常重要的一个反应是

$$ClO + NO_2 + M \longrightarrow ClONO_2 + M \qquad (6\text{-}41)$$

综上所述,从在定量的水平上揭示平流层臭氧生成和去除的目的出发,不断深入的研究在平流层均相气相化学过程方面积累了丰富的知识。含氢、含氮和含卤族化合物在平流层发生复杂的催化转化作用,物种之间也存在多种的相互作用。实际对臭氧的去除作用是单个物种对臭氧去除能力、物种浓度及臭氧浓度乘积的总和。平流层中 NO_x 的典型浓度水平是约 $10 \sim 15\,ppbv$,其中 NO 和 NO_2 之间的比例对 NO_x 的臭氧净去除效果有影响;OH 和 HO_2 大约 $1\,pptv$ 和 $20\,pptv$,同时 ClO 和 BrO 浓度水平为 $1 \sim 100\,pptv$。应该说,由于 NO_x 的浓度水平远较其他痕量组分高,NO_x 通过相互之间的作用控制其他物种的浓度水平,而反过来,其他物种的存在也影响 NO_x 中 NO 和 NO_2 的比例。图 6-5 给出了在不同大气活性物种存在下平流层臭

氧的去除速率。由图可见,平流层中存在的催化反应修正了 Chapman 机制中的臭氧去除途径,在这样的体系下 NO_x 的作用是主导的,图中的 O_x 曲线即 Chapman 机制关于臭氧去除的认识。以此为基础能基本说明自然条件下平流层臭氧的平衡关系。

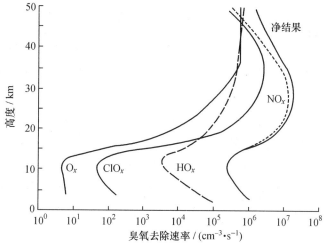

图 6-5　大气痕量组分对平流层臭氧催化去除速率示意图

但是上述内容还不是平流层臭氧化学的全部。1985 年,英国科学家 Farmen 等人总结他们在南极哈雷湾(Halley Bay)观测站自 1975 年的观测结果,发现从 1975 年以来,那里每年早春(南极 10 月份)总臭氧浓度的减少超过 30%,如此惊人的臭氧减弱引起了全世界极大的震动,一时间也成为科学研究的焦点。

6.3　南极臭氧洞

6.3.1　南极臭氧洞及全球臭氧损耗的观测

虽然平流层臭氧对地球生命具有特殊重要的意义,然而事实上臭氧层在大气中只是极其微少和脆弱的一层气体。许多科学家很早就开展了对平流层中臭氧的来源与去除过程的研究。近 30 年来的实际观测结果,显示平流层臭氧并不像前面所描述的那样达成了动态平衡,现实是平流层大气中的臭氧正在遭受着越来越严重的破坏。尤其是南极臭氧洞被发现后,臭氧层破坏的问题也从此开始受到不仅来自科学界,而且来自世界各国政府、企业和社会各界的广泛重视。

南极是一个非常寒冷的地区,终年被冰雪覆盖,四周环绕着海洋。从 20 世纪 80 年代中期开始出现关于南极上空臭氧层浓度在春季(南极 10 月份)期间显著下降的报道起,进一步的测量表明,在过去 10~15 年间,每到春天南极上空的平流层臭氧都会发生急剧的大规模的损耗,极地上空臭氧层的中心地带,近 95% 的臭氧被破坏。从地面向上观测,高空的臭氧层已极其稀薄,与周围相比像是形成了一个"洞",直径上千千米,"臭氧洞"就是因此而得名的。卫星观测表明,臭氧洞的覆盖面积有时甚至比美国的国土面积还要大。图 6-6 给出了英国在南极 Halley Bay 观测站得到的臭氧柱浓度的逐年变化情况。

臭氧洞被定义为臭氧的柱浓度小于 220 D.U.,也即臭氧的浓度较臭氧洞发生前减少超过 30% 的区域。图 6-6 显示南极地区的臭氧浓度出现了长期的系统性的损耗,损耗的程度呈现不

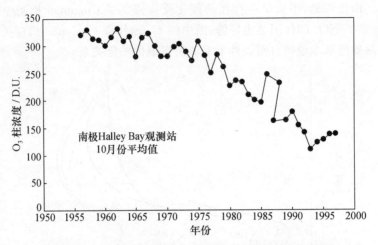

图 6-6　Halley Bay 观测站测得的南极臭氧浓度变化趋势

断加剧的趋势。自从南极臭氧洞被发现后，每到南极的冬春交替时期，臭氧洞的科学观测成为

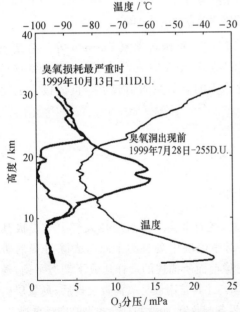

图 6-7　南极臭氧损耗及大气温度的垂直分布

来源：South Pole 观测站，Climate Monitoring and Diagnostic Laboratory, NOAA, USA

一项常规的研究内容。图 6-7 给出了一个典型的平流层臭氧损耗的情景，这是 1999 年在南极观测到的结果，实际上每年都有几乎类似的结果。经过多年的观测，发现臭氧损耗最严重的区域基本上是离地面 15～25 km 的范围，1999 年的监测显示这一高度内的臭氧几乎损失殆尽。从图 6-7 的结果还可以看到臭氧发生损耗最为严重的区域也是气温最低的区域，这一高度范围内 10 月左右的气温处于 −80℃ 以下。

臭氧洞可以用一个三维的结构来描述，即损耗的程度、臭氧洞的面积以及臭氧洞延续的时间。每年臭氧洞发生和发展具有固定的时间规律，损耗发生的时间是从南极春天（10 月初）开始，大约持续到 11 月底左右结束。这样的规律在气候变化的研究如厄尔尼诺现象等很少出现。此外，近些年臭氧洞的深度和面积等仍在继续扩展（见图 6-8）。1987 年 10 月，南极上空的臭氧浓度降到了 1957—1978 年间的一半，臭氧洞面积则扩大到足以覆盖整个欧

洲大陆。从那以后，臭氧浓度下降的速度还在加快，有时甚至减少到只剩 30％。臭氧洞的面积也在不断扩大，1994 年 10 月 17 日观测到的臭氧洞曾一度蔓延到了南美洲最南端的上空。1995 年观测到的臭氧洞发生期间是 77 天，到 1996 年南极平流层的臭氧几乎全部被破坏，臭氧洞发生期间增加到 80 天。1997 年至今，科学家进一步观测到臭氧洞发生的时间也在提前，连续两年南极臭氧洞从每年的冬初即开始，1998 年臭氧洞的持续时间超过了 100 天，是南极臭氧洞发现以来的最长记录，而且臭氧洞的面积比 1997 年增大约 15％，几乎可以相当于三个澳大利亚。这一切迹象表明，南极臭氧洞的损耗状况仍在恶化之中。

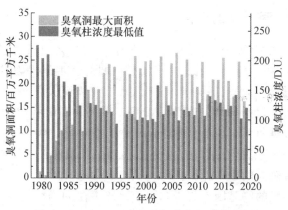

图 6-8　1979—2019 年南极臭氧洞变化数据

由于 1987 年淘汰臭氧层损耗物质的《蒙特利尔议定书》开始实施,科学家和公众都在从长期艰苦的观测中寻找臭氧洞的损耗何时达到其最高水平,然后逐步恢复。2002 年是令所有人备感兴奋的一年,观测到的南极臭氧洞不再是一个巨大的整体,而是一分为二,成为两个较小的臭氧损耗区域。这一现象被认为是臭氧洞开始逐渐恢复的良好征兆。然而 2003 年的观测结果却令人沮丧,因为各项指数显示臭氧洞的损耗又回到了历史的最高水平。

更多的研究和观测还发现,臭氧层的损耗不只发生在南极,在北极上空和其他中纬度地区也都出现了不同程度的臭氧层损耗现象。只是研究表明,在南极臭氧洞发生的同期,北极的臭氧损耗在程度和规模上要小于南极。但是,美国和日本的卫星观测显示,北极的臭氧破坏在加快。1997 年 3 月的北极臭氧浓度小于 225 D. U.,这一浓度比 1979—1982 年间这一时段的平均值小 40%,是历史上同一时期臭氧浓度的最低值,而且这一浓度已接近北极被认定发生"臭氧洞"的临界值。同时,美国航空航天局(NASA)的观测还发现,北极地区臭氧浓度低于 280 D. U. 的区域已超过 530 万平方千米。

实际上,根据全球总臭氧的观测结果,除赤道地区外,臭氧浓度的减少几乎在全球范围内发生,如图 6-9 所示。臭氧总浓度的减少情况随纬度的不同而有差异,从低纬到高纬臭氧的损耗加剧,1978—1991 年间每十年的总臭氧减少率为 1%～5%。

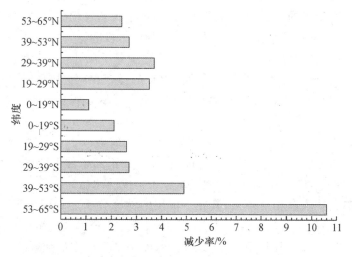

图 6-9　全球臭氧损耗情况 (1978—1991 年期间数据)

6.3.2 南极臭氧洞产生的原因

南极臭氧洞一经发现,立即引起了科学界及整个国际社会的高度重视。最初对南极臭氧洞的出现有过三种不同的解释:一种认为,南极臭氧洞的发生是因为对流层的低臭氧浓度的空气传输到达平流层,稀释了平流层臭氧的浓度;第二种解释认为,南极臭氧洞是由于宇宙射线的作用在高空生成氮氧化物的结果;此外,Molina 和 Rowland 提出,人工合成的一些含氯和含溴的物质是造成南极臭氧洞的元凶,最典型的是氟氯碳化合物(CFCs)和含溴化合物哈龙(Halon)。越来越多的科学证据否定了前两种观点,而证实氯和溴在平流层通过催化化学过程破坏臭氧是造成南极臭氧洞的根本原因。

对于南极臭氧洞形成的物理因素是研究早期比较关注的内容。主要包括两个方面,一方面是太阳活动周期,既然平流层臭氧的生成是紫外辐射作用驱动的,那么太阳活动的强度将对平流层臭氧产生影响,研究结果显示这样的影响幅度最大与最小之间相差 $1\%\sim2\%$,而且其周期大约为 11 年;另一方面是大尺度的空气运动,平流层虽然很少对流运动,但不同纬度间的平流运动引起的水平传输也会对极地的臭氧产生影响,研究得到的结论是平流层风的周期大约为 $24\sim30$ 月,所以又称准两年振荡(quasi-biennial ocillation,简称 QBO),影响程度大约在 $6\%\sim8\%$ 之间。

至于氮氧化物的化学损耗机制,在自然条件下的臭氧损耗中,NO_x 确实是主要的贡献者,但是氮氧化物的浓度水平变化不能解释南极地区臭氧春季几乎耗竭的现实,而且氮氧化物产生臭氧损耗的高度也与观测的臭氧洞有较大差异。

对南极臭氧洞的观测事实显示,要全面解开南极臭氧洞产生的机理,只靠前面所述的均相化学反应过程是不够的。

实际上造成臭氧损耗的化学品如氟里昂类和 Halon 类物质主要在北半球释放,这些物质几乎在全球均匀分布,可是却在人迹罕至的地球最南端造成了最严重的臭氧损耗,这一现象引导人们思考南极地区特殊的环境条件。

与北极和其他纬度平流层的一个显著差异是南极地区上空的温度非常低。前面的图 6-7 中同时给出了臭氧损耗区域的温度变化。南极平流层地区的大气相对湿度可能在 1% 左右,与对流层相比是极为干燥的,但是在极低的温度下,加上天然过程中释放到平流层的含硫化合物转化形成的硫酸,使得南极平流层地区生成颗粒物成为可能。

虽然在南极平流层的高度,硫酸分子的含量不到水分子的 10^{-8},但是硫酸分子使平流层有了凝结核的存在,促成水分子的凝结。实际上这样的过程在对流层也同样发生,对流层颗粒物组成十分复杂,但硫酸分子是最普遍的凝结核,因此也是颗粒物长大和不断富集其他污染物的载体。

纯水体系在过冷作用(supercooling)下很难凝结,在硫酸分子存在时,南极平流层气温下降至 $240\sim195$ K,水汽即开始凝结成细小的晶体,随后在不同条件下形成两种类型的颗粒物。一种是 $HNO_3 \cdot 3H_2O$ 颗粒,另一种是主要由水分子构成的冰晶。

平流层内氮氧化物含量相对丰富,其在平流层的储库分子之一即 HNO_3,浓度可以达到 5 ppbv 左右,大约为硫酸分子的 5 倍。HNO_3 分子保持与水分子在气相和颗粒相之间的平衡,当气温下降到一定程度(195 K 以下),较稳定的 $HNO_3 \cdot 3H_2O$ 在硫酸凝结核的基础上成为极地平流层云的主体,生成在平流层化学中称为类型 I 的颗粒。

如果气温继续下降(190 K 以下),平流层中浓度达到 2～5 ppmv 的水汽将直接发生大量的凝结,颗粒物可以长大到粒径达 10～100 μm,即类型 II 的颗粒。由于颗粒较大,因此数量较少,但是这样的大颗粒将容易沉降到对流层而去除,其下沉的速率可达每天 1.5 km。图 6-10 为极地平流层云形成过程示意图。表 6-5 比较了不同类型的极地平流层云(polar stratospheric clouds,简称 PSCs)各自的特点。

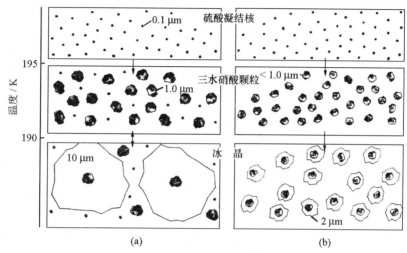

图 6-10　极地平流层云形成过程示意图

(a) II 型;(b) I 型

表 6-5　不同类型的极地平流层云(PSCs)的比较

类　型	化学组成	形　态	粒径/μm	存在温度/K	发生范围
凝结核	40％～80％(质量比) H_2SO_4	液、固	0.01～0.1	195～240	全球
类型 I PSCs	HNO_3 和 H_2O 大约各占质量比的 50％	固	0.3～3.0	<195	极地冬天
类型 II PSCs	H_2O 为主	固	1～100	<190	极地冬天

深入的科学研究发现,臭氧洞的形成是有空气动力学过程参与的非均相催化反应过程。当 CFCs 和 Halon 进入平流层后,通常是以化学惰性的形态($ClONO_2$ 和 HCl)而存在,并有大量的原子态活性氯和溴的释放。但南极冬天的极低温度除有利于形成极地平流层云外,还推动了另一个非常重要的过程,即南极地区的空气受冷下沉,形成一个强烈的西向环流,称为“极地涡旋”(polar vortex)。该涡旋的重要作用是使南极空气与大气的其余部分隔离,从而使涡旋内部的大气成为类似“化学试管”的巨大反应器,如图 6-11 所示。

于是,在相对封闭的南极上空极地涡旋内,平流层云的存在提供了大量的反应表面,已经生成储库分子的 HCl 和 $ClONO_2$ 便可发生颗粒物表面上的非均相反应:

$$ClONO_2(g) + HCl(s) \longrightarrow Cl_2(g) + HNO_3(s) \tag{6-42}$$

$$ClONO_2(g) + H_2O(s) \longrightarrow HOCl(g) + HNO_3(s) \tag{6-43}$$

$$HOCl(g) + HCl(s) \longrightarrow Cl_2(g) + H_2O(s) \tag{6-44}$$

$$N_2O_5(g) + H_2O(s) \longrightarrow 2HNO_3(s) \tag{6-45}$$

$$N_2O_5(g) + HCl(s) \longrightarrow ClNO_2(g) + HNO_3(s) \tag{6-46}$$

反应式中 s 指固相,g 指气相。含溴化合物的反应过程与以上类似。

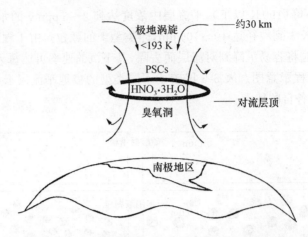

图 6-11　极地涡旋的形成和 PSCs 表面的化学反应

　　上述非均相反应在极地的黑暗条件下即可发生，这些反应有两个直接的结果，一是原来以化学惰性的储库分子形式存在的含卤族化合物以极易光解的 $HOCl$、Cl_2 气态的形式释放出来；另一个结果是加速了氮进入颗粒相，并最终从平流层中去除。前面曾经提到，平流层中含氮化合物相对丰富，虽然 HNO_3 等在紫外辐射作用下也可以光解产生 NO、NO_2 活性物种，但即使在南极春天，HNO_3 在平流层的寿命也可以长达 1 个月，因此非均相反应的"脱氮作用"将大大减少卤族化合物成为储库分子的概率，从而促进卤族化合物在适宜条件下破坏臭氧的能力。因此最终生成的 HNO_3 被保留在云滴相中。当云滴成长到一定的程度后将会沉降到对流层，由此使 HNO_3 从平流层去除，其结果是 Cl_2 和 $HOCl$ 等组分的不断积累。

　　Cl_2 和 $HOCl$ 是在紫外线照射下极易光解的分子，但在冬天南极的紫外线极少，Cl_2 和 $HOCl$ 的光解机会很小。而当春天来临时，Cl_2 和 $HOCl$ 便开始大量地发生光解，产生前述的均相催化过程所需的大量的原子氯，以致造成严重的臭氧损耗。氯原子的催化过程可以解释所观测到的南极臭氧破坏的约 70%，另外，氯原子和溴原子的协同机制可以解释大约 20%。随着更多的太阳光到达南极，南极地区的温度上升，气象条件发生变化，结果使南极涡旋逐渐消失，南极地区臭氧浓度极低的空气传输到地球的其他中纬度和低纬度地区，造成全球范围的臭氧浓度下降。图 6-12 显示了南极臭氧损耗的整个过程。

　　综上所述，南极臭氧洞的形成是包含大气化学、气象学变化的非均相的复杂过程，但其产生根源是地球表面人为活动释放的 CFCs 和 Halon，这正是南极臭氧洞为什么在 20 世纪后期出现的原因；南极臭氧洞的形成机制是平流层云表面的非均相过程，这是臭氧洞之所以出现在南极地区的原因；而臭氧的破坏是在太阳光返回南极，将卤族化合物分解为活性自由基最为剧烈之时，因此臭氧洞总是在每年的南极春天达到高峰。通过考虑上述因素的模型，可以定量地模拟南极臭氧洞发生的过程，曾经是一个谜团的臭氧洞基本得到了清晰的科学解释。

　　北极也发生类似的非均相化学过程，但是由于北极气温不如南极那样低，因此北极涡旋和平流层云发生的程度远不及南极，然而南北极及全球臭氧层的未来变化却仍然是科学家和社会各界忧虑的一个重大环境问题。因为 CFCs 和 Halon 具有很长的大气寿命，一旦进入大气就很难去除，这意味着它们对臭氧层的破坏会持续一个漫长的时期。

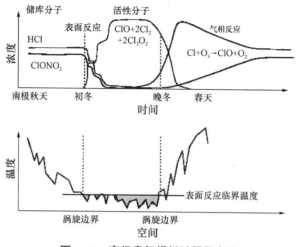

图 6-12　南极臭氧损耗过程示意图

6.4　臭氧层破坏的危害和人类保护臭氧层的行动

6.4.1　臭氧层破坏的危害

1. 皮肤癌发病率上升

紫外线 UV-B 段的增加能明显地诱发人类常患的三种皮肤癌。这三种皮肤癌中,巴塞尔皮肤癌和鳞状皮肤癌是非恶性的。据最新的研究数据,若臭氧浓度下降 10%,非恶性皮肤癌的发病率将会增加 26%。另外的一种恶性黑瘤是非常危险的皮肤病,科学研究也揭示了 UV-B 段紫外线与恶性黑瘤发病率的内在联系,这种危害对浅肤色的人群尤其严重。

2. 对眼睛造成各种伤害

如引起白内障、眼球晶体变形等。据分析,平流层臭氧每减少 1%,全球白内障的发病率将增加 0.3%～0.6%。据此估计,如果不对紫外线的增加采取措施,从现在到 2075 年,UV-B 的增加将导致大约 1800 万例白内障病例的发生。

3. 人体免疫力下降

长期暴露于强紫外线的辐射下,会导致细胞内的 DNA 改变,人体免疫系统的机能减退,人体抵抗疾病的能力下降。这将使许多发展中国家本来就不好的健康状况更加恶化,大量疾病的发病率和严重程度都会增加,尤其是包括麻疹、水痘、疱疹等病毒性疾病,疟疾等传染性寄生虫病、肺结核和麻风病等细菌感染以及真菌感染疾病等。

4. 对植物生长的影响

臭氧层损耗对植物的危害机制目前尚不如其对人体健康的影响清楚,但研究表明,在已经研究过的植物品种中,超过 50% 的植物有来自 UV-B 的负影响,比如豆类、瓜类等作物,另外某些作物如土豆、番茄、甜菜等的质量将会下降。

5. 危害海洋生物

目前,海洋的浮游动物和浮游植物已经受到 UV-B 的伤害。根据一项科学研究,如果平流层臭氧减少 25%,浮游生物的初级生产量将减少 10%,水面附近的生物将减少 35%。由于浮游生物是海洋食物链的基础,因此浮游生物种类和数量的减少还会影响鱼类和贝类动物的产量。在这一过程中,海洋对 CO_2 气体的吸收能力降低,进而还会导致温室效应的加剧。

6. 对材料的破坏

加速建筑、喷涂、包装及电线电缆等使用的材料,其中主要是高分子材料的降解和变质老化,尤其是在高温和阳光充足的热带地区,这种破坏作用更为严重。估计全球每年由于这一破坏作用而造成的损失达到数十亿美元。

7. 加剧城市光化学烟雾污染

臭氧层损耗导致对流层的紫外辐射增加,会进一步活跃近地面的光化学反应,使对流层的臭氧浓度上升,通过与臭氧直接接触的方式对人体健康、生态系统、材料等造成更加严重的危害。

6.4.2 人类保护臭氧层的行动

与臭氧层科学研究同步迅速进展的是人类对遭受严重损耗的臭氧层所采取的保护行动,这是近代史上一个全球合作的典范。自南极臭氧洞被发现,人类从科学研究、决策响应到付诸行动,是一个非常迅速的过程。科学家们很快弄清了造成臭氧层破坏的本质原因,世界各国决策层在此基础上达成了全球性的保护臭氧层协议,企业界则迅速采取行动,淘汰破坏臭氧层物质的生产和使用,目前已显出成效。

1985 年,也就是 Molina 和 Rowland 提出氯原子损耗臭氧层机制后第 11 年,也是南极臭氧洞发现的当年,由联合国环境署(UNEP)发起,第一部保护臭氧层的国际公约——《维也纳公约》通过,首次在全球建立了共同控制臭氧层破坏的一系列原则方针。

1987 年,大气臭氧层保护的重要历史性文件——《蒙特利尔议定书》通过。在该议定书中,规定了保护臭氧层的受控物质的种类和淘汰时间表,要求到 2000 年全球的氟里昂削减一半,并制定了针对氟里昂类物质生产、消耗、进口及出口等的控制措施。

由于进一步的科学研究显示出大气臭氧层损耗的状况还在继续加重,1990 年通过了《蒙特利尔议定书》的伦敦修正案,1992 年又通过了哥本哈根修正案,1999 年通过北京修正案,各次的修改结果都是受控物质的种类被再次扩充,完全淘汰的日程也一次次提前(图 6-13)。

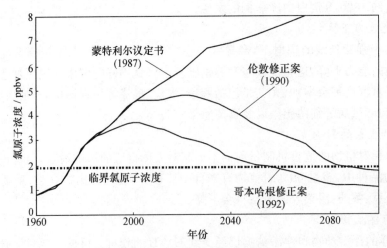

图 6-13　大气中氯浓度变化的情景分析

从图 6-13 我们可以看到人类日益紧迫的步伐,然而也发现,即使如此努力地弥补我们上空的"臭氧洞"的损失,但由于臭氧层损耗物质从大气中去除十分困难,预计采用哥本哈根修正案,也要到 2050 年左右才能使平流层的氯原子浓度下降到临界水平(2 ppbv)以下。

科学家和公众普遍相信,只要严格执行淘汰臭氧层损耗物质的国际协议,大气中的卤族化合物浓度将不断下降,大约在 2050 年左右,预期下降到 CFCs 类和 Halon 类物质人工生产前的水平,到那时臭氧洞就将恢复原有的状态。

实际上未来的发展趋势还存在诸多的不确定因素。首先由于不断加剧的气候变化,2050年左右的地球气候将与 20 世纪 60～70 年代有很大差异,具体表现为在气温上升过程中,大气中的 CO_2、CH_4 和水蒸气浓度将增加,CH_4 将最终氧化为 CO_2 和水汽。反映在平流层的结果是:① 由于平流层中臭氧吸收紫外辐射的增温作用和 CO_2 向外的红外辐射的降温作用相平衡,因此 CO_2 等气体浓度在平流层的上升可能导致平流层温度的下降;② 平流层水蒸气的增加有助于平流层云的生成。这两个因素对平流层臭氧的恢复都是不利的。有研究认为,在 CFCs 类和 Halon 类物质逐渐被淘汰的过程中,气候变化将成为影响平流层臭氧变化最重要的因素。

第7章　全球气候化学

天气(whether)已经成为影响当今社会重大事项和日常生活决策的主要因素之一。目前气象学家基本可以对天气进行准确的预测预报。与研究气温、降水和风速风向等短期变化的天气不同,气候(climate)研究的是这些气象要素的长期变化趋势和规律。气候系统是一个涉及阳光、大气、陆地、海洋以及人类活动各个部分及其相互作用的巨系统。

在前一章中,我们讨论了臭氧层破坏的观测事实、科学机理以及对生态环境的影响。与臭氧层问题非常不同的是,全球气候变化的研究在这三个方面都存在很大的不确定性。气候变化和平流层臭氧都是备受关注的全球环境问题,但二者在科学上的特征差异巨大。平流层化学的研究者已经被授予了诺贝尔化学奖,然而气候变化却成为了一个科学和国际政治、经济乃至外交的争论焦点。

从某种意义上说,气候是一个大气物理学的基本问题,然而自然现象的变化以及人为活动在自然现象中的反映是没有学科界限的。在逐渐深入的科学研究中,发现化学过程在气候变化中的作用是不容忽视的重要因素。因此本章从地球辐射平衡及其影响因素的自然过程出发,分析温室气体在气候变化中的作用,讨论气候变化和区域污染之间的内在联系,最后从气候系统的角度探讨气候和一些其他大气环境化学问题之间的关系。

7.1　地球系统的能量平衡

7.1.1　地球系统的辐射平衡

气候变化中最受关注的是地球-大气温度的变化。大气痕量组分浓度的变化与排放通量和沉降通量有关,与此类似,地球-大气温度的变化是由地球系统的能量平衡所决定的。地球上的大气运动、液态水-水蒸气-冰之间的相互转化等过程,最根本的驱动力是来自太阳的能量。太阳能可以看成是以电磁波的方式到达地球的。根据 Planck 定律,电磁波的能量(E)可以表示为

$$E = h\nu = hc/\lambda \tag{7-1}$$

式中,h 为普朗克常数,ν 为频率,c 为光速,λ 为波长。

我们知道,任何物体都会在某一波长范围内以辐射的方式释放热量。而且物体越热,辐射的波长越短。太阳表面的温度达到近 6000 K,因此不仅是地球最重要的能量来源,而且到达地球的太阳辐射也以大约 500 nm 为中心的可见光为主,还包括一部分高能的紫外线和能量较低的红外线,见图 7-1。

太阳的能量平衡是由太阳球体外层的重力作用和太阳核心内部的核反应造成的外力构成的,因此太阳的能量来自自身的内部。

与太阳完全不同,地球的能量来源是外部,即太阳辐射。地球依靠入射的太阳光能量和地

球-大气系统向外的辐射达成能量平衡。若以大气对流层为参照,地球-大气向外辐射的能量即是由对流层的温度决定的,达到能量平衡时对流层气温大致为 $255\,K(-18℃)$。若以地表为参照,则达到能量平衡时地表气温应保持在大约 $288\,K(15℃)$,这也是最适宜生命生存和繁衍的温度。

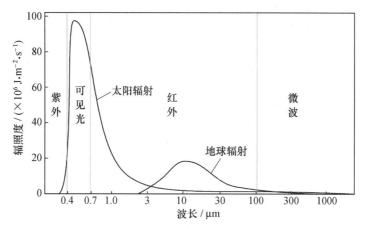

图 7-1　太阳和地球辐射的波长分布

在地表、大气或地球-大气系统保持能量平衡的条件下,逐一分析这些体系能量之间的关系,有助于了解能量平衡过程中的一些重要影响因素。

首先是入射的太阳能,假设其为 100 个单位。阳光入射进入大气层后将发生一系列光吸收、散射和反射过程(图 7-2),其中大气层和云的吸收大约为 19,地表-大气系统的反射和散射达 30,大约 51 可以最终到达地表被吸收。

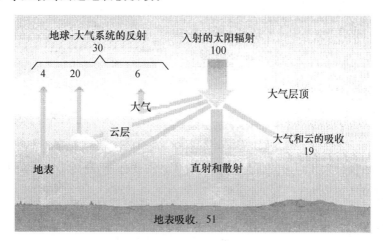

图 7-2　太阳光入射后的辐射过程

入射的太阳能到达地表前经历反射、散射、吸收等很多过程,其中被陆地、海洋、冰盖以及云等通过反射和散射返回外太空的能量占入射总能量的比,称为地球-大气系统的反照率(albedo)。由于地球各区域下垫面的情况千差万别,因此反照率相应也存在很大的地区差异,如冰面的反照率可能高达 90% 以上,而植被表面由于光合作用的吸收作用,其反照率可能低于 10%。

117

图 7-2 反映的是全球平均的总体情况。若将能量在不同介质间的传输用辐射通量(单位为 W·m^{-2})表示,则从全球平均水平而言,大气层顶的总入射太阳辐射通量为 342 W·m^{-2},其中 30%返回外太空被损失,70%(240 W·m^{-2})被地表和大气吸收。

就大气层而言,从获得辐射能量的角度,大气层除了直接吸收 19 个单位的太阳辐射外,还吸收来自地表的长波红外辐射能量 111 个单位,因此接受的辐射能总计达到 130 个单位,见图 7-3。与此同时,大气层向地表的红外辐射达 96 个单位,而向外层空间的红外辐射也达到 64 个单位,因此大气层以红外的方式总计释放 160 个单位的能量。如果以辐射通量来计算,则大气层通过辐射方式损失的能量通量高达 30 个单位(103 W·m^{-2})。而这样数量的辐射损失相当于大气层每年将温度下降超过 200℃。

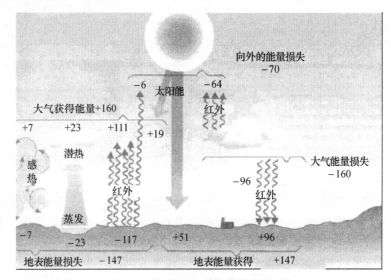

图 7-3　地球-大气的能量平衡关系

当然,这样幅度的温度下降并没有真正出现,其原因在于地表和大气之间存在其他重要的能量传递过程,即感热(sensible heat)通量和潜热(latent heat)通量。

感热是以热传导和对流的方式将热自地表输送到大气。空气分子与地表接触发生热量的传递即热传导,但由于空气是性能很差的导热体,因此只有 cm 级的空气层与地表间存在有效的热传导,传递的热通量非常小。而大气由于热空气上升、冷空气下降造成的对流运动十分强烈,由此形成的地表至大气间的热传递是感热通量的主要部分。热传导和对流的感热通量大致为 7 个单位(24 W·m^{-2})。而潜热是指地表水的蒸发(包括冰川的升华)作用将热量自地表传送到大气层的能量,这是极为重要的过程,热通量可高达 23 个单位(约 79 W·m^{-2})。

因此,通过感热和潜热过程,实现了大通量的地表和大气间的能量传递,同时保持了地表和大气的能量平衡。当然,图 7-3 显示的是全球的年均能量平衡。如果是短时或者区域甚至局地的情况,这种辐射平衡就可能不同。地球上南北纬 30°之间的区域占地球表面积的 50%,但却接受太阳辐射的绝大部分,高纬度地区的太阳辐射相对就少得多,而两极由于冰雪覆盖更加剧了这种温度的梯度。海洋在全球温度分布中也起着一定的作用。因此,一般说来低纬度地区存在辐射增温过程,而高纬度地区则相反,存在辐射降温过程。

实际上地球-大气的能量平衡是一个较为复杂的问题,不同的研究者得到的数量关系可能会存在一定的差别,但都可以揭示以下基本问题:

(i) 当能量平衡关系受到某种因素的影响被破坏时,介质(地表、大气)将通过调节温度实现新的平衡。而造成平衡关系破坏的因素和程度,以及动态平衡关系的建立等问题是气候变化研究中的核心,化学组分的变化是其中的关键之一。

(ii) 虽然总体上地球的能源主要来自太阳,但地表接受的能量中来自大气的长波辐射能大约是地表接受直接太阳辐射的 2 倍,因此地球-大气之间的相互关系是气候变化的重要内容。

(iii) 大气中的水汽在气候变化中具有重大影响,其方式包括成云,以及通过潜热和感热影响地球-大气之间的能量交换。但同时大气中水的变化十分复杂,成为气候变化过程中的一个焦点。

7.1.2　辐射强迫

任何可以干扰地球-大气辐射平衡,从而改变气候的因素,即为辐射强迫(radiative forcing)因素,包括温室气体、土地利用、气溶胶和反照率等。为了探讨对人类和地球生态环境的影响,辐射强迫的计算选择对流层顶为参照。如果辐射强迫因素发生变化,在假定对流层和地表温度保持不变的条件下,对流层顶辐射的增加(正值)或减少(负值)即为"辐射强迫"。正的辐射强迫导致增温效应,负的辐射强迫导致冷却效应。

辐射强迫和全球温度变化之间存在简单的关系:
$$\Delta T_s = \lambda \times \Delta F \tag{7-2}$$
其中 ΔT_s 为全球平均温度的变化(K),ΔF 为辐射强迫(W·m^{-2}),λ 为敏感因子(K·m^2·W^{-1})。

在最初的气候变化和辐射研究中,λ 被认为是一个基本不变的常量,对于不同的辐射强迫因素,λ 值基本确定为 0.5 K·m^2·W^{-1}。虽然研究者采用不同的方法得到的 λ 值不尽相同,但世界气象组织(WMO)的研究认为,对许多辐射强迫因子,λ 值的变化并不大。因此公式(7-2)建立了一个简便的辐射强迫和温度响应之间的数量关系,从而为分析和评估各种辐射强迫因素的影响提供了一个有效的技术途径。

目前对气候变化领域的研究还存在很大的不确定性,相对而言,对一些可吸收地球发射的长波红外辐射的微量气体组分的辐射强迫研究得较为充分,是相对比较确定的。一些学者对主要的微量组分如 CO_2、N_2O 等浓度变化引起的辐射强迫进行了细致的研究,相互之间的误差仅在 5% 左右。表 7-1 是假设大气微量组分充分混合时,一些典型的化学气态组分的辐射强迫计算方法。

表 7-1　一些大气微量组分辐射强迫的简化计算方法

微量组分	ΔF 的简化计算式	常　数	来　源
CO_2	$\Delta F = \alpha \ln(C/C_0)$	$\alpha = 5.35$	IPCC,1990
	$\Delta F = \alpha \ln(C/C_0) + \beta(\sqrt{C} - \sqrt{C_0})$	$\alpha = 4.841, \beta = 0.0906$	Shi,1992
	$\Delta F = \alpha(g(C) - g(C_0))$	$\alpha = 3.35$	WMO,1999
	其中 $g(C) = \ln(1 + 1.2C + 0.005C^2 + 1.4 \times 10^{-6}C^3)$		Hansen, et al,1988
CH_4	$\Delta F = \alpha(\sqrt{M} - \sqrt{M_0}) - (f(M,N_0) - f(M_0,N_0))$	$\alpha = 0.036$	IPCC,2001

（续表）

微量组分	ΔF 的简化计算式	常　数	来　源
N_2O	$\Delta F = \alpha(\sqrt{N} - \sqrt{N_0}) - (f(M_0,N) - f(M_0, N_0))$	$\alpha = 0.12$	IPCC,2001
CFC-11	$\Delta F = \alpha(X - X_0)$	$\alpha = 0.25$	IPCC,2001
CFC-12	$\Delta F = \alpha(X - X_0)$	$\alpha = 0.32$	IPCC,2001

注：$f(M,N) = 0.47\ln[1 + 2.01\times10^{-5}(MN)^{0.75} + 5.31\times10^{-15}M(MN)^{1.52}]$；$C,M,N,X$ 分别为 CO_2、CH_4、N_2O 和 CFC 的混合比，除 CO_2 单位为 ppm 外，其余均为 ppb；C_0,M_0,N_0,X_0 均代表工业革命前（取 1750 年）的混合比。

另外，CFCs 类物质及其替代物采用同样的简化计算式，但 α 值不同，反映这些物质的辐射效应有差异。

根据表 7-1 中的计算式和全球观测得到的痕量组分的浓度变化趋势，对一些重要的化学组分的辐射强迫进行了估算（表 7-2）。这些计算结果可以建立对有关化学物质在气候变化中的作用的初步概念。

表 7-2　若干化学组分的大气混合比变化及其辐射强迫

化合物	大气混合比（1750 年）	大气混合比（1998 年）	辐射强迫/(W·m^{-2})
仅对辐射强迫有作用的组分			
CO_2	278	365	1.46
CH_4	700	1745	0.48
N_2O	270	314	0.15
CF_4	40	80	0.003
C_2F_6	0	3	0.001
SF_6	0	4.2	0.002
HFC-23	0	14	0.002
HFC-134a	0	7.5	0.001
HFC-152a	0	0.5	0.000
对辐射强迫和臭氧层损耗均有作用的组分			
CFC-11	0	268	0.07
CFC-12	0	533	0.17
CFC-13	0	4	0.001
CFC-113	0	84	0.03
CFC-114	0	15	0.005
CFC-115	0	7	0.001
CCl_4	0	102	0.01
CH_3CCl_3	0	69	0.004
HCFC-22	0	132	0.03
HCFC-141b	0	10	0.001
HCFC-142b	0	11	0.002
Halon-1211	0	3.8	0.001
Halon-1301	0	2.5	0.001

来源：IPCC,2001.

注：表中混合比单位除 CO_2 为 ppm 外，其余均为 ppb。

大气中化学组分的混合比变化是十分明显的,高含量的组分如 CO_2、CH_4 和 N_2O 的增长幅度约分别 30%,150% 和 15%,造成显著的辐射强迫。卤代烃类物质自人工合成之后,在大气中更是从无到有,相当长的时间内几乎以指数形式迅速增加。值得注意的是,不仅绝大多数臭氧层损耗物质具有可观的辐射强迫,这些物质的替代物如含氢的卤代烃,其含量的变化也不同程度地具有辐射效应。

国际政府间气候变化委员会(Intergovernmental Panel on Climate Change,简称 IPCC)对重要辐射强迫因素造成的辐射效应进行了系统评估,见图 7-4。依据目前的认识,相当多的痕量气体组分由于红外辐射的吸收能力而具有正的辐射强迫,大气中的颗粒物质由于光散射等作用以及参与成云过程而具有负的辐射强迫。一些其他因素如人为活动对地表的改造通过增加反照率而引起负的辐射强迫,对流层和平流层臭氧的变化也与辐射过程直接相关。

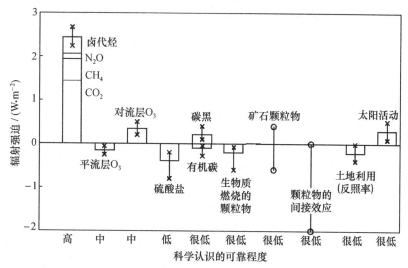

图 7-4 一些典型辐射强迫因素的辐射效应比较

但是研究发现造成地球-大气系统辐射平衡变化的因素十分复杂,对一些十分重要的过程尤其是颗粒物质,以及土地利用的变化在辐射强迫中的作用,目前的科学认识还远没有达到能够准确量化的水平。客观地分析气候变化的程度和趋势还需要充分掌握这些因素的变化规律和区域分布,以及这些变化的辐射效应。

因此,辐射强迫是气候变化研究中的一个具有应用价值的概念,提供了不同气候变化因素重要性的相互比较。与复杂的全球循环模型相比,辐射强迫的估算也是一个快速有效的分析技术,其估算结果可以识别气候变化的关键因素,从而为开展更加详细的机理和过程研究提供指南。

但是,辐射强迫的估算毕竟是初步的,如前面所述,即使获得了较为准确的辐射强迫数值,该辐射强迫因素对温度的影响还依赖于敏感因子 λ,取决于各辐射强迫因素 λ 值的相似性如何。模式结果确实指出对于在全球能够混合均匀的大气痕量组分,或者在全球具有较为一致效应的太阳辐射等因素,敏感因子的结果相互之间具有良好的一致性。然而对于具有显著区域差异的因素,如大气颗粒物的浓度水平及变化,本身就是一个尚未认识清楚的问题,因此其在气候变化中的作用还有待进一步的探索。

与之相关的一个问题是,在估算大气痕量组分的辐射强迫时,实际是假设了各组分的辐射强迫是相互独立的,总的辐射强迫是各组分值的线性加和。这个假设对于其他涉及十分广泛的辐射强迫因子是否适用,与这些辐射强迫因子之间是否存在相互作用有关。同样,这一问题目前还不能定量化,尽管如此,辐射强迫因素之间的相互作用应该是一个更加客观的现实。

更加重要的是,气候变化是一个系统问题,不仅仅是温度变化一个因素。从对生态环境和人类社会的影响角度来看,降水、海平面上升以及飓风等极端天气等都是具有巨大破坏潜力的气候要素,而这些要素到目前为止尚很难与辐射强迫之间建立量化关系。

7.2 气候变化和温室气体

7.2.1 天然温室效应

无论是以可见光为主的太阳辐射,还是以 $3\sim30\,\mu m$ 为主的地球长波红外线,在经过大气层时,会受到大气层中的气体组分不同程度地吸收,最主要的光吸收物质为相对分子质量大、极性强的分子。

太阳光以每秒 30 万千米的速度自宇宙空间到达地球,所经的路径几乎是真空状态,因此没有能量的损失。但是,当阳光进入地球大气层时,大气中的化学物质对于短波的太阳辐射产生光吸收。其中最重要的光吸收物质是氧气分子,氧气主要吸收波长小于 240 nm 的短波紫外线,氧气分子本身由于吸收了能量,被分解为两个氧原子。这个过程可以表示为

$$O_2 + h\nu\,(\lambda < 240\,nm) \longrightarrow O + O \tag{7-3}$$

另外,氧分子的同素异形体臭氧分子也是太阳辐射的重要光吸收物质。臭氧的光吸收与氧气分子相比,发生在波长更长的波段。实际上,臭氧的光吸收有三个谱带,分别在 $200\sim300\,nm$ 区,$300\sim360\,nm$ 区和 $400\sim850\,nm$ 区。臭氧吸收紫外线后,自身分解为氧原子和氧分子。这一过程可表示为

$$O_3 + h\nu(\lambda < 320\,nm) \longrightarrow O_2 + O \tag{7-4}$$

当太阳辐射自外层空间到达大气层时,其中波长小于 100 nm 的紫外线在地表上空约 100 km 的高度几乎被 N_2、O_2、N 和 O 完全吸收;$100\sim50\,km$ 高度范围内的 O_2 可吸收太阳辐射中波长小于 200 nm 的部分;从 50 km 向下至大约 $25\sim30\,km$ 的高度内,O_3 是最主要的光吸收物质,可吸收波长小于 310 nm 的绝大部分紫外线。我们知道,波长小于 310 nm 的短波紫外线能破坏重要的生物大分子,造成对人体健康和地表生物的损害。因此,O_3 吸收紫外线对地球生物圈具有重要的保护作用。

如果同时考虑分子在大气层中的丰度,那么地球热辐射最重要的光吸收分子为 CO_2 和 H_2O。水在全球气候变化中的作用是至关重要的,除在地球-大气辐射平衡中的作用外,水蒸气还直接参加地球红外辐射的吸收,而且在红外波段的一个很宽范围内,水分子均是红外线的强吸收物质。同样重要的是,水蒸气在空气中大约占有 0.4% 的体积,大约是 CO_2 含量的 10 倍。而且地下水和地表水是大气水量的 660 倍,地球表面的冰川和冰帽的水储量是大气储量的 1900 倍,海洋中的水量是大气中的 10 万倍,使得大气中的水汽有十分充足的来源。而由于这一特点,水在大气中的含量变化非常大,实际上也主要是由于水汽的变幻莫测,才造成了天气系统的复杂性,在长期的气候变化中也是一个鲜明的特征。水汽含量的变化不仅反映在全球尺度,实际上也有明显的高度和地区差异。气温每升高 10℃,大气中的水汽含量大约增加一倍,因此 90% 的大气水汽均在近地层,大约 70% 的大气水汽集中在地球南北纬 30°之间的范围内,

波斯湾地区大气水汽含量可以达到 8%,而南极地区只有 0.2 ppm。最后也可能是最关键的特点是,大气中水汽的变化与气候变化之间存在反馈作用,二者之间相互关联,相互影响,也是目前全球气候变化研究的难点之一。

CO_2 是大气中丰度仅次于氧、氮和惰性气体的物质,它对地球红外辐射的吸收作用也十分强。CO_2 一直是全球气候变化研究的焦点,主要是因为 CO_2 大量来源于人类的生产和生活活动,在人类消耗矿石资源的过程中,大气中的 CO_2 迅速增加。与水蒸气相比,大气中的 CO_2 与社会经济生活直接关联是其突出的特点。其他一些重要的红外辐射吸收物质还包括甲烷(CH_4)、臭氧(O_3)、氧化亚氮(N_2O)和氟氯烃类(CFCs)等。

由于红外辐射的能量较低,还不足以导致分子键的断裂,因此 CO_2 和 H_2O 对红外辐射的吸收没有化学反应的发生。光吸收的结果只是阻挡热量自地球向外逃逸,相当于地球和外层空间之间的一个绝热层,即“温室”的作用。因此大气中的 CO_2 和 H_2O 等微量组分对地球的长波红外辐射的这种光吸收作用被称为“温室效应”,这些微量组分就称为温室气体。图 7-5 给出了大气中重要温室气体的吸收光谱图。

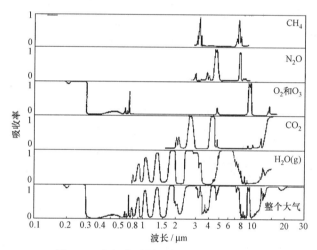

图 7-5 大气中重要温室气体的吸收光谱

从地球的能量平衡中我们可以看到,温室气体对地球红外辐射的吸收作用在地球-大气的能量平衡中具有非常重要的作用。实际上,如前所述,假如地球没有现在的大气层,那么地球的表面温度将比现在低 33℃,在这样的条件下人类和大多数动植物将面临生存的问题。因此,温室效应实际上是形成地球上适宜生命存在的环境的重要因素,这部分温室效应称为天然温室效应。在天然温室效应中,大气中 H_2O 的贡献超过 60%,CO_2 大约贡献 20%。

7.2.2 人为的温室效应

目前,全球气候变化成为一个受到普遍关注的全球环境问题,主要的原因在于由于人类在自身发展过程中对能源的过度使用和自然资源的过度开发,造成大气中温室气体的浓度以极快的速度增长,使得温室效应不断强化,从而引起全球气候的改变。

表 7-3 对天然温室效应和人为温室效应进行了比较,从中可以看到由人为活动造成的温室效应的不断加强,实际上是在很大的天然温室效应背景之上的较小扰动。

表 7-3　天然温室效应和人为温室效应的比较

	天然温室效应	人为温室效应
产生原因	大气中的 H_2O、CO_2 以及 CH_4 的存在	人为活动造成的大气中 CO_2、CH_4、N_2O、O_3、CFCs 和 SF_6 等的增加
增温幅度	大约 33℃	1.5～4℃

除表 7-3 中所列受人为影响的温室气体外,水蒸气的变化也可能是人为活动的结果。另外,来自燃烧过程(工业、生物质燃烧等)排放的碳黑,由于光吸收能力极强,也是造成人为温室效应的一个可能因素。

造成温室效应加强的原因很多,科学家比较早地注意到了大气中一些痕量气体浓度的观测和分析。下面就对大气中重要温室气体的演变趋势逐一进行讨论。

1. 二氧化碳(CO_2)

碳在地球上的元素丰度排序中居第 4 位,是地球有机体和无机体的重要组成元素。要认识 CO_2 在自然循环条件下的变化趋势,一个重要的途径是了解地球上碳的生物地球化学过程。这一过程反映出碳在大气、海洋、生物圈和岩石圈内的储量以及各圈层之间的交换过程和影响因素。图 7-6 对目前碳的生物地球化学进行了简单的描述。

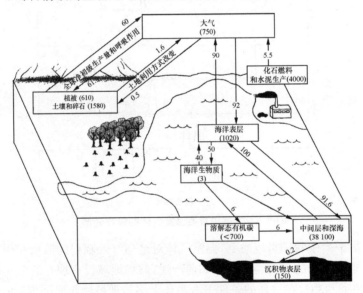

图 7-6　地球的碳循环示意图

文字表示储库,数字表示储库中的储存量($Pg(C)$)或储库间的年交换量($Pg(C) \cdot a^{-1}$);

来源:NASA Earth Science Enterprise

由于碳在地球上的丰度高,各储库中的碳量均很大,相对而言,储库间的交换量是较小的,以海洋-大气和地表-大气间的交换为主,都在 $100\,Pg(C) \cdot a^{-1}$ 左右,人为活动的排放仅为 $5.5\,Pg(C) \cdot a^{-1}$。这是一个很重要的特点,即人为排放的 CO_2 是在巨大的碳储库和巨大的海气交换和地气交换背景之上的一个微小变化,另一方面,虽然在数量上人为排放并不大,但却是在碳的自然循环之外的新增部分,是造成自然循环发生改变的因素。

碳的自然循环虽然总量较大,但以大气层为研究对象,向大气的排放和从大气中去除的过程一般是同时发生的,比较重要的全球碳循环过程有以下几种。

(1) 地质过程

这是全球碳循环最基础的过程。该过程主要涉及岩石风化过程中的大气 CO_2 与地球岩石圈的反应,通过这样的反应,大气中的 CO_2 以 HCO_3^- 的形式经河流进入海洋,并最终以 $CaCO_3$ 的形态从水体中沉积。沉积层物质也会发生一些变质过程,尤其是生物的作用会加速这样的过程,然后通过一些激烈的地质活动如火山喷发将沉积物中的碳以 CO_2 的形式释放到大气中。

当然,这样的地质过程中的碳循环是非常缓慢的。每年参与循环的碳量也很小,据估计,地球每年火山爆发将大约 $0.02 \sim 0.05\,Pg$ 的碳释放到大气中,河流以 HCO_3^- 的形式大约输送 $0.40\,Pg$ 碳,而由于 $CaCO_3$ 的生成将大约 $0.38\,Pg$ 碳转移到海洋沉积物。据研究,海洋沉积物的年龄很少超过 1.5 亿年,更古老的沉积物一般都被分解,产生的 CO_2 返回大气。目前的研究显示地质过程的碳循环基本是平衡的,大气中 CO_2 浓度的增加与地球火山活动强度的变化或岩石风化速率的变化没有显著的关系。

(2) 海洋过程

另外一个无机的碳循环过程是大气和水体之间的交互作用,其中最重要的就是海洋过程。当大气中 CO_2 浓度发生变化时,其中相当的部分将通过以下的反应进入水体:

$$CO_2 + H_2O \longrightarrow H_2CO_3 \longrightarrow H^+ + HCO_3^- \tag{7-5}$$

反应第一步进行的程度可以用亨利定律来表示。在全球尺度上,大气中的 CO_2 遵循亨利定律进入海洋,使海洋成为一个大气 CO_2 浓度增加的缓冲器。CO_2 进入海洋的量还取决于表层海水与深层海水间的物质交换过程。

由于 CO_2 在水中的溶解性和其后的化学反应,与其他温室气体(如 CFCs 和 CH_4 等)相比,海洋对 CO_2 的吸收要有效得多。CO_2 溶解后有三种形态,即 H_2CO_3、HCO_3^- 和 CO_3^{2-},大约分别占 1%,91% 和 8%,三种形态的含量之和即为溶解型无机碳(DIC)的总量。

随着大气中 CO_2 浓度的增加,海洋表层水中的 CO_2 几乎以同样的速率增加,因此下面的反应过程开始进行:

$$CO_2 + H_2O + CO_3^{2-} \longrightarrow 2HCO_3^- \tag{7-6}$$

因此,表层水中增加的 CO_2 绝大部分转化为 HCO_3^- 的形态存在,而在这一过程中消耗了 CO_3^{2-},减少了进一步将更多的 CO_2 转化的能力,使得 CO_2 以溶解的非离子形态存在的比例增加,从而抑制了海水对大气 CO_2 的吸收。

这一效应的影响是非常大的。考虑同样是 CO_2 增加了 100 ppm,如果从目前的大气浓度水平(370 ppm)上升到 470 ppm,海洋表层水中 DIC 的浓度增值大约只有从工业革命前的 280 ppm 增加到 380 ppm 过程引起的 DIC 增值的 60%,即海水吸收 CO_2 的能力减少了 40%。当然,海水对大气 CO_2 的吸收还与其他一些因素有关,如海水温度、含盐量和碱度等。

海洋生物学家估计由于大气 CO_2 浓度的增加,海洋目前对大气 CO_2 的吸收通量大致为 $2\,Pg(C) \cdot a^{-1}$,是岩石风化过程固定碳量的 20 倍以上。但是海洋对大气 CO_2 的吸收与大气中 CO_2 浓度的增加并不是线性的关系。实际上海洋对人为排放 CO_2 的吸收随大气中 CO_2 浓度的不断增加而下降,这正是由于海洋的缓冲能力随海洋中 CO_2 含量的增加而下降的结果。另外,如果大气中 CO_2 浓度上升速率过快,海洋吸收的部分也将减少,因为海洋中深水与浅水的交换速率也是海洋吸收 CO_2 的关键限制因素之一,而这一交换速率不会随大气条件的变化发生相应的显著改变。

(3) 生物过程

地表植被的光合作用是重要的固碳过程,这一过程将大气中大量的 CO_2 吸收,合成植物体内的有机物质:

$$CO_2 + H_2O \longrightarrow \{CH_2O\} + O_2 \qquad\qquad (7\text{-}7)$$

在植物的呼吸作用以及植物的腐败分解和燃烧过程中有机物又被氧化:

$$\{CH_2O\} + O_2 \longrightarrow CO_2 + H_2O \qquad\qquad (7\text{-}8)$$

上述两个相反的过程在长期尺度上是相互平衡的。就全球而言,地球植物的净初级生产力估计为 120 Pg(C)·a^{-1},其中大约 54% 来自陆地植被,其余来自海洋生物。

CO_2 的大气寿命约为 5 年,在很大程度上是由光合作用的碳吸收过程决定的,实际观测中大气 CO_2 的年际变化规律也主要是由光合作用的季节性造成的。海洋生物的光合作用吸收 CO_2 的结果,使得海洋表层对大气 CO_2 的溶解平衡处于非饱和状态,从而促进大气 CO_2 进入海洋。但是,光合作用的固碳量虽然大,但与沉积物固碳相比,其对碳的储存并不是长期的,植被死亡后,有机物的分解很快将 CO_2 释放回大气。这一特征对大气 CO_2 的控制具有重要意义。由于大气 CO_2 的人为排放削减直接关系到国家或行业的经济利益,有人建议通过人工植树等增加碳汇的方式控制大气 CO_2 的浓度上升。但必须注意这样的措施并不能起到永久的效果。

CO_2 和 O_2 在光合作用固碳酶上的反应是竞争的,因此,在大气 CO_2 浓度上升的条件下,对固碳酶上的反应有两个效应,一是增加 CO_2 转化为有机物的反应速率,另一是降低氧化反应的速率。由于氧化反应的产物是 CO_2,因此从净效果来看都是加快光合作用的固碳过程。而固碳过程的加快,可能导致植物生长加快,在更短的时间内成熟;也可能使植物比正常 CO_2 条件下长得更大。

不同植物的光合作用对大气 CO_2 浓度增加的反应程度是不同的。C_3 植物(包括所有树种、绝大多数寒冷气候下生长的植物、小麦和水稻等农作物等)在大气 CO_2 浓度增加时光合作用相应增强,在大气 CO_2 浓度加倍时,C_3 植物的净初级生产力大约平均增加 33%。而 C_4 植物(热带和温带植物、沙漠灌木以及玉米、甘蔗等作物)由于光合作用过程本身存在 CO_2 控制的机制,因此这类植物的光合作用没有发现有对大气 CO_2 浓度增加的直接响应。

尽管城市化等过程造成的土地利用的变化可能导致 CO_2 排放,但由于地表植被的碳吸收作用巨大,因此地表总体上是一个碳汇,在碳循环中起着十分重要的作用。但是植被的碳吸收尤其是在大气 CO_2 增加时的响应还存在相当多的不确定性,植被生长除 CO_2 外,还需要有氮、水及其他营养物质等条件。另外,有研究表明,大气 CO_2 增加时,植物的叶增长比茎显著,而且碳向种子器官的传输较快,可能会加速植物的发育,加快植物的衰老和死亡。因此光合作用的碳吸收是一个碳循环中的关键问题,植被吸收能力的增强很可能是有限的。

IPCC 对目前主要的碳循环过程进行了总结,并对 1980—1989 和 1990—1999 两个十年的平均情况进行了比较,见表 7-4。从表中的结果看,向大气中的 CO_2 排放持续保持很高的水平,大致在 3 Pg(C)·a^{-1}。在目前的全球经济发展趋势下,尤其是全球一致的 CO_2 排放控制尚未达成具有法律效力的国际协议的形势下,估计人为释放的 CO_2 可能还会上升,例如达到 5 Pg(C)·a^{-1}。海洋学家分析由于海洋缓冲能力不断下降,估计最大的吸收能力不会超过 5 Pg(C)·a^{-1}。这样地表植被就将成为未来吸收 CO_2 的最具潜力的希望。因此,需要对森林等植被生态系统的碳吸收能力和影响因素加强研究,这不仅对全球碳的生物地球化学循环至关重要,也是全球和国家公共政策的决定因素之一。

表 7-4　全球碳的平衡关系[*]（单位：Pg(C)·a⁻¹）

	1980s	1990s
大气中的增加	3.3 ± 0.1	3.2 ± 0.1
排放（矿石燃料燃烧、水泥生产等）	5.4 ± 0.3	6.3 ± 0.4
海洋-大气交换	-1.9 ± 0.6	-1.7 ± 0.5
地表-大气交换^{**}	-0.2 ± 0.7	-1.4 ± 0.7
其中		
土地利用变化	$1.7(0.6\sim2.5)$	NA
可能的地表吸收	$-1.9(-3.8\sim0.3)$	NA

来源：IPCC,2001.

* 表中的正值表示向大气的排放,负值表示从大气中去除。

** 地表-大气交换是土地利用变化和地表吸收的综合结果,大气中的测量不能将二者进行区分。一些学者对 1980—1989 十年间土地利用变化对碳排放的结果进行了估计,但 1990—1999 年间的估计目前没有完整的结果。

世界各地的观测都表明,CO_2 的全球浓度上升十分显著,至今仍保持上升的趋势。为了了解 CO_2 浓度的历史情况,科学家对南极冰芯气泡中的 CO_2 进行了测量,从而得到过去千余年内的 CO_2 演变规律。这些结果与全球本底站之一的美国 Mauna Loa 站对 20 世纪 50 年代以来的大气观测结果非常吻合(图 7-7)。图中同时还给出了来源于化石燃料使用产生的 CO_2 排放的相关变化(放大图)。从该图我们认为,CO_2 的浓度变化是工业革命以后大气组成变化的一个十分突出的特征,CO_2 浓度上升的势头迅猛,而这种上升的根本原因在于人类生产和生活过程中化石燃料的大量使用。

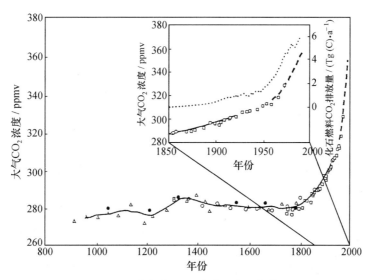

图 7-7　大气中 CO_2 浓度的变化趋势

冰芯和大气观测的综合结果,放大图为工业革命以来的 CO_2 排放量和大气浓度的观测结果。来源：IPCC,1995

－－－ 表示 Mauna Loa 背景点大气观测结果；‥‥‥表示化石燃料 CO_2 排放量

2. 甲烷（CH_4）

甲烷是大气中浓度最高的有机化合物，由于全球气候变化问题的日益突出，甲烷在大气中的浓度变化也越来越受到密切的关注。研究显示，甲烷对红外辐射的吸收带不在 CO_2 和 H_2O 的吸收范围之内，而且甲烷在大气中浓度增长的速度比 CO_2 快，单个甲烷分子的红外辐射吸收能力超过 CO_2 分子，因此甲烷在温室效应的研究中具有十分重要的地位。

大气甲烷的来源非常复杂。除了天然湿地等自然来源外，超过 2/3 的大气甲烷来自与人为活动有关的源，包括化石燃料（天然气的主要成分为甲烷）、生物质燃烧、稻田、动物反刍和垃圾填埋等。甲烷的产生机制可分为四种，即 CO_2 的还原、乙酸的发酵、热化学反应和燃烧过程。

地壳和上地幔中俘获的简单气体如二氧化碳，在热力反应中可形成甲烷，这种过程通常发生在火山口和地热口，但一般认为所占比例很小。埋藏在地壳中的 C 是另一种甲烷源。C 一般以化石燃料的形式存在，例如，煤、石油和天然气。这些甲烷源通常被称做非生物成因，因为它由热力催化反应产生。但从某角度讲，它也可被看做是生物成因的甲烷源，因为化石燃料的前身是生物有机体。

在有机质分解过程中，在细菌参与下发生复杂的生物化学反应所产生的甲烷为生物成因的甲烷。厌氧细菌的活动使有机质分解，分解产物乙酸和 CO_2 在甲烷菌的作用下生成甲烷。由于甲烷菌是典型的厌氧细菌，需要很强的还原条件才能生存。因此，淹水的土壤、沉积物、水稻田、食草动物的肠胃、垃圾填埋场等都是甲烷生物来源的主要场所。许多物理、化学和生物因素都能影响甲烷菌的生理活动，某一特定生态系统产生甲烷的速率是这些因素综合作用的结果。

最后一种甲烷源为生物质的不完全燃烧。生物质燃烧既包括人为的也有自然产生的，并且随着燃烧条件的不同而产生不同量的甲烷。

研究表明，大气甲烷大部分为生物源产生，约占总量的 70%～80%。如果按天然源与人为源来划分，人为源排放约占全球甲烷总排放量的 40%～70%。

大气甲烷的汇主要是大气中的氧化去除和干燥土壤的吸收氧化。大气甲烷的 90% 通过大气化学反应去除。这类大气化学反应有两种形式。一是甲烷在对流层与 OH 自由基反应而被清除。通过这种反应去除的甲烷占到大气反应去除甲烷总量的大约 90%；另外，还有 10% 通过对流层和平流层的大气交换进入平流层，与 OH、Cl、$O(^1D)$ 等活性物质反应而被去除。对于大气甲烷的汇来说，后一过程相对不重要。

甲烷的大气氧化始于与 OH 自由基的反应：

$$OH + CH_4 \longrightarrow CH_3 + H_2O \tag{7-9}$$

这一反应的速率常数 k 和 OH 自由基浓度决定了大气甲烷的氧化速率，即甲烷在大气中的化学清除速率。OH 的大气浓度由其与大气中各痕量气体的大气化学反应决定，其浓度因季节、地点、高度、云量、太阳高度角以及气溶胶含量、O_3 浓度的不同而不同。目前 OH 大气浓度都是由大气化学模式计算得来，不确定性很大；k 主要与温度有关。因此，OH 浓度和大气温度的任何改变都可能使大气甲烷的汇强发生变化，从而使其大气浓度发生变化。有研究认为甲烷经 OH 氧化的汇强约为 480 Tg·a^{-1}（1 Tg = 10^{12} g）。

干燥土壤对大气甲烷的吸收是一个复杂的过程。由于吸收速率很慢,实验测量很困难。但土壤微生物对甲烷的氧化越来越受到重视,近年来对各种土壤生态环境的大量现场测量表明,土壤是大气甲烷的一个重要汇,汇强约为 $20\sim60\,\mathrm{Tg\cdot a^{-1}}$。

由以上甲烷源和汇的分析可知,各种源随时间、空间以及环境因素的变化很大,分布也较为复杂,并且传统通量测量方法取得的结果在从局地外推到全球时存在很大误差,加上甲烷源分布的统计资料可靠性有限,到目前为止对于大气甲烷源的估算还存在着很大的不确定性;另外,与 OH 反应的汇强是根据其反应速率常数和大气 OH 平均浓度计算来的,至少也具有 40% 的不确定性。因此,目前研究所得到的全球甲烷预算不可避免地存在误差。随着对全球甲烷源和大气甲烷浓度更广泛精确的测量和研究,以及全球大气甲烷模式的发展,全球甲烷预算在源知识方面将更趋于完整,在各源源强估算及分配比例上更趋于合理。表 7-5 为 IPCC 于 1995 年给出的大气甲烷全球预算。

表 7-5 大气甲烷的全球预算(单位:$\mathrm{Tg\cdot a^{-1}}$)

源			
天然源	天然湿地	115(55~150)	总天然源 160(110~210)
	白蚁	20(10~50)	
	海洋	10(5~50)	
	其他	15(10~40)	
人为源	人为化石源	天然气	40(25~50)	总人为源 375(300~450)
		煤矿	30(15~45)	
		石化工业	15(5~30)	
		煤炭燃烧	?(1~30)	
		总人为化石源	100(70~120)	
	人为生物源	动物肠胃发酵	85(65~100)	
		稻田	60(20~100)	
		生物质燃烧	40(20~80)	
		垃圾填埋场	40(20~70)	
		动物废弃物	25(20~30)	
		生活污水	25(15~80)	
		总人为生物源	275(200~350)	
总源		535(410~600)	
汇			
对流层 OH		445(360~530)	
平流层反应		40(32~48)	
土壤吸收		30(15~45)	
总汇		515(430~600)	

从预算清单可知,甲烷的总源强约为 $535\,Tg\cdot a^{-1}$,其中天然源只占约 29%,其余约 71% 来自人为排放,可见人类活动对大气甲烷的影响之大。甲烷的总汇强只有约 $515\,Tg\cdot a^{-1}$,源汇之间的不平衡导致了大气甲烷浓度的持续增长。虽然大气甲烷源和汇的未来变化难以定量估计,但可以定性地做出预测。随着人口增长和生产的发展,天然湿地面积将会逐步缩小,因而这一源的甲烷排放量也会减少。随着世界经济的发展和能源结构的变化,生物质燃烧产生的甲烷会大幅度下降,但煤矿、石油和天然气中甲烷的排放有可能增加。城市垃圾有机质含量的增加也会导致垃圾排放源的增大。由于稻田面积不太可能有大幅度的增加,此种源变化不大。并且预计反刍动物将会是增长最大的排放源,其增长速度大致与人口增长同步。但无论如何,在未来 $20\sim50$ 年大气甲烷源的增长速度将会放慢,增加速度将明显低于二次世界大战后到现在的 40 多年。

到近期,影响大气甲烷变化的一些重要变化因素包括:

(i) 菲律宾皮纳图博火山喷发后造成北半球的湿地温度降低,从而甲烷排放下降。

(ii) 有研究认为由于北半球地区出现的水资源问题造成地下水位下降,从而湿地生成甲烷的环境条件减少,甲烷在土壤中被氧化的概率增加。

(iii) 联合国环境署曾有报告显示甲烷排放与全球人口增长成正比,主要是甲烷排放的稻田来源和反刍动物来源与人日常生活的粮食和肉类密切相关,但是近 $10\sim15$ 年全球已没有新增的土地用于种稻和畜牧,因此甲烷排放与人口增长的关系基本停滞。

(iv) 还有研究表明,发生在平流层的臭氧损耗和对流层的光化学烟雾导致大气 OH 自由基浓度上升,从而加速甲烷的氧化。

要想定量评估这些因素对大气甲烷源和汇的影响程度,还需要在全球尺度掌握这些因素变动的规律。观测数据显示大气甲烷的浓度上升趋势已逐渐减缓,如图 7-8 所示,表明大气甲烷的源和汇趋于平衡。

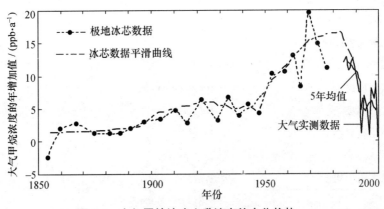

图 7-8 大气甲烷浓度上升速率的变化趋势

3. 氧化亚氮(N_2O)

大气中的氧化亚氮虽然在浓度上只有 CO_2 的约 $1/1100$,但是单个分子 N_2O 的红外辐射吸收能力是单分子 CO_2 的 $200\sim300$ 倍,而且由于 N_2O 在大气中具有很长的化学寿命(大约 120 年),因此 N_2O 在温室效应中的作用同样引起广泛的关注。全球观测的结果(图 7-9)显示大气中 N_2O 的浓度一直呈上升趋势,增幅大约为 $0.8\,ppb\cdot a^{-1}$。

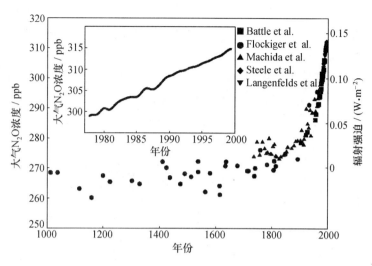

图 7-9　过去 1000 年以来大气 N₂O 浓度的变化

图中不同形状的数据点表示不同研究者得到的结果,放大图为现代的观测结果。来源:IPCC,2001

N_2O 是低层大气含量最高的含氮化合物。据估计,各类源每年向大气中排放 N_2O 3～8 Tg(以 N 计),N_2O 主要来自于天然源,也就是土壤中的硝酸盐经细菌的脱氮作用而生成。N_2O 主要的人为来源是农业生产如含氮化肥的使用、一些工业过程如己二酸和硝酸的生产以及燃烧过程等。目前对 N_2O 的天然源的研究还有很大的不确定性,但一般估计大约为人为来源的 2 倍左右(见表 7-6)。

氧化亚氮的工业排放估算相对比较准确,而且 N_2O 在对流层几乎不发生反应,基本上输送到平流层后被去除,表 7-6 中不确定性较大的源是地表系统中的含氮化合物如氮肥经微生物过程的 N_2O 释放:

$$NH_4NO_3 \longrightarrow N_2O + 2H_2O \tag{7-10}$$

表 7-6　大气中氧化亚氮的全球预算(单位:Tg(N)·a⁻¹)

来　源			氧化亚氮含量
源	天然源	海洋	1～5
		潮湿森林	2.2～3.7
		干燥热带草原	0.5～2.0
		森林	0.1～2.0
		草地	0.5～2.0
	人为源	农业	1.8～5.3
		生物质燃烧	0.2～1.0
		工业燃烧	0.4～0.9
		硝酸等工业生产	0.5～0.9
汇		平流层去除	9～16
向大气排放的净增加			3.1～4.7

由于氮肥使用情况变化很大,而且具有很强的区域差别,因此准确地掌握全球尺度上的地表 N_2O 排放和变化规律是一项困难的工作。

4. 其他温室气体

其他重要的温室气体还包括氟里昂(CFCs)及其替代物(HCFCs)和六氟化硫(SF$_6$)等。

氟里昂是一类含氟、氯烃化合物的总称。一般认为这类化合物没有天然来源,大气中的氟里昂全部来自它们的生产过程。由于科学发现证实这类物质是破坏臭氧层的主要因素,目前全球正采取一致的行动停止氟里昂的生产和使用,各国制定了国家方案全面淘汰氟里昂,并逐步使用替代物。相应的大气监测表明,大气中氟里昂类物质浓度的增长速度已经减缓,但其替代物的浓度却不断上升(图 7-10)。

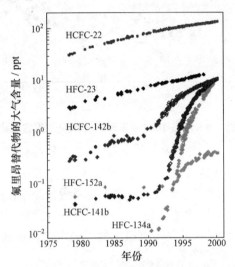

图 7-10 大气中 CFCs 替代物质的浓度变化趋势
来源:IPCC,2001

全氟代烃类(CF$_4$、CF$_3$CF$_3$ 等)和六氟化硫(SF$_6$)等化合物因为在大气中的寿命极长,一般超过千年,同时具有极强的红外辐射吸收能力,因此在近年的温室气体研究中受到越来越密切的关注。其中的 SF$_6$ 还被列入 1997 年京都国际气候变化会议上受控的六种温室气体之一。CF$_4$ 和 CF$_3$CF$_3$ 是工业铝生产过程中的副产品。CF$_4$ 可能有一定的天然来源,据估计人为排放量超过天然排放的 1000 倍以上,而 SF$_6$ 则主要用于大型电器设备中的绝缘流体物质。大气中 SF$_6$ 的浓度变化趋势和辐射强迫示于图 7-11 中。

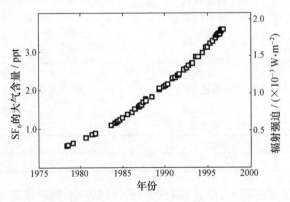

图 7-11 大气中 SF$_6$ 的浓度变化趋势和辐射强迫
在全球背景站 Cape Grim 的观测值。来源:IPCC, 2001

由于这些物质大气寿命很长,一旦进入大气就很难去除,因此会在大气中积累起来,对地球的辐射平衡产生越来越严重的影响。

表 7-7 对一些典型的温室气体的变化进行了总结。总体上由于人为活动造成的排放,这些温室气体在大气中比较显著的浓度上升是气候变化中的重要环境问题。总体上的趋势是,大气中的 CO_2 浓度不断上升;甲烷的变化趋于稳定;氟里昂类物质的大气浓度呈下降的趋势;N_2O 浓度水平不断上升但是不显著,增长速率大约 $0.25\% \cdot a^{-1}$,农业来源的排放可能是未来全球 N_2O 研究的重点。由于源和汇的变化不同,这些温室气体未来长期的变化规律值得关注。

表 7-7 人为活动对一些温室气体变化的影响

化学组分	分子式	丰度/ppt		变化趋势,1990s /(ppt·a^{-1})	年排放	大气寿命 /年
		1750 年	1998 年			
二氧化碳	CO_2(ppm)	280	358	1.5*	??	50~200
甲烷	CH_4(ppb)	700	1745	7.0	600 Tg**	8~12
氧化亚氮	N_2O(ppb)	270	314	0.8	16.4 Tg(N)	120
四氟化碳	CF_4	40	80	1.0	~15 Gg	>50 000
六氟乙烷	C_2F_6	0	3.0	0.08	~2 Gg	10 000
六氟化硫	SF_6	0	4.2	0.24	~6 Gg	3200
HFC-23	CHF_3	0	14	0.55	~7 Gg	260
HFC-134a	CF_3CH_2F	0	7.5	2.0	~25 Gg	13.8
HFC-152a	CH_3CHF_2	0	0.5	0.1	~4 Gg	1.4

* CO_2、CH_4 和 N_2O 的增长速率是以 1984 年为基础计算的。

** $1\ Gg = 10^9\ g$;$1\ Tg = 10^{12}\ g$;$1\ Pg = 10^{15}\ g$。

7.3 区域污染和气候变化

前面的内容着重介绍了温室气体的源和汇,以及大气浓度水平的变化趋势。实际上自源排放出来的组分在大气环境中的作用,与其在大气中的化学行为有密切的关系,本节将讨论化学过程如何通过化学组分的变化影响地球辐射平衡,并从这一角度分析区域污染和全球气候变化之间的关系。

7.3.1 大气臭氧在气候变化中的作用

臭氧在对流层和平流层化学中都具有决定性的作用。在气候变化中,由于对流层臭氧在红外波段具有光吸收的能力,因此,对流层的臭氧也是一种温室气体。实际上,存在于对流层和平流层的臭氧对太阳辐射和地球辐射均有影响。一般认为,平流层臭氧浓度如果上升,平流层会由于臭氧的吸热增加而升温;另一方面,其主要的作用是阻挡更多的太阳辐射到达地表,因此对地表是降温作用;而如果对流层的臭氧浓度增加,结果将导致温室效应的加强,是一个增温效果。这里主要讨论对流层臭氧的温室效应。

与其他温室气体不同的是,臭氧在环境大气中的浓度变化非常大,垂直方向上从海洋地区的背景值 10 ppb 到对流层高层的 100 ppb 左右;在水平方向上变化也很大,一般污染严重的大城市下风向地区臭氧浓度很容易超过 100 ppb。目前的 O_3 观测数据尚不足以全面掌握全球臭氧的时间和空间分布规律。有研究采用臭氧柱浓度的方法来推算对流层的臭氧总量,采用卫星观测的资料计算总的臭氧量,然后扣除平流层的臭氧,估算出目前对流层中大约含有臭氧 370 Tg,相当于 34 D. U.,或全球平均浓度为 50 ppb。

在此基础上,国际政府间气候变化委员会(IPCC)估算对流层臭氧的辐射强迫时,认为对流层臭氧由于大气寿命比较短,其辐射强迫具有显著的地区差异,全球尺度上对流层臭氧的辐射强迫大约在 $0.2 \sim 0.6$ W·m^{-2},这一数值与大气甲烷的辐射强迫相当(图 7-4)。更为重要的是,研究显示,自工业革命以来,由于对流层臭氧的增加导致的全球辐射强迫上升大致为 0.35 ± 0.15 W·m^{-2},为同一时期长寿命温室气体增加引起的辐射强迫的大约 10%～20%。

但是在联合国的《气候变化框架公约》(the UN framework convention on climate change,简称 UNFCCC)中,臭氧并没有和 CO_2、CH_4、N_2O、HFCs、PFCs 和 SF_6 等六种化学物质列在一起,成为一个受控的温室气体组分,其中主要的原因是臭氧与其他温室气体不同,对流层的臭氧是典型的二次污染物,不是直接来自源排放的物质。如果将对流层臭氧列入国际协议规定的受控物质,在实际执行上会存在很大的困难。但是另一方面,对流层臭氧是通过光化学过程生成的,生成臭氧的主要前体物如 NO_x、CO、CH_4 和挥发性有机物(VOCs)等都有来自人为源的很大贡献,这些因素未能列入国际统一的气候变化控制战略之中,无疑是气候变化问题的一个缺陷和不确定因素。

另外,对大气臭氧本身的源和汇进行量化是非常困难的,或者说全球尺度上大气臭氧的源和汇存在很大的不确定性。在平流层臭氧向对流层的输送、对流层臭氧局地的化学生成和去除过程,以及臭氧及其前体物在水平方向的远距离输送等,都是对流层臭氧化学中需要深入探索的问题。通过模式模拟研究发现,对流层臭氧增加导致的辐射强迫增加在全球分布是非常不均匀的,这是臭氧作为一个区域性二次污染物的特性决定的,与其他温室气体的分布特征完全不同。研究结果表明臭氧辐射强迫增加主要发生在离赤道较近的北半球地区,这一地区臭氧前体物的人为排放量大,臭氧生成条件适宜。其中最大的增加在北部非洲和中东一带,可能与生物质排放密集有关。

除对辐射强迫具有直接的作用外,大气 O_3 还通过间接的方式影响全球气候。首先,O_3 的光解是对流层 OH 自由基最重要的来源之一。

$$O_3 + h\nu \longrightarrow O(^1D) + O_2 \tag{7-11}$$

$$O(^1D) + H_2O \longrightarrow OH + OH \tag{7-12}$$

因此,在城市或受城市影响较大的周围区域,近地层的臭氧浓度水平不断上升,除造成严重的光化学烟雾污染外,O_3 本身的红外辐射吸收能力还使得 O_3 的辐射强迫增加。另一方面,也需要关注在全球不同区域对流层臭氧的本底浓度的变化趋势,因为本底浓度的变化能在大尺度上引起 OH 自由基浓度的变化,进而影响温室气体的源和汇平衡。

大气 O_3 间接影响全球气候的另一个重要方面是通过对碳循环的影响。平流层和对流层臭氧都不同程度地影响地表和海洋生态系统的功能,从而间接地影响气候。平流层臭氧通过影响到达地表的 UV-B 产生作用,而对流层的 O_3 则通过直接的干沉降作用影响植物的生理过程。表 7-8 对 O_3 可能引起的作物生长效应进行了总结。从表中的结果来看,O_3 的变化对作物的生长具有较大的负面影响。从碳循环的角度是降低了作物吸收 CO_2 的能力,同时在受到紫外辐射或者近地层 O_3 污染的条件下,作物的生长对水资源的短缺等因素会更加敏感。应该说明的是,目前对这些作用的研究还十分初级,植物对外界变化的反应随植物种类和环境条件

(如温度、阳光)的不同而存在很大的差异。

臭氧对自然生态系统也存在影响,但是影响的机制和程度目前还很不清楚。欧洲的学者认为北半球的背景大气中 O_3 增长明显,将引起森林系统碳吸收能力的下降,从而导致大气中 CO_2 浓度水平的上升。

表 7-8　地表 UV-B 和 O_3 浓度增加对作物的影响

植物的生长特性	效　　应	
	UV-B 增加	近地层 O_3 增加
光合作用	多数 C_3、C_4 植物降低	绝大多数植物降低
水的利用效率	绝大多数植物降低	敏感植物降低
叶面积	绝大多数植物降低	敏感植物降低
成熟率	没有影响	下降
干物质的产率	多数植物降低	绝大多数植物降低

来源:Runeckles,1994.

总之,大气中的臭氧(尤其是对流层臭氧)对地表生态系统的影响基本上还是一个未知和亟待探索的领域。未来的研究主要涉及两个方面,一是全球不同区域近地层臭氧的变化趋势和规律,以及在这样的变化之下植物的响应;二是植物生长过程中与气候相关的因素,如湿度、温度和营养条件(如土壤中的含氮水平)等如何影响近地层臭氧的变化。

7.3.2　颗粒物在气候变化中的作用

大气中普遍存在的颗粒物在全球辐射平衡中起着重要的作用。大气中的颗粒物通过两种方式影响气候:一是颗粒物的光散射和光吸收作用产生的所谓直接效应;一是参加成云过程影响云量、云的反照率和云的大气寿命,造成的间接效应。与温室气体不同,颗粒物的主要作用是阻挡太阳辐射,因此对地表系统而言,在很大程度上是一个降温的作用,也称"阳伞效应"。

颗粒物是典型的区域尺度上造成影响的污染物,同时从图 7-4 可以看到,颗粒物在辐射强迫中的作用非常大,其直接效应和间接效应的加合甚至可以与所有温室气体的增温效应相抵消。但是,与温室气体不同的是,颗粒物的大气寿命远比温室气体小,因此颗粒物的效应和臭氧类似,具有明显的地区差别。不仅如此,颗粒物在气候变化中的作用还与颗粒物的化学组成、粒径分布等密切相关。平流层中只有极少的颗粒物,然而大规模的火山爆发可以使大量的气溶胶,尤其是硫酸盐气溶胶送入平流层,从而使得更大量的太阳辐射被反射回太空,造成地表降温。这一过程的研究目前相对较为深入。在对流层中,颗粒物是一类结构和组成均很复杂的成分,而且气溶胶的谱分布、化学组成等物理、化学性质及空间分布对其辐射效应有决定性的影响,但是目前还远没有掌握颗粒物的这些规律及其在全球的分布。

入射的太阳辐射可被细粒子(直径在 $0.1\sim2\,\mu m$ 之间)有效地反射,而这样粒径的粒子对地球的红外辐射没有有效的作用。当然,由于大气中存在水汽和其他化学组分,细粒子有可能会长大,其光反射的性质也会随之发生变化。

颗粒物对辐射的作用包括散射和吸收两种过程,颗粒物的消光系数可表示为

$$\delta = b_{sp} + b_{ap} \tag{7-13}$$

其中 b_{sp},b_{ap} 分别表示颗粒物的散射系数和吸收系数。

所谓散射,是指光波与空气中的颗粒物质或气体分子碰撞,光波的电场使粒子中的电荷产生振荡,振荡的电荷形成一个或多个电偶极子,它们连续地从入射波中吸取能量,然后把吸收

的能量以次级球面波形式放射到以粒子为中心的全部立体角中。要产生散射,粒子的折射率必须与周围介质有所不同。整个过程颗粒物质或气体分子本身并不吸收能量,可以用波动理论来解释。微粒散射(b_{sp})主要分三种情况:

(i) 散射物质的粒径远小于波长的散射,类似于分子散射,属于瑞利散射,散射光强正比于粒子体积的二次方,反比于波长的四次方。

(ii) 粒径大于波长的 0.03 倍时,需要用复杂的米氏理论来解释散射现象。完整的米氏理论可表达为一数学级数公式,其第一项类似于瑞利公式,前向散射大于后向,且随粒径增大,比例也不断增大。

米氏理论是 Mie 在研究胶体金属粒子的散射时建立的。其后便很快被应用到大气光学中,其特点是:散射光强度随角度分布,粒子相对波长的尺度越大,分布越复杂。理论分析表明,微粒散射系数 b_{sp} 是微粒特征截面积的函数。

$$b_{sp} = k\pi r^2 \tag{7-14}$$

其中,k 称为散射效率,其大小取决于颗粒物的物理化学特性。对一些亚微米粒径的颗粒物,在波长、微粒粒径和微粒折射率的适当组合下,会产生比微粒面积大好多倍的最大散射效率。这种情形出现在大约 $0.1 \sim 1\ \mu m$ 的亚微米的粒径范围内,并取决于折射率、微粒特性和光的波长。

(iii) 对于粒径远大于波长的散射,其散射效率 k 近似为 2,这种现象一般称为消光佯谬现象。这种现象可以通过几何光学来解释,通过反射和折射,粒子从入射光中消去光的能量与粒子的面积成正比。

图 7-12 分别给出了按颗粒物质量浓度计算得到的颗粒物消光系数和单个粒子的散射系数随粒径的分布,图中给出的消光和散射作用是对地球入射的典型太阳光谱积分的结果,而不仅是针对某单一波长。

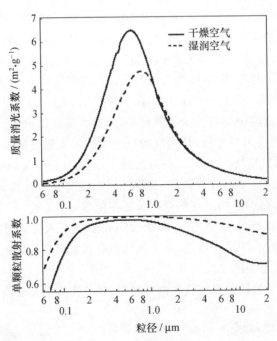

图 7-12　颗粒物质量消光系数和单颗粒散射系数与颗粒物粒径的关系

来源:IPCC,2001

从图 7-12 中可以看到,积聚模态的颗粒物是颗粒物光学效应中最重要的部分。在大气中有水汽存在时,这些颗粒物可能长大到 $0.1 \sim 2\,\mu m$,在该范围内,颗粒物的质量消光系数是最大的。同样重要的是,积聚模态的颗粒物的大气寿命比更小的核模态和更大的粗模态颗粒物的大气寿命都要长。

颗粒物的化学组成对其辐射效应也具有很大的影响,除了不同的化学组分可能导致颗粒物的密度存在差异,从而影响颗粒物的散射性能外,化学组分对散射的影响还主要体现在下面两个方面:

1. 不同的化学组分分别以不同的粒径在颗粒物中存在

人为的硫排放在气候变化中的作用一直是气候变化研究的焦点,主要是因为含硫的化合物在大气中生成大量积聚模态的颗粒物。人为的硫排放曾经造成了严重的煤烟型污染和区域性的酸雨问题,北美和欧洲均采取了有效的控制措施并取得显著成效,我国目前的硫年排放量近 2400 万吨,已成为全世界排放量最大的国家。

在我国正在实施的“两控区”(国家酸雨控制区和二氧化硫污染控制区)计划中,对于不同来源的硫排放采取了有针对性的措施,预期我国的硫排放将逐渐降低。在硫排放降低的同时,天然的硫排放如海洋的二甲基硫(DMS)以及火山活动造成的硫排放,在一些地区可能会成为对辐射产生影响的因素(图 7-13),这些因素和人为排放的硫共同作用,是研究这些地区气候变化不容忽视的部分。

除含硫化合物以外,其他来源的颗粒物如海盐以及扬尘等都含有一定量的积聚模态的颗粒物,也是气候变化中应该关注的部分。

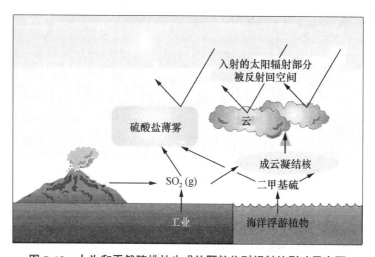

图 7-13　人为和天然硫排放生成的颗粒物对辐射的影响示意图

2. 吸收作用

当颗粒物与光线发生碰撞时,有时颗粒物会吸收一部分能量并转化为内能,这种现象对于颗粒物中的元素碳来说尤为明显,其吸收效率要比散射效率高得多。因此,目前气候变化研究中非常关注元素碳的排放和分布规律,因为元素碳具有极强的红外辐射吸收能力,其对温室效应的贡献是目前研究尚不充分的一个方面。

20 世纪 40 年代在英国,煤烟和飞灰是大气微粒的特征组分,城市大气中微粒的吸收占很大比重,研究认为当时的颗粒物对光的吸收衰减大约等于散射衰减。但随着对煤炭利用的控制,颗粒物的吸收比重逐渐下降。近年来,由于汽车的排放或大量的生物质燃烧,一些地区包括城市地区,气溶胶中元素碳含量很高,气溶胶的散射降温作用可能会被其吸收作用所抵消。

颗粒物的间接辐射效应是指颗粒物通过改变云量和云的反照率造成辐射强迫。据估计,颗粒物的间接辐射效应与其直接辐射效应几乎相当。颗粒物间接辐射效应的大小与颗粒物的粒径及其化学组成密切相关。颗粒物的水溶性组分在气候变化中十分重要,一些组分如硫酸盐、氯化钠和无机酸类在作为云的凝结核中的作用方面研究得较为充分,一些可溶性有机物在形成云凝结核中的作用也越来越得到重视,但目前的研究还非常缺乏。

总之,颗粒物辐射效应的定量化具有很大的不确定性,而且与温室气体相比,由于寿命较短,颗粒物产生的辐射影响还具有区域性的特征。另外,要了解气溶胶的辐射效应,还必须有更准确的气溶胶空间分布信息。至于气溶胶在气候影响中的间接效应,则需要更深入的研究才能得到可靠的结论。所有这些特点使得颗粒物的贡献成为目前全球气候模式中最不确定的因素之一。

7.3.3 大气化学过程对温室气体的影响

大气甲烷以每年约 540 Tg 的速度向大气排放,如果排放出来的甲烷全部停留在大气中,大气甲烷不断的积累将使地球大气在不长的时间内达到爆炸极限。这一问题之所以没有真正发生,是因为大气甲烷具有去除过程,其中最重要的去除途径是与 OH 自由基发生反应:

$$OH + CH_4 \longrightarrow CH_3 + H_2O \tag{7-9}$$

大气通过这一过程,每年可以清除大约 510 Tg 的甲烷,在大气甲烷的去除作用中占 90% 以上。

从这一平衡可以看到,甲烷的 OH 自由基去除途径对大气中甲烷浓度的变化起到关键的作用。由于平流层臭氧的损耗,进入对流层的 UV-B 呈增长趋势,同时对流层大气中 NO_x 和 VOCs 排放的增加将导致光化学过程的活跃,这些变化的结果都将造成对流层大气的氧化能力不断增强,大气中 OH 自由基浓度水平增加,从而影响甲烷的大气寿命。有研究显示,过去 20 年,对流层中大气 OH 自由基的浓度以每年 0.5% 的速率增长,以此推算,由于大气甲烷基本处于动态平衡,因此,大气甲烷的源排放至少应不低于 0.5% 的年增长速率。

从另一方面讲,甲烷作为大气中丰度最高的有机物,与 OH 自由基的反应也使之成为大气 OH 基浓度的一个限制因素。地表排放进入大气的甲烷大量消耗 OH 自由基,反过来又会影响甲烷的去除速率,因此,大气甲烷的浓度和 OH 自由基之间实际上存在反馈作用。通过模拟大气中 $\partial\ln[OH]/\partial\ln[CH_4]$ 的变化,研究结果显示甲烷浓度每增加 1%,大气中的 OH 自由基浓度大约减少 0.32%。

另外,大气中 CO 的间接作用也是对气候变化有影响的不容忽视的因素。虽然大气 CO 本身吸收红外辐射的能力并不强,不属于温室气体,但由于 CO 具有较强的化学活性,参与和 OH 自由基的反应:

$$2OH + CO \longrightarrow CO_2 + H_2O \tag{7-15}$$

其结果是增加了甲烷的大气寿命,而 CO 的氧化产物 CO_2 又是一种重要的温室气体,因此通过这样的化学反应过程,CO 被认为是间接的温室气体。模式计算的结果显示大气中的 CO 排放每增加 100 吨,相当于大气中甲烷的直接排放增加 5 吨。大气 CO 中的人为排放量大约为 1500 Tg·a^{-1},有研究估算人为排放 CO 的间接辐射强迫超过 N_2O。

与甲烷不同的是,CO 的大气寿命相对较短,而且在全球的空间分布具有非常明显的地区差异,因此对辐射强迫的作用并不是全球平均分布的。

7.4　全球气候变化的影响和对策

7.4.1　全球气候变化的影响

全球政府间气候变化委员会(IPCC)组织世界上 2500 多位杰出的气候科学家和技术专家对气候变化及影响因素进行了深入系统的研究,于 1995 年得出结论为:大量的事实证明人类活动对全球气候具有确实的影响。

气候变化一般包括气温、降水和海平面的变化三个方面的内容。研究表明,过去 100 年里,这三个方面的记录显示全球气候发生了变化:全球平均气温上升了 0.2~0.5℃;全球海平面上升了 10~25 cm;全球陆地降水量增加了 1%。如果目前的温室气体排放不采取有效的控制对策,那么预计到 2010 年,全球气温将升高 1~3℃;全球海平面将上升 15~100 cm;降水强度可能会进一步增加。

应该指出的是,虽然上述气候变化的结果从数据上看似乎并不惊人,然而这些数字是全球平均的水平,气温、降水和海平面高度及其变化速率在全球的分布并不均匀,在地球的某些地区可能会在短时间内发生急剧的气候变化,如高温天气,飓风,暴雨等极端天气的频率增多等,温度升高导致冰川融化、海平面上升,更会引起巨大的环境、经济和社会冲击。全球气候变化可能导致的影响大致有如下几方面:

(i) 对人体健康的影响:气候变化会导致极热天气频率的增加,使得由于心血管和呼吸道疾病的死亡率增高,尤其是对老人和儿童;传染病(疟疾、脑膜炎等)发生的频率由于病原体(病菌、蚊子)的更广泛传播而增加。

(ii) 对水资源的影响:温度的上升导致水体挥发和降水量的增加,从而可能加剧全球旱涝灾害的频率和程度,并增加洪灾的机会。

(iii) 对森林的影响:森林树种的变迁可能跟不上气候变化的速率;温度的上升还会增加森林病虫害和森林火灾发生的可能性。

(iv) 对沿海地区的影响:海平面的上升会对经济相对发达的沿海地区产生重大影响。据估计,在美国海平面上升 50 cm 的经济损失为 300~400 亿美元;同时,海平面的上升还会造成大片海滩的损失。

(v) 对生物物种的影响:很多动植物的迁徙将可能跟不上气候变化的速率;温度的上升还会使全球一些特殊的生态系统(如常绿植被、冰川生态等)以及候鸟、冷水鱼类的生存面临困境。

(vi) 对农业生产的影响:由于气候变化,某些地区的农业生产可能会因为温度上升,农作物产量增加而受益,但全球范围农作物的产量和品种的地理分布将发生变化;农业生产可能必须相应改变土地使用方式及耕作方式。

上述的影响在一定程度上已经正在全球范围内发生着。地球气候系统是一个稳定度很大的复杂体系,这同时意味着一旦系统发生改变,其变化趋势将持续很长时期,而且很难恢复到原来的状态,因此气候变化过程可能是不能逆转的。因此,尽管我们对全球气候变化的本质、趋势和程度的认识还有相当大的不确定性,但我们必须着眼于现在,加强科学研究,并在此基础上采取有效措施,控制全球气候的变化。

7.4.2　全球气候变化的对策

全球气候变化一直是国际社会高度重视的重大全球环境问题。自 1980 年后的 10 年间,一系列的国际政府间高层会晤的讨论焦点就是气候变化,1988 年由联合国环境署(UNEP)和世界气象组织(WMO)联合发起的政府间气候变化专业委员会(IPCC) 成立。1992 年 6 月,154个国家在巴西里约热内卢召开的环境与发展大会上签署了联合国《气候变化框架公约》。《气候变化框架公约》是一项原则公约,它为国际社会在对付气候变化问题上加强合作提供了法律框架,并对发达国家和发展中国家规定了有区别的义务。在该公约中制定的控制气候变化的·最终目标是将大气圈中温室气体的浓度稳定在一个水平上,以防止人对气候系统的有害干预。该水平应该在一个时间框架内达到,以使生态系统自然地适应气候的变化,保证粮食生产不受威胁,并以可持续的方式发展经济。该公约于 1994 年 3 月生效,公约现有 176 个缔约方。中国是 1992 年首批签署《气候变化框架公约》的国家之一。

全球气候变化的控制对策及实施同时也是一个复杂的国际政治和经济问题。这一问题的根本分歧存在于发达国家和发展中国家之间。发达国家认为,发展中国家温室气体的排放量正在增加,必须也要像发达国家一样制订限制指标,并采取限控措施。发展中国家则一直坚持,目前全球气候变化是由于发达国家长期大量排放温室气体的结果,从现实和历史角度看,发达国家应为此承担主要责任,他们应率先采取行动,控制温室气体的排放;大多数发展中国家正处在发展的初级阶段,温室气体人均排放量低,没有义务制订限控指标。

发达国家之间则由于各自利益不同,在此问题上也存在很大的分歧。欧盟国家在发达国家阵营中表现最为激进,提出到 2010 年在 1990 年基础上削减 15%,美国和加拿大立场类似。美国宣布到 2012 年温室气体排放量稳定在 1990 年的水平上,以后再进行削减,但未提出具体指标。加拿大最近宣布的方案是到 2010 年稳定在 1990 年水平上。

1997 年 12 月在日本召开的京都会议审查了《气候变化框架公约》的各项承诺及执行情况,磋商如何采取措施落实已经签署的框架公约,使发达国家在更有效地降低温室气体排放量的同时,增加对发展中国家的资金援助和技术转让,从而尽快抑制全球气候变暖的趋势。上述发达国家与发展中国家,以及发达国家之间的原则、立场冲突较为充分地在这次会议上体现出来。作为京都会议东道国,日本提出了一个折中方案,即到 2010 年在 1990 年的水平上削减5%,但该方案遭到了欧盟的批评。京都会议最终达成的协议中要求《气候变化框架公约》的附件一国家(发达国家)对温室气体的排放进行限期控制,全部排放量在 2008 年至 2012 年承诺期间,以 1990 年温室气体排放量为基数,实现平均减排 5.2%。

我国是一个人口大国,也是环境大国。目前我国二氧化碳排放总量仅次于美国,居世界第二位。中国未来经济长期高速的增长,可能会伴随温室气体排放的进一步增加。应该说,无论是发达国家还是发展中国家,均共同拥有一个地球,发展中国家也是世界今后控制全球气候变化的重要力量。中国作为最大的发展中国家和一个在国际事务中负责任的大国,也在积极为温室气体的减排和遏制区域污染做出突出的贡献。同时,发展中国家应坚持环发大会制定的"共同但有区别的责任"的原则,在控制全球变暖的问题上,发达国家应负主要责任。而且温室气体控制的国际义务应坚持"人均"的原则。美国和德国的二氧化碳人均排放量分别是我国的 7.6倍和 4 倍,我们不能与发达国家承担同样的义务。发达国家应提供资金和技术,支持发展中国家为保护气候所做出的努力。若要使保护气候取得大的进展,必须同保护臭氧层一样,建立一个用于支持发展中国家的保护气候专项基金。

随着越来越多气候变化事实的出现,全球气候变化问题的解决还将加快步伐。由于全球气候变化产生的根源及其对未来的人类社会可能的深刻影响,控制这一过程的对策将涉及社会生活的各个方面:

(i) 人口措施:1987 年的世界人口达到了 50 亿,目前仍以每 5 年近 10% 的速度增加。人口的过度增长会造成一系列的自然、经济和社会问题,诸如粮食短缺、自然资源缺乏、能源紧张、失业增加、教育和医疗状况恶化等。全球人口的增加是人类活动造成的大气中温室气体上升的本质原因。因此许多国家制定了严格的计划生育政策,而地球上的每一位公民也应审慎考虑是否值得再生一个孩子。

(ii) 能源措施:人类对能源的需求和使用是造成对气候影响的直接原因。为得到薪材和木炭而大量砍伐森林,工业过程中大量燃烧矿石燃料,交通运输过程中大量消耗的油料等,是目前造成温室气体浓度不断增加的主要因素。如何减少对这些燃料的使用,进行更少的燃烧活动,是一个我们共同面对的重大课题。目前的主要措施包括:首先,提高能源的使用效率。在保证经济增长的同时,通过改进工艺过程和技术,厉行节约,减少能耗,在许多国家尤其是发展中国家具有广阔的前景。其次,是改善能源结构,增加可再生能源和洁净能源的使用,如开发技术提高太阳能、风能、水能、地热能的使用和能量的循环利用技术。

(iii) 生态措施:森林吸收大气中的二氧化碳用于光合作用,将 CO_2 从大气转移到植物体,是大气中 CO_2 去除的一个重要途径。据计算,要抵消化石燃料以目前的速度燃烧排放到大气的 CO_2,世界必须拥有大约 700 万平方千米的永久森林。因此,世界各国应加大力度,在可利用的土地上植树造林,采取措施恢复已被破坏或正在遭受破坏的原始森林。作为生态措施的重要部分,可持续的农业和畜牧业的发展也应得到足够的重视。

中国也准备积极采取行动,减少我国温室气体的排放。然而,控制温室气体的排放涉及国民经济的许多基础部门,如主要的工业、能源、电力、交通和农业等领域,因此应该在审慎和科学的基础上开展这项工作,以保证我国经济长期、稳定和可持续地发展。

第8章 天然水环境化学

8.1 水环境与水资源

8.1.1 水的环境特性

水跟空气一样,也是地球上各种生命所必需的环境要素之一。由于水分子之间氢键的存在,使水具有许多不同于其他液体的物理和化学性质,从而决定了水在人类生活环境和生命过程中几乎无可替代的作用。以下列举了其中几个重要的方面:

(i) 水是无色透明的,太阳光中可见光和波长较长的紫外线部分可以透过,使光合作用所需的光能能够到达水面以下的一定深度,而对生物体有害的短波紫外线则被阻挡在外。这在地球上生命的产生和进化过程中起了关键性的作用,至今对生活在水中的各种生物仍具有至关重要的意义。

(ii) 水是一种极好的溶剂,为生命过程中营养物和废弃物的传输提供了最基本的媒介。

(iii) 水的介电常数在所有的液体中是最高的,使得大多数离子化合物能够在其中溶解并发生最大限度的电离,这对营养物质的吸收和生物体内各类生化反应的进行具有重要意义。

(iv) 除液氨外,水的比热是所有的液体和固体中最大的,为 $4.18\,\mathrm{J\cdot g^{-1}\cdot K^{-1}}$。此外,水的蒸发热也极高,在 20℃ 下为 $2.4\,\mathrm{kJ\cdot g^{-1}}$。正是由于这种高比热、高蒸发热的特性,地球上的海洋、湖泊、河流等水体,白天吸收到达地表的太阳光的热量,夜晚又将热量释放到大气中,避免了剧烈的温度变化,使地表温度长期保持在一个相对恒定的范围内。月球表面都是岩石,石头的比热只有水的 20%,所以月球表面的气温变化可以从 +120℃ 到 −150℃。

(v) 水在 4℃ 时的密度最大,这一特性在控制水体温度分布和垂直循环中起着重要作用。在气温急剧下降的夜晚,水面上较重的水层向水底沉降,与下部水层更换,这种循环过程使得溶解在水中的氧及其他营养物得以在整个水域分布均匀,最后水体趋于一种稳定状态,水底温度是 4℃,在这一层中水生物可以幸存。海洋也是由于类似的循环过程决定了洋流的分布,世界各地的海洋约 1 km 深处的海水温度差不多都在 0~4℃ 之间。

(vi) 冰轻于水。水凝固成冰时,每个水分子与周围另外 4 个水分子以氢键结合,形成四面体结构单元,使冰呈六方晶系晶体结构。由于其中氧的配位数只有 4,使分子之间有较大的空隙,因此,冰的密度比水小,只有 $0.92\,\mathrm{g\cdot cm^{-3}}$,可以浮在水面上。冰轻于水这一特性对水下生物具有十分重要的意义。否则,若冰重于水,气温降低时水面结成的冰会沉入水底,从而导致整个水体完全冻结,给水下生物带来灭顶之灾。

在大多数生物体内,水的含量达 2/3 以上。在某些植物体内的水分含量甚至高达 95%。人体血液的矿化度为 $9\,\mathrm{g\cdot L^{-1}}$,与 30 亿年前原始海水的矿化度是相同的。现在人们用来静脉点滴的生理盐水正是浓度为 0.9% 的 NaCl 溶液。而整个地球表面水体覆盖的面积多达 70%,这一系列的数字充分表明地球上生命的产生和进化都离不开水。

8.1.2　地球上的水资源

地球上水的总储量大约为 13.6 亿立方千米,其中绝大部分(约 97.3%)在海洋里,一部分以水蒸气(如云)的形式存在于大气中,还有相当一部分以固态冰或雪的形式分布在极地冰川、冰河和终年积雪的高山上。河流、湖泊和水库构成了地表水,地下水则深藏于地下十几米深处的蓄水层中。地球上的水就在这五种形式之间昼夜不停地运动着,构成了水圈循环(如图 8-1 所示)。

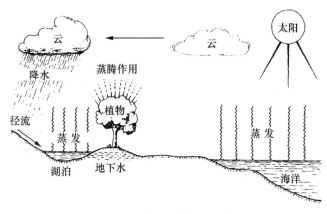

图 8-1　地球上的水循环示意图

水圈循环包括海陆间循环、内陆循环和海上内循环三种类型。通常把海洋与大陆之间的水分交换过程称大循环,海洋或陆地上的降水同蒸发之间的水分交换称小循环。水的相态变化(气态、液态、固态)是形成水循环的内在因素,太阳辐射能和重力是水循环的外因或动力。一个地区的水分循环主要受自然地理因素与人类活动状况的影响,自然地理因素中气象因素起主导作用,降水、蒸发与水汽输送均取决于气象过程,人类对水循环的影响主要表现为增加下渗,调节径流,加大蒸发,在一定程度上有可能增加降水。水循环对大气起到一定的清洁作用,使陆地上的淡水资源不断得到补充,水的蒸发还有助于水溶性营养物质从植物的根输送到茎和叶。

全球水资源的分布状况见表 8-1 中的数据。由表 8-1 可见,地球上真正可供人类生产和生活使用的淡水在总水资源中所占份额只是极小的一部分。

表 8-1　地球上的水资源分布

项　目		体积/百万立方千米	占总水量的百分比/%	更新时间
陆地上的水	淡水湖	1.77	0.13	1～100 年
	咸海和内海	0.15	0.011	10～1000 年
	河流	0.04	0.003	10～20 天
	土壤水分和渗流水	0.07	0.005	280 天
	地下水(14.7 m)	8.30	0.61	300 天
	冰冠和冰川	29.1	2.14	16 000 年
大气中的水		0.01	0.001	9 天
世界海洋		1320	97.1	37 000 年
合计		1360	100	

目前,世界上几乎每个国家都面临水资源短缺的问题。在一些岛屿国家,尽管周围是取之不尽的海水,但深受严重的淡水匮乏之扰,经常不得不靠接存屋顶流下的雨水来满足日常之需。而在一些发展落后的国家和地区,人们每天要花几个小时步行 15～25 km 才能取到水,其中很多时候取到的水是被污染了的水。根据世界卫生组织的调查结果,在某些发展中国家每五个人中有三个得不到干净、无菌的饮用水。此外,这些国家 80% 的疾病是由于饮用或洗浴用的水受到污染而造成。

面对全球性的水资源短缺问题,许多人可能会认为世界上的水越来越少了,其实并非如此。今天全球的淡水量跟几千年前人类文明刚刚起步时是一样的。事实上,每年通过降水到达地表的可利用淡水量达 860 mm,足够我们需求量的几倍。水资源短缺的问题从根本上讲主要是由以下四个方面的因素引起的:

(i) 降水并不是均匀地分布在地球表面。热带雨林地区有丰富的降水,但在许多干旱地区,人们每年接收到的降水量还不到 250 mm。

(ii) 城市的发展,尤其是人口的急剧增长常常超出了供水的能力,甚至在一些降水丰富的地区也面临这个问题。

(iii) 人类社会没有有效地利用水资源。

(iv) 日益严重的水污染加剧了水资源短缺状况。

概括起来,世界各国共同面临的水资源问题包括:地表水供应不足,地下水过度开采,地表水和地下水的污染,饮用水质量,洪水,侵蚀和沉积,疏浚和疏浚物的处置,湿地和湿土干化,海湾、河口湾和沿海水域的污染,等等。

水资源短缺的问题在很大程度上是由于不合理的用水方法造成的。人类对水资源的利用方式可划分为三类,即农业灌溉(约占 73%)、工业用水(约占 21%)和公共生活用水(约占 6%)。

农业是全球用水最多的一项,传统的大水漫灌方式由于输水渠道的严重渗漏造成极大的浪费,非常有必要采取措施减少灌溉损失,例如推行渠系衬砌,推广喷灌滴灌技术,可节约相当可观的水量。企业和居民生活也应建立高效的用水系统。工业上应采用先进技术,提高水的重复利用率,降低单位产值的耗水量。在沿海城市,可利用海水作冷却水。城市用水中存在的不合理表现在生活用水和工业用水不分,清洁用水和饮用水不分,雨水与污水不分,既给污水处理造成许多困难,又限制了饮用水质量的提高。如果将不同用途的水通过不同的管道输送,根据不同的用途进行处理,并制定不同等级的水价,同时大力推广节水型用水设施,提高水的重复利用率,都可以大大减少水的消耗量。

水资源短缺通常靠增加供给来解决,由此导致在世界许多地区地表水和地下水过度开采。地下水耗竭不仅使一些池塘和沼泽地干枯,在沿海地区还会导致盐水入侵,严重时引起农田盐渍化。更令人担忧的是,在不少地区已出现了由于地下水过度开采造成的地面下沉,个别地区甚至发生高速公路、民宅、工厂和输送管道的塌陷事件。

此外,地下水污染问题也日趋严重,地下污水管泄漏、地下油库泄漏,及农用化肥和农药残留物的渗滤都是地下水的重要污染源。

洪水发生的主要原因是由于降雨量过大和过于集中造成的,但许多人为的因素加剧了这种灾难。

人类最典型的破坏行为是过度砍伐森林,毁坏植被生态系统,使得水土大量流失,一方面抬高了河床,减小了河流的容水能力,另一方面渗滤能力显著下降,这些都是增加洪水危害的重要原因。同时,人们为了获得更多的土地,无休止地围湖造田,使沿江湖泊的面积急剧缩小,大大降低了洪水发生时的分洪、蓄洪能力,而且流域的城市化和工业化的土地使用使得河岸线逐渐由弯曲变直,也是造成洪水危害性增加的原因之一。

总体上讲,我国是一个缺水的国家。每年的水资源总量约为 2.8 万亿立方米,人均水量不到 $2400\,m^3$,只有世界人均水量的 1/4。而且,这有限的水资源还存在着时空分布严重不均衡的问题。一方面,只占全国耕地 36% 的长江以南地区,水资源占了全国总量的 82% 以上,而面积广阔的西北、华北地区水资源极度缺乏,一些重要的河流如黄河、海河甚至发生严重的季节性断流;另一方面,降水在一年中绝大部分集中在 6～9 这四个月中,使得宝贵的水资源变成了灾难性的洪水,不仅难以利用,而且危及成千上万人的生命。

从人们的日常生活需求来看,我国的 600 多个城市中,有 400 多个存在供水不足的问题,生产和生活都受到了影响。其实,世界上普遍存在的水资源利用方面的问题在我国同样存在,有些甚至已经到了十分严重的地步。可以说,水资源的问题在很大程度上已成为制约我国社会和国民经济发展的一项重要因素。保护水环境、节约用水、大力发展水的净化和淡化技术是有效缓解这一问题的根本出路。

8.1.3　天然水体的类型和特点

地球上的淡水系统分为流动型和静止型两类。流动型的水体如河流、小溪等,因水流较快,自净能力较强,但静止型的水体如湖泊和池塘,因水的更新速度极慢,是易发生污染的水体。据估算,一个湖泊中的水要彻底更新一轮,需要 10～100 年甚至更长的时间,因此其中的污染物容易积聚至造成毒害的水平。人工建造的水库也有流动型和储存型之分,前者的性质类似河流,后者则类似于湖泊。

湖泊一般包括湖岸区、湖水区和湖底区三个区域。湖岸区和湖水区对湖水的质量至关重要,是许多光合微生物生存的场所,并为水生生物提供食物和氧,因此,这些地区的污染会严重破坏湖体的生态平衡。湖底区也是重要的生态区域,在湖底的淤泥和沉积物中,生长着数十亿个细菌和真菌,它们分解自上层沉积下来的有机物质,并释放出上层两个区内植物生长所需的营养物质。污染物对这些微生物的毒害也将破坏水体生态过程。

按照温度的变化规律,湖水可分为湖上层(即上部温暖的水层)、变温层(即中间过渡层)和底层(即湖底深处的冷水层)三个层,如图 8-2 所示。由于接收到的太阳辐射及与大气进行交换的程度不同,这三个层区的化学性质存在很大差异。

在温暖地区,湖水每年要进行两次重要的混合过程,使氧、营养物和浮游植物得以彻底交换。在秋天,气温开始下降,地表水降温,当表层水温度降到 4℃ 时,开始下沉,同时风也帮助搅动水,促进完全混合,这种现象称为秋天的反潮。在这些外力的作用下,夏季期间形成的热稳定层结完全消失了。整个冬天,水温从顶部到底部相当稳定,鱼通常统一地分布在湖底区。当春季到来,冰开始消融时,湖水又一次开始翻动。湖水的这种季节性翻动非常重要,在秋季能将 O_2 从水体表面输送到底部,使湖底区的生物可以生存。春季又将底层的营养物质带到上部,使水中生物得以利用。

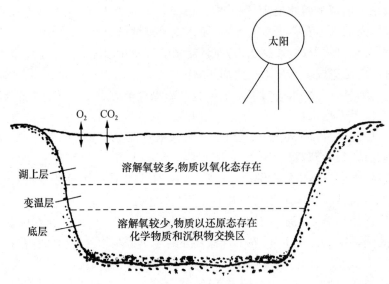

图 8-2　湖水的分层和物质交换

人类生活使用最多的水是地表水和地下水。地表水和地下水在组成和性质上都有所不同。进入地表水的物质溶解或悬浮于水中,其中的无机营养物可供藻类生长之需,大量的可生物降解有机物则成为水中微生物的食物,这些因素都对地表水的性质有影响。地下水可溶解流经地区的各种矿物质,但其中大部分的微生物在渗入和穿过土层的过程中都被滤掉了。在少数情况下,地下水中可含有很高浓度的盐分,不过大多数时候地表水中的含盐量要大得多,这和各种人为排放源的输送有密切关系。

河口处的水因处于淡水和海水交汇的地带,通常具有一些特殊的化学和生化性质。这里还是许多海洋生物的繁殖地,因而水质保护十分重要。

占据了地球表面近 3/4 面积的海洋具有自身独特的化学和生物性质,与此相应地产生了各类专门研究海洋的独立的学科,如海洋化学、海洋生物学等。

8.2　天然水的化学组成

作为一个开放的体系,天然水体的化学组成是在不断变化的。除水本身外,天然水体中往往还含有许多其他物质,如离子、溶解性气体、有机质、胶体物质和生物质等。

8.2.1　无机离子

天然水中含有丰富的离子成分,K^+、Na^+、Ca^{2+}、Mg^{2+}、HCO_3^-、NO_3^-、Cl^- 和 SO_4^{2-} 为水中常见的 8 种含量最高的离子,它们占了天然水中离子总量的 95%～99%。这些离子成分主要来自于岩石中的矿物质和大气沉积物,水中无机离子的含量是水体矿化度的表征。矿化度的定义即为水体中所含溶解性盐的总量,用 TDS(mg·L^{-1})表示。

世界各地河水的离子组成情况见表 8-2。由表 8-2 数据可见,河水中含量最高的阳离子为 Ca^{2+},含量最高的阴离子为 HCO_3^-。河水的总矿化度较小(<500 mg·L^{-1}),属于低矿化度水体,或称为淡水。

表 8-2　世界各地河水的平均离子组成（单位：$mg \cdot L^{-1}$）

地　区	$K^+ + Na^+$	Ca^{2+}	Mg^{2+}	HCO_3^-	NO_3^-	Cl^-	SO_4^{2-}	TDS
北美洲	10.4	21	5	68	1	8	20	133.4
南美洲	6	7.2	1.5	31	0.7	4.9	4.8	62.4
欧洲	7.1	31.1	5.6	95	3.7	63	24	142.8
亚洲	9.3	18.4	5.6	79	0.7	8.7	8.4	130.1
非洲	11	12.5	3.8	43	0.8	12.1	13.5	96.7
大洋洲	4.3	3.9	2.7	31.6	0.05	10	2.6	55.2

　　湖泊比河流的更新速度慢,因此在相似气候和地球化学的条件下,二者的离子含量也会有较大差别。根据矿化度的大小,湖泊分为淡水湖(矿化度$<1\,g \cdot L^{-1}$)、半咸水湖(矿化度 $1\sim25$ $g \cdot L^{-1}$)和咸水湖(矿化度$>25\,g \cdot L^{-1}$)。世界上一些淡水和半咸水湖的离子组成列于表 8-3 中。

表 8-3　某些淡水湖和半咸水湖的平均离子组成（单位：$mg \cdot L^{-1}$）

湖　泊		$K^+ + Na^+$	Ca^{2+}	Mg^{2+}	HCO_3^-	Cl^-	SO_4^{2-}	TDS
淡水湖	伊利湖	7.7	38.1	8.5	117.7	14.8	22.1	209
	安大略湖	8.9	36.9	7.8	113.5	15.6	20.3	203
	苏黎世湖	2.3	41	7.2	145	0.83	11.1	207
	拉多加湖	8.6	7.1	1.9	40.2	7.7	2.5	68
半咸水湖	巴尔哈什湖	1475	25.1	294	492.7	574	893	3754
	伊塞克湖	63.2	114	17.9	240	1585	2115	4135
	咸海	63.2	94.1	17.9	202	73.6	164.8	616

　　我国矿化度最高的湖泊是青海省的察尔汗盐湖,矿化度高达 $527.15\,g \cdot L^{-1}$。矿化度过高的水不适宜灌溉及作生活用水。

　　海水中除了含有上述主要离子外,还含有较高浓度的 Br^-、F^-、Sr^{2+} 和 $B(OH)_4^-$ 等离子。海水的离子组成情况见表 8-4,表中给出的是平均浓度水平,在某些区域,尤其是沿岸附近,可能会有较大变化。

表 8-4　海水的平均离子组成（单位：$mg \cdot kg^{-1}$）

阳离子	Na^+	Mg^{2+}	Ca^{2+}	K^+	Sr^{2+}	
浓　度	10 760	1294	413	387	8	
阴离子	Cl^-	SO_4^{2-}	HCO_3^-	Br^-	$B(OH)_4^-$	F^-
浓　度	19 353	2712	142	67	4	1

8.2.2　溶解性气体

　　自然界的水体中总是含有一定量的气体,这些气体主要来自三个方面:大气、水中藻类的光合作用和呼吸作用以及水中的化学反应。

　　由于气体在水中具有一定的溶解性,大气中所含的气体如氧、氮、二氧化碳、氨、硫化氢、甲烷等在水体中都有一定含量。一般来说,(不与水发生反应的)气体在水中溶解度的大小服从亨利定律,即当大气中的气体分子与水中同样形态的分子之间达到平衡时,气体在水中的溶解度与液面上气体的分压成正比。CO_2 等气体因在水中可进一步发生反应,实际溶解量远大于根据亨利定律求得的量。

1. 溶解氧

水中的溶解氧(dissolved oxygen,简称 DO),指的是溶解于水中的分子态氧。氧在水中的溶解度是符合亨利定律的,同时还跟水温和水中盐分的含量密切相关。温度越高,气体的溶解度越小;而当温度和气压一定时,随着水中盐分的增加,溶解氧的浓度会降低。因此,常温(25℃)下清洁的淡水体中 DO 的含量一般在 $8\sim9\,\mathrm{mg\cdot L^{-1}}$,而海水中的溶解氧量通常只有淡水的 80% 左右。

在有藻类生长和受到有机物污染的水体中,溶解氧的含量显著受到水中藻类光合作用和呼吸作用的影响,有机物的降解过程也会大大消耗水中的溶解氧。地表水的溶解氧含量一般不低于 $4\,\mathrm{mg\cdot L^{-1}}$。水体中所含的碳氢化合物、脂肪、蛋白质等有机化合物和某些其他可生物降解人工合成的有机物质,在水中微生物等作用下,最终分解为二氧化碳、水等简单的无机物,同时消耗大量的氧;而水体中的亚硫酸盐、硫化物、亚铁盐和氨类等还原性物质,在发生化学氧化时,也要消耗水中的溶解氧。如果排入到水体中的有机污染物含量较高,大量消耗了水中的溶解氧,这时有机污染物便转入厌氧腐败状态,产生 H_2S、CH_4 等还原性气体,使水中动植物大量死亡,而且可使水体变黑变混,发生恶臭,严重污染地球生态环境。这些物质统称为耗氧污染物。

2. CO_2 气体

对于 CO_2 气体,除了水对大气中 CO_2 气体的吸收之外,水体中动植物的新陈代谢和呼吸作用,水中有机物在微生物作用下分解的过程中,都会产生 CO_2,此外,水体附近土壤或岩石中的碳酸盐易被淋溶到水体中去,也是水体中 CO_2 的一个重要来源。一般地,海水容易从大气中吸收 CO_2,而陆地水中的 CO_2 主要来自水体中有机物的氧化和水生动植物的新陈代谢。

8.2.3 有机质

跟无机物相比,清洁的天然水体中有机物的含量要少得多($1\sim3\,\mathrm{mg\cdot L^{-1}}$),但种类十分复杂。一般地,像碳水化合物、脂肪酸、蛋白质、氨基酸、色素、纤维素这类物质及其他一些低相对分子质量的有机物,容易被微生物分解利用,并转变成简单的无机化合物。但在动植物残体腐败的过程中,还会产生相当一部分难以被降解的物质,如油类、蜡、树脂和木质素等,这些残余物与微生物的分泌物相结合,常形成一种褐色或黑色的无定形胶态复合物,这种复合物通常被称为腐殖质。腐殖质广泛地分布在自然界中,河流、湖泊、海洋、水体沉积物和土壤中都含有丰富的腐殖质。水体中的天然有机质主要是指腐殖质。

根据腐殖质在酸碱中的溶解情况,可以大致将其分为三类:① 富里酸(FA),既溶于酸,又溶于碱。富里酸的相对分子质量相对较小,从几百到几千。② 腐殖酸(HA),不溶于酸,只溶于碱,相对分子质量从几千到几万。③ 胡敏素(也叫腐黑物),既不溶于酸,也不溶于碱,相对分子质量在几万以上。红外光谱实验证明,以上这三类腐殖质在结构上是非常相似的,只是在相对分子质量、元素和官能团的含量上有差别。

腐殖质的形成是个非常复杂的过程,确切的机制目前还不十分清楚。这里简单介绍两种有代表性的观点。第一种观点认为,生物高分子在降解过程中首先形成了腐殖质的中心核,随着降解的进行,含氧基团含量逐渐增加,分子越来越小,亲水性逐渐增加,先是可以溶于碱中,继续降解相对分子质量可小到在酸和碱中都可以溶解,最终降解产物的结构仍保留一些原始的特征,但跟母体有机物完全不同。

另一种观点则认为是生物高分子首先被降解成小分子,然后重新缩合形成腐殖质。有研究证实由真菌等微生物合成的多酚或在木质素氧化降解过程中释放出的多酚可进行氧化聚合。照此观点富里酸是腐殖酸以及胡敏素的前体物,这与前一种降解理论的观点刚好相反。这一观点可解释在不同环境中不同前体物高分子形成的腐殖质之间的相似性。

以上两种观点提出的形成机制在实际环境中都有可能存在,例如降解机制在湿沉积物和水体中占主导地位,而在土壤条件下,可能更有利于缩聚机制的发生。

大量腐殖质的测定结果表明其元素组成范围一般为含 C 45%～60%,含 O 25%～45%,含 H 4%～7%,含 N 2%～5%,含无机元素(灰)0.5%～5%。按从富里酸、腐殖酸到胡敏素的顺序,C 含量逐渐增大,O 含量逐渐减小。由于 C 含量一般接近 60%,可用 1.7 作为转换因子根据有机 C 的量计算有机物的总量。例如,测得某湖中溶解态有机 C 浓度为 $2.3\,mg\cdot L^{-1}$,则溶解态有机物的浓度可估算为 $3.9\,mg\cdot L^{-1}$。土壤中腐殖质的 C 含量一般大于水体中的腐殖质,O 和 N 的含量情况相反。

世界各地的腐殖质样品表现出相似的特征,图 8-3 为推测出的一种腐殖质结构式。腐殖质分子的最大特点是在各个方向上带有很多活性基团。重要的含氧官能团及其特征含量范围(每 g 腐殖质中含官能团的 mmol 数)为羧基 $2\sim6\,mmol\cdot g^{-1}$、酚羟基 $1\sim4\,mmol\cdot g^{-1}$、醇羟基 $1\sim4\,mmol\cdot g^{-1}$、羰基 $2\sim6\,mmol\cdot g^{-1}$ 和甲氧基 $0.2\sim1\,mmol\cdot g^{-1}$。

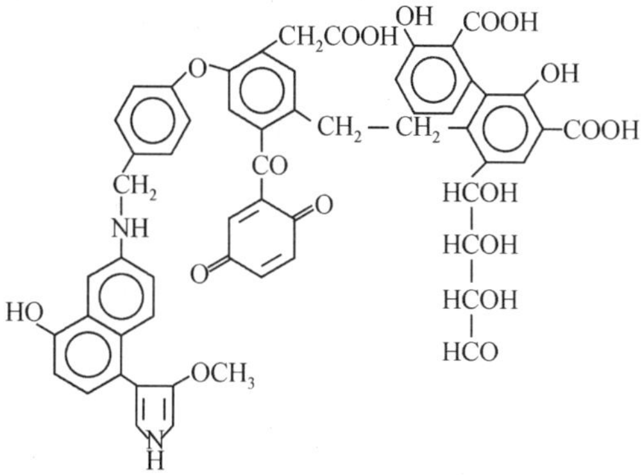

图 8-3　腐殖质可能的一种结构式

正是这些基团单独或共同作用,使腐殖质能与水体和土壤中的金属离子和小分子有机物之间发生多种反应,如离子交换、表面吸附、配位和胶溶作用等,因而在很大程度上控制了水体和土壤中微量元素和有毒物质的迁移、富集和沉积。

8.2.4　胶体物质

天然水中含有的铝、铁、锰、硅等元素的水合氧化物,主要以无机高分子及溶胶等形态存在,是水环境中重要的无机胶体。但在还原性区域,它们主要以溶解态(如 Fe^{2+}、Mn^{2+} 等)的形式存在。另外,岩石风化产生的粘土矿物也是天然水体中普遍存在的无机胶体物质,其主要成分是铝或镁的硅酸盐。

腐殖质是天然水中最重要的有机胶体。腐殖质在水中除了以游离态、与金属离子络合或与其他有机物种结合的方式存在外,还可以结合到水-沉积物或水-土壤体系中的粘土矿物表面,

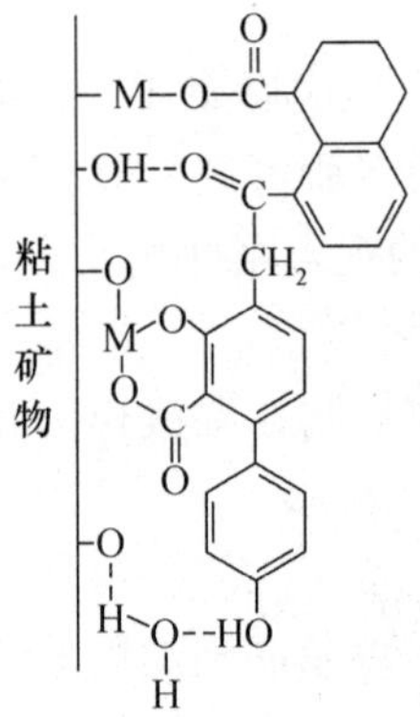

图 8-4 粘土矿物与腐殖质的相互结合作用

形成一层涂层。这种表面结合(见图 8-4)是通过粘土矿物表面的金属离子(如 Al^{3+}、Fe^{3+})或周围溶液中的金属离子(如 Ca^{2+}、Al^{3+})与腐殖质之间特异性成键的相互作用发生的,还可通过弱的氢键作用结合,但不会是由于简单的静电吸引作用,原因在于粘土矿物表面和腐殖质表面都是带负电的。这种结合作用使二者的表面性质都发生了改变,对水中其他物种的作用也随之变得更加复杂。

8.2.5 生物质

水生生物有自养生物和异养生物之分。藻类是典型的水生自养生物,可以利用太阳能把简单的无机物合成有机物并组成生命体,CO_2、NO_3^- 和 PO_4^{3-} 为藻类主要的 C、N、P 营养源。藻类一般漂浮在水面上或悬浮在水中,也有些附着在礁石或其他的水下物体上。它们是鱼和其他小水生动物等异养生物的食物。藻类在白天通过光合作用制造氧气,在夜间又消耗溶解氧。它们的生物行为在很大程度上影响着水体的 pH 和溶解氧含量。

8.3 天然水体中的化学平衡

元素或化合物的性质,尤其是对生物体的毒害性,与其存在形态密切相关。而水体中所含物质的存在形态主要是由水体中存在的化学平衡,即酸碱平衡、氧化还原平衡、络合平衡、沉淀-溶解平衡及吸附-解吸平衡等决定的。天然水体可以看做是一个含有多种溶质成分的复杂的水溶液体系,上述平衡的综合作用决定了这些组分在水体中的存在形态,进而决定了它们对环境所造成的影响及影响的程度。因此,了解天然水体中的基本化学平衡知识无论对掌握水环境化学知识还是对从事与之有关的研究工作都是非常必要的。

8.3.1 酸碱平衡

参与影响天然水体酸碱平衡的物质主要有 H_2CO_3、H_2SO_4、H_2S、H_3PO_4、NH_3/NH_4^+、金属水合物和有机酸等。天然水体的 pH 通常在 6.5~8.5 之间,因此,碳酸主要是以 HCO_3^- 的形态存在。一般地,重金属碳酸盐的溶解度远小于其碳酸氢盐的溶解度,HCO_3^- 含量高,则大部分金属都以离子的形式存在于水中,有利于迁移;而当 pH 升高,CO_3^{2-} 成为主要的存在形态时,大部分金属会以沉淀的形式进入到水体底泥中。

在天然水体中,磷酸盐主要以 $H_2PO_4^-$ 和 HPO_4^{2-} 的形态存在。由于大部分金属的正磷酸盐(PO_4^{3-})在水中溶解度很小,而磷酸氢盐和磷酸二氢盐的溶解度相对较大,所以磷酸的上述形态分布特点对金属离子的迁移和磷作为营养物被生物吸收都十分有利。

除了碳和磷外,水中另一个参与水体的酸碱平衡的重要元素即硫元素。含硫的酸除 H_2SO_4 外还有亚硫酸(H_2SO_3)和氢硫酸(H_2S),后两者都是还原性物质,只有在还原性条件下才能稳定存在。根据二者的酸度常数可知,在天然水体中 H_2SO_3 体系主要是以 SO_3^{2-} 的形态存在,而 H_2S 体系的主要存在形态是 HS^-,同时也有少量 H_2S。大部分金属的硫化物都是难溶化合物,所以 S^{2-} 的浓度对金属的迁移、累积影响很大。在碱性、厌氧的条件下,大多数金属都沉积到水底淤泥中去了。此外，H_2S 本身是具恶臭味的气体，对水生生物毒性极大。

金属离子在水体中很少以游离态形式存在，当其他配体含量低时，主要以水合离子的形态存在。在一定条件下，与金属结合的水分子可释放出 H^+，反应为

$$M(H_2O)_m^{n+} \longrightarrow M(H_2O)_{m-1}(OH)^{(n-1)+} + H^+ \tag{8-1}$$

金属水合物失质子的程度与金属离子本身的性质有密切关系，另外还受到溶液 pH 的影响。一般来说，金属离子的电荷越高，半径越小，与偶极水分子之间的结合作用越强，H^+ 越容易失去，即金属水合物的 pK_{a_1} 与金属离子的 Z^2/r（Z 为金属离子所带电荷数，r 为金属离子半径）之间存在负相关关系。另外，对许多重金属离子，还受到其他因素的影响。表 8-5 列出了一些金属水合物的 Z^2/r 和相应的 pK_{a_1} 数据。

表 8-5　金属水合物的 Z^2/r 和 pK_{a_1}

金属离子	$\dfrac{Z^2}{r}$/nm^{-1}	pK_{a_1}	金属离子	$\dfrac{Z^2}{r}$/nm^{-1}	pK_{a_1}
Na^+	8.6	14.48	Ni^{2+}	48	9.40
K^+	6.6	>14	Cu^{2+}	46	7.53
Be^{2+}	68	6.50	Zn^{2+}	46	9.60
Mg^{2+}	47	11.42	Cd^{2+}	37	11.70
Mn^{2+}	48	10.70	Hg^{2+}	34	3.70
Fe^{2+}	43	10.1	Al^{3+}	133	5.14
Co^{2+}	45.2	9.6	Fe^{3+}	115	2.19

可见，在 pH>6.5 的水体中，$Be(OH)^+$ 比 Be^{2+} 重要，$MgOH^+$ 和 $CaOH^+$ 在很高的 pH 下存在。而 Al^{3+} 和 Fe^{3+} 的水合物在通常情况下都倾向于失去质子。$Fe(Ⅲ)$ 在水中最重要的存在形态是 $Fe(OH)_2^+$。

腐殖质中的富里酸和腐殖酸是水体中重要的有机酸性物质，其酸性主要来自分子中所含的羧基和酚羟基。腐殖质中羧基的解离常数与其邻近的电负性原子有关，pK_a 一般在 2.5~5 的范围内。其酚羟基的 pK_a 一般在 9 或 10 左右。因此，在水中腐殖质的羧基通常是以解离状态存在的。当水中的其他缓冲性物质含量较少时，腐殖质可造成水的 pH 减小到 5.5~6.5。在这种状况下，腐殖质本身带负电，有时可能成为溶解相中主要的阴离子组分。

例如，某水样中溶解态腐殖质的含量为 8.0 mg·L^{-1}，其他离子的浓度数据如下：

H^+	pH=5.88	Mg^{2+}	0.124 mg·L^{-1}	HCO_3^-	14.4 μg·L^{-1}（以 C 计）
NH_4^+	3.6 μg·L^{-1}（以 N 计）	Ca^{2+}	0.569 mg·L^{-1}	SO_4^{2-}	59.4 μg·L^{-1}（以 S 计）
Na^+	75.9 μg·L^{-1}	Cl^-	0.138 mg·L^{-1}		
K^+	50.8 μg·L^{-1}	NO_3^-	7.0 μg·L^{-1}（以 N 计）		

对以上结果进行电荷平衡计算会发现正电荷明显过剩，比负电荷多了 35.4 μmol·L^{-1}。为了维持水溶液的电中性，水中必定存在着其他带负电荷的物质，研究证实这些负电荷主要来自水中腐殖质阴离子的贡献。根据水中腐殖质的含量可计算出其带负电荷量约为 4.5 mmol·g^{-1}，与前述腐殖质中含羧基约 2~6 mmol·g^{-1} 是一致的。注意这里只是一种粗略的估算，并未考虑浓度测量的误差。不过，以上结果仍可说明在 HCO_3^- 浓度较低的水体中，腐殖质对酸碱平衡有较大贡献，是重要的缓冲物质。

8.3.2 配位平衡

水体中往往含有多种无机和有机配位体,其中较重要的无机配位体有 H_2O、OH^- 和 Cl^-,其次是 SO_4^{2-}、CO_3^{2-}、HCO_3^-、NH_3、CN^-、F^-、Br^-、$H_2PO_4^-$ 和 $HSiO_3^-$ 等,水体中的大多数金属都可以形成稳定程度不同的各种无机络合物。

实际水体中常常有多种配体共存,这些配体之间可发生竞争或交换,还有可能形成混合配体络合物,此时可根据逐级稳定常数和各配体的浓度作出各种络合物形态所占的优势区域图,判断在给定金属离子和各种配体浓度条件下的主要络合形态。以 Hg^{2+} 为例,当水中同时存在 Cl^- 和 OH^- 时,它们与 Hg^{2+} 形成络合物的主要形态区域分布图如图 8-5 所示。

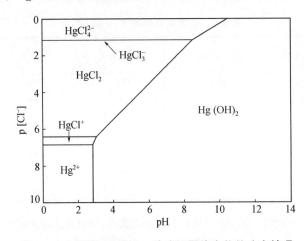

图 8-5　在不同 pH 和 Cl^- 浓度下汞络合物的分布情况

图 8-5 中,横坐标为 pH,可作为衡量 $[OH^-]$ 的参数;纵坐标为 $p[Cl^-]$,可反映 $[Cl^-]$ 的大小。图中对应的 $Hg(II)$ 浓度是一定的,且应不大于 10^{-4} mol·L^{-1},否则将形成 HgO 沉淀。在淡水水体中,$p[Cl^-]$ 的正常范围是 $2\sim4$,由图 8-5 可知,当 pH$>$7 时,主要存在形态是 $Hg(OH)_2$;当 pH$<$7 时,则为 $HgCl_2$。对于海水,$p[Cl^-]$ 通常在 $0\sim1$ 之间,此时 $Hg(II)$ 的主要存在形态为 $HgCl_4^{2-}$;只有当 pH$>$10 时,才以 $Hg(OH)_2$ 形态存在。由图中还可得出在其他不同 Cl^- 浓度条件下,两种配体产生竞争时对应的 pH 点。

水体中除了存在不同配体对相同金属离子的配位竞争外,一些有机配体有时也存在着对不同金属离子的竞争。此外,在水中还普遍存在着金属多核络合物的形态,如 $Fe_2(OH)_2^{4+}$ 等。

腐殖质是水体中最重要的天然有机配体,参与配位的主要是腐殖质分子中的—COOH、—OH 和—NH_2 等基团,碱土金属一般是与失去质子的腐殖质的负电位点形成相对较弱的离子键。而 $Cu(II)$、$Pb(II)$、$Al(III)$ 和 $Fe(III)$ 等则可与腐殖质的两个配位基团同时配位形成稳定的螯合物,螯合反应一般采取下面两种方式:

(i) 在高 pH 条件下,相邻的一个羧基和一个羟基各失去一个 H^+ 后,与重金属离子螯合,形成一个六元环。

$$\text{(8-2)}$$

(ii) 在低 pH 条件下,相邻的两个羧基各失去一个 H^+ 后,与重金属离子螯合,形成一个七元环。

$$\text{(8-3)}$$

因为—COOH 比—OH 容易失去 H^+,所以在低 pH 时,主要以反应(8-3)方式进行螯合;而在 pH 较高时,则主要采用反应(8-2)方式,羧基和羟基各失去一个 H^+,形成更稳定的六元环。

除 pH 外,腐殖质对金属的螯合能力还与金属离子本身的性质、溶液的离子强度及腐殖质分子中配位基团的有效性等因素有关。金属的离子势大小是影响配合物稳定程度的主要因素,因而三价金属离子与腐殖质的结合力远强于一价金属离子,而对碱土金属离子 Ca^{2+}、Mg^{2+} 来说,与带电荷相同的二价过渡金属离子相比,极化能力小得多,因此与腐殖质的结合作用也相对较弱。溶液离子强度增加不利于过渡金属离子与腐殖质的结合,原因在于各种其他阴离子会与腐殖质竞争与金属离子结合,而其他阳离子也会竞争结合腐殖质的配位点,从两方面阻碍了腐殖质对过渡金属离子的螯合作用。另外,随着腐殖质相对分子质量的增大,与金属的结合能力会逐渐降低,即富里酸最强,腐殖酸其次,胡敏素最差。表 8-6 给出了在 pH 5 的条件下,富里酸与常见二价金属离子形成配合物的稳定常数。

表 8-6 富里酸与二价金属离子形成配合物的条件稳定常数(pH=5)

金属离子	Mg^{2+}	Ca^{2+}	Mn^{2+}	Co^{2+}	Ni^{2+}	Cu^{2+}	Zn^{2+}	Pb^{2+}
$K'_{稳}$	1.4×10^2	1.2×10^3	5.0×10^3	1.4×10^4	1.6×10^4	1.0×10^4	4.0×10^3	1.1×10^4

8.3.3 氧化还原平衡

氧化还原反应在水体中普遍存在,水体的氧化还原能力一般用氧化还原电位(E)来表示,单位为 V 或 mV。E 越大,氧化能力越强。绘制不同氧化还原体系的 E-pH 稳定区域图,可以直观地反映出在任何给定的 E 和 pH 条件下,水中化合物的主要存在形态。这种 E-pH 图在水环境化学研究中非常有用。

1. 水的 E-pH 图

在纯水中,存在下面的半反应:

$$2H^+ + 2e \rightleftharpoons H_2 \qquad\qquad \varphi^\circ = 0 \qquad\qquad \text{(8-4)}$$

$$O_2 + 4H^+ + 4e \rightleftharpoons 2H_2O \qquad \varphi^\circ = 1.229\,\text{V} \qquad \text{(8-5)}$$

在标态下,由半反应(8-4)和(8-5)分别可得

$$E_{(8-4)}=\varphi^{\ominus}_{H^+/H_2}+\frac{0.0591}{2}\lg\frac{[H^+]^2}{p_{H_2}}=-0.0591pH \tag{8-6}$$

$$E_{(8-5)}=\varphi^{\ominus}_{O_2/H_2O}+\frac{0.0591}{4}\lg\frac{[H^+]^4}{p_{O_2}}=1.23-0.0591pH \tag{8-7}$$

根据式(8-6)和(8-7)作图,可得纯水的 E-pH 图(图 8-6),式(8-6)和(8-7)分别对应图中的直线 a 和直线 b。由图 8-6 可见,在直线 a 下方整个 pH 范围内,E 均为负值,即此条件下水将被还原放出 H_2;而在 b 线上方,水将被氧化放出 O_2。只有在 a 线和 b 线之间才是 H_2O 稳定存在的区域。在给定 pH 范围内,水体中其他氧化还原体系的 E 变化必然位于 a 线和 b 线之间的区域内。

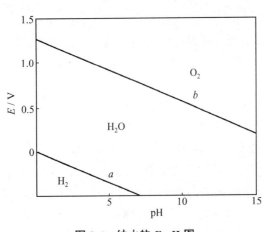

图 8-6　纯水的 E-pH 图

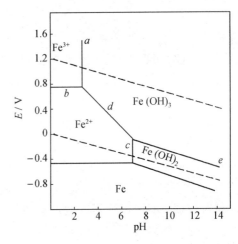

图 8-7　水中 Fe(Ⅲ)-Fe(Ⅱ)体系的 E-pH 图

2. 水中 Fe 的 E-pH 图

Fe 在水溶液中的氧化态有 +2 价和 +3 价两种,在不考虑其他配体存在的情况下,Fe(Ⅱ)和 Fe(Ⅲ)体系主要存在下列平衡:

$$Fe^{3+}+e \Longrightarrow Fe^{2+} \qquad\qquad \varphi^{\ominus}=0.77\ V \tag{8-8}$$

$$Fe(OH)_2(s) \Longrightarrow Fe^{2+}+2OH^- \qquad\qquad K_{sp}=2.0\times10^{-15} \tag{8-9}$$

$$Fe(OH)_3(s) \Longrightarrow Fe^{3+}+3OH^- \qquad\qquad K_{sp}=6.0\times10^{-38} \tag{8-10}$$

$$Fe(OH)_3(s)+e \Longrightarrow Fe(OH)_2(s)+OH^- \qquad\qquad \varphi^{\ominus}=-0.56\ V \tag{8-11}$$

$$Fe(OH)_3(s)+e \Longrightarrow Fe^{2+}+3OH^- \tag{8-12}$$

设水体中溶解态 Fe 的总浓度 $c_{Fe}=1.0\times10^{-5}$ mol·L^{-1},由以上平衡关系式可以获得水中 Fe(Ⅲ)-Fe(Ⅱ)体系的 E-pH 图(图 8-7)。

图 8-7 中的 a 线由式(8-10)的沉淀-溶解平衡得到,对应的 pH=3.26,由于不涉及氧化还原反应,故为平行于 E 轴的一条直线。在 a 线左侧,pH<3.26,Fe^{3+} 可以稳定存在;在 a 线右侧,pH>3.26,Fe^{3+} 都转变为 $Fe(OH)_3$。

由反应(8-8),　　　　　$E=0.77+0.0591\lg([Fe^{3+}]/[Fe^{2+}])$ 　　　　(8-13)

当 $[Fe^{3+}]=[Fe^{2+}]$ 时,$E=0.77$,相应地可作出 b 线,此直线与 pH 轴平行,并与 a 线相交于一点。在 b 线上方是 Fe^{3+} 稳定存在的区域,b 线下方是 Fe^{2+} 稳定存在的区域。

反应(8-12)的 E 可由反应(8-9)和(8-11)求出:

$$E = 1.349 - 0.177\text{pH} \tag{8-14}$$

由式(8-14)可作出图 8-7 中的 c 线,c 线左侧为 Fe^{2+} 稳定存在的区域,右侧为 $Fe(OH)_2$ 稳定存在的区域。图中的 d 线和 e 线是设 $[Fe^{2+}] = 1.0 \times 10^{-5}$ mol·L^{-1},分别由反应(8-9)和(8-11)作图得到的。图中两条虚线之间的区域为 H_2O 稳定存在的区域。

由图 8-7 可以清楚地得出水体中可溶性 Fe 的几种主要形态 Fe^{3+}、Fe^{2+}、$Fe(OH)_3$ 和 $Fe(OH)_2$ 各自对应的稳定存在范围。其中 Fe^{2+} 和 $Fe(OH)_2$ 一般只在地下水的条件下才能稳定存在。

3. 水中无机含 N 化合物的 E-pH 图

水中的 N 元素主要有 $+5$,$+3$ 和 -3 三种不同的价态,对应的存在形态分别为 NO_3^-、NO_2^- 和 NH_4^+/NH_3。在水体中存在下列反应:

$$NO_3^- + 2H^+ + 2e \Longrightarrow NO_2^- + H_2O \qquad \varphi^\circ = 0.835 \text{ V} \tag{8-15}$$

$$NO_3^- + 10H^+ + 8e \Longrightarrow NH_4^+ + 3H_2O \qquad \varphi^\circ = 0.881 \text{ V} \tag{8-16}$$

$$NO_2^- + 8H^+ + 6e \Longrightarrow NH_4^+ + 2H_2O \qquad \varphi^\circ = 0.898 \text{ V} \tag{8-17}$$

故依次有

$$E_{(8\text{-}15)} = 0.835 - 0.0591\text{pH} + \frac{0.0591}{2}\lg\frac{[NO_3^-]}{[NO_2^-]} \tag{8-18}$$

$$E_{(8\text{-}16)} = 0.881 - 0.0739\text{pH} + \frac{0.0591}{8}\lg\frac{[NO_3^-]}{[NH_4^+]} \tag{8-19}$$

$$E_{(8\text{-}17)} = 0.899 - 0.0788\text{pH} + \frac{0.0591}{6}\lg\frac{[NO_2^-]}{[NH_4^+]} \tag{8-20}$$

又由

$$NH_3 + H_2O \Longrightarrow NH_4^+ + OH^- \tag{8-21}$$

$$\text{pH} = 9.3 - \lg([NH_4^+]/[NH_3]) \tag{8-22}$$

根据以上关系式即可绘制三种无机 N 形态的 E-pH 图(图 8-8)。天然水体的表层 E 一般在 0.8 V 以上,由图可知在此区域内 NO_3^- 为稳定形态,NH_3 或 NO_2^- 进入此区域会被氧化成 NO_3^-,不过这一过程通常需要微生物的催化,否则进行得很慢。在中性水体中,NH_4^+ 为主要存在形态。NO_2^- 只在很窄的一个区域范围内存在,对应的为厌氧环境。

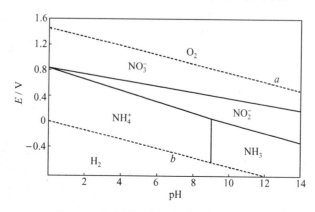

图 8-8 水中无机含 N 化合物的 E-pH 图

尽管天然水体在氧化还原反应方面是处于高度动态中的,与绝对的平衡状态相距较远,但在一定范围内,仍可以利用 E-pH 图获得许多有用的信息。

总之,氧化还原作用对于水体的重要性就像呼吸作用对于人体一样,在与大气接触、气体交换充分的区域内氧化性较高,物质多以氧化态形式存在,如 SO_4^{2-}、NO_3^-、HCO_3^- 等;而在与大气隔离、缺氧的区域内则是还原性环境,厌氧细菌活跃,物质多以还原态存在,如 H_2S、NH_3、CH_4 等。位于这两者之间的部分,则属于过渡性区域。

8.3.4 沉淀-溶解平衡

天然水在循环的过程中与岩石中的矿物不断地相互作用,矿物可溶解于水中或与水发生反应,也可以聚集在海底和河流、湖泊的沉积物中。一般来说,水体接触的矿物中所含的大多是氧化物、氢氧化物、碳酸盐和硅酸盐等,所以各地的水体中都含有这些物质的溶解组分。

大多数无机盐类的溶解度随温度的升高会增大,但水体中有些重要的化合物(如 $CaCO_3$、$CaSO_4$ 等)的情况刚好相反,当温度升高时,它们的溶解度反而有所下降。盐类的溶解度通常与外界压力的关系不大,但对于海底深处超高压力的条件下,$CaCO_3$ 的溶解度明显地增大。

一般来说,水体沉积物中所含的难溶盐大都是碳酸盐、氢氧化物和硫化物,它们的溶解度依次减小。当水体的 pH 升高时,其中的 HCO_3^- 向 CO_3^{2-} 转化,OH^- 的浓度也升高,许多污染物,尤其是金属离子,很快会生成碳酸盐、氢氧化物沉积到水体底部。若遇 E 很低的强还原性环境,S^{2-} 较高,则这些金属的碳酸盐或氢氧化物会进一步转化为更难溶的硫化物。而当水体酸化,盐浓度升高或氧化性增强时,水底沉积物中的污染物又会重新释放出来,危害水生生物。

8.3.5 吸附-解吸平衡

如前所述,水体中含有多种无机、有机和生物胶体,胶体微粒典型的特征是具有巨大的比表面积,因此表现出独特的性质,其中一个重要的方面就是从周围溶液中吸附分子或离子的能力。吸附的分子可能扩散到胶体内部,相当于溶解。这种吸附-溶解的过程有时笼统地称为吸着(sorption)。吸附过程是一个放热的过程,故温度升高,吸附量下降。吸附作用使水体中的溶解态物种浓度降低。根据吸附机理的不同,吸附作用分为表面吸附、离子交换吸附和专属吸附等。

1. 表面吸附

表面吸附是最简单的一种吸附过程。因为胶体表面的分子与胶体内部分子的环境不同,使胶体具有剩余的表面能,因而在固液界面存在着表面吸附作用。表面积越大,吸附作用越强。

2. 离子交换吸附

离子交换吸附是一种静电吸附作用,它是由于胶体表面带电导致溶液中的异号离子被吸附。例如粘土矿物表面一般带负电荷,且荷电量基本不变。而金属氧化物表面的带电情况则与周围溶液的 pH 密切相关,见图 8-9。

另外,腐殖质表面的荷电状况也是可变的,—COOH 失去质子则带负电,而—NH_2 得到质子则带正电。在某个 pH 条件下,胶体表面不带电,这一正负电荷平衡点称为零电荷点或等电点(pI),是各类环境胶体自身独特的性质。图 8-10 显示了在不同电解质浓度条件下,通过加入一定量酸或碱后测定溶液 pH 的方法确定 pI 的结果。

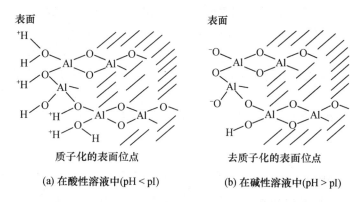

图 8-9　水合氧化铝在不同酸度条件下的表面荷电情况

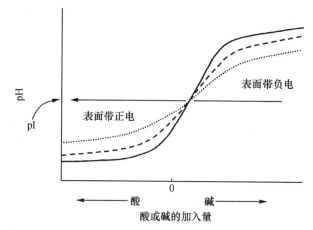

图 8-10　环境胶体 pI 的实验测定

——表示在低浓度 NaClO₄ 存在条件下；- - - - 表示在中等浓度 NaClO₄ 存在条件下；
…… 表示在高浓度 NaClO₄ 存在条件下

一些常见环境胶体的等电点列于表 8-7 中。实际情况下这些胶体的 pI 随形成方式和沉降时间的不同会有所变化。

表 8-7　一些常见环境胶体的等电点

胶　体	pI	胶　体	pI
SiO₂	2.0	赤铁矿	8.5
MnO₂	2～4.5	水合 Al₂O₃	5～9
水合 Fe₂O₃	6.5～9	腐殖质	4～5
针铁矿	7.5	细菌	2～3

当环境溶液的 pH 低于胶体的等电点时,胶体表面质子化,胶体带正电,可吸附阴离子;相反,当周围溶液的 pH 高于胶体的等电点时,胶体表面带负电,对阳离子有静电吸引力。大多数情况下实际水体的 pH 都不会远离 7,因此表 8-7 中所列胶体物质基本都带负电荷,只有水合 Fe(Ⅲ)和 Al(Ⅲ)的氧化物有时可能带正电。

由于许多天然胶体表面通常带负电,对阳离子的吸附成为环境中的普遍现象,这种吸附作用实际上是一种选择性吸附。在遇到与胶体结合力更强的阳离子时,还会发生离子交换作用,

157

在吸附的同时释放出原来的阳离子。如胶体表面吸附的 Na^+ 被 K^+ 交换的反应可表示为

$$胶体^--Na^++K^+(aq) \rightleftharpoons 胶体^--K^++Na^+(aq) \tag{8-23}$$

在土壤和沉积物中,阳离子占据交换位置的相对重要性顺序通常是 $Ca^{2+}>Mg^{2+}>K^+>Na^+$,在低 pH 环境下,这些吸附的离子可部分被 Al^{3+} 或 H^+ 取代,因为二者在高酸度条件下是溶液中的重要组分。

对于土壤中胶体物质上负电荷总数的衡量参数为阳离子交换量,用 CEC 表示,有关内容将在第 13 章详细介绍。

3. 专属吸附

专属吸附是指在吸附的过程中形成了特定的化学键,除共价键外,还有氢键和范德华力等作用。例如水合氧化物胶体对重金属离子和脂肪酸都具有较强的专属吸附作用。

$$\begin{array}{c} \text{Fe—OH} \\ \text{Fe—OH} \end{array} +M^{2+} \longrightarrow \begin{array}{c} \text{Fe—O} \\ \text{Fe—O} \end{array} M+2H^+ \tag{8-24}$$

$$\begin{array}{c} \text{Fe—OH} \\ \text{Fe—OH} \end{array} +HCOOR \longrightarrow \begin{array}{c} \text{Fe—OH} \\ \text{Fe—O} \end{array} \overset{O}{\underset{\parallel}{C}}-R + H_2O \tag{8-25}$$

以上三种吸附过程不仅吸附机制不同,而且发生在胶体表面的不同区域。带电胶体的表面电荷分布情况通常用双电层模式来表示,如图 8-11 所示。其中贴近表面的 1～2 个分子厚的区域内,异号离子由于被强烈吸引而牢固吸附,这一区域称为固定吸附层或 Stern 层。从 Stern 层向外扩散的部分称为扩散层。表面吸附和离子交换吸附易发生在扩散层,而专属吸附作用是在 Stern 层。专属吸附很难被一般的交换性阳离子提取剂提取,只能被亲和力更强的金属离子所替代,或者在强酸条件下解吸。专属吸附发生后,胶体表面的性质即发生了改变。一般是表面共价结合阳离子后胶体的等电点降低,而结合阴离子后则升高。

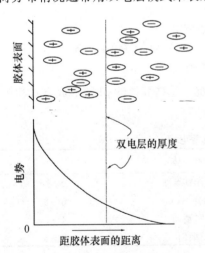

图 8-11　胶体的双电层结构示意图

4. 吸附量与溶质平衡浓度的关系

水中化合物在胶体表面的吸附是一个动态平衡过程,在一定温度下吸附达平衡时,胶体表面的吸附量与水中吸附质的平衡浓度之间的关系,可用吸附等温式来表示。研究吸附等温式有助于了解吸附剂的表面性质、孔分布状态和吸附剂与被吸附物质间的相互作用等特性。水中常见的三种吸附等温式为 Langmuir 等温式、Freundlich 等温式和 BET 溶质吸附等温式。

(1) Langmuir 等温式

天然水体中溶质的浓度通常都很低,因此大多数情况下为单分子层吸附,可用 Langmuir

等温式来表示：

$$X = \frac{X_m c}{c^* + c} \tag{8-26}$$

式中 X 表示在水体中的悬浮固体、沉积物或土壤表面的吸附量(mol·g^{-1})，X_m 为该表面吸满单分子层时的饱和吸附量(mol·g^{-1})，c 为吸附质的平衡浓度(mol·L^{-1})，c^* 为 $X = X_m/2$ 时吸附质的平衡浓度(mol·L^{-1})。上式可转化为

$$\frac{1}{X} = \frac{1}{X_m} + \frac{c^*}{X_m} \frac{1}{c} \tag{8-27}$$

可见，Langmuir 等温式表示吸附量与平衡浓度之间为倒数线性关系。当 $c \to \infty$ 时，$X \to X_m$。水中磷酸盐在沉积物上的吸附常用 Langmuir 等温式来描述。

(2) Freundlich 等温式

Freundlich 等温式是定量描述环境中胶体吸附能力的另一个重要的经验公式，表达式为

$$X = kc^{\frac{1}{n}} \tag{8-28}$$

式中 X 为吸附量(mol·g^{-1})；c 为吸附质的平衡浓度(mol·L^{-1})；k 为单位浓度下的吸附量(L·g^{-1})，可大致反映出吸附能力的强弱；$1/n$ 表示吸附量随浓度增加的强度($n > 1$)。对式(8-28)两边取对数可得

$$\lg X = \lg k + \frac{1}{n} \lg c \tag{8-29}$$

可见，Freundlich 等温式实际上反映出吸附量与平衡浓度之间是一种对数线性关系。Freundlich 等温式与 Langmuir 等温式的最大差别在于认为胶体表面上的吸附位点是不平等的，随着吸附过程的不断进行，已经被吸附的分子对进一步的吸附有阻碍作用。另外，Freundlich 等温式认为胶体表面不一定是单层吸附，吸附位点吸附完一层后还可继续吸附。因此这一等温式在低浓度范围内适用，它的缺点是不能给出饱和吸附量。

(3) BET 溶质吸附等温式

BET 吸附理论对单分子层和多分子层吸附情况都是适用的，表达式为

$$\frac{c}{X(c_0 - c)} = \frac{1}{kX_m} + \frac{k-1}{kX_m c_0} c \tag{8-30}$$

式中 X 为吸附量(mol·g^{-1})；c 为吸附质的平衡浓度(mol·L^{-1})；X_m 为单分子层饱和吸附量(mol·g^{-1})；c_0 为吸附质的起始浓度(mol·L^{-1})；k 为常数，与吸附剂表面游离能有关。

胶体微粒之间因带电荷相同而相互排斥，在水中可稳定存在。为克服斥力使胶体相互凝聚成可沉降的大颗粒物质，可向胶体体系中加入高浓度电解质或加入与胶体表面电荷相反的物种。加入高浓度电解质可减小双电层厚度，使双电层电势迅速降为 0，这种现象在河流入海口处经常发生，河流中的胶体体系在遇到高浓度海水时会很快发生凝聚而沉积到底泥中去。加入带异号电荷物种的作用是中和胶体表面所带电荷，例如加入 Al^{3+}，可共价结合到带负电的粘土矿物表面，当浓度足够高时，表面电荷减小到接近 0，胶体微粒之间的排斥力消失，即发生凝聚沉降。在废水处理中有时用到这种手段。

另外，当水体环境的氧化还原条件发生变化，pH 降低或配合剂的浓度增加时，被吸附的物质也可从悬浮物或沉积物中释放出来，造成二次污染。

纵观世界各地水体污染的特征，不难发现一个普遍的规律，那就是在近岸处和河口附近的

污染物浓度最高,离岸越远污染物浓度越低,整体呈岸带状分布。造成这种污染物浓度分布特征的主要原因就是水体中存在的悬浮物和无机、有机胶体物质对重金属、有机物等的配位和吸附作用使其固定在底泥中了,这也是水体自净的重要途径之一。

8.3.6 分配作用

分配作用(partition)是污染物从水中转移到沉积物、土壤或水生生物体中的主要机制,其中起主导作用的是沉积物或土壤中的有机质及生物体内的脂肪。它们以有机相的形式把在水中溶解度相对较小的有机物溶解到其中,其作用相当于有机溶剂从水中萃取有机化合物。

溶质在水相和固相中的分配系数为

$$K_d = \frac{c_s}{c_{aq}} \tag{8-31}$$

K_d 与溶质本身的性质、固相的物理化学性质以及温度、溶液的离子强度等因素都有关系,因此很难从理论上确定 K_d 的值,在实际研究中更多的是利用另一个重要参数正辛醇-水分配系数(K_{ow})来衡量溶质在固相颗粒和水相之间的分配情况。

正辛醇($CH_3(CH_2)_7OH$)是一种两性溶剂,兼具水溶性和油溶性。水在正辛醇中的溶解度较大(摩尔比为 0.25),而正辛醇在水中的溶解度相对小得多(摩尔比 8×10^{-5})。这种两性特点使正辛醇具有与腐殖质等天然有机胶体十分类似的性质,既能与极性溶质也能与非极性溶质结合。因此利用 K_{ow} 来预测溶质在水相和固相共存体系下在两相中的分配行为是一种方便而实用的手段。K_{ow} 的定义式为

$$K_{ow} = \frac{c_o}{c_w} \tag{8-32}$$

式中 c_o 为溶质在正辛醇中的平衡浓度,c_w 为溶质在水中的平衡浓度,二者采用同样的浓度单位即可。K_{ow} 可由实验测定,也可通过理论计算,很多化合物的 K_{ow} 都可以直接从数据手册中查到,利用 K_{ow} 可以定性地预测或比较不同化合物的分配行为。

8.3.7 生物累积作用

许多实测数据表明,环境中的生物对污染物质有显著的累积作用,表现为生物体内的物质含量远远大于周围环境中该物质的浓度水平。研究发现,生物累积作用包括生物富集和生物放大作用两种不同的机制。

由于水生生物的脂肪类似于萃取体系中的有机相,可将有机物从水中萃取到生物体体内并蓄积起来,使其在生物体内的浓度超过环境浓度,这种作用称为生物富集作用。生物富集作用受到三方面因素的影响:一是该物质本身的性质如降解性、脂溶性和水溶性等,一般难降解、脂溶性高、水溶性小的化合物生物富集作用明显,如重金属、卤代烃和多环芳烃类化合物常常具有较高的生物富集倍数;第二方面的影响因素是生物体的性质,包括生物的种类、大小、发育阶段、性别等因素;第三方面的影响因素是环境条件,包括温度、盐度、酸碱性、氧含量和光照条件等。

生物放大作用是指在同一食物链上的高营养级生物通过吞食低营养级生物蓄积某种物质,使其在机体内的浓度随营养级数提高而增大的现象。其结果同样导致高营养级生物体内该物质的浓度超过周围环境浓度。

生物累积作用的大小可用生物浓缩系数(bioconcentration factor,简称 BCF)来表示。

$$BCF = \frac{c_b}{c_e} \tag{8-33}$$

式中 BCF 为生物浓缩系数,c_b 为污染物在生物体内的浓度($mg \cdot kg^{-1}$),c_e 为污染物在周围环境中的浓度($mg \cdot kg^{-1}$)。生物浓缩系数是研究有机物对水生生物影响的一个重要指标。

总之,天然水体是一个多组分、多相态、多变化的动态平衡体系。要想全面、准确地描述出水体中发生的反应是很困难的。在遇到实际问题时,应该根据所研究的目的和具体的条件进行简化处理,抓住主要矛盾,忽略次要因素。很多时候,确定了温度、压力、浓度和 pH 等条件后再讨论问题才有实际意义。根据所涉及的体系选定重要变量,绘制不同种类的优势区域图,从而确定占优势的组分和形态,是研究水体化学平衡的一个很重要且实用的方法。

8.4　水 质 评 价

对水质的控制和评价,依赖于人为规定的标准,一般从以下几个方面进行:物理性质,主要包括温度、色度、气味和浊度等;化学性质,如 pH、总溶解性物质(TDS)、碱度、硬度、BOD、重要元素和化合物的含量等;生物性质,如微生物的种类和数目等。显然,不同用途的水,水质要求是不一样的,相应的水质标准也不一样。我国除规定了生活饮用水的卫生标准外,对地表水、海水、渔业用水、农业灌溉用水等也都制定了相应的水质标准,同时还对各种工业水污染物及医院污水规定了排放标准。这里仅对一些常用的水质指标作一简要介绍。

8.4.1　硬度

水的硬度指水中 Ca^{2+} 和 Mg^{2+} 溶解盐的含量。不同国家对于硬度有不同的定义和表示方法。总硬度一般指水中 Ca^{2+} 和 Mg^{2+} 的总浓度,其中 Ca^{2+}、Mg^{2+} 的碳酸氢盐和碳酸盐构成的硬度称为碳酸盐硬度,也叫暂时硬度;其余的 Ca^{2+}、Mg^{2+} 的硫酸盐、氯化物和硝酸盐构成的硬度称为非碳酸盐硬度,也叫永久硬度。

硬水不仅味感差,而且长期饮用硬度过高的水会增加结石病的发病率,同时硬水会使肥皂凝聚,增加肥皂的消耗量。另外,硬水还常造成烧水容器中水垢沉积,严重时对某些工业生产过程造成严重的破坏。

我国生活饮用水卫生标准规定饮用水的总硬度(以碳酸钙计)不应超过 $450\,mg \cdot L^{-1}$。

我国东南沿海一带的河水为极软水,向西北方向越来越硬;东北地区则是由北向南,硬度增加。

8.4.2　酸度、碱度及 pH

水中含有的无机酸、有机酸和强酸弱碱盐等都能与强碱发生中和反应,这些物质的总量就构成了水体的酸度;同样,水中所含能与强酸发生中和作用的物质的总量构成水的碱度,这类物质包括强碱、弱碱、强碱弱酸盐等。天然水体中的碱度主要是由碳酸氢盐、碳酸盐和氢氧化物引起的,尤其是碳酸氢盐,它是天然水碱度的主要形式。

酸度和碱度都是判断水质的主要指标。碱度还可用于评价水体的缓冲能力,判定金属在其中的溶解性和毒性等。酸度和碱度的单位均可以 $CaCO_3$ 计,用 $mg \cdot L^{-1}$ 表示。

pH 是最常用的水质指标之一。饮用水的 pH 应在 6.5～8.5 之间。pH 与酸度和碱度既有联系，又有区别。pH 表示水的酸碱性的强弱，而酸度或碱度则反映出水中所含酸性或碱性物质的量的多少。酸度相同的两份溶液，其 pH 并不一定相同，而 pH 一样的溶液，酸度有时会相差甚远。

8.4.3 有机物

水中有机物种类繁多，难以一一分别测定各组分的定量数值，目前多通过测定与水中有机物相当的需氧量来间接表征有机物的含量。

1. 溶解氧(DO)

溶解于水中的分子态氧称为溶解氧。水中溶解氧的含量与大气压、水温及含盐量都有关。一般地，大气压下降，水温升高，含盐量增加，都会导致水中溶解氧含量降低。海水中的溶解氧量通常只有淡水的 80%。

一般规定水体中的溶解氧不应低于 $4\,mg\cdot L^{-1}$。清洁的地表水中溶解氧接近饱和。当有大量藻类繁殖时，水中溶解氧可能过饱和；而当水体受到有机物质、无机还原物质污染时，溶解氧量会大大降低，甚至趋于零，此时厌氧细菌繁殖活跃，水质恶化。水中溶解氧低于 $3\sim4\,mg\cdot L^{-1}$ 时，许多鱼类会出现呼吸困难，若 DO 继续减少，则会造成鱼类窒息死亡。

2. 生化需氧量(BOD)

BOD 是指在有溶解氧的条件下，好氧微生物在分解水中有机物的生物化学过程中所消耗的溶解氧量。有些情况下也包括水中的硫化物和亚铁等还原性无机化学物质氧化所消耗的氧量，但这部分占的比例通常很小。

有机物在微生物作用下的好氧分解大体上分为两个阶段：第一阶段称为含碳物质氧化阶段，主要是含碳有机物氧化为二氧化碳和水；第二阶段称为硝化阶段，主要是含氮有机物在硝化细菌作用下分解为亚硝酸盐和硝酸盐。BOD 一般指第一阶段有机物经微生物氧化分解所需要的氧量，不过这两个阶段并非截然分开，只是各有主次。通常生活污水和工业废水中的有机物大约需要 20 天才能完成第一阶段的生化氧化，但经过 5 天可完成第一阶段的 70%；硝化阶段大约在 5～7 天，甚至 10 天以后才显著进行。故为了避免第二阶段过程的影响，同时使测定时间缩短并具有一定的可比性，目前国内外广泛采用 20℃ 五天培养法(BOD_5 法)测定 BOD 值。

BOD_5 的测定是将待测的水样用氧饱和后密封在一个容器中，存放 5 天后测剩余的氧量。水中有机耗氧物越多，剩余的氧量就越少。

BOD 是反映水体被有机物污染程度的综合指标，也是研究废水可生化性和生化处理效果的重要参数。

3. 化学需氧量(COD)

COD 是指在一定条件下，氧化 1 L 水样中还原性物质所消耗化学氧化剂的量，以氧的 $mg\cdot L^{-1}$ 表示。这些还原性物质包括有机物和亚硝酸盐、硫化物、亚铁盐等无机物。常用的化学氧化剂为 $KMnO_4$ 和 $K_2Cr_2O_7$，测得的 COD 分别表示为 COD_{Mn} 和 COD_{Cr}。因 $K_2Cr_2O_7$ 的氧化程度高，故 COD_{Cr} 一般大于 COD_{Mn}。COD 反映了水体受还原性物质污染的程度，也是有机物相对含量的综合指标之一。

因这一指标是在实验室利用化学氧化剂测得的，跟 BOD 值并不完全一致。

4. 总有机碳(TOC)

TOC 是以碳的含量表示水体中有机物质总量的综合指标。由于 TOC 的测定采用燃烧法，因此能将有机物全部氧化，它比 BOD_5 或 COD 更能反映出有机物的总量。

5. 总需氧量(TOD)

水中能被氧化的物质，主要是有机物质在燃烧中变成稳定的氧化物时所需的氧量，结果以氧的 $mg \cdot L^{-1}$ 表示。

TOD 值能反映出几乎全部有机物质经燃烧后变成二氧化碳、水、一氧化氮、二氧化硫等所需要的氧量。它比 BOD_5 和 COD 更接近理论需氧值，不过它们之间并无固定的相关关系。

8.4.4　含氮化合物

1. 氨氮

氨氮指以游离氨(NH_3，或称非离子氨)和离子氨(NH_4^+)形式存在的氮，两者的组成比决定于水的 pH。对地面水，常要求测定非离子氨。

2. 亚硝酸盐氮

亚硝酸盐氮(NO_2^--N)是氮循环的中间产物。在氧和微生物的作用下，可被氧化成硝酸盐，在缺氧条件下，也可被还原为氨。

亚硝酸盐进入人体后，可将低铁血红蛋白氧化成高铁血红蛋白，使之失去输送氧的能力。亚硝酸盐还可与仲胺类反应生成具有致癌作用的亚硝胺类物质。

亚硝酸盐很不稳定，一般天然水中含量不会超过 $0.1\,mg \cdot L^{-1}$。

3. 硝酸盐氮

硝酸盐氮(NO_3^--N)是在有氧环境中最稳定的含氮化合物，也是含氮有机物经无机化作用最终阶段的分解产物。清洁地面水的硝酸盐氮含量较低，受污染水体和一些深层地下水中硝酸盐氮含量较高。

4. 凯氏氮

凯氏氮是向水样中加入浓硫酸和催化剂(硫酸钾)并进行加热消解，使其中的有机氮转化为氨氮，然后测定氨氮的含量。因此，凯氏氮实际包括了水样中原有的氨氮和在此条件下能转化为铵盐的有机氮化合物。

由凯氏氮与氨氮的差值可知水中的有机氮含量。这一含量通常是指蛋白质、氨基酸、尿素等氮为 -3 价形态的有机氮化合物的总量，但一般不包括叠氮化合物和硝基化合物等。

另外，也可将水样先进行预蒸馏以除去其中原有的氨氮，然后再以凯氏法直接测出有机氮的含量。

5. 总氮

水体的总氮含量也是衡量水质的重要指标之一。它是水中各种无机氮和有机氮的总量。

8.4.5　总溶解性固体

用滤器(孔径 $0.45\,\mu m$)滤去水样中的悬浮固体物质后，在 $103\sim105$℃ 下将过滤后的水样蒸干，所得残余物的质量即为该水样的总溶解性固体(TDS)，用 $mg \cdot L^{-1}$ 表示。现在也有用电导法快速测定水体中的 TDS 含量。通常规定饮用水中 TDS 的最高容许量不超过 $500\,mg \cdot L^{-1}$。

上述的水质评价指标多为一些综合性的参数，它们只是水质评价标准中最常用的一部分内容,水质评价还包含重金属、挥发酚等多项指标,而且水体中还含有大量有毒有害或具有潜在危害,但含量极其微小的组分,甚至是分子水平的污染物,它们同样可能造成严重的人体健康损害。

8.5 水污染问题概述

当水的物理和化学性质发生改变而对水中生物的生长造成了不良影响,破坏了相关生态系统或通过食物链进一步危害到人类的健康时,即称为发生了水污染。和其他污染问题一样,水污染问题在全球范围内都存在,只是污染的类型和程度随国家和地区的发达程度不同而各异。在贫困、工业化程度低的国家,水污染问题主要是由于人、畜的排泄物,尤其是其中的致病菌以及农药,不合理的农耕、林垦等行为造成的。对于生活富足、工业化程度高的国家,以上问题在一定程度上也存在,同时更高层次的生活方式和广泛分布的工业使各种有着潜在危害的污染物大量排放到水体中,包括有毒重金属、酸性物质、农药和其他有毒有机物等等。世界上其他许多国家在不同程度上发生着上述的问题,而且或由于法律制度的不健全,或缺乏污染治理的足够资金,工业和生活污水造成的水污染带来严重的健康和生态损害。

与大气污染物一样,水体污染物也来自各类人为源和天然源。由于水的流动性,污染物有时可以传输到距源很远的地区。有时一个国家产生和排放的污染物会使另一个国家的供水源受到污染。无节制地向河流中倾倒废物,水上石油泄漏事故等都是造成河流、湖泊和海洋污染的重要原因。一个典型的例子是地中海许多年来被当做是工业和家庭垃圾的倾倒站,位于意大利北部的沿岸地区几乎成了一个污水池。现在地中海周边各国不得不制订协议,采取相应行动来扭转这种局面。

然而水体与水体之间的污染物传输还仅仅是问题的一部分,越来越多的研究发现污染物在不同圈层之间的交换传输在水污染问题中占据相当大的比重。例如喷洒到农作物上的杀虫剂会被淋溶到地表径流中;化工厂排放出的有毒有机物在蒸发池中挥发到大气中,经过降水进入到水体中;有害的废弃填埋物则可通过渗滤污染地下含水层,而这些水最终将汇入地表径流中。

水污染问题可以大致按无机物污染、有机物污染、病原微生物污染和热污染四类来划分。其中无机污染物既包括无机有毒有害污染物如氰化物、重金属等,也包括植物营养物如氮、磷等。有机污染物又分为好氧有机物、可降解有毒有害有机物和持久性有机污染物。由生活污水和工业废水排入水体的有机物中,有相当一部分对水体性质和水中的生物并没有直接的毒害作用,但当它们在微生物的作用下分解为二氧化碳和水等简单的无机物时,需大量消耗水中的溶解氧,这类有机物包括碳水化合物、蛋白质、脂肪、纤维素等,它们对水环境的影响主要是通过消耗溶解氧造成的,所以被称为耗氧有机物。有毒害性的有机污染物一般是就人工合成的有机物而言。现在人类合成有机物不仅速度快,种类多,而且涉及人们生活的方方面面,例如合成药物、各类工业制剂和化学农药等,有些可通过废水处理过程或自然降解过程逐渐从环境中消失,但还有相当一部分是难降解或降解十分缓慢的物质,具有生物累积性和致癌、致突变等严重危害作用。在接下来的第9~12章中,将系统介绍由以上各类无机和有机污染物引起的环境问题。

病原型污染物是指水体中含有的致病细菌、病毒、原生动物和寄生虫等。未经处理或处理不当的污水、粪便、肉类加工废物和一些野生的物种是其主要来源。由水引起的传染性疾病在污水处理设施较差的发展中国家是一个特别需要引起重视的问题。

热污染指的是水体温度变化对水生生态系统造成的破坏作用。许多工业过程中都需要用到冷却水,像钢铁厂、炼油厂和造纸厂等都是使用冷却水较多的地方,但带来影响最大的还是发电厂。它们将从冷却塔流出的大量的温度很高的水直接排放到周围的水体中,使这些水体的温度骤然发生较大的变化,一些对热敏感的植物和动物会很快被杀死,依赖于水生食物链的生物群由此整个受到影响。

热污染首先直接降低了水中的氧的溶解度,同时又加速了水生生物的新陈代谢过程,温度平均每升高 10℃,新陈代谢的速度加快一倍,对氧的需求量显著增加;另外温度升高,水中有机物的分解速度也加快,这一过程同样是需要消耗氧的过程,因此总的结果是水体中的溶解氧量大大下降,水中生物的种类和数量都远低于正常水体。假如水温升高达 10℃,有些物种甚至会彻底灭绝。除了降低水中的溶解氧含量外,热污染还使水生生物更易受到寄生虫、致病菌和某些有毒物的侵袭。研究发现鳟鱼的卵在水温过高时即难以孵化。

对热污染的控制可通过在厂区建造冷却池收集并冷却温度较高的水,然后再排入附近的河流或湖泊中。

第9章　无机盐污染

9.1　毒害性无机盐污染物

9.1.1　氟化物

氟在地壳中的平均含量为 770 ppm，分布在各种岩石和矿物中。含氟的矿石主要有萤石(CaF_2)、冰晶石($3NaF \cdot AlF_3$)和氟磷灰石($CaF_2 \cdot 3Ca_3(PO_4)_2$)等。天然水中的氟来自岩石、矿物和土壤的淋溶，河流中的氟含量一般不超过 0.5 ppm，但地下水，尤其是地下热水和温泉的含氟量普遍较高，我国一些温泉和地下热水中的氟含量达 $1\sim10$ ppm。在干旱、半干旱地区，由于蒸发量远远大于降水量，浓缩作用强，容易形成高氟水。另外，在盐渍化和盐碱地分布的地区，水的矿化度较高，含氟量也较高。

天然水中的氟主要以 F^- 形式存在，也可与 Fe、Al 形成稳定的络离子形式，容易随水流迁移。当水中 Ca^{2+} 含量高时，可与 F^- 形成 CaF_2 沉积到水底。

氟是人体必需元素，体内总氟量的约 90% 蓄积于骨骼和牙齿等硬组织中。人的牙齿表面覆盖着一层牙釉质，主要成分为 $Ca_3(PO_4)_2$ 和 $CaCO_3$，另外还含有氟和一些有机质。在牙齿中氟可取代羟基磷灰石的羟基，使之转化为氟磷灰石，反应式为

$$Ca_5(PO_4)_3OH + F^- \longrightarrow Ca_5(PO_4)_3F + OH^- \tag{9-1}$$

氟磷灰石在牙齿表面形成坚硬的保护层，可抵抗酸性腐蚀，抑制嗜酸菌的活性，并可抑制某些酶对牙齿的不利影响。缺氟时，牙釉质中不能形成氟磷灰石，而羟基磷灰石的结构不够致密，易受口腔微生物和酸的破坏，发生龋齿，儿童对此十分敏感。在一些缺氟地区，通过在饮水、食盐或牛奶中加氟及使用含氟牙膏来预防龋齿。一般情况下，成人每天需氟 $0.5\sim1.0$ mg，其中 65% 来自饮水，35% 来自食品和其他方面。我国饮用水卫生标准中规定，饮水中氟含量的适宜浓度为 $0.5\sim1.0$ mg $\cdot$ L^{-1}(F^-)。

1. 氟的毒害作用

人体摄入氟化物过量时，会引起氟中毒，主要症状是氟斑牙和氟骨症。氟的毒理作用主要有：

(1) 对牙齿的损坏

影响牙齿釉棱晶的形成，引起斑釉症。在显微镜下，牙齿的珐琅质不是棱晶结构，而是无定形或球形的结构，有时失去连续性。棱晶之间的缺陷导致形成斑点和腐蚀，并有色素沉着，牙齿呈棕褐色，严重时可剥脱、碎裂、缺损，称为氟斑牙。氟斑牙是慢性氟中毒最早出现的症状之一，长期饮用氟含量高于 1.5 mg $\cdot$ L^{-1} 的水或食品中的氟含量过高时，易患氟斑牙。

(2) 破坏钙磷的正常代谢

钙和磷是人体内重要的矿物质，钙总量的 99.7%、磷总量的 87.6% 都存在于骨骼中。钙具有抑制神经肌肉兴奋、促进血液凝固和保持细胞膜完整性的作用。磷有参与碳水化合物、脂类

和蛋白质代谢,调节酸碱平衡等作用。当大量氟进入机体时,钙磷的代谢受到破坏,会发生骨质病变,并影响生理功能。氟对钙亲和力很强,大量的血钙与氟结合成氟化钙,绝大部分沉积在骨组织中,使骨质硬化,密度增加;少量氟化钙沉积于软组织,可使骨膜、肌腱和韧带钙化。这些变化可使骨皮质增厚,髓腔变小;在脊柱能使椎间孔或椎管变窄而压迫神经,引起疼痛,造成机能障碍,且使钙代谢紊乱,可引起血钙降低,促使钙从正常的骨组织中游离出来,造成骨质疏松以至软化。当血钙浓度降到 $60\sim70\ mg\cdot L^{-1}$ 以下时,就会出现缺钙综合征,发生腰腿疼痛、手足抽搐、麻木等症状。

钙代谢紊乱又可引起磷代谢紊乱,影响磷酸盐离子沉积,阻碍正常的骨质代谢。同时,氟与镁结合,还能降低血镁浓度,引起手脚抽搐。

体内血钙减少,会迅速引起甲状旁腺功能的增强,促使骨组织分泌的枸橼酸增多,使局部骨组织酸度增高,骨质溶解,骨组织中的钙向血中转移,以维持血钙恒定。临床上出现骨质脱钙变化,骨质脱钙首先累及脊椎,脊椎支持不住身体重量时,逐渐发生骨骼变形。当椎间孔下部神经根受挤压时,即出现神经根症状,甚至瘫痪。氟骨症表现为肢体变形,颈、背和腿部疼痛,肌肉痉挛,进而弯腰驼背,甚至常年瘫痪。若水中含氟高于 $4\ mg\cdot L^{-1}$,则可导致氟骨症。

(3) 抑制酶活性

大量的氟离子在体内与钙、镁和锰等结合生成难溶氟化物后,与这些金属离子有关的酶的活性即受到抑制,造成体内代谢紊乱。

在世界各地都有关于地方性氟中毒的报告,我国的地方性氟病较集中的地区有从黑龙江省的三肇地区,经吉林的白城,辽宁的赤峰,河北的阳原,山西的大同、山阴到陕西的三边,宁夏的盐池、灵武及甘肃和新疆的一些地区,渤海湾附近(天津),山东沿海及昌潍地区,鄂西北黔西至云南东北部,以及陕西的关中地区,四川南部泸州地区和云南元谋等地。

除饮水外,燃烧含氟量高的煤也是氟污染的重要来源之一。如我国西南地区使用富氟石煤燃料,不但污染空气,而且居民用其熏制某些食品时,煤烟中的氟还会富集在食品中,致使氟含量较一般粮食高出一百多倍,在当地流行氟骨症。

2. 氟污染的防治

要想防止氟污染,关键在于切断污染源。例如开发低氟水源,或采用化学方法除去水中的氟。最常用的是利用 $Al(OH)_3$ 胶体沉淀去除或活性铝吸附去除。例如:

(1) 混凝沉淀法

在我国,自古就有用明矾($KAl(SO_4)_2\cdot12H_2O$)净化水的记载,现在一些农村地区仍然在使用这一方法。当从河里或井里取来的水浑浊时,将明矾加入水中,经搅拌沉淀后,水就变得澄清了。

混凝沉淀法除 F 跟其原理基本一样,当 $Al_2(SO_4)_3\cdot18H_2O$、$AlCl_3\cdot6H_2O$ 或碱式氯化铝投入水中后,会与水中的 HCO_3^- 反应生成 $Al(OH)_3$ 矾花,即

$$Al^{3+}+3HCO_3^- =\!=\!= Al(OH)_3+3CO_2\uparrow \tag{9-2}$$

$Al(OH)_3$ 在混凝过程中与 F^- 反应:

$$Al(OH)_3 + xF^- =\!=\!= Al(OH)_{3-x}F_x + xOH^- \tag{9-3}$$

含 F 的配合物被 $Al(OH)_3$ 矾花吸附,沉淀后可除去。混凝沉淀法对含 F 量小于 $5\ mg\cdot L^{-1}$ 的水较为适用。若含 F 量过大,则需投入大量的 Al^{3+},就不实用了。

167

(2) 离子交换法(活性氧化铝吸附法)

新的活性氧化铝在使用前需先经硫酸铝溶液活化,转化为硫酸盐型。

$$(Al_2O_3)_n \cdot 2H_2O + SO_4^{2-} = (Al_2O_3)_n \cdot H_2SO_4 + 2OH^- \tag{9-4}$$

除 F 的过程可表示为

$$(Al_2O_3)_n \cdot H_2SO_4 + 2F^- = (Al_2O_3)_n \cdot 2HF + SO_4^{2-} \tag{9-5}$$

当滤料吸附氟到一定程度后(出水含氟量大于 $1.0\,mg \cdot L^{-1}$),可用 $Al_2(SO_4)_3$ 溶液浸泡再生,恢复其除 F 性能。这种除 F 方法效果可靠,而且还可同时除去 As,因而在许多国家利用活性氧化铝作饮水除 F 剂。

工业含氟废水的处理一般先采用钙盐沉淀法,然后再使用上述方法进行深度处理。

9.1.2 氰化物

氰化物是一种毒性极强的物质。天然水中不含氰化物,主要的污染来源是电镀、焦化、选矿、洗印、石油化工、有机玻璃制造和农药等工业废水。金矿开采产生的含氰废水是造成世界上许多地区水体氰化物污染的重要原因。氰化法提金至今已有一百多年的历史,反应原理为

$$4Au + 8NaCN + O_2 + 2H_2O = 4NaAu(CN)_2 + 4NaOH \tag{9-6}$$

浸出液中的金再用锌粉置换法、碳吸附法、树脂吸附法或直接电积法回收。采金排放出的废水中氰化物的含量与矿石特性和所用氰化工艺都有密切关系,最高浓度可达 $1000 \sim 2000\,mg \cdot L^{-1}$。电镀废水中氰的浓度也较高,可达几十 $mg \cdot L^{-1}$。我国饮用水水质标准规定总氰化物浓度不得超过 $0.05\,mg \cdot L^{-1}$。

氰化物在水中可以游离 CN^- 的形式存在,也可以与水中的金属离子结合,以金属-氰配合物 $M(CN)_n^{x-n}$ 的形式存在。简单氰化物易溶于水,毒性大,形成配合物后相对稳定,但在水温、光照和 pH 等条件发生改变时,又会解离出氰离子,毒性增强。

氰化物进入人体后,主要与高铁细胞色素氧化酶结合,生成氰化高铁细胞色素氧化酶而失去传递氧的作用,引起全身组织细胞缺氧,严重时可致窒息死亡。

氰化物在水中可转化为 HCN 挥发到大气中,这是水体氰化物自净的主要途径。反应可表示为

$$CN^- + CO_2 + H_2O = HCN + HCO_3^- \tag{9-7}$$

另外,氰化物还可被水中的溶解氧氧化或被微生物分解氧化。

$$2CN^- + O_2 + 4H_2O = 2NH_3 + 2HCO_3^- \tag{9-8}$$

工业含氰废水的处理方法很多,例如可采用氯氧化法、H_2O_2 氧化法等来破坏氰化物;也可使用铁盐沉淀法或多硫化物法将氰化物转化为低毒物;另外还可用酸化法、离子交换法和锌盐沉淀法等回收氰化物。氯氧化法是使用较为普遍的一种方法。其原理是,用次氯酸钠作为氧化剂氧化氰化物,使氰与金属离子形成的络合物被破坏,并使金属离子形成氢氧化物沉淀下来。氧化反应分为两步进行,第一步反应是剧毒的氰化物被氧化成毒性相对较低的氰酸盐:

$$CN^- + ClO^- = CNO^- + Cl^- \tag{9-9}$$

第二步反应是氰酸盐被进一步氧化成 CO_2 和氮气:

$$2CNO^- + 3ClO^- + 2OH^- = 2CO_3^{2-} + N_2 + 3Cl^- + H_2O \tag{9-10}$$

反应的 pH 是关键因素,第一步必须在弱碱性条件下进行,在 pH<8.5 时即有释放剧毒

HCN 的危险,一般选择 pH $9.5\sim10.5$,既满足第一步的要求,又满足金属离子形成氢氧化物的条件。

9.1.3　硝酸盐和亚硝酸盐

硝酸盐氮(NO_3^--N)是在有氧环境中最稳定的含氮化合物,也是含氮有机物经无机化作用最终阶段的分解产物。

硝酸盐形态本身对哺乳动物没有什么直接危害,但它在缺氧的消化道中会被大肠杆菌还原成亚硝酸盐。亚硝酸盐在体内可将亚铁血红蛋白氧化成高铁血红蛋白,使之失去输送氧的能力。另外,亚硝酸盐还可与仲胺和酰胺反应生成具有致癌作用的亚硝胺类物质。故而长期饮用含高浓度硝酸盐的水,可导致人畜中毒,这种危害作用对婴儿尤其严重。因此水中硝酸盐和亚硝酸盐的浓度受到严格控制,饮用水中 NO_3^- 最大允许浓度为 $10\sim50\ mg\cdot L^{-1}$。

9.2　营养盐污染——水体富营养化

富营养化(eutrophication)是水体接纳了过多的营养盐类物质,导致水域中浮游生物爆发性繁殖,引起水色异常和水质恶化的现象。富营养化是全球水环境普遍存在的问题之一。造成水体富营养化的原因是多方面的,本节将从水体的营养变化规律、造成水体富营养化的营养因素和非营养因素、富营养化的危害和防治对策等几个方面详细介绍水体的富营养化问题。

9.2.1　水体的营养变化规律

1. 水生生物的营养需求

水中的生物分为自养生物(autotrophic organism)和异养生物(heterotrophic organism)。自养生物可在太阳能或化学能的作用下,利用非生命的简单无机物合成复杂的生命有机质。异养生物是利用自养生物生产的有机质作为能源和原材料合成自身的生物质。水体生产有生命物质的能力称为水体的生产力。

水中的浮游植物(即藻类)是典型的自养水生生物,它们一般漂浮在水面上或悬浮在水中,也有些附着在礁石或其他的水下物体上。表 9-1 列出了藻类植物生长必需的营养元素及其主要吸收利用形式和生理作用。

表 9-1　藻类植物生长必需的营养元素

元　素	可吸收利用形式	生理作用	相对浓度
H	H_2O	糖类、脂肪和蛋白质等的主要成分	60 000 000
O	CO_2 和 H_2O	糖类、脂肪和蛋白质等的主要成分	30 000 000
C	CO_2	糖类、脂肪和蛋白质等的主要成分	30 000 000
N	NO_3^- 和 NH_4^+	蛋白质、核酸、叶绿素等的重要组成成分	1 000 000
K	K^+	离子形式存在,影响代谢过程	400 000
Ca	Ca^{2+}	细胞壁的组成,代谢功能	200 000
Mg	Mg^{2+}	酶系活性成分,参与叶绿素组成,与磷酸的吸收和体内迁移有关	100 000
P	$H_2PO_4^-$ 和 HPO_4^{2-}	储存和传递能量,核酸、蛋白质等的重要成分	30 000

（续表）

元　素	可吸收利用形式	生理作用	相对浓度
S	SO_4^{2-}	构成蛋白质、维生素的重要成分,参与植物体内氧化-还原等过程	30 000
Cl	Cl^-	调节渗透压和阳离子平衡	3000
Fe	Fe^{2+}和Fe^{3+}	细胞色素、过氧化物酶的重要成分,与体内氧化-还原过程有关	2000
B	H_3BO_3	与Ca^{2+}的吸收利用有关	2000
Mn	Mn^{2+}	与叶绿素、维生素的合成有关	1000
Zn	Zn^{2+}	乙醇脱氢酶、碳酸酐酶等多种酶的辅助因子	300
Cu	Cu^+和Cu^{2+}	细胞色素氧化酶、漆酶等多种酶的辅助因子	100
Mo	MoO_4^{2-}	固氮酶的辅助因子;硝酸盐的还原	1

植物生长需要的 H 和 O 元素来自水本身,C 主要由大气中的 CO_2 或植物腐败提供,Ca^{2+}、Mg^{2+} 和 SO_4^{2-} 来自与水接触的矿石。以上元素的含量都相对丰富,而植物对微量元素的需求量很低,因此,N、P、K 的含量就成为限制水生生物生长繁殖的重要条件。

N 元素在水中主要以 N_2、NH_4^+、NO_3^-、NO_2^- 和有机氮的形式存在,有些植物可以直接固定大气中的 N_2,如含根瘤菌的豆类作物。但大多数植物对氮元素的吸收利用是以 NO_3^- 和 NH_4^+ 的形式,有少数藻类以含有机氮的氨基酸、尿素等的水解产物作为氮源。磷元素在生物体内的能量储存和转移过程中起重要作用。植物吸收利用 P 元素的两种主要形式是 $H_2PO_4^-$ 和 HPO_4^{2-}。也有一部分藻类可以利用焦磷酸($H_4P_2O_7$)或有机磷中的磷。

在适宜的光照、温度和 pH 条件下,天然水体中的藻类进行光合作用,合成本身的原生质,其总反应可表示为

$$106CO_2+16NO_3^-+HPO_4^{2-}+122H_2O+18H^+ +微量元素 \longrightarrow C_{106}H_{263}O_{110}N_{16}P+138O_2$$
藻类原生质

（9-11）

2. 水体营养程度的划分

在贫营养到中营养的水体中,氮和磷的浓度都较低,是限制藻类繁殖的重要因素。表 9-2 列出了一些藻类繁殖所需营养元素的最低浓度。

表 9-2　**藻类繁殖所需的最低浓度**(单位:$\mu g \cdot L^{-1}$)

种　名	N	P	Fe	Ca	Mg	Na	SiO_2
短棘盘星藻(*Pediastrum boryanum*)	690	45	20	200	2400	40	2000
角星鼓藻(*Staurastrum paradoxum*)	850	89	—	200	4000	0	0
丛粒藻(*Botryococcus braunii*)	350	89	—	20	0	40	40
谷皮菱形藻(*Nitzschia palea*)	1300	18	—	900	100	—	800
权状脆杆藻(*Fragilaria crotonensis*)	260	18	—	20	100	—	19 600
裂纹星杆藻(*Asterionella fracillima*)	510	—	—	180	10	—	9800
绒毛平板藻(*Tabellaria flocculosa*)	—	45	300	10 000	1000	—	2000
镰形纤维藻(*Ankistrodesmus falcatus*)	5000	200	40	0	100	—	9800
铜锈微囊藻(*Microcystis aeruginnosa*)	6800	450	60	250	2500	—	—

一般认为,当水体中的总氮含量达到 $1500\,\mu g \cdot L^{-1}$,总磷浓度达 $100\,\mu g \cdot L^{-1}$ 时,可以看做是能促进藻类大量繁殖的一个营养物质的大致浓度水平,而氮、磷含量超过这一浓度限值的水体,即属于富营养化水体。水体的营养程度一般是根据水中 N、P 和叶绿素的含量及透明度的大小来划分的,如表9-3所示。

表 9-3　水体营养化程度的划分

营养化程度	总磷* /($\mu g \cdot L^{-1}$)	总氮** /($\mu g \cdot L^{-1}$)	叶绿素 a /($\mu g \cdot L^{-1}$)	透明度 /m
贫	<15	<400	<3	>4.0
低	15～25	400～600	3～7	2.5～4.0
中	25～100	600～1500	7～40	1.0～2.5
富	>100	>1500	>40	<1.0

* 总磷含量指水体中正磷酸盐、聚磷酸盐、可水解磷酸盐及有机磷的总浓度。
** 总氮含量指水体中的氨氮、亚硝酸盐氮、硝酸盐氮及有机氮浓度的总和。

研究表明,P 对水体富营养化的作用大于 N,从以上富营养化的划分界限也可以看出这一点。一般情况下,湖泊中 N 多 P 少,P 是限制因子;海洋中 P 多 N 少,N 是限制因子。但在我国,海洋中大多 P 为限制因子。不过,若水体中氮含量极低,即使存在大量的磷也不足以造成富营养化。而当氮、磷含量足够大,而碳含量不足时,也不会发生富营养化。这是生物诸营养要素之间综合作用又相互制约的表现之一。

3. 水体富营养化的自然过程

虽然富营养化现在已成为一个典型的水污染问题,但从自然界水体的长期进化规律看,它首先是一种自然现象。以湖泊为例,在形成的初期,水体洁净透明,所含营养盐类很少,浮游植物的生产力也非常小。随着湖泊周围的河流、森林和山地等通过岩石风化、水土流失和风雨输送等过程,长年累月地把营养物质不断输送到湖里,浮游植物便很快繁殖起来,而捕食这些浮游植物的浮游动物也随之增加,湖泊的生物生产力大大提高。当水中生物的需求与营养物质的输入达到平衡时,湖泊即处于最佳的营养状态。这种营养物质由少到多逐渐增加的过程,就是一个自然的富营养化的过程。

湖中生物逐渐增多,它们死亡以后的残骸就堆积到湖底,其中的一部分可以分解、溶出营养物质,被其他生物继续利用。这一过程长期持续,会使湖底渐渐变浅,富营养化的进程过快,湖泊就加速变浅。于是湖中各种植物和岸边的耐水植物开始繁茂起来,湖泊向沼泽演化,最终完全消失。在自然状态下,湖泊由贫营养向中营养再向富营养阶段的演化过程是极其缓慢的,往往需要数千年,甚至更长的时间才能完成。如果没有人为因素的介入,湖泊的整个发展过程将是一个完全自然的过程,也就不会对人类生活造成显著影响。

人类社会进入 20 世纪以来,在许多国家和地区,由于人们在短时间内将大量的营养类物质输入到自然界的水体中,使水中的初级生产者藻类大量、异常地繁殖,不仅使水体的透明度下降,而且大量消耗了水中的溶解氧,造成水质迅速恶化,水体变臭,进而导致水中的其他生物如鱼类等的大量死亡,这就是目前普遍存在的水体富营养化问题。它是由于人为活动引起水域一次生产力过度增加、水质恶化的现象。

9.2.2 水中营养物质的来源和迁移转化

1. 营养物质的来源

(1) 大气沉降

大气中的氮氧化物、氨、硝酸盐和铵盐气溶胶等含 N 化合物通过干湿沉降可进入地表水,是水中营养物质的来源之一。研究资料表明,雨水中的硝酸盐氮含量在 $0.16\sim1.06\,mg\cdot L^{-1}$ 之间;氨氮含量在 $0.04\sim1.70\,mg\cdot L^{-1}$ 之间。对于大面积湖体或水库,从降水中接纳含氮类营养物质的数量相当可观,部分地区水体富营养化问题的加剧与大气含氮污染物的增加有直接的关系。

磷元素没有常见的气态形式,在大气中只少量存在于颗粒物中。与氮元素相比,大气沉降对水体中磷的贡献相对较小。

(2) 农业排水

由于天然固氮作用和农用氮、磷肥的使用,土壤中可累积大量营养物质。当庄稼生长期很短而没有充分吸取农田中的肥料或农田有很大坡度时,过剩的肥料中溶解性较强的部分会被雨水、农田排水冲刷到附近的河流或湖泊中,引起水体氮、磷浓度的升高。这是湖泊富营养化一个十分重要的污染源。有机肥中也含有一定的氮和磷,不过其浓度远远小于化肥。我国由于长期使用大水漫灌的灌溉方式,造成农田废水中所含有的富营养化物质浓度很高,成为湖泊水质恶化的一个重要原因。

此外,饲养家畜过程所产生的废物中也含有相当高浓度和相当数量的营养物质,有可能通过排水进入邻近水体。

(3) 城市污水

大多数情况下,排放磷的主要点源是市政污水。其中所含磷的主要来源是合成洗涤剂、食品污物和粪便。洗涤剂中的表面活性成分容易与 Ca^{2+}、Mg^{2+} 生成沉淀而降低洗涤效率,因此许多洗涤剂中都含有多聚磷酸盐,例如三聚磷酸钠 $Na_5P_3O_{10}$(trisodium triphosphorates,简称 TPPs),其作用在于去除水中的 Ca^{2+}、Mg^{2+} 离子,使水软化并显碱性,因此是一种软水剂。

$$Na_5P_3O_{10}+Ca^{2+}\longrightarrow CaP_3O_{10}^{3-}+5Na^+ \qquad (9-12)$$

$Na_5P_3O_{10}$ 的存在提高了洗涤效率,但在使用过程中,会随污垢、油渍一起悬浮到水中进入污水管道,然后排入自然界的水体中。TPPs 在水体中会很快水解转化为正磷酸盐,反应如下:

$$\text{HO}-\overset{\overset{O}{\|}}{\underset{\underset{O^-}{|}}{P}}-O-\overset{\overset{O}{\|}}{\underset{\underset{O^-}{|}}{P}}-O-\overset{\overset{O}{\|}}{\underset{\underset{O^-}{|}}{P}}-\text{OH} +2H_2O \longrightarrow 3\text{HO}-\overset{\overset{O}{\|}}{\underset{\underset{O^-}{|}}{P}}-\text{OH} \qquad (9-13)$$

据估计,水体中总磷酸盐的 $16\%\sim35\%$ 来自洗涤剂尤其是合成洗涤剂,在一些高度消费的城市里,污水中 $50\%\sim70\%$ 的总磷来自于此。

市政污水中 P 的另一个重要来源是人的排泄物。人的粪便中约含 25% 的有机质(其余为水分),其中约含 0.03% 的 N 和 0.005% 的 P。尿液中相应的数据为平均 0.5% 的有机 C、1.0% 的 N 和 0.03% 的 P。假定一个正常人每天分别产生约 100 g 和 1200 g 上述废物,一座拥有 10 万人的城市地区每天将产生 3600 kg 磷。如果我们假定人均用水量为 $0.5\,m^3$,污水中由于人类废弃物造成的磷浓度将达约 $7\,mg\cdot L^{-1}$。实际上在许多城市大约为 $10\,mg\cdot L^{-1}$,不过此值随季节、一天中的时间等因素上下变动很大。以上两值之间的差异来自其他源排放的磷。如果污水不经处理,全部的磷将被排放到接收水体中,这将成为水体富营养化的一个重要因素。

磷的面源,包括各种形式的城市、农业和森林径流和渗滤等,比点源更难以控制。

由于我国目前的废水和污水处理率还较低,有相当一部分废水未采取任何处理措施就直接排放,给周围水体富营养化提供了物质条件。污水处理厂通过厌氧处理污泥的方法,可除去污水中 20%～50% 的氮,而未能除去的污水中的氮和磷就随排出水流入近旁的受纳水体。此外,在污水处理过程中用到的许多含氮、磷的化学药剂,例如氯胺、有机聚电解质、无机絮凝助剂、磷酸三钠、多聚磷酸钠等,也可能进入受纳水体。

(4) 工业

由磷矿石生产磷酸时会产生磷石膏废物,生产过程中的磷损失量近 2%。

$$Ca_3(PO_4)_2 + 3H_2SO_4 \Longrightarrow 3CaSO_4 + 2H_3PO_4 \tag{9-14}$$

磷石膏废渣一般是填埋到地下,但由于填埋后渗滤出的部分相当可观,是周围水体营养物的一个直接来源。此外,毛纺、制革、造纸、印染及食品加工工业等排放出的废水中也含有大量的植物营养物。

(5) 水产养殖

河流、湖泊中网箱放养鱼、鳖、虾、蟹,不断向水中投放大量饲料,是湖泊富营养化一个重要的污染源。在许多湖区,由于片面追求高产、高效益,不断增加养殖密度,实行多投饵、多产出的不合理养殖方式,使湖泊中饵料过量地富集,其中含有的大量可溶性营养物质在水中溶解,造成水质变差;另外,养殖生物的排泄物中含有的大量溶解性营养物质在水中富集,也造成湖泊的富营养化。

20 世纪 80 年代,在欧洲网箱养殖鲑鱼过程中,投入的饲料约有 80% 的 N 被鱼类直接摄食,摄食的部分中仅有约 25% 的 N 用于鱼类的生长,其余的 65% 用于排泄,10% 作为粪便排出体外。这就意味着投入的饲料仅有约 1/5 被有效利用,其余部分都以污染物排在环境中了。这些年,随着饲料质量的提高,其利用率有所增加。在亚太地区,人们普遍在近岸水域中投喂鲜杂鱼用网箱养殖各种非鲑科鱼类,饲料浪费和污染更严重。

2. 氮元素在水体环境中的迁移和转化

通过各种途径排入水体中的含 N 有机物主要有蛋白质、氨基酸、尿素、胺类、腈类和硝基化合物等。蛋白质在微生物分泌的水解酶的作用下肽键断裂,生成氨基酸。

$$H_2N-\underset{\underset{R}{|}}{\overset{\overset{H}{|}}{C}}-\overset{\overset{O}{||}}{C}-N-\underset{\underset{H}{|}}{\overset{\overset{H}{|}}{C}}-\overset{\overset{R}{|}}{\underset{|}{C}}-COOH + H_2O \longrightarrow 2H_2N-\underset{\underset{R}{|}}{\overset{\overset{H}{|}}{C}}-\overset{\overset{O}{||}}{C}-OH \tag{9-15}$$

氨基酸可在有氧或无氧条件下降解,脱氨基生成 NH_3,典型的反应有

有氧脱氨:　$2CH_3CH(NH_2)COOH + O_2 \longrightarrow 2CH_3COCOOH + 2NH_3$　(9-16)

有氧脱氨脱羧:　$CH_3CH(NH_2)COOH + O_2 \longrightarrow CH_3COOH + CO_2 + NH_3$　(9-17)

水解脱氨:　$CH_3CH(NH_2)COOH + H_2O \longrightarrow CH_3CH(OH)COOH + NH_3$　(9-18)

水解脱氨脱羧:　$CH_3CH(NH_2)COOH + H_2O \longrightarrow CH_3CH_2OH + CO_2 + NH_3$　(9-19)

无氧加 H 还原脱氨:　$CH_3CH(NH_2)COOH + 2[H] \longrightarrow CH_3CH_2COOH + NH_3$　(9-20)

上述过程也称为蛋白质的氨化作用。

上述产物 NH_3 和直接由污染源排入水体的 NH_4^+ 在亚硝酸菌(即亚硝化单胞菌)的作用下先被氧化成亚硝酸:

$$2NH_4^+ + 3O_2 \longrightarrow 2NO_2^- + 2H_2O + 4H^+ \tag{9-21}$$

亚硝酸在硝化细菌的作用下进一步被氧化成硝酸:

$$2NO_2^- + O_2 \longrightarrow 2NO_3^- \tag{9-22}$$

在厌氧条件下,则发生无机 N 的还原,脱 N 细菌(如假单胞菌、微球菌、沙雷氏菌、无色菌等)利用 NO_3^- 作为电子受体使之还原:

$$4NO_3^- + 5\{CH_2O\} + 4H^+ \longrightarrow 2N_2 + 5CO_2 + 7H_2O \tag{9-23}$$

式中 $\{CH_2O\}$ 表示水中易降解的含 C 有机物。若周围环境中有少量的 O_2 存在,则同时会有 N_2O 产生:

$$2NO_3^- + 2\{CH_2O\} + 2H^+ \longrightarrow N_2O + 2CO_2 + 3H_2O \tag{9-24}$$

这一反应对近年来大气中 N_2O 浓度的持续上升有重要贡献。

NH_4^+ 和 NO_3^- 都是植物吸收利用 N 元素的重要形式,虽然植物对 NH_4^+ 更易吸收,但在含氧充足的水环境条件下,NO_3^- 是主要的稳定存在形态,动植物对 NO_3^- 的吸收利用(通常称为同化作用)首先是在植物根部或微生物的表面发生离子交换。

$$根部\text{-}CO_3^{2-} + 2NO_3^- \longrightarrow 根部\text{-}(NO_3^-)_2 + CO_3^{2-} \tag{9-25}$$

这实际上是一个酸中和的过程,因为被交换下来的一般都是弱酸根离子,在微生物或植物根部细胞附近的溶液中可作为质子受体。可见,在相对封闭的体系中,硝化作用生成的酸至少可以被同化作用部分中和。因此,生物对 NO_3^- 的吸收利用既可以固定 N 又在一定程度上抑制了周围溶液的酸化。

3. 磷元素在环境中的迁移转化

磷在水环境中的循环过程如图 9-1 所示。

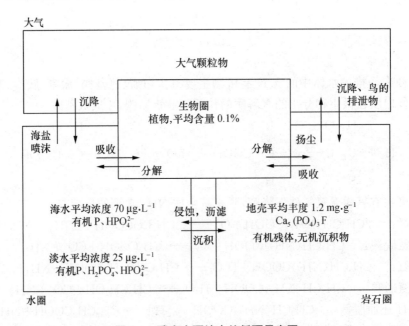

图 9-1　磷在水环境中的循环示意图

　　磷酸盐在水体中的存在形态与 pH 密切相关,如图 9-2 所示。可见,在天然水体的 pH 条件下,磷酸盐主要以 $H_2PO_4^-$ 形态存在。当 pH 降低时,磷的溶解性主要受 Fe 和 Al 含量的控制;当 pH 升高时,则主要与 Ca 有关,因为这些金属都与 PO_4^{3-} 形成难溶盐。磷的主要矿物形式有磷灰石($Ca_5(PO_4)_3(F,Cl,OH)$)和蓝铁矿($Fe_3(PO_4)_2$)。

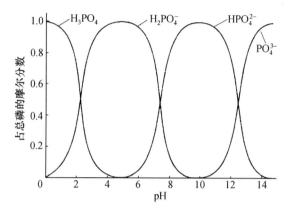

图 9-2　磷酸的形态分布图

　　含磷污染物进入水体后,可溶性磷大部分直接溶到水中,其余少量及不溶性磷则以水中悬浮物为载体,形成颗粒性磷。在相对封闭的水域中,大部分颗粒性磷随悬浮物沉降到水体下层,形成底泥。底泥是含磷污染物的主要沉积源。在底泥中,磷主要以磷酸钙、磷酸铁、磷酸铝及含磷有机物的形式存在。研究发现,磷在底泥与水体之间存在一个吸附-解吸平衡,底泥中磷的释放速率与水中的溶解氧有关。因为在底泥与水体交界处有一层约几毫米厚的有氧层,当水中溶解氧大幅度下降时,有氧层消失,底泥中的磷酸铁大量还原为磷酸亚铁,导致磷大量释放到水体中。温度升高会导致溶解氧浓度下降,底泥磷释放速率加快,这是我国大部分湖区及近海海域富营养化现象在夏季较为严重的原因之一。

9.2.3　水体富营养化污染

1. 赤潮和水华

　　当富营养化发生在近海海域时,称为赤潮,也叫红潮。然而赤潮并非都是红色,赤潮的颜色是由造成赤潮的优势浮游生物种类的颜色决定的。如夜光藻、无纹多沟藻等形成的赤潮呈红色,绿色鞭毛藻大量繁殖时呈绿色,另外一些硅藻则呈褐色。

　　赤潮现象在全球普遍存在,20 世纪 60～70 年代日本的濑户内海曾发生过上百次赤潮。1998 年 3～4 月,我国广东大亚湾地区发生了一次较为严重的赤潮,造成大量鱼苗及养殖鱼死亡,损失达 3 亿多元。1998 年 8 月发生在山东近海海域的赤潮,曾导致烟台莱山区 2500 亩扇贝全部绝产。2000 年 5 月发生在长江口舟山海域的特大赤潮,面积达 7000 多平方千米,造成大量鱼虾、贝类死亡。图 9-3 为我国主要海域赤潮发生次数的统计结果。由图 9-3 可见,进入 20 世纪 90 年代后,赤潮发生频率显著增加,海水富营养化的问题日益严重。

　　湖泊是人类重要的淡水资源,在防洪、养殖和气候调节等方面具有重要作用。发生在湖泊的富营养化也叫"水华"。我国的湖泊富营养化状况相当严重,太湖、滇池等都是典型的例子。

　　2001 年 7～9 月间,江苏太湖爆发了严重的蓝藻污染,湖区东北部的贡湖湖口采集的水样透明度为零。望虞河河面上如同铺上了一块约数十米宽的绿毯,岸边的湖水像浓浓的绿色油漆,鱼类等大量水生动植物缺氧死亡,湖水发黄发臭,许多以养殖业为生的农民深受其害。

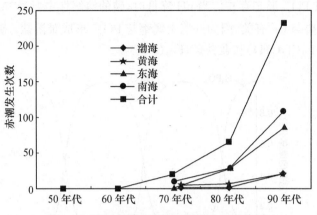

图 9-3　我国主要海域的赤潮发生状况统计

资料来自:邹景忠,赤潮灾害,《海洋志》

　　云南昆明的滇池是我国富营养化污染最为严重的湖泊之一。滇池的草海水质超过 V 类水标准,特别是氮、磷浓度很高,分别达到 $7500\,\mu g \cdot L^{-1}$ 和 $190\,\mu g \cdot L^{-1}$;外海水质也已超过 IV 类水标准,氮、磷浓度分别达 $1500\,\mu g \cdot L^{-1}$ 和 $140\,\mu g \cdot L^{-1}$,一些敏感的水生生物群落已灭绝或濒于灭绝,大型水生植物面积急剧减少并向浅水区迁移,原本丰富的生物多样性锐减。水质恶化对昆明市的生活用水已产生严重影响,城市水危机日趋严重。滇池作为一个较封闭的水体,自净能力差是其容易被污染的一个不可忽视的原因,但调查结果显示滇池每年的纳污量也是十分惊人的。据估算,每年排入滇池的工业废水和生活污水达两亿多立方米,其中含化学耗氧物质 4 万多吨,总氮、总磷和重金属污染物等上万吨。

　　无论是湖泊富营养化还是赤潮,都已成为我国当今面临的重大环境问题。详细研究导致富营养化污染的各种自然和非自然的因素以及二者之间的联系,尽快采取积极有效的防治对策已成为一项刻不容缓的任务。

　　2. 水体中的藻类

　　水体中的营养物质增加后,藻类即开始大量繁殖。目前已知能引起赤潮或水华的藻类有几十种,通常分为四类:蓝绿藻类、绿藻类、硅藻类和有色鞭毛虫类。蓝绿藻类呈蓝绿色,在早秋季节容易大量萌生。水体中有机物富集、硅藻类繁生等现象是蓝绿藻产生的先兆。蓝绿藻体内含有气体及油珠,因而能漂浮在水面上,像"毯子"一样将水体与大气隔绝开来。这种藻类体上无鞭毛,游动能力较差。当水体处于富营养化状态时,水面上原先占优势的硅藻逐渐消失而转为以蓝绿藻为主体。蓝绿藻类含胶质外膜,不适于作鱼类食料,甚至还可能含有一定毒性。绿藻类一般容易在盛夏季节大量萌生,常漂浮在水面上,这些藻类细胞中含有叶绿素,所以外观呈现绿色。这种藻类体上附有鞭毛,所以有一定的游动能力。硅藻类是单细胞藻类,体上不长有鞭毛。一般容易在较冷季节繁生,也能在水下越冬生长。它们一般生长在水面处,但在水体的任何深度,甚至水底都能发现它们的存在。硅藻还能依附在水生植物的茎叶表面,使这些植物外观呈现浅棕色。在另外一些情况下,还能与别的藻类混杂在一起。在水底岩石或岩屑表面常有一层又粘又滑的附着层,这也是附生在其上的硅藻。有色鞭毛虫类是因具有发达的鞭毛而得名,它们除了能通过光合作用合成原生质外,还具有原生动物的游动本领。这种藻类的繁生季节一般在春天(可因水域而异),可在任何深度的水体内活动,但多数生长在水面之下。

3. 水文、气象条件对富营养化的影响

一般来说,流动性小、水温高的水体容易出现富营养化,因此湖泊、水库、缓慢流动的河流和某些近海水体的富营养化问题比较普遍和严重。世界上最早的富营养化污染就出现在湖泊和水库中。尤其是在一些气候干燥地区,水源常以人工或半人工的方式蓄积起来,富营养化的情况相当严重。

虽然海水中氮和磷的浓度过高是造成赤潮爆发的根本原因,但并不是富营养化程度高的水域就一定会发生赤潮。赤潮爆发的时间、地点和规模还跟海区的气象和水文等条件有关。首先是温度因素,各种赤潮生物都有自己的适温范围,在适温范围内赤潮生物会快速增殖和聚积,从而引发赤潮。其次是光照因素,光照是赤潮生物进行光合作用的必要条件,光照强烈,浮游植物制造有机物的进程加快,与赤潮的发生有着直接的关系。另外还有气象因素,天空气流稳定,海面风浪较小,水体流动及交换较弱,增加了赤潮生物集结的有利条件。根据气象资料分析,连续晴好的天气将导致赤潮的强烈发展。

在海洋环境富营养化问题未得到根本控制的情况下,气象条件诱发赤潮的作用越来越显著,只要天气条件适宜就可以直接引发赤潮,成为赤潮发生的直接原因。因污染源一般在陆地上,故赤潮主要发生在海湾、海岸及港口附近。

总之,强光照射、水温升高、海水停滞、海面上空气流稳定等都是有利于赤潮发生的非营养因素。

9.2.4 富营养化污染的危害

1. 水中溶解氧和 pH 的变化

水体中含有一定量的溶解氧,这是水中生物生存和有机物分解所必需的。水中的溶解氧主要来自于空气中氧气的溶解及水中藻类的光合作用。水中溶解氧的含量变化常用氧垂线来表示,见图 9-4。

图 9-4 中,曲线 1 表示水体受污染后溶解氧逐渐减少的过程,叫做脱氧曲线;曲线 2 是水中 DO 减少后大气中的氧气为维持溶解平衡而不断向水中补充氧的过程,叫复氧曲线;河流中溶解氧的实际变化就是脱氧过程和复氧过程共同作用的结果,即图中的曲线 3,称为氧垂线。氧垂线的最低点 P 为最大缺氧点,即脱氧速度和复氧速度相平衡的一点。每一类水体都有一个溶解氧的临界点,若氧垂线的最大缺氧点高于溶解氧临界点,则经过一定时间后,通过大气的补充和水体自身的混合作用,水体

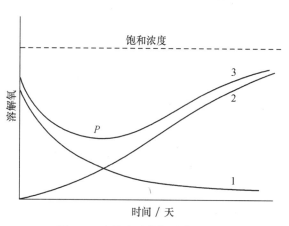

图 9-4 水体中溶解氧的变化曲线

中的溶解氧可以逐渐恢复正常,这是水体自净作用的体现。然而,若氧垂线的最低点降到了临界值以下,则水体的自净作用不足以使其溶解氧量恢复正常。

在富营养化开始阶段,藻类数量的增加会使其光合作用过程中产生的 O_2 大大超过水中溶解氧的饱和浓度,多余的 O_2 便释放到大气中去了,而水体中的 CO_2 被大量消耗,使水体的

pH 升高。随着藻类的继续增加,上述反应加剧,直到透明度成为限制反应速率的主要因素为止。在水体缓冲能力较差的典型情况下,水体的 pH 可上升到 9~10。而大量的藻类植物覆盖在水面上,还会阻碍大气对水中溶解氧的补充。

在藻类经过指数生长期后,细胞分解的速度明显增加,特别是在夜间和深层水域,分解的速度逐渐超过生长的速度,死去的藻类细胞被原生动物和细菌所捕食利用,进而矿化。这一过程实际是光合作用的逆过程:

$$生物质 + O_2 \longrightarrow CO_2 + H_2O + N, P(以矿物形式沉积) \tag{9-26}$$

在这一过程中,水中的溶解氧被消耗,并释放出 CO_2,导致水体酸化。在典型的情况下 pH 可降至 4~5,DO 可降到 $1\,mg \cdot L^{-1}$ 以下。

水中溶解氧的下降,势必影响鱼类及其他水生生物的正常生活。一般来说,大多数鱼类需生活在溶解氧在 $4\,mg \cdot L^{-1}$ 以上的水中,例如,河鳟为 $3\sim12\,mg \cdot L^{-1}$,鲤鱼为 $6\sim8\,mg \cdot L^{-1}$,青鱼、草鱼、鲢鱼和鳙鱼为 $5\,mg \cdot L^{-1}$ 以上。当溶解氧 $<1\,mg \cdot L^{-1}$ 时,大部分鱼类都不能存活。另外,当水中溶解氧含量下降到一定程度时,水中的 SO_4^{2-}、NO_3^- 和 HCO_3^- 等会在厌氧细菌的作用下还原成 H_2S、NH_3 和 CH_4 等有害形态,鱼类在缺氧的状况下,再加上这些物质的毒害作用,会很快大批地死亡。此外,水体 pH 的大幅度涨落也对水生生态系统非常不利。

2. 生物毒素

与富营养化和藻类大量繁殖相关的另一个特殊问题是产生生物毒素和引发相关的疾病。例如,双鞭甲藻类的迅速生长不但会使水体变色,还会产生毒素。一些软体动物食用了这种藻类后可使毒素富集起来,进而导致人类中毒,严重时甚至引起"贝类中毒麻痹症"(简称 PSP)的爆发。海水中的颤藻属能引起严重的皮炎症,已有许多海滨浴场不得不因此关闭。金藻门细菌的恶性繁殖则会导致养殖场的鲑鱼和鳟鱼等大量死亡。链状膝沟藻产生的石房蛤毒素是一种剧烈的神经毒素。茂密的水草也给致病菌提供了生存和繁殖的环境,对疟疾、脑炎和血吸虫等疾病的传播作用相当大。图 9-5 为几种常见生物毒素的结构式。

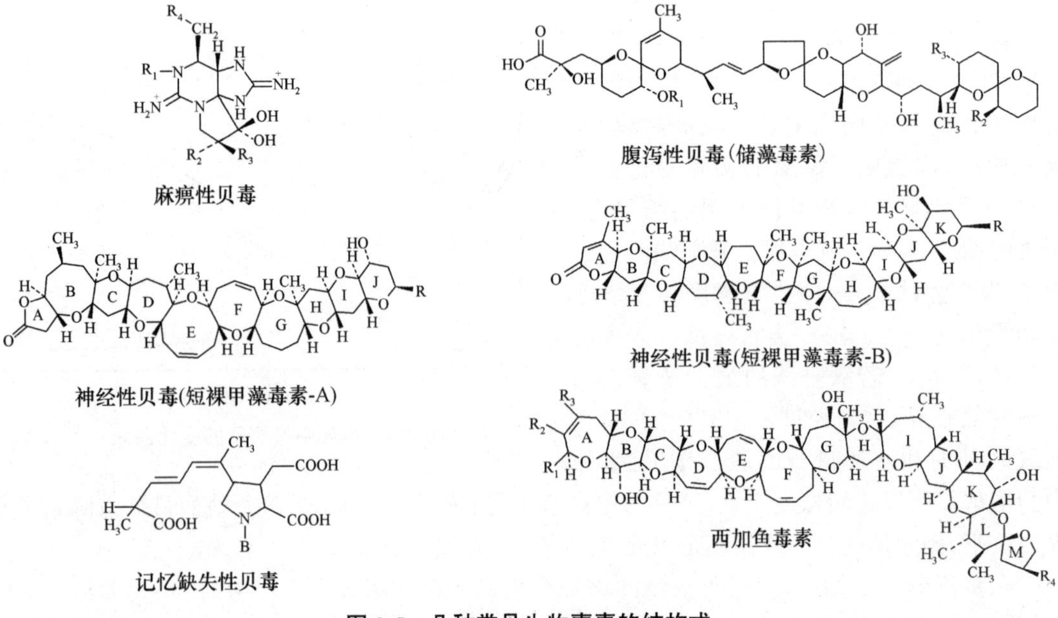

图 9-5 几种常见生物毒素的结构式

3. 水生植物过度生长的危害

水生植物过度生长的危害主要表现在以下几个方面：大量生长繁殖后覆盖水面，降低光线对水体的穿透能力，影响水底生物的生长；阻碍大气与水体的 O_2 交换作用，腐烂分解时又引起水体严重缺氧和鱼类的大量死亡；堵塞河道，影响航运；阻碍排灌，在汛期阻碍水流，增高洪水水位；干扰捕鱼，影响水电设备和灌溉设施的运行等。

在我国湖泊的富营养化污染中，蓝藻和水葫芦的危害是最大的。水葫芦是一种繁殖能力极强的水生植物。在无性生殖条件下，平均 5 天就能繁殖一棵新株；而在有性生殖条件下，水葫芦的种子在水中可存活 5～20 年，在水温 25～30℃ 的适宜条件下迅速生长。据估算，一亩水面的水葫芦可达十几万株，约 20 吨左右。

综合上述作用，由富营养化引起的有机体大量生长的结果，最终又导致藻类、水生生物等趋于衰亡以至绝迹。这些现象可能周期性地交替出现，一些湖泊、水库的沉积就是由此造成的。

9.2.5　富营养化污染的防治

1. 预防措施

防治富营养化，关键在于控制水体中无机氮和无机磷的浓度。一方面，使用低磷和无磷洗涤剂，对减少城市污水中的磷含量十分有效。增加"生物绿肥"的使用、通过生物固氮，可减少对化肥的需求。妥善处理含 P 矿渣，土地填埋技术与沥滤液的化学控制相结合等都可以明显降低水体的磷负荷。另一方面，污水处理厂增加去除营养物质的步骤也十分必要。过去的污水处理厂主要去除废水中的有机物，一般的机械和生物处理过程可以去除 90% 的有机污染物，但营养物质只去除了 30%。而剩余的营养物进入地表水后经藻类的光合作用又会产生新的有机物，其数量甚至高于原废水中所含的有机物。所以从最终的结果看，若不同步去除营养物质，对有机物的去除并没有从根本上解决问题。如果在去除有机物的同时，增加脱 N 和脱 P 的步骤，效果要好得多，而投入的费用远比造成富营养化危害后再治理要小。污水中的大部分含氮有机物在微生物作用下分解生成氨氮。氨氮是藻类优先摄取的含氮营养物。NH_3 还会阻碍氧在鱼鳃中传递，对鱼类是一种毒性物质。此外，在用氯气消毒含氨的原水时会生成氯胺产物，白白消耗自由氯，减弱消毒效力。下面介绍几种常用的氨氮废水和磷酸盐废水的处理方法。

2. 氨氮废水的处理方法

煤气制造、焦炭生产、染纺工业等废水中氨氮含量往往很高，在一般水体中氨氮主要来自生活污水。常用的氨氮废水治理法有气提法、生物脱氮法、土壤渗滤法、转效点氯化法和离子交换法等。

（1）气提法

氨在水中存在着如下溶解平衡关系：

$$NH_3(aq) + H_2O \rightleftharpoons NH_3 \cdot H_2O \rightleftharpoons NH_4^+ + OH^- \tag{9-27}$$

将废水 pH 提高到 10.0 以上时，氨氮主要以 NH_3 形态存在并可用空气将其从水中吹出。该过程一般在塔内进行，工艺简单，操作方便，氨氮去除率最高可达 80%～98%，缺点是为调节 pH 加入的消石灰可能与通入空气中所含的 CO_2 反应而结垢。此外，在寒冷地区操作时吹脱效率很低。再者，逸出的氨气有臭味会引起空气污染。

（2）生物脱氮法

生物脱氮法是利用微生物的硝化和脱氮作用，首先在好氧条件下将水中的无机 N 全部转

化为 NO_3^- 的形式,再在缺氧条件下使 NO_3^- 形态转为气态 N_2O 和 N_2 而从水中逸散到大气中。反应原理与反应(9-21)～(9-24)一致。

在第二步脱氮过程中,实际是脱 N 细菌利用 NO_3^- 代替 O_2 进行呼吸,因此必须在缺氧条件下进行。虽然污水本身所含的有机物可以作为还原剂,但为保证反应快速、完全地进行,在实际操作中一般需加入甲醇作为细菌生长所需的碳源,反应如下:

$$6NO_3^- + 5CH_3OH + 6H^+ \xrightarrow{\text{反硝化细菌}} 3N_2(g) + 5CO_2 + 13H_2O \tag{9-28}$$

用这种方法,水中氨氮去除率可达 $80\%\sim90\%$,主要优点是水处理后不产生二次污染物,且可同时除去有机氮和无机氮。缺点是反应时间长,对温度敏感,且产生污泥。

(3) 其他方法

土壤渗滤法是将废水自上而下流经土层,使其中的氨氮通过物理吸附和生物作用得以除去的方法。转效点氯化法是利用具有强氧化性的氯气将水中氨氧化成氮逸出的方法。离子交换法常用经改性后的天然沸石装柱,通过交换吸附以除去废水中的氨氮。这些方法都各有其优缺点,大多因缺点较多目前还未推广使用。

3. 磷酸盐废水的处理方法

在磷矿石(磷酸钙)熔融、磷矿石与硫酸反应、红磷用浓硝酸氧化、五氧化二磷与水作用等过程中都产生含磷酸盐的废水。一般可用以下方法进行处理。

(1) 混凝法

可使用的混凝剂有消石灰、明矾、铁盐或聚电解质等,当用消石灰调节废水 pH 达到 $10\sim11$ 以上时,对磷去除率可达 90% 以上。增加消石灰投入量,可提高去除率。沉淀物为羟基磷灰石 $[Ca_5(PO_4)_3(OH)]$。

(2) 微生物处理法

研究表明,不动杆菌属(*Acinetobacter*)在生长过程中吸收 P 的能力很强,是除磷的优势菌种,在污水处理厂可应用于活性污泥法中。

4. 治理措施

水体一旦发生富营养化,要使其恢复正常需要相当长的时间。即使立即停止一切污染源的输入,水环境中的许多与富营养化有关的营养物质仍在水体中被循环利用。例如,藻类吸收氮、磷后迅速繁殖,但死亡后的藻类残体又会将其中的氮、磷重新释放出来,被新的藻类吸收利用。与氮相比,磷的来源相对固定,因此无机磷的控制在许多地区是治理富营养化的关键因素。

对于富营养化程度较轻的水体,如果迅速切断污染源,依靠浮游植物的光合作用和水的涡旋运动引起的混合作用可逐渐使水体的 DO 水平恢复正常。但若富营养化程度已十分严重,则需要采用药剂杀藻、打捞藻类、人工曝气、疏浚底泥和引入贫营养水稀释等方法治理。排水改道引流,改变水体的流速、含水量、温度等水文参数等也有利于加快富营养化水体的恢复。

通过养殖以水草为食物的鱼种来大量消耗藻类和大型水生生物,可以减轻富营养化的症状。例如投放食藻鱼,常见的有鲢鱼和鳙鱼,它们属滤食性鱼类,以滤食浮游植物(蓝藻)为主要食物,且生长速度快。通过循环放养和重复养殖,鱼可深入到湖区各部,调控湖泊中生物之间的食物链关系,降低藻类现有量,再通过成鱼捕捞取走水体中的营养物质,从而达到减轻湖泊污染负荷、改善水质的目的。不过,这些动物的排泄物中同样也含有相当量的营养物,因此这种办法只能起到缓冲作用,不能从根本上解决问题。有些地区将大型的水生植物收割、加工,用做动物饲料或能源,在一定程度上缓解了富营养化的问题。还有一条途径就是疏浚挖泥,先通过加入铝盐或 Fe(Ⅲ)等沉淀剂使磷酸盐等营养物质沉积到水底,然后将污泥挖出。这是一种较为彻底的解决办法,但比较费力,代价也很大。

水产养殖饲料只有很少量被动物吸收,大部分都作为残饵或以排泄物的方式散失于环境中。因此,提高饲料的质量和改进投饲技术可在一定程度上减轻周围水体的营养负荷。以芬兰为例,1987—1991 年间该国的鱼年产量增加了 3 倍,而来自鱼类养殖的磷排放量仅增加了23%,主要原因在于饲料的转化率提高了,使单位排放 P 的鱼产量增加。

生态养殖是近年来兴起的一种新的养殖思路。以对虾、海藻生态养殖为例,可先在近海适量养殖大型海藻与滤食性动物,让其对海水过滤后,再用净化后的海水在近岸进行对虾养殖。对虾养殖过程中形成的残饵和粪便,在经过大型海藻与滤食性动物净化后,再排入大海。由此可实现海水养殖容量扩大与海水养殖零排污的双重目标。

滇池是在工业废水、农业废水和生活污水三方面共同影响下发生严重富营养化污染的典型例子。十多年来在滇池的治理上投入的资金和各方面的力量相当大,但在短时间内几乎看不到明显的效果,这正是这类环境问题的显著特征。从营养物质的过度输入开始,到水体完全污染,以至最后周围生态系统完全被破坏,这一过程发生得非常快,但要想使其逆转却非易事。从污染源的控制来看,点源相对容易,如流域内的工业企业全部实现达标排放,生活污水经过处理后再排放等都可有效降低污染物的输入,但面源的控制难度要大得多,像农业固体废弃物和农村生活污水等,都是造成污染治理见效缓慢的重要因素。因此,对滇池的治理,一方面应巩固点源的控制措施,另一方面应加强对面源的治理,同时还应从生态学的角度进行其自然功能的恢复,如建设湿地和发展生态农业等。

总之,富营养化现象是一个全球普遍存在的问题,在一些发展较快、治理措施不配套的地区状况尤其严重。只有尽早采取有效措施,使工业生产、农业活动和城市生活等更加合理化,才能从根本上解决这一问题。

第 10 章　重金属污染

重金属的性质和环境行为是一个内容广泛而复杂的问题。本章将从金属的环境重要性出发对其进行分类,系统介绍重金属的环境化学行为特点,并对几种典型的重金属污染物在环境中的基本转化、归趋规律和生态效应以及相关的防治方法和技术进行详细阐述。

10.1　金属的环境分类

在元素周期表中,金属元素占据了约 80%。20 世纪 50~60 年代,Ahrland 等提出将金属划分为 A 型、B 型和过渡型三类。A 型金属离子不含 d 轨道电子,主要特点是呈球形对称结构和极化力小,环境中重要的阳离子 Na^+、K^+、Mg^{2+}、Ca^{2+} 和 Al^{3+} 等均属于这一类。对于 A 型离子,用静电作用模型基本上可以解释其金属配合物的稳定性规律,即这些金属配合物的稳定性与金属离子和配体的 Z^2/r 有正相关关系,Z 表示金属离子或配体所带电荷数,r 表示金属离子或配体的半径大小。A 型金属离子的普遍特征是对含 O、F 配体的亲和性大于对含 S、X(卤素)配体的亲和性。例如:$Al(H_2O)_5(OH)^{2+}$ 和 $Al(H_2O)_4F_2^+$ 是水中重要的溶解态 Al,而与 Cl^-、Br^-、I^- 的结合力不强。A 型金属的水合物比氨合物和氰化物更稳定。另外这类金属离子与含氧阴离子(如 SO_4^{2-}、NO_3^-)和有机分子的含氧官能团(如—COOH、$\diagdown C=O$)可形成弱的配位化合物。氢氧化物、碳酸盐或磷酸盐化合物是 A 型金属的重要的难溶物形式,例如 $CaCO_3$ 和 $AlPO_4$ 是环境中 Ca^{2+} 和 Al^{3+} 的重要固体形式,而其硫化物则相对不重要。

B 型金属离子具有 nd^{10} 和 $nd^{10}(n+1)s^2$ 电子构型。这类金属离子的价电子层容易变形,且极化力强,代表性离子有 $Ag^+(4d^{10})$、$Zn^{2+}(3d^{10})$ 和 $Pb^{2+}(4f^{14}5d^{10}6s^2)$ 等。对 B 型金属离子,共价键在配合物形成中起重要作用,因此仅靠静电模型不足以解释稳定性关系。影响配合物稳定性的另一个重要因素是金属接受配体所提供电子的能力。因此,金属电负性高而配体电负性低,有利于 B 型金属配合物的稳定性。例如ⅡB 族元素的电负性顺序是 Zn(1.6)<Cd(1.7)<Hg(1.9),其络合物的稳定性顺序也基本为 Zn<Cd<Hg。配位原子的电负性变化趋势为 S<I<Br<Cl<N<O<F,因此其与 B 型金属离子形成配合物的稳定性顺序为 S>I>Br>Cl>N>O>F。由于以上几方面的原因,总体来说,B 型金属形成的配合物比 A 型金属配合物稳定,而且与含 N 配体形成的配合物比与含 O 配体形成的配合物稳定,例如氨合物比水合物稳定;硫化物是其重要的难溶盐形式;B 型金属还有一个非常重要的特点就是可与 C 配位形成金属有机络合物,例如 Hg^{2+} 能形成 CH_3Hg^+ 和 $(CH_3)_2Hg$。这一性质使 Hg^{2+}、Pb^{2+} 等 B 型金属的生物毒性大大增加。

过渡金属离子的电子构型是 $nd^x(0<x<10)$,性质介于 A 型和 B 型金属之间。过渡金属能与各种配体形成配合物,稳定性受到多种因素的影响。一般第二系列比第一系列更接近 B 型金属的性质,同一系列从左到右性质更接近 B 型。静电作用对配合物的稳定性影响很大,第一

列过渡金属的＋2 价离子随原子序数增加原子半径递减,因而 Z^2/r 增加,由此造成的强静电效应使配合物的稳定性增加。另一个重要因素是晶体场稳定能,电子在 t_{2g} 轨道上离子更稳定,如 Sc^{2+}、Ti^{2+}、V^{2+},而电子在 e_g 轨道上则稳定性降低,如 Cr^{2+}、Mn^{2+}。上述看法是一种简化处理方式,实际还会受到配合物的结构等因素的影响。

　　到 20 世纪 80 年代,Nieboer 和 Richardson 从环境重要性的角度出发,综合考虑共价作用和离子作用后提出了金属的环境分类方法,如图 10-1 所示。图 10-1 是各种金属的共价势对离子势作图的结果。共价势 $\chi_m^2 r$ 反映出金属接受配体所提供电子的能力,χ_m 为金属离子的电负性,r 表示金属离子的半径。共价势是区分 A 型、B 型和过渡型金属的重要化学参数,由图 10-1 可见,A 型金属的共价势最小,B 型的最大。离子势 Z^2/r 则反映出金属形成离子键的能力,因此金属离子电荷数越高的形态越出现在图的右边。天然水样品中的腐殖质含有多种不同的配位原子,与金属离子形成稳定络合物的稳定性趋势与图中斜线所示的方向一致。

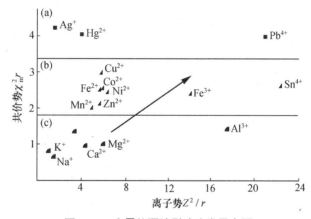

图 10-1　金属的环境影响分类示意图
(a) B 型金属;(b) 过渡型金属;(c) A 型金属

　　有趣的是,金属的上述分类方式在对环境和人类健康的影响方面也表现出一定的规律性。首先,K^+、Ca^{2+} 等大多数 A 型金属元素是动植物和人体必需的重要营养元素,在水溶液中通常与含 O 配体结合。再看大多数生物微量元素,通常都是过渡型金属,包括 Mn^{2+}、Cu^{2+} 和 Zn^{2+} 等。与 A 型相比,过渡型金属能与含 O、N、S 的各种给电子原子形成稳定的配合物。它们不仅参与组成生物分子,而且还表现出特殊的生理功能。人体经过长期的进化形成了一套维持这些元素体内平衡的机制,过度的摄入或缺乏都会使人体的生理活动发生障碍,严重时可导致疾病的发生。尤其是体内元素的过量比缺乏更难对付,缺乏易于补偿,而过量后的清除往往十分困难,有时还会带来某些副作用。因此对这类元素有一个最佳的摄入量范围,见图 10-2 所示。

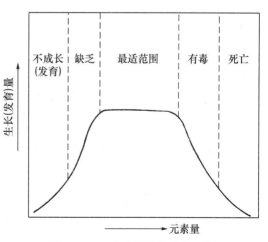

图 10-2　元素的最佳营养量曲线

而 B 型金属则主要是一些与生命活动无关的人体非必需元素,其中 Pb^{2+}、Cd^{2+} 和 Hg^{2+} 等很小的剂量就会对人体产生严重的毒害作用。B 型金属离子对 S 元素的亲和力很强,研究发现其毒性大小与其结合蛋白质巯基的能力密切相关。金属与巯基的亲和力顺序大致为 $Hg \approx Ag > Cu > Pb > Cd > Zn$,而它们对微生物的毒性顺序一般认为是 $Ag > Hg > Cu > Cd > Cr > Ni > Co > Zn$,对不同的生物种类可能略有差异。另外,能形成在水中稳定存在的甲基化衍生物也是这类金属的一个特点。

综上所述,人体对金属元素的营养需求顺序是 A 型>过渡型>B 型,而金属元素的毒性大小顺序则为 B 型>过渡型>A 型。因此环境化学研究的重点是一些毒性较明显的重金属元素,研究其在自然界的分布形式,生产和用途,在环境中迁移转化的规律,对人体的污染途径,代谢和毒理特点,治疗和预防措施及相关废水、废物处理和回收利用的方法与技术等。我国规定的优先控制的重金属污染物包括砷(As)、铍(Be)、镉(Cd)、铬(Cr)、铜(Cu)、铅(Pb)、汞(Hg)、镍(Ni)和铊(Tl)等。

10.2　重金属的环境化学特性

20 世纪 50~60 年代,在日本先后发生了震惊世界的水俣病和骨痛病事件,由于工业废水造成的重金属污染问题由此引起了人们极大的重视。研究证实,水俣病是由于食用了被甲基汞污染的鱼造成甲基汞中毒而引起的,但在由工厂排出的废水中大部分汞是无机汞离子的形式,说明在环境中发生了无机汞向有机汞的转化过程。另外还发现,生活在汞含量约 $0.0001\,mg \cdot L^{-1}$ 的水体中的浮游生物体内的汞含量可达 $0.001 \sim 0.002\,mg \cdot L^{-1}$,并且随食物链营养级别的不断升高,生物体内汞的含量也呈递增趋势,在大型食肉鱼体内汞含量高达 $1 \sim 5\,mg \cdot L^{-1}$。这种形态转化和生物累积作用是重金属环境化学行为的两个重要特征。

10.2.1　环境有机化作用

在环境中存在着由无机金属及其化合物向有机金属化合物的转化途径,目前在金属甲基化方面研究得最为深入,结果表明,有多种金属和类金属元素都可在环境中发生甲基化反应,如汞(Hg)、铅(Pb)、锡(Sn)、钯(Pd)、铊(Tl)、铂(Pt)、金(Au)、铬(Cr)、锗(Ge)、钴(Co)、锑(Sb)和砷(As)等。

环境中存在的天然甲基化试剂有甲基钴胺素(CH_3CoB_{12})、S-腺苷甲硫氨酸、N^5-甲基四氢叶酸、碘甲烷、二甲基硫醚和甜菜碱等,图 10-3 给出了前三种辅酶类甲基化试剂的结构式。其中甲基钴胺素是最重要的一种甲基供体,它是甲基钴胺素蛋氨酸合成酶中的辅酶,又称甲基维生素 B_{12}。由图 10-3 可见,甲基钴胺素是含 Co^{3+} 的一种咕啉衍生物,其中钴离子位于由四个氢化吡咯相继连接成的咕啉环的中心,共有六个配位体,即咕啉环上的四个 N 原子、咕啉 D 环支链上二甲基苯并咪唑(Bz)的一个 N 原子和一个甲基碳负离子(CH_3^-)。甲基钴胺素在生物体内普遍存在,主要聚集在肝脏等器官中。S-腺苷甲硫氨酸也是一种重要的甲基供体,研究表明它可使砷、锡等元素发生甲基化反应。

不同甲基供体提供的甲基类型不同,有碳负离子(CH_3^-)、自由基($CH_3 \cdot$)和碳正离子

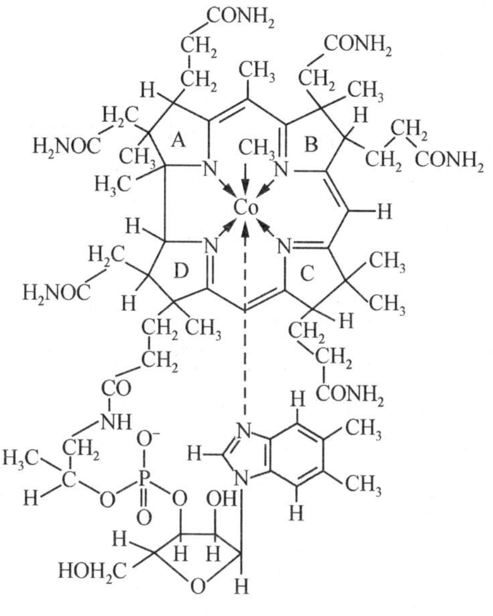

甲基钴胺素

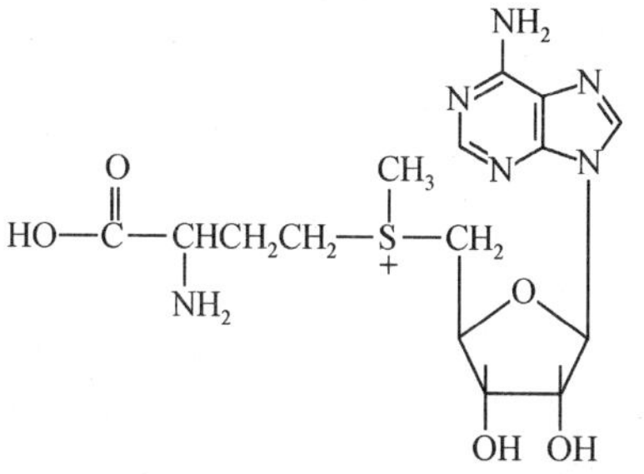

S-腺苷甲硫氨酸

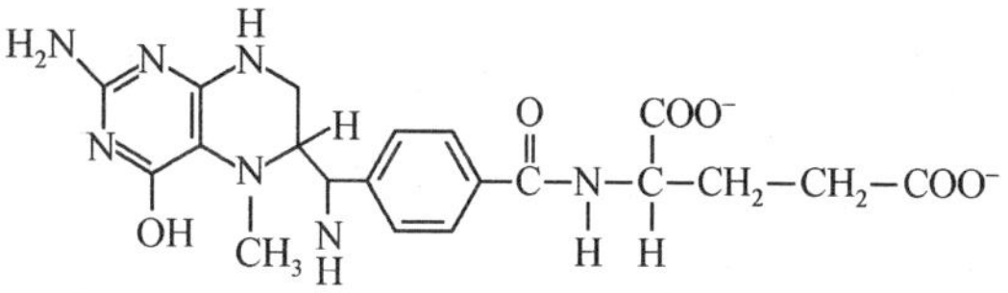

N^5-甲基四氢叶酸

图 10-3　几种重要甲基化试剂的结构式

(CH_3^+)等多种形式，甲基化的反应也相应地有不同的方式。根据甲基类型的不同，甲基化反应可分为以下四类：

(1) 甲基碳负离子

甲基碳负离子转移到一个具有最高氧化态、没有孤对电子的金属上，形成的金属甲基化合物中金属价态不发生改变。甲基钴胺素(CH_3CoB_{12})是目前已知的惟一一种能提供 CH_3^- 的甲基供体，它与汞的高价离子(Hg^{2+})的甲基化反应就属于这类反应。

$$CH_3CoB_{12}+Hg^{2+}+H_2O \longrightarrow CH_3Hg^++H_2OCoB_{12}^+ \tag{10-1}$$

(2) 甲基自由基

甲基钴胺素中的 CH_3—Co 键也可发生均裂，生成甲基自由基，$CH_3\cdot$ 加成到金属上，形成甲基金属自由基，其中金属的氧化态升高一价。例如甲基钴胺素与 Sn^{2+}的反应为

$$CH_3CoB_{12}+Sn(\text{Ⅱ}) \longrightarrow CH_3Sn(\text{Ⅲ})\cdot+CoB_{12}\cdot \tag{10-2}$$

此反应通常需要氧化剂如 Fe(Ⅲ)的存在。生成的甲基锡自由基继续与甲基钴胺素反应，最终生成含甲基的有机锡(Ⅳ)化合物。据报道，只有标准氧化还原电势较低的金属才有可能发生此类反应。

(3) 甲基碳正离子

S-腺苷甲硫氨酸和 N^5-甲基四氢叶酸辅酶等生物甲基化试剂可提供 CH_3^+，CH_3^+ 直接转移到一个低价态金属上，形成甲基金属化合物，金属的价态升高两价。目前已知砷在 S-腺苷甲硫氨酸作用下的甲基化过程是 CH_3^+ 的转移，反应如图 10-4 所示。砷进攻 S-腺苷甲硫氨酸的

$$H_3AsO_4 \xrightarrow{2e} H_3AsO_3 \xrightarrow{CH_3^+} CH_3AsO(OH)_2 \xrightarrow{2e} CH_3As(OH)_2 \xrightarrow{CH_3^+}$$

$$(CH_3)_2AsO(OH) \xrightarrow{2e} (CH_3)_2AsOH \xrightarrow{CH_3^+} (CH_3)_3AsO \xrightarrow{2e} (CH_3)_3As \xrightarrow{CH_3^+} (CH_3)_4As^+$$

图 10-4　砷的甲基化过程示意图

C—S 键,得到甲基砷酸,甲基砷酸可继续被甲基化,最终得到四甲基砷。

(4) 含甲基分子

碘甲烷(CH_3I)是天然存在的含甲基分子,主要由生物代谢产生,在海水中含量较高,是金属在环境中发生化学甲基化过程的重要甲基供体。例如,它可使 Sn(Ⅱ) 发生甲基化反应:

$$CH_3I + Sn(Ⅱ)(CH_3COCHCOCH_3)_2 \longrightarrow CH_3Sn(Ⅳ)(CH_3COCHCOCH_3)_2I \quad (10\text{-}3)$$

此反应适合还原性较强的金属。还有其他一些天然存在的含甲基分子可以上述方式氧化金属,形成甲基金属化合物。

从上述四类甲基化反应的特点可以看出,金属离子具体采用何种机制进行甲基化与其氧化还原状态有密切关系。氧化态高的金属可作为亲电试剂参加反应,多采用碳负离子的甲基化方式;而对有孤对电子的还原态金属离子,则易进行亲核反应,多采用碳正离子途径的甲基化方式。因此,可以通过金属的氧化还原电位预测金属的甲基化机理。例如,对于氧化还原电势在 +0.8 V 以上的金属元素,还原态不易被氧化,只有最高氧化态可被碳负离子甲基化,生成氧化态不变的有机金属化合物。利用氧化还原电位值对金属或类金属的甲基化机理进行预测,还有助于发现新的可发生甲基化反应的元素。

环境中的甲基化反应增强了金属和类金属的挥发性和脂溶性,对这些元素在底泥(土壤)、水体、大气之间的迁移转化以及在生物体内的累积和生物毒性具有重要的影响。

10.2.2 形态与环境效应

重金属污染物与其他无机、有机污染物的最大差别是不可被降解,只能发生形态的转化。在天然水体开放体系中,重金属的转化几乎涉及水体中所有可能的化学过程,是酸碱、络合、氧化还原、沉淀-溶解、吸附-解吸、离子交换和有机化等综合作用的结果。

研究发现,对于同一种重金属元素,在不同的形态下毒性可以有很大差别。下面列出几个重要的方面:

(1) 溶解态和难溶态

以 Ba(Ⅱ) 为例,$BaCl_2$ 进入消化道是剧毒物质,而 $BaSO_4$ 在临床上被用做钡餐。这是因为 $BaSO_4$ 溶解性差,在体内是安全的,Ba 能有效阻挡 X 射线,使胃肠道软组织被照射出来,利于检查病变。

(2) 无机态和有机态

例如,无机锡盐大多是相对无毒的,但三烷基锡化合物 R_3SnX 对生物的毒性很强。三丁基锡化合物被用于船底防污涂料,有效防止了软体动物的附着生长,然而在长期使用过程中,导致水体中有机锡浓度升高,对水中的牡蛎、海螺、鱼、虾和蟹等水生生物造成了严重危害,在世界上许多地区都出现了雌螺雄性化及雌雄同体等现象。目前已确认以三丁基锡为代表的一系列有机锡化合物具有类似雄性激素的性质,可对生物体内分泌进行干扰。

环境中的甲基化过程可以减小某些元素的毒性,例如 As(Ⅴ) 甲基化产物的毒性要小于砷酸盐,但对汞元素来说,甲基汞的毒性比相应的无机态大得多。

(3) 离子态和络合态

一般认为离子态的金属离子通常比其相应的配合物毒性大。例如,Al^{3+} 能穿过血脑屏障进入人体的脑组织,引起痴呆病,但 Al 的其他形态没有这种危险。游离或结合不稳定的铜对水生生物的毒性大于与有机体结合的络合态铜,且铜的络合物越稳定,毒性就越低;Pb 和 Zn 也有类似的特点。

（4）氧化态和还原态

有些金属在化合价升高或降低后毒性会增强,例如六价铬的毒性比三价铬大得多,而砷从 +5 价还原成 +3 价后就变成了剧毒物质。

挥发性较强的有机金属化合物在大气中可吸收太阳辐射的能量发生光解,经过一系列的自由基反应最终使金属-碳键断裂,分解成金属和烃类。此外,大气中的自由基也可摘氢氧化有机金属化合物,在颗粒物表面还可发生有机金属化合物的非均相分解反应,以上因素使得有机金属化合物在大气中的停留时间大大缩短,污染问题相对不严重。

10.2.3　生物累积作用

如第 8 章中所述,生物累积作用实际上包含了生物富集和生物放大两种不同的机制。在对海洋生物累积重金属的研究中发现,可能只有极个别的动物能够直接从水相中富集金属并使体内金属达到可观的浓度。大多数水生动物生物累积的主要来源是食物相的摄取。金属沿着底栖或浮游生物食物链进行传递,经过不同的营养级浓度可被生物放大,但也有被稀释的情况,对于不同的食物链或金属有不同的规律。

早期对金属被生物累积的研究多以生物和水体之间的平衡理论为基础,但对水环境中的大部分生物而言,除了单胞藻及其他生命周期短的生物外,金属在生物体内和水体之间的平衡是很难达到的。近十年来研究人员认识到动力学在水生生物金属蓄积中的重要意义。重金属在生物体内的可利用性可以通过测定生物对金属的同化率和金属经生理代谢之后的排出速率常数等参数,并结合考虑生物对该金属的消化行为进行估算。在稳态条件下,由食物链传递而导致的生物体内蓄积的金属浓度可用下式进行计算(仅考虑食物相金属的吸收):

$$c_n = (AE \cdot IR \cdot c_{n-1})/k_e \tag{10-4}$$

式中,AE 指生物对食物相中金属的同化率,即被动物摄食后经过肠道初步吸收的那部分金属中最终被同化到动物组织的比率;IR 指生物的摄食速率(%干重·d^{-1});c_{n-1} 指被摄食生物体内的金属浓度($\mu g \cdot g^{-1}$);k_e 是生物对体内金属的排出速率常数(d^{-1})。因此在该食物链中金属的传递因子(trophic transfer factor,简称 TTF)可表示为

$$TTF = c_n/c_{n-1} = (AE \cdot IR)/k_e \tag{10-5}$$

研究发现在从浮游植物→桡足类→鱼类的传递中,甲基汞、Cs、Se 和 Zn 都有可能被食物链放大,其中一个重要的原因是它们均能被鱼类高效率地同化。但对 Cd 元素,因桡足类可以很有效地排出,而鱼类的同化率又很低,因此 Cd 在该食物链中的浓度随营养级别升高而减少。

在海洋底栖食物链中,腹足动物和棘皮动物常处于最高营养级。已有研究发现,它们对金属的同化率很高。这是因为自然条件下腹足动物体内含有很高的金属硫蛋白,肠道内也有很多含金属配位基的解毒颗粒,因而造成金属的高同化率。与此同时,金属的排出速率又非常低,一些金属在腹足类体内的生物半衰期可达到数年。有研究表明,腹足类可能是金属排出率最低的一类生物。由于金属的高同化率和低排出速率,很多金属在底栖食物链传递中可以直接被生物放大,这与浮游生物链有很大的不同。底栖食物链的这种放大作用可通过螺类等作为海鲜食物进一步威胁到人体健康。

对在污染严重的水体中生物对金属的同化率和排出率等动力学参数是否有别于在清洁水

体中,目前尚停留在猜测阶段。有研究指出一些海洋双壳类动物能够根据金属的污染程度改变自己的生化和生理状态,从而引起同化率和吸收率的改变。近期研究发现,从 Cd 污染的海湾采集的贝类(组织中 Cd 的含量达到 $8\,\mu g \cdot g^{-1}$),其同化率明显高于从清洁地点采集的贝类,但它们的排出率没有明显差别。同时,受污染种群的金属硫蛋白浓度也大大高于未受污染的种群。

不同食物链之间错综复杂的关系对金属从低营养级向高营养级的输送影响还有待于进一步深入研究。

10.2.4 人体摄入途径和毒理机制

重金属及其化合物可以通过消化道、呼吸道或皮肤吸收等途径进入人体内。有些重金属污染物还可通过胎盘组织由母亲传给胎儿。

当饮用水和食品遭到了重金属污染时,重金属可经由消化道进入人体,例如,在被汞污染的水体中饲养鱼,鱼体内会富集甲基汞;土壤或灌溉水受到了镉污染,生长的稻米中镉含量会显著升高,这些都是水体、土壤污染物通过食物链危害人体健康的典型例子。对于挥发性较强的重金属化合物,如汞蒸气,容易被人们吸入体内。由于肺部阻挡重金属入侵的机能不如消化道,因此造成的毒害往往更严重。使用含重金属化合物的物品和试剂,也可使重金属沾染到人的皮肤上,并通过皮肤吸收到体内。

无论通过何种方式进入生物体内,重金属都会很快被吸收到血液中,然后运送到各个内脏器官。有些脏器具有封闭金属离子的屏障作用,已知的如血脑屏障、胎盘屏障,可对大脑和胎儿起到一定的保护作用。细胞膜也具有一定的屏障作用。一般来说,重金属无机化合物不易通过这些屏障,而有机重金属化合物的有机基团部分增大了整个分子的脂溶性,使它们很容易穿过上述屏障,并在组织器官中蓄积,造成严重的毒害。这也是前面提到的有机重金属化合物的毒性远大于无机重金属化合物的一个重要原因。

一种重金属是否会使生物体中毒,与该重金属离子的性质、浓度、摄取方式、生物体的机体种类和健康状况等因素都有密切关系。重金属中毒的机理,主要有两种情况:

(1) 抑制酶的活性

如前所述,Hg^{2+}、Pb^{2+}、Cd^{2+}、Ag^+ 等重金属元素均属典型的 B 型元素,具有强烈的亲 S 元素的特性。在生物体中,上述金属离子可与含硫基的酶强烈结合,使酶的活性遭到抑制,不能发挥正常的生理功能。

$$Hg^{2+} + E\begin{matrix} SH \\ \\ SH \end{matrix} \rightleftharpoons E\begin{matrix} S \\ \\ S \end{matrix}Hg + 2H^+ \tag{10-6}$$

此外,有些重金属元素还可与酶中的氨基、羟基、磷酰基和羧基等结合,造成相应的损害。有机金属化合物对人的毒害作用多表现在对中枢神经系统的损害上,如造成昏迷、运动失调、语言障碍、心理状况改变等。此外,还对人的造血系统和免疫系统等产生影响。

(2) 取代生物体的必需元素

例如,Cd^{2+} 对 Zn^{2+} 的取代,可导致碱性磷酸酶、醇脱氢酶、碳酸酐酶等锌酶的活性受到抑制。又如,Cd^{2+} 对 Ca^{2+} 的取代是导致骨痛病的原因。

重金属的毒性阈值很低,一般在 $1 \sim 10\,mg \cdot L^{-1}$。毒性较强的重金属如 Hg、Cd 等则在

$0.001 \sim 0.01 \, mg \cdot L^{-1}$ 左右就能产生明显毒性。不同生物对重金属的耐毒能力是不一样的,对水生生物而言,重金属的毒性大小一般顺序是: $Hg > Ag > Cu > Cd > Zn > Pb > Cr > Ni > Co$。

由上可见,重金属污染物对人体健康的危害一般不在于器质性伤害,而是通过参与体内的各种生物和化学过程、影响代谢过程或酶系统引起的,所以毒性潜伏期较长,有时经过几年或几十年的时间才表现出显著的症状。

重金属的急性中毒作用多与生产事故和职业接触有关,相关的环境污染问题则是一个低剂量长期摄入的慢性中毒过程。迄今为止,在所有关于民众遭受重金属污染毒害的例子中,发生在日本的水俣病和骨痛病是影响最大、后果最严重的。这两次事件分别是由甲基汞和镉引起的。

10.3　汞　污　染

10.3.1　汞的分布、特性和用途

汞(Hg)的原子序数为 80,价电子构型为 $5d^{10}6s^2$,能生成化合价为 $+1$ 和 $+2$ 的化合物。汞的熔点为 $-38.9\,℃$,是惟一在常温下呈液态的金属。汞的密度为 $13.55 \, g \cdot cm^{-3}$,是典型的重金属元素。汞具有溶解多种金属而形成汞齐的能力,钠、钾、金、银、锌、镉、锡、铅等都易与汞生成汞齐。

自然环境中汞的本底含量很低,地壳中平均丰度约为 $50 \, ng \cdot g^{-1}$;大气中含汞约 $0.05 \sim 5 \, ng \cdot m^{-3}$;淡水中约为 $0.1 \, \mu g \cdot L^{-1}$;海水中约 $0.03 \, \mu g \cdot L^{-1}$;土壤中汞的含量略高,大约在 $30 \sim 100 \, ng \cdot g^{-1}$ 的范围内。按照前面的环境分类方法,Hg 是典型的 B 型金属元素,在地壳中主要以硫化物的形式存在。HgS 呈红色,称为辰砂或朱砂,是提取汞的主要原料。从 HgS 中提炼 Hg 涉及在空气中的灼烧($600 \sim 700\,℃$),反应式为

$$HgS + O_2 =\!\!=\!\!= Hg + SO_2 \tag{10-7}$$

此外,HgS 与 Fe 反应或与 CaO 作用也都能得到 Hg。

$$HgS + Fe =\!\!=\!\!= Hg + FeS \tag{10-8}$$

$$4HgS + 4CaO =\!\!=\!\!= 4Hg + 3CaS + CaSO_4 \tag{10-9}$$

在 Hg 的冶炼过程中会排放大量汞尘,这是职业暴露危险的典型情况之一。

金属汞最大的工业用途是在氯碱工业的水银电解法中用做阴极,这也是无机汞的最大污染排放源。由于汞具有在 $0 \sim 100\,℃$ 之间体积膨胀系数均匀、密度高、蒸气压低和导电性能好等优良的物理性能,被广泛用于各种电器和机械工业上,如制造温度计、气压计、血压计、电池等。金属汞齐被用于牙科治疗、精细铸造等。$HgSO_4$ 和 Hg_2SO_4 在有机化学工业中被用做催化剂;HgS 是红色颜料;Hg_2Cl_2 俗称甘汞,饱和甘汞电极是一种常用的参比电极。有机汞化合物具有显著的杀菌杀霉作用,农业上常用的有机汞杀菌剂有西力生(氯化乙基汞)、赛力散(醋酸苯汞)、富民隆(磺胺汞)和谷仁乐生(磷酸乙基汞)。

在 19 世纪中期电镀法出现之前,镀金是将 10 份 Hg 和 1 份 Au 的汞合金涂在物体表面,待 Hg 挥发掉后即在物体表面留下一层金。制镜则是将 Hg-Sn 合金涂在玻璃表面然后让 Hg 挥发。这些操作都会使周围空气中汞浓度上升,通风措施不良则会导致汞中毒。

10.3.2 汞在环境中的转化和迁移

1. 挥发

汞及其化合物特别容易挥发是汞污染的一个特点,挥发程度与其存在形态、在水中的溶解度、表面吸附性能及大气的相对湿度等因素都有关。通常情况是,有机汞的挥发性大于无机汞,有机汞中又以甲基汞和苯基汞的挥发性为最大。无机汞中碘化汞(HgI_2)的挥发性最强,硫化汞最不易挥发,通常说的升汞是指 $HgCl_2$。汞在水中有一定溶解度(3×10^{-7} mol·L^{-1}),因此在湿空气中各种汞化合物的挥发度都比在干空气中大得多。由地表土壤蒸发和陆生植物的蒸腾作用释放出来的汞气是大气中汞的主要天然来源,据估算,每年由天然源释放到环境中的汞约 2.7 万吨,人为排放的汞约 1000 吨。与天然源相比,人为活动的贡献从总量上看小得多,但人为源的排放往往是局地性的,污染源周围的浓度有时可高出本底值 3～5 个数量级,通过饮食、呼吸等渠道对生活在附近的居民造成严重的危害。

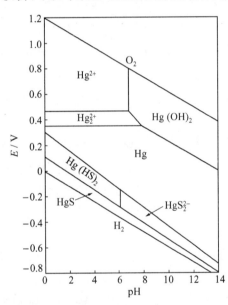

图 10-5 水溶液中汞化合物的 E-pH 图

2. 氧化-还原

环境中的无机汞可以单质 Hg(0 价)、Hg_2^{2+}(+1 价)或 Hg^{2+}(+2 价)的形态存在,实际存在形态与环境的氧化还原性质和 pH 有关。图 10-5 为水溶液中汞化合物的 E-pH 图,由图可知,在正常淡水的 E 和 pH 范围内,汞主要以单质汞、$HgO \cdot H_2O$ 和 $HgCl_2$ 的形式存在。$HgCl_2$ 在水中溶解度较小,主要以分子形式存在。不同价态的汞化合物在环境中可相互转化,在有硫存在的环境中,汞主要以难溶 HgS 的形式存在。

3. 配位作用

天然水环境中存在的无机配位体,如 Cl^-、OH^-、SO_4^{2-}、HCO_3^-、S^{2-}、F^- 和 PO_4^{3-} 等都能和汞形成配离子。Hg 易与 X^-(卤离子,包括拟卤离子)结合成稳定的 HgX_4^{2-},络离子的稳定性顺序随 Cl^-、Br^-、I^-、CN^- 递增。配合物的生成可以增大难溶物的溶解度,如 Cl^- 的存在对 $HgO \cdot H_2O$ 和 HgS 溶解度的增加作用十分明显。当 $[Cl^-] = 0.001$ mol·L^{-1} 时,$HgO \cdot H_2O$ 和 HgS 的溶解度可分别增加 44 倍和 408 倍;当 $[Cl^-] = 1$ mol·L^{-1} 时,二者的溶解度分别增加 10 万和 1000 万倍。产生这种结果的主要原因在于高浓度的 Cl^- 使水中的难溶汞化合物转化成了可溶的氯汞配合物。这正是河流悬浮物和沉积物中的汞在进入海洋时会立刻解吸出来、使河口沉积物的汞含量显著降低的主要原因。在海水中,汞主要以 $HgCl_3^-$ 和 $HgCl_4^{2-}$ 的形式存在。可见,配位作用的最大意义在于增强了汞在水体中的迁移能力。

环境中的有机配位体(如富含羟基和羧基的腐殖质)和含有—NH_2、—$COOH$ 及—SH 的蛋白质都对 Hg^{2+} 有较强的螯合能力,因此对汞的迁移也有很大影响。

4. 吸附作用

土壤、底泥及悬浮物中的无机胶体(如蒙脱石、伊利石、高岭土、水合氧化铁、氧化铝、氧化锰和氧化硅等)和有机胶体(如腐殖质等)对汞和其他重金属都具有强烈的吸附和离子交换作用,尤其是铁、锰氧化物的水合物对汞的吸附能力更大。一般来说,离子态的汞化合物容易被沉积物中的粘土部分吸附;而非极性和非离子态的汞化合物,容易被沉积物中的腐殖质吸附。各种吸附剂对 $HgCl_2$ 的吸附能力顺序为:硫醇＞伊利石＞蒙脱石＞胺类化合物＞高岭土＞羧酸类化合物＞细砂＞中砂＞粗砂。

吸附作用使汞主要富集在污染源排放口附近的底泥和悬浮物中。但当水中含有高浓度 Cl^- 时,由于生成氯汞配合物会使无机胶体吸附汞的能力显著减弱。

5. 汞的甲基化

无机汞在环境中生物的作用下转化为甲基汞(CH_3Hg^+)或二甲基汞(CH_3HgCH_3)的过程称为汞的甲基化。研究证明,无机汞在水层、水底沉积物、土壤和鱼体内均可发生甲基化,且甲基化反应在好氧和厌氧条件下都可以进行。无论何种条件,作为甲基的来源,甲基钴胺素的存在是实现汞的甲基化的必要条件。

在汞的甲基化过程中,甲基钴胺素把负离子 CH_3^- 转给 Hg^{2+},形成甲基汞或二甲基汞,本身变为水合钴胺素。接下来水合钴胺素被辅酶黄素腺嘌呤二核苷酸的还原型($FADH_2$)还原,并失去水而转变为五个 N 配位的一价钴胺素;然后辅酶 N^5-甲基四氢叶酸将 CH_3^+ 转给五配位钴胺素,并从其一价钴上获取两个电子,以 CH_3^- 的形式与钴结合,完成了甲基钴胺素的再生,使汞的甲基化能够继续进行。整个过程如图 10-6 所示。生成的甲基汞还可以继续甲基化成为二甲基汞。

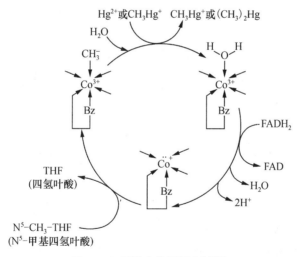

图 10-6　汞的生物甲基化过程

多种微生物都具有使汞甲基化的能力,好氧菌如荧光假单胞菌和草分枝杆菌等,厌氧菌如某些甲烷菌、匙形梭菌等。甲基化的产物究竟是甲基汞还是二甲基汞,与反应的条件有很大关系。在好氧条件下,产物主要是甲基汞。在某些厌氧的条件下,尤其是有 H_2S 存在时,则更多地转化为二甲基汞,反应式为

$$2CH_3HgCl+H_2S \longrightarrow (CH_3Hg)_2S+2HCl \tag{10-10}$$

$$(CH_3Hg)_2S \longrightarrow (CH_3)_2Hg+HgS \tag{10-11}$$

这是金属完全甲基化的一个重要途径。

图 10-7 是两种甲基化产物的产生量与 pH 的关系曲线。可见,pH 较低时,甲基化产物以

CH_3Hg^+为主;当pH升高到8以上时,则为$(CH_3)_2Hg$占优势。从反应速率来看,甲基汞的形成速率比二甲基汞要快6000倍,所以大多数情况下产物为甲基汞。在水中甲基汞和二甲基汞是汞的两种主要有机形态。

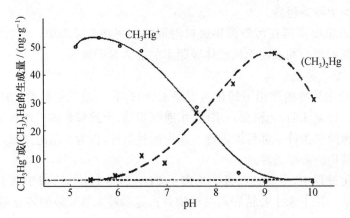

图10-7 汞的甲基化产物与pH的关系

研究还发现,沉积物和土壤中的腐殖酸和富里酸也可使汞发生甲基化,尤其以低相对分子质量的富里酸($M_r<200$)为有效的甲基化试剂。而一些有机小分子也可以提供甲基基团,例如CH_3COO^-能为汞提供甲基,反应如下:

$$CH_3COO^- + Hg^{2+} \longrightarrow CO_2 + CH_3Hg^+ \tag{10-12}$$

另外,当硒(IV)与汞共存时,汞的甲基化过程表现出与硒(IV)浓度的密切相关性,低浓度的硒(IV)对汞的甲基化有促进作用,而较高浓度的硒(IV)则明显抑制汞的甲基化过程。原因可能在于低浓度的硒(IV)能提高微生物活性,促进汞的甲基化;而当硒(IV)过高时,硒(IV)本身对微生物的毒性作用降低了微生物活性,从而抑制了汞的甲基化。

CH_3Hg^+的性质与H^+有些相似之处,如H^+能形成HX、H_3O^+和NH_4^+,CH_3Hg^+则形成相应的CH_3Hg-X、$(CH_3Hg)_3O^+$和$[NH_x(CH_3Hg)_{4-x}]^+$。CH_3Hg^+在水中的实际存在形态取决于Cl^-的浓度和pH,一般有CH_3HgCl、CH_3HgOH和CH_3Hg^+三种形式。在正常水体的条件下,主要是以CH_3HgCl的形态存在。CH_3HgCl的$Hg-C$键为共价键(键能为$65\,kJ \cdot mol^{-1}$),使其既具有水溶性又具有脂溶性,因此能滞留在水体中,并易被生物体吸收。

二甲基汞分子中Hg的两端都与$-CH_3$相连,因而是非极性的,几乎不溶于水,但挥发性和脂溶性很强。水中产生的二甲基汞很容易挥发到大气中去。二甲基汞发生光解需要的能量为$320\,kJ \cdot mol^{-1}$,对应波长为240 nm,因此在对流层中不易发生,只有在平流层中才会被光解生成烷烃和汞。在对流层中二甲基汞主要是通过与OH自由基等发生反应去除。

生物甲基化过程对单细胞生物而言是排汞的解毒机制,因为甲基化产物CH_3Hg^+既具有水溶性又具有脂溶性,易于随代谢产物排出细胞外,而二甲基汞在常温下为气体,不溶于水,相对更容易扩散到周围的环境中。然而单细胞生物排出的甲基汞对多细胞生物来说,却是毒性增强的过程。

研究还发现,当环境中的甲基汞积累到微生物的毒性耐受点时,会发生微生物的反甲基化作用,把甲基汞分解成甲烷和元素汞。如

$$CH_3HgCl + 2[H] \longrightarrow Hg + CH_4 + HCl \tag{10-13}$$

$$(CH_3)_2Hg + 2[H] \longrightarrow Hg + 2CH_4 \tag{10-14}$$

常见的抗汞微生物是假单胞菌属。

水体中的甲基汞大都吸附在悬浮物或沉积物上,当水体酸化时,会加快沉积物中甲基汞向水体的释放,导致鱼摄入甲基汞的增加。鱼吸收甲基汞的效率极高,而清除的速度很慢,鱼体中的甲基汞大部分都蓄积在肌肉组织中。实测发现鱼的营养级越高、鱼龄越大,甲基汞在鱼肌肉组织中的百分含量越高,且鱼体中的汞约 99% 是以甲基汞的形式存在的。有研究指出,在鱼肠和鱼肝中可以发生汞的甲基化反应,因此鱼体中的甲基汞实际有两个来源,一是从外部直接输入,二是在体内自身合成,而前者为主要来源。

10.3.3　汞对人体的毒害作用

从毒性的角度看,在环境中所有汞的存在形式中,甲基汞是最强的。普通无机汞离子的毒害器官通常是肝和肾,而甲基汞直接侵袭大脑,危害十分严重。人类历史上发生过多起影响较大的汞中毒事件,其中 20 世纪 50 年代发生在日本的水俣病事件是迄今为止最为严重的。1964 年,日本新泻市阿贺野川湖口附近的渔村也由于上游工厂的污染发生过类似水俣病的症状。1971—1972 年,伊拉克发生因误食用汞杀虫剂处理过的谷物而中毒的事件,瑞典和美国等地发生过鸟类及野生动物因食用了含汞杀菌剂处理过的种子而死亡的事件。我国的蓟运河、第二松花江和锦州湾海域等地也由于化工厂排放含汞废水发生不同程度的汞污染,其中第二松花江沿江渔民中发现过慢性甲基汞中毒症状。

1. 水俣病事件

日本熊本县的水俣湾(Minimata bay)原本是一个极普通的小渔村,第二次世界大战后的日本为迅速恢复自己的经济,使在战争中沦为一片废墟的原水俣湾附近的一家氮肥企业(Chisso 公司)不仅得以重建,而且还增加了生产聚氯乙烯塑料和醋酸的项目,Chisso 公司由此成为日本最重要的化工企业之一。

醋酸的生产过程中首先需要合成乙醛,在从乙炔制造乙醛的过程中,硫酸汞被用做催化剂,反应过程如下:

$$HC \equiv CH \xrightarrow[H^+]{Hg^{2+}} [CH_2 = CHOH] \longrightarrow CH_3CHO \longrightarrow CH_3COOH \tag{10-15}$$

据估算,生产一吨乙醛约需 $100 \sim 200\,g\ Hg^{2+}$,其中约 5% 被损耗,随废水排出,并且生成乙醛的同时部分硫酸汞还可能转化成甲基汞,这样,大量的含汞废水流进了附近的水俣湾中。

从 1950 年开始,人们发现水俣湾的海面上漂浮着死鱼,后来在岸边越来越多地出现狂乱舞蹈的猫跳河或痉挛而死,同样的症状很快在周围一些居民的身上显现出来,他们行走困难,四肢运动失调,精神狂躁,严重者不久即在痉挛中痛苦地死去。由于当时病因不明,这些患者除了身体遭到极大的损害外,还受到来自社会不同方面的歧视。直到 1956 年,这种病才被正式发现并被命名为水俣病。1968 年才被政府确认水俣病是由于 Chisso 公司排出的含汞废水污染了鱼、贝而引起的甲基汞中毒。

到目前为止,已被确认的水俣病患者约 2262 人,其中死亡 1246 人。

2. 有机汞的生物毒性

甲基汞呈白色粉末状,其味道类似温泉中硫磺散发出的味道。由于甲基汞的脂溶性强,由饮食进入体内的甲基汞几乎全部被胃肠道吸收。甲基汞可通过血脑屏障进入脑组织,并在脑中长期蓄积,且以小脑和脑干中含量最多,还可通过胎盘进入胎儿体内并蓄积致病。甲基汞在体内的半衰期长达 2～3 个月,在水俣病患者的血液和头发中都能测出,CH_3HgCl 含量比正常值超出上百倍。

甲基汞的毒性多认为是其在机体内抑制了一系列含—SH 的酶的活性造成的,这些酶包括过氧化物酶、细胞色素氧化酶、琥珀酸氧化酶、琥珀酸脱氢酶和葡萄糖脱氢酶等。它们与甲基汞结合后失去活性,破坏了细胞的基本功能和代谢,损害了肝脏的解毒功能。另外,甲基汞能使细胞膜的通透性发生改变,导致细胞坏死、肾功能衰竭。最为严重的是大脑等神经系统受到甲基汞的侵害,可导致神经元变性、脱落等。

汞中毒可引起手脚麻木、哆嗦、乏力、耳鸣、视力范围变小、听力困难、言语表达不清、动作迟缓等症状。水俣病发病初期伴有狂躁情形及意识模糊症状,重症患者从发病开始一个月之内就可能死亡。此外,也有一些慢性患者,出现听觉、视觉、味觉分辨力下降,健忘等症状。母亲食用了被甲基汞污染的鱼,还会导致出生的婴儿患有先天性水俣病,这些孩子大多只活到 5～6 岁就会死去,而活下来的患者其惨状更是难以用言语描述。水俣病至今尚未找到有效的治疗方法。

有机汞对生态系统的影响也早在 20 世纪 60 年代就引起关注,用有机汞杀菌剂拌过的种子被鸟食用后,导致鸟的卵壳变薄、卵的孵化成活率下降、鸟群数量锐减。

3. 单质汞及无机汞化合物的毒性

金属汞易以蒸气形式由呼吸道侵入人体,透过肺泡膜溶入血液中。消化道基本不吸收(吸收率约 0.01%),健康皮肤吸收量很小,但皮肤受伤时吸收量较多。胃肠道对 Hg(Ⅱ)的吸收率约为 20%。血液中的汞最初分布于红细胞和血浆中,然后随血液循环到达全身各器官,肾脏中含量最多,高达体内总量的 70%～80%。血液和组织中的汞可与蛋白质及酶系统中的巯基结合,抑制其功能,甚至使其失活,例如与硫辛酸、泛酰硫氢乙胺等结合,影响大脑丙酮酸的代谢。体内有较多的非功能性巯基,构成球蛋白的疏水部分,如果与汞结合则体积缩减,整个分子扭曲变形,使酶失去活性。高浓度汞还会导致人体免疫损伤。体内的汞由尿液、粪便、胆汁、乳汁、汗液、唾液等排出,尿汞的排出量占总排出量的 70%。

无机汞损害的器官一般是肝脏和肾脏,严重中毒者神经系统也遭到破坏。口腔炎和意向性震颤是汞中毒的典型症状。长期与汞接触的工人有牙齿松动、脱落,口水增多,呕吐等症状,神经系统机能出现障碍的主要表现是手指、舌尖和眼睑明显震颤,尤以手部震颤最为突出,早期为细小震颤,病情加重时为粗大的抖动式震颤。震颤的特点是意向性,即震颤随动作开始而开始,在动作过程中加重,随动作完成而停止。患者因震颤而写字笔画不整齐、多曲折,走路步态不稳。

10.3.4 汞污染的防治

对汞污染的防治一方面应加强对含汞废水的处理,最大限度地减少汞污染的发生;另一方面是必须在摄入渠道上严格把关,尤其是饮食方面,加强食品质量检测工作。

1. 含汞废水的处理

含汞废水常用的处理方法有混凝沉淀法、离子交换法、吸附法以及还原法等。

（1）混凝沉淀法

往废水中加入硫化钠使 Hg^{2+} 转化为 HgS 沉淀是最常用的方法,此法适合处理汞含量高的废水。与明矾混凝剂结合使用,由于生成共沉淀,可使处理后的废水中汞含量降至 $0.01\sim0.02\ mg\cdot L^{-1}$ 的水平。

（2）离子交换法

若废水中 Cl^- 量不多,可采用阳离子交换树脂除去 Hg^{2+}。氯碱等工业废水中含有高浓度的 Cl^-,可先将 Hg^{2+} 转化为 $HgCl_4^{2-}$,再用阴离子交换树脂除去。此外,大孔巯基离子交换树脂对去除废水中的汞有很好的效果,树脂上的巯基可强烈地吸附 Hg^{2+},被吸附的汞可用浓盐酸洗脱,定量回收。此法处理后的排出水含汞量可降至 $0.05\ mg\cdot L^{-1}$ 以下。

（3）吸附法

最常用的吸附剂是活性炭,对有机汞的去除率优于无机汞,增大用量和吸附时间有利于提高去除效率。此外,利用一些螯合能力较强的天然高分子化合物,例如富含腐殖质的风化烟煤、造纸废液和甲壳素等制成的吸附剂也可用来吸附处理含汞废水。吸附法适于处理低浓度的含汞废水。

（4）还原法

对含汞浓度较高（$>0.1\ mg\cdot L^{-1}$）的废水,可使其通过 Fe 粉、Al 粉或 Zn 粒的金属滤床,将 Hg^{2+} 还原为单质汞,沉淀于金属表面或析出。这是一种有效易行的方法,已广泛用于含汞废水的一级处理。另外,$SnCl_2$、$NaBH_4$ 和 N_2H_4 等也可作为还原剂。

2. 严格控制摄入渠道

普通人群摄入汞主要是由于食用水产品。甲基汞最早就是在鱼肉中检测到的,与蛋白质结合在一起。研究发现在鱼体内,99％的汞是 $CH_3Hg(I)$,且分布均匀,在加工、烹调过程中基本不发生变化。由于食物链的富集和生物甲基化作用,肉食鱼体内的甲基汞含量比周围水体浓度高上百万倍。因此,为减小因食用鱼而受到汞污染的危险性,必须严格监控市售鱼体内的汞含量,美国国家环保局曾建议,汞含量在 1 ppm 以上的鱼不宜食用,汞含量在 0.2 ppm 以上的鱼应限制在每周最多食用一次。

3. 汞中毒的治疗

人体的肾、肝、毛发是消除体内汞的活跃部位,多喝水有利于汞的排出。另外,硒和锌等元素对汞的毒性有一定的抑制作用,而铅和锰则有加重汞中毒的作用。

对于症状较轻的汞中毒,可服用含硫的螯合剂,使之与汞形成稳定的化合物,然后排出体外。早期用 2,3-二巯基丙醇作为治疗汞中毒的螯合剂,反应如下:

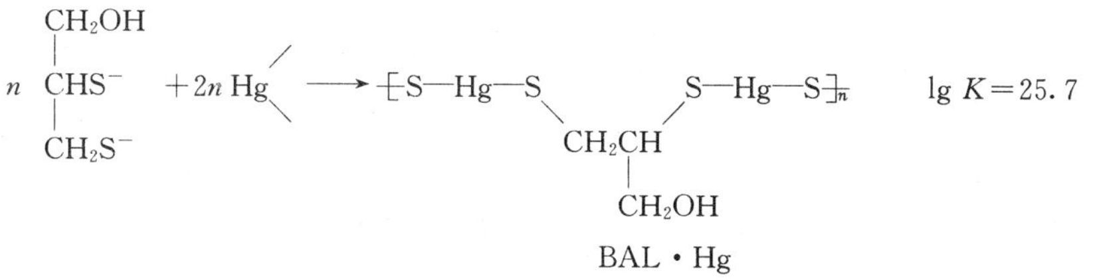

$$(10\text{-}16)$$

现在多用的驱汞药物为二巯基丁二酸钠或二巯基丙磺酸钠的注射剂。

10.4 铅 污 染

10.4.1 铅污染的发现

现在看来,铅污染的问题虽未造成像前面介绍的汞污染那样的公害事件,然而从污染的影响面和持续时间上讲,铅污染问题更具有普遍性和长期潜在性。铅污染最早是美国的一位科学家在从事与铅有关的研究工作过程中偶然发现的。

在 20 世纪 60 年代初,美国加州理工学院的 Clair Patterson 博士为准确测定地球的年龄开发了一项"普通岩石中微量铅的同位素分析技术",为了从含量高于铅几千万倍的其他元素如硅、铝、钙中分离出铅,他采取了一系列净化试剂使之不含铅的办法,但始终未能如愿,在确保自己的实验方案无疏漏的情况下,他把注意力转到了实验室的空气上。经过测定,合乎他预料却也令他吃惊的是,不仅他的实验室,整个洛杉矶市空气中都含有大量的铅。进一步的调查发现,这些高含量的铅是汽油的防爆剂四乙基铅随着汽车尾气进入到大气中造成的。

Patterson 博士通过过滤空气、建立超净实验室完成了他的科研工作,并且给出了 45.5 亿年这一权威性的地球年龄数字,同时,他也通过多方面的测试和调查证实,现代大气中的铅含量已是大气天然铅含量的 100 多倍,而且大气铅污染还通过降水过程污染了海水。由于种种原因,Patterson 博士当时的呼吁未能引起有关政府部门的重视,直到后来越来越多的统计学和临床研究的数据充分证实了铅污染的存在及铅对人体健康的毒害性,这一问题才真正引起关注,并且美国在卡特总统领导时期通过了禁止汽油含铅的法律。

铅污染问题得到确认后,世界上其他国家也先后陆续采取措施,一方面尽量减少汽油中的含铅量,制定相应的标准;另一方面通过安装汽车尾气净化器,也可起到减少铅污染的作用。我国已从 2000 年 7 月 1 日起在全国范围内全面禁止使用含铅汽油。

10.4.2 铅的环境分布和主要用途

铅主要以方铅矿(PbS)的形式存在于自然界中,在未受污染的清洁环境中,铅的含量很低,一般约为干洁大气中 $0.1 \sim 10 \, \text{ng} \cdot \text{m}^{-3}$,淡水 $3 \, \mu\text{g} \cdot \text{L}^{-1}$,海水 $0.03 \, \mu\text{g} \cdot \text{L}^{-1}$,土壤 $12 \, \mu\text{g} \cdot \text{g}^{-1}$。

铅的冶炼一般是先将 PbS 在空气中焙烧转化为 PbO,再用 CO 还原得 Pb。反应如下:

$$2PbS + 3O_2 \stackrel{}{=\!=} 2PbO + 2SO_2 \tag{10-17}$$

$$PbO + CO \stackrel{}{=\!=} Pb + CO_2 \tag{10-18}$$

常温下,铅在干燥的空气中很稳定,在潮湿及含有 CO_2 的空气中,铅表面能形成碱式碳酸铅($3PbCO_3 \cdot Pb(OH)_2$)保护膜,可保护内层金属不被继续腐蚀。铅的氧化态有 +2 和 +4 价两种。Pb(Ⅳ)的无机化合物具有强氧化性,在天然环境中很少存在。水环境中的铅基本都是 +2 价,大多以沉淀物的形式存在。在 pH<5 的氧化性环境中,硫酸铅为主要的存在形式;在 pH 位于 5~8.5 之间时,碳酸铅可稳定存在;当 pH>8.5 时,主要以碱式碳酸铅形式存在,pH 继续升高,则生成氢氧化铅沉淀。若是还原性的环境,则以硫化铅形式存在。此外,在高温时,铅及其化合物的挥发性较大,可以气溶胶粒子的形态分散于大气中。因此,燃煤是大气铅污染的一个重要来源。

　　铅是一种很软的金属,在工业中用途非常广,可用来制造合金、电缆包皮、铅酸电池和核反应堆的防护屏等。铅丹(Pb_3O_4)的化学性质较稳定,与亚麻油混合制成一种油灰,涂在管子的衔接处可以防止漏水。铅在无氧水中溶解度很小,但水中有溶解氧时 Pb 的溶解度明显增大,有人检测过不同管道在清晨开始供水时铅的含量,发现含铅管道流出的水中铅含量相当高($60\sim2000\,\mu g\cdot mL^{-1}$),而不含铅的管道流出的水中铅含量仅为 $1\sim3\,\mu g\cdot mL^{-1}$。用涂有彩釉的容器盛放或烧煮微酸性的食物,会有大量的铅溶入食品。印刷行业的废水中含铅量可高达 $7\,mg\cdot mL^{-1}$(国家允许的铅排放标准应低于 $1\,mg\cdot L^{-1}$)。

　　由铅钠合金和一氯乙烷反应可制得四乙基铅,反应式为

$$Na_4Pb+4C_2H_5Cl \Longrightarrow Pb(C_2H_5)_4+4NaCl \tag{10-19}$$

　　四乙基铅曾是金属有机化合物中产量最大的一种,全世界年产量超过 50 万吨,主要用做汽油抗爆剂,可随汽车尾气进入大气中。估计每年人为排入环境中的铅量约为 45 万吨,其中 60% 来自汽油的燃烧。天然释放到环境中的铅量约为每年 2.5 万吨。

　　图 10-8 为人类历史上各个时期铅的生产量情况。图 10-9 为在格陵兰岛的冰雪中测到的大气中铅含量的演变过程。在工业化革命前,大气中铅的浓度是相当低的,自 1870 年起,由于煤炭的逐步开发利用,大气中的铅含量也随之开始升高,到 1930 年以后,伴随着石油时代的到来,大气的铅含量更是迅速增加,而现代人体内的含铅量已是工业化前古代人的 $300\sim500$ 倍。可见,人类活动不仅改变了铅在自然界的分布,也改变了自身。自含铅汽油被淘汰后,大气中的铅含量逐渐降低。目前最大的铅污染源为铅酸蓄电池。

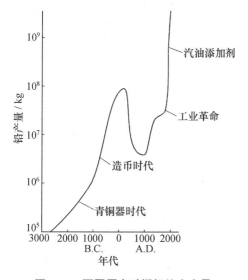

图 10-8　不同历史时期铅的生产量

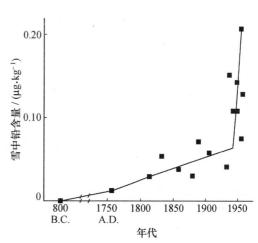

图 10-9　格陵兰岛冰雪中铅含量的变化

10.4.3　铅的生物毒性和防治

　　铅及其化合物可以蒸气、烟尘或粉尘的形式进入呼吸道。日常饮食每天摄入的铅量约为 $300\,\mu g$。铅被吸收后进入血液循环,先是主要以铅盐和与血浆蛋白结合的形式分布于全身各器官。数周后约有 95% 以不溶性磷酸铅的形式沉积在骨骼系统和毛发内,仅有 5% 左右的铅存留于肝、肾、心、脾等器官和血液中。沉积在骨组织内的磷酸铅呈稳定状态,与血液和软组织中

的铅维持着动态平衡。血液中的铅约有 95% 分布在红细胞内,主要是红细胞膜,血浆只占 5%。被吸收的铅主要由尿液、粪便、乳汁、汗液、唾液、毛发和指甲等途径排出。

铅是作用于全身各系统和器官的毒物,研究证明其可与体内一系列蛋白质、酶和氨基酸内的官能团(如—SH)相结合,干扰机体多方面的生化和生理活动。铅的毒性作用是损害器官,尤其是骨髓造血系统和神经系统,另外对肝脏和肾脏也有损害作用。

铅损害骨髓造血系统,能引起贫血。贫血的发生有两方面的原因,第一是铅阻碍了血红蛋白的合成。血红蛋白的合成受到一系列酶的催化作用,铅能抑制其中一些含巯基的酶的活性,如氨基乙酰丙酸合成酶(ALA-D)和亚铁螯合酶,使原卟啉与 Fe^{2+} 合成血红蛋白的过程不能正常进行,从而造成低色素贫血。铅引起贫血的另一个原因是溶血性贫血。正常红细胞膜上的 Na^+/K^+-ATP 酶控制着红细胞内外 K^+、Na^+ 和水分的分布,当其活性被铅抑制后,红细胞内外 K^+、Na^+ 和水分的分布会失去控制而脱失,铅还使红细胞膜变脆,从而导致溶血性贫血。

铅损害神经系统,能引起末梢神经炎,出现运动和感觉异常。牲畜吃了受到铅烟污染的牧草后会因四肢神经麻痹而出现跛足。侵入体内的铅还能随血流进入脑组织,损伤小脑和大脑皮质细胞,干扰代谢活动。铅吸收过量可引起头痛、疲乏、记忆力减退和失眠等症状。值得注意的是,四乙基铅是一种强烈的神经毒物,由于脂溶性强,可侵犯脑视丘和视丘下部,使大脑皮层的代谢过程发生紊乱,出现交感和副交感神经系统的明显障碍。特别要指出的是,儿童的脑组织对铅十分敏感,长期低剂量的铅暴露可引起儿童智力减退和行为异常。这是目前世界各国都高度重视的一个问题。

人如果长期暴露在铅浓度高的环境中,可导致肾衰竭。人体内血铅和尿铅的正常含量应分别低于 $0.4\,\mu g \cdot L^{-1}$ 和 $0.5\,\mu g \cdot L^{-1}$。慢性的铅中毒可使人出现面色灰绿、牙床变灰和腹痛等症状。

另外,当人处于疲劳过度,或遇外伤、感染以及缺钙的情况下,或是服用了酸碱性的药物,血液中的酸碱平衡会发生改变,这时骨骼中的磷酸铅又可转化为可溶性的磷酸氢铅而进入血液,从而引起内源性铅中毒。发生的反应为

$$Pb_3(PO_4)_2 + 2H^+ \longrightarrow 2PbHPO_4 + Pb^{2+} \tag{10-20}$$

一般铅中毒可服用或注射钙促排灵(二乙烯三胺五乙酸钠钙,$CaNa_3DTPA$)或依地酸钠钙($CaNa_2EDTA$),与铅结合后从体内排出,但这种解毒方法对有机铅中毒作用不大。有研究发现维生素 C 能与铅结合使之从尿液排出,所以多吃水果和蔬菜对铅的排泄是有利的。

10.4.4 含铅废水的处理

含铅废水的处理除了可采用投加硫化钠的沉淀法外,也可通过投加石灰乳使 Pb^{2+} 生成 $Pb(OH)_2$ 沉淀的方法除去。此外,还有用电偶-铁氧体法处理印刷厂的含铅废水,将 $FeCl_3$ 投加到含 Pb^{2+} 废水中,待溶解后,将 1/3 废水打入装有铁屑的电偶还原塔中,在此零价的还原铁与 $FeCl_3$ 进行电偶作用,使 $FeCl_3$ 瞬间还原为 $FeCl_2$,然后再与原废水溶液混合,在常温下加入 NaOH 溶液,将 pH 调到 10 左右,数分钟后即生成黑棕色铁氧体,分离铁氧体沉渣,排出水中的铅含量远低于排放标准。在还原塔中的反应为

$$2FeCl_3 + Fe \longrightarrow 3FeCl_2 \tag{10-21}$$

溶液中 1/3 的 $FeCl_2$ 和 2/3 的 $FeCl_3$ 加碱后的反应为

$$FeCl_2 + 2FeCl_3 + 8NaOH \longrightarrow Fe(OH)_2 + 2Fe(OH)_3 + 8NaCl \tag{10-22}$$

$$Fe(OH)_2 + 2Fe(OH)_3 \longrightarrow FeO \cdot Fe_2O_3 \cdot 4H_2O \tag{10-23}$$

溶液中的 Pb^{2+} 将置换铁磁晶体中的 Fe^{2+}，形成稳定的磁铅铁氧体 $PbO \cdot 6Fe_2O_3$。进入铁氧体晶格的铅结合得十分牢固，不会返溶在酸碱溶液中。

10.5　镉　污　染

10.5.1　镉的环境分布和迁移规律

镉与锌、汞同属一族，但镉元素的发现比其他两种晚得多。这与镉在地壳中含量较少（约 $0.11 \mu g \cdot g^{-1}$），同时又常与锌共生有关，最早发现镉元素就是在 $ZnCO_3$ 矿中。在 Zn-Pb-Cu 矿中含镉浓度最高。镉在自然水体中的含量约为 $0.1 \mu g \cdot L^{-1}$，大气中镉一般小于 $1 ng \cdot m^{-3}$。炼锌过程是环境中镉的主要来源，在冶炼 Pb 和 Cu 时也会排放出镉。

镉的工业用途很广，主要用于电镀、增塑剂、颜料生产、Ni-Cd 电池生产等。电镀厂在更换镀液时，常将含镉量高达 $2200 mg \cdot L^{-1}$ 的废镀液排入周围水体中。另外，在磷肥、污泥和矿物燃料中也含有少量镉。

镉在水环境中主要以 +2 价存在，随着水体环境的氧化还原性和 pH 的变化，受影响的只是与 Cd（II）相结合的基团。在氧化性淡水体中，主要以 Cd^{2+} 形态存在；在海水中主要以 $CdCl_x^{2-x}$ 形态存在；当 pH>9 时，$CdCO_3$ 是主要存在形态；而在厌氧的水体环境中，大多都转化为难溶的 CdS。

镉在环境中易形成各种配合物或螯合物，Cd^{2+} 与各种无机配位体组成的配合物的稳定性顺序大致为：$SH^- > CN^- > P_3O_{10}^{5-} > P_2O_7^{4-} > CO_3^{2-} > OH^- > PO_4^{3-} > NH_3 > SO_4^{2-} > I^- > Br^- > Cl^- > F^-$；与有机配位体形成螯合物的稳定性顺序大致为：巯基乙胺 > 乙二胺 > 氨基乙酸 > 乙二酸；与含氧配位体形成配合物的稳定性顺序为：氨三乙酸盐 > 水杨酸盐 > 柠檬酸盐 > 酞酸盐 > 草酸盐 > 醋酸盐。镉在环境中的存在形态和转化规律在很大程度上受到上述稳定性顺序的制约。

水体底泥对镉的吸附作用非常强，随着时间和水流距离的增大，大部分镉很快沉降到底泥中富集起来。表 10-1 的测定结果表明了镉在水中的这种迁移趋势。

表 10-1　镉在水中的迁移

采样地点	水中镉含量平均值/ppm	底泥镉含量平均值/ppm
排污口	14.50	—
距排污口　50 m	4.70	5800
100 m	3.21	1972
200 m	1.94	1120
640 m	1.59	1119
810 m	0.89	530

所以水中的镉大部分沉积在底泥中。但镉的这种吸附作用不如汞，而且镉化合物的溶解度比相应的汞化合物大，因而镉在水中的迁移比汞容易，在沿岸浅水区域，镉的滞留时间一般为 3 周左右，而汞长达 17 周。

10.5.2 镉的毒害性

镉和铅、汞一样,是人体不需要的元素。许多植物如水稻、小麦等对镉的富集能力很强,使镉及其化合物能通过食物链进入人体,另外饮用镉含量高的水,也是导致镉中毒的一个重要途径。在有镉污染的地区,粮食、蔬菜、鱼体内都检测出了较高浓度的镉,这些都是致病因素。

镉在体内被吸收后,首先到肝脏,与金属硫蛋白结合,再经血液输送到肾脏,并蓄积起来,然后缓慢从尿中排出。镉在人体内的半衰期长达 6～18 年。镉对肾脏的损害作用主要在于其蓄积在肾表皮中导致输尿管排出蛋白尿。当肾表皮含镉量达到 200 mg·kg^{-1}时,就会出现肾管机能失调。镉中毒致死的人解剖结果发现肾脏含大量的镉。

镉污染造成影响最大的事件是骨痛病事件。骨痛病又叫痛痛病,1955 年首次发现于日本富山县神通川流域,是积累性镉中毒造成的。患者初发病时,腰、背、手、脚、膝关节感到疼痛,以后逐渐加重,上下楼梯时全身疼痛,行动困难,持续几年后,出现骨萎缩、骨弯曲、骨软化等症状,进而发生自然骨折,甚至咳嗽都能引起多发性骨折,直至最后死亡。经过调查,发现是由于神通川上游锌矿冶炼排出的含镉废水污染了神通川,用河水灌溉农田,又使镉进入稻田被水稻吸收,致使当地居民因长期饮用被镉污染的河水和食用被镉污染的稻米而引起慢性镉中毒。此病潜伏期一般为 2～8 年,长者可达 10～30 年。可以说直到这一事件发生之后,镉污染问题才引起了人们普遍的关注。研究表明,骨痛病的主要病理变化是骨软化症,镉对肾功能的损害使肾中的维生素 D$_3$ 的活化过程被抑制,不能正常代谢,进而造成骨胶原肽链上的羟基辅氨酸不能氧化为醛基,妨碍了骨胶原的正常固化成熟而使骨骼软化。另外由于 Cd^{2+}半径与 Ca^{2+}半径十分接近,镉还会阻碍钙的吸收,破坏骨质。

此外,Cd^{2+}与 Zn^{2+}和 Cu^{2+}的外层电子结构相似,半径也相近,因此在生物体内也存在着 Cu 和 Zn 被 Cd 置换取代的现象。Cu 和 Zn 均为人体必需元素,由于受到镉污染而造成人体缺 Cu 和缺 Zn,都会破坏正常的新陈代谢功能。

有研究表明,硒(Se)对镉的毒性有一定的拮抗作用。这可能与 Se 是硫族元素,镉与 Se 能较稳定地结合在一起,使镉失去活性有关。

10.6 砷 污 染

10.6.1 砷的环境分布和用途

砷在自然界中分布较广,本底含量大致为大气 0.6 ng·m^{-3},海水 3.7 μg·L^{-1},淡水 0.5 μg·L^{-1},地壳平均为 1.8 μg·g^{-1}。煤中的含砷量约为 25 μg·g^{-1}。

砷在工农业生产中有着广泛的用途。无机砷化合物如 As$_2$O$_3$、Na$_2$AsO$_2$、Pb$_3$(AsO$_4$)$_2$、CaHAsO$_4$ 和巴黎绿等用做杀虫剂、杀菌剂和除莠剂等;皮革工业中用 As$_2$S$_3$ 作脱毛剂;有些砷的有机物是制造医药品的原料。

10.6.2 砷在环境中的转化迁移

砷属于类金属,理论上砷可以有四种价态:+5,+3,0,-3。但在实际环境中很少有单质砷存在,-3 价的砷只有在强还原性条件下才能存在,所以,砷在环境中的存在形态主要是+5

价(如 AsO_4^{3-})和 +3 价(如 AsO_3^{3-})。

砷在水体中的循环转化过程如图 10-10 所示。在水体表层,氧气充足,主要以高价砷的形态存在,而在水体深层厌氧的条件下,五价砷大多被 H_2S 还原为 $HAsO_3^{2-}$ 和 AsS_2^-,并且还可继续转化成难溶的硫化物沉淀。当水中同时存在水合氧化铁胶体时,AsO_4^{3-} 和 AsO_3^{3-} 可被其吸附而发生共沉淀。在底泥中的微生物则通过甲基化的过程又会使砷再次溶解而进入水相,并参与生物循环。

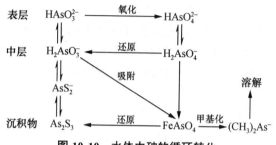

图 10-10　水体中砷的循环转化

无机砷在霉菌(如土生假丝酵母菌)的作用下可转化为有机胂(三甲基胂),所需的甲基碳正离子来自 S-腺嘌呤核苷基甲硫氨酸。一些高级陆生动物和植物也具有使砷甲基化的作用。砷存在两个系列的甲基化产物。As(Ⅴ)甲基化可得到一甲基砷酸($CH_3AsO(OH)_2$)或其盐、二甲基砷酸(($CH_3)_2AsOOH$)或其盐以及三甲基砷氧化物(($CH_3)_3AsO$)。甲基化砷(Ⅴ)的毒性较相应的无机砷盐低,随着甲基数目的增加,三甲基砷(Ⅴ)的毒性比无机砷(Ⅴ)降低了三个数量级。在海洋无脊椎动物和鱼体内广泛存在的砷胆碱(($CH_3)_3As^+CH_2CH_2OH$)和砷甜菜碱(($CH_3)_3As^+CH_2COO^-$)的毒性都较小。另一系列为 As(Ⅲ)的甲基化产物,即一甲基胂(CH_3AsH_2)、二甲基胂(($CH_3)_2AsH$)和三甲基胂(($CH_3)_3As$),都是剧毒化合物。与前者相反的是,随着甲基基团数目的增加,As(Ⅲ)化合物的毒性也逐步加强。在流动水体中发生甲基化的砷少于 1%,而湖水中发生甲基化的砷超过 50%。砷的甲基化与温度具有相关性,因此水体中甲基化砷的含量存在季节性的变化。甲基胂化合物可以通过食物链富集,并逐步增加甲基基团,因此处在食物链末端,遭到砷毒害的动物体内一般含有较高含量的三甲基胂化合物。

10.6.3　砷的生物毒性和防治

人体内微量的砷有促进组织和细胞生长的功能,还具有一定的刺激生血的作用,但并不能将其列为人体必需元素,因为它的生化性质仍属于一种原生质毒物,对很多酶的活性以及细胞的呼吸、分裂和繁殖过程都会产生严重的干扰作用,而人体缺砷尚未见到过危害。

砷的毒性与存在形态有很大关系。As(Ⅲ)的毒性是 As(Ⅴ)的 25~60 倍,主要原因在于 As(Ⅲ)能与机体内酶蛋白的巯基反应,形成稳定的螯合物,使酶失去活性,因此三价砷毒性较强,例如 As_2O_3(砒霜)、$AsCl_3$、H_3AsO_3(亚砷酸)等都是剧毒物质。五价砷与巯基的亲和力较低,因此毒性较低。单质砷因不溶于水,进入体内几乎不被吸收就排出体外,危害较小。

一些人工合成的有机胂化物可与双巯基化合物作用生成环状硫醇化合物。例如,三价的有机胂化物与辅酶硫辛酸作用可表示为

$$\begin{array}{c} CH_2{-}SH \\ | \\ CH_2 \\ | \\ CH_2{-}SH \\ | \\ (CH_2)_4{-}COO^- \end{array} + O=As{-}R' \longrightarrow \begin{array}{c} CH_2{-}S \\ | \diagdown \\ CH_2 As{-}R' \\ | \diagup \\ CH_2{-}S \\ | \\ (CH_2)_4{-}COO^- \end{array} + H_2O \qquad (10\text{-}24)$$

三价有机胂化物与硫辛酸辅酶的上述结合作用抑制了丙酮酸氧化酶系统。路易斯毒气 (CHCl=CHAsCl$_2$)就是这类有机胂化物。

砷中毒造成的危害是全身性的,砷在血液中 95% 以上与血红蛋白结合,影响氧的运输,以致出现紫绀等缺氧症状。摄入 As(Ⅲ)会使皮肤、眼睛和呼吸道粘膜受到刺激和伤害,慢性的砷中毒可出现脱皮、脱发和指甲有白色横纹等症状,严重时还会使神经系统、消化系统和心血管系统发生障碍,甚至可诱发癌症。As$_2$O$_3$ 的毒性已众所周知,仅 $10\sim25$ mg 即可使人中毒,致死剂量为 $60\sim200$ mg。

历史上出现过不少砷中毒事件,1900 年英国曼彻斯特因啤酒中添加含砷的糖,造成 6000 人中毒和 71 人死亡;1955 年日本曾发生过含砷奶粉中毒事件,测出其中含 As$_2$O$_3$ 达 $25\sim28$ ppm,12 000 多人因此中毒,128 人死亡;美国也因使用含砷酸铅的农药喷洒果园和庄稼,多次发生砷中毒事件。

砷在人体器官中的含量以毛发、指甲和甲状腺为最高,其次是骨骼和皮肤。根据头发、尿中的砷含量可以判断人体是否吸收了过量的砷。对于急慢性的砷中毒,可服用二巯基丙醇、二巯基丁二酸钠或二巯基丙磺酸钠等,利用药剂中的巯基夺回已与细胞酶蛋白巯基结合的砷,使酶恢复活性。

目前世界各国对砷污染的控制都比较严格。我国规定工厂空气中砷的浓度最高允许值为 0.3 mg·m^{-3},饮用水中砷的含量不得超过 0.04 mg·L^{-1}。

10.7 其他重金属污染

10.7.1 铬

铬在环境中广泛存在,大气中平均含量为 40 ng·m^{-3},天然水中为 $1\sim40$ μg·L^{-1},海水中的正常含量是 0.05 μg·L^{-1}。自然界中的含铬矿主要是铬铁矿(FeO·Cr$_2$O$_3$)。

铬主要用于炼钢和电镀,重铬酸盐在化学上用途广泛。电镀、皮革、染料和金属酸洗等工业是环境中铬污染的主要来源。对我国某电镀厂周围环境的监测结果发现,该电镀厂下游方向的地下水、土壤和农作物都受到不同程度的六价铬的污染,且离厂区越近,污染越严重。电镀厂附近居民的血、尿、毛发中的六价铬水平均超过了正常水平。铬盐厂产生的铬渣中含铬达 $2\%\sim5\%$,常堆积在厂区附近或进行填埋处理,其中的六价铬被淋滤造成地下水污染的问题经常发生。

铬的氧化态有 +2,+3 和 +6 价,Cr(Ⅱ)在空气中会迅速氧化成 Cr(Ⅲ),因此自然环境中铬的化合价主要是 +3 和 +6 价。进入自然水体中的 Cr^{3+},在低 pH 条件下易被腐殖质吸附形成稳定的配合物,当 pH>4 时 Cr^{3+} 开始沉淀,接近中性时可沉淀完全。天然水体的 pH 在 $6.5\sim8.5$ 之间,在这种条件下,大部分的 Cr^{3+} 都进入到底泥中了。因此,河水对三价铬的自净能力较强,流经一段距离后,河水中铬含量显著降低。在强碱性介质中,遇有氧化性物质,

Cr(Ⅲ)会向 Cr(Ⅵ)转化;而在酸性条件下,Cr(Ⅵ)可以被水体中的 Fe^{2+}、硫化物和其他还原性物质还原为 Cr(Ⅲ)。由上可知,Cr(Ⅵ)转化为 Cr(Ⅲ)后更容易被水体自净除去。工业废水中 Cr(Ⅵ)的处理就是使用合适的还原剂将 Cr(Ⅵ)还原成 $Cr(OH)_3$ 沉淀后分离除去。

与前面介绍的几种金属不同的是,三价铬是人体必需的微量元素,它参与正常的糖代谢和胆固醇代谢的过程,促进胰岛素的功能。人体缺铬会导致血糖升高,产生糖尿,还会引起动脉粥样硬化症。世界上少数地区有铬缺乏症。与三价铬相比,六价铬更容易被人体吸收,并产生严重的毒害作用,吸入可引起急性支气管炎和哮喘;入口则可刺激和腐蚀消化道,引起恶心、呕吐、胃烧灼痛、腹泻、便血、肾脏损害,严重时会导致休克昏迷。另外,长时间地与高浓度六价铬接触,还会损害皮肤,引起皮炎和湿疹,甚至产生溃疡(称为铬疮)。六价铬对粘膜的刺激和伤害也很严重,空气中浓度为 $0.15\sim0.3\,mg\cdot m^{-3}$ 时可导致鼻中隔穿孔,在职业铬中毒中多见。动物实验表明,铬的化合物还有致突变作用和细胞遗传毒性。与前面几类金属相比,铬的生物半衰期较短,相对容易排出体外。

铬在土壤中可抑制 NH_4^+ 的硝化作用,对植物的毒性主要在于根部,干扰植物对 Fe 和 P 的吸收,并使 Ca、Mg、K、B 和 Cu 等累积于植物顶端而影响生长。

鉴于六价铬的毒害作用,过去衡量水中铬残留状况通常都是根据六价铬的含量,但考虑到三价铬和六价铬在环境中可相互转化,近年来更倾向于根据铬的总量来制定水质标准。

10.7.2　铜

环境中铜的含量总的来说比较低,地壳中平均丰度为 $70\,\mu g\cdot g^{-1}$,土壤中约为 $20\,\mu g\cdot g^{-1}$,淡水中大约 $3\,\mu g\cdot L^{-1}$,正常海水中平均为 $0.9\,\mu g\cdot L^{-1}$,在大气中只有约 $1\sim200\,ng\cdot m^{-3}$。在自然界中的铜矿包括金属铜、硅酸盐、氧化物和 Cu/Fe 混合硫化物矿(如黄铜矿 $CuFeS_2$)等。含铜矿物的冶炼和加工等过程是主要的环境污染来源。估计每年由人为排入环境的铜约为 5.6 万吨,由天然过程进入环境中的铜量每年在 1.8 万吨左右。

铜在水体中的主要氧化态是 +2 价,Cu(Ⅰ)易歧化为 Cu(Ⅱ)和 Cu,但在海水中 $CuCl_3^{2-}$ 可以稳定存在。铜易形成配合物,尤其易与含 N 配体配位。

铜是人体必需的微量元素,广泛分布于人体的脏器组织。人体内总铜量约为 100 mg,成年人每天需铜约 $2\sim4\,mg$,主要从食物中获取。血中铜存在于血清和血红细胞中,铜先与血清蛋白松散结合,由于易透过细胞膜,可与组织交换。铜在肝内与 α_2-球蛋白牢固结合成铜蓝蛋白,铜蓝蛋白约占成人血浆铜的 95%。

人体内有 30 多种蛋白和酶中含有铜。铜是赖氨酸氧化酶的成分之一,可促进骨骼的生长发育和骨折的愈合,缺铜会影响骨胶原的成熟,老年人筋骨无力与体内铜含量减少导致赖氨酸氧化酶活力下降有关。缺铜还会导致铁与卟啉合成的血红素减少,使铁的输送和吸收受阻,造成贫血。

然而,人每天摄入的铜量也不能过高,否则肝内铜过量超过忍受限度,红细胞不能摄取全部铜,铜突然释放到血清里,可引起溶血。此外,铜抑制谷胱甘肽还原酶,使血红蛋白变性,也能发生溶血性贫血。铜过量还会导致胆汁排泄铜的功能紊乱,造成铜在组织中贮留,引起肝脏损害。当铜沉积于脑部时,能引起神经组织病变,出现小脑运动失常和帕金森氏综合征。

需要注意的是,铜的需要量与中毒剂量非常接近,在控制铜的摄入量上必须十分小心。

使用含铜的餐饮容器及食用葡萄都有利于补充铜,但要注意铜生锈产生的铜绿是有毒的。

另外,直接服用铜剂是较危险的。

10.7.3 锌

锌在大气中的含量约为 $0.1 \sim 1.0 \, \mu g \cdot m^{-3}$,海水中锌浓度在 $5 \sim 10 \, \mu g \cdot L^{-1}$,土壤中的锌平均含量为 $50 \, \mu g \cdot g^{-1}$。电镀厂镀锌的过程中产生的酸性废水含锌可达 $60 \, mg \cdot L^{-1}$。我国国家标准规定锌的排放浓度不应超过 $5 \, mg \cdot L^{-1}$,饮用水中锌含量不应超过 $1.0 \, mg \cdot L^{-1}$。

水中的锌污染对水中的微小水生生物和鱼类的影响都较大,锌对鱼的致死浓度在 0.003 $\sim 0.05 \, ppm$ 之间。废水中的锌还会抑制活性污泥净化污水的能力。

锌是人体必需的微量元素,人体内含锌的酶有 80 多种,成年人全身平均含锌 $2 \sim 3 \, g$。大部分锌集中在肌肉(约 60%)和骨骼(约 30%)内。人主要从食物中摄取锌,动物性食品中锌的利用率比植物性食品高。锌很少由尿排出,主要由粪便排出。

锌有助于骨骼的发育,还可防止皮肤病和动脉硬化。人体缺锌会引起很多疾病,如糖尿病、侏儒症、高血压、生殖器官和第二性征发育不全、男性不育等。

摄入过量的锌对人体也是有害的,锌中毒可引起呕吐、肠功能失调和腹泻等症状。动物实验表明,水中锌浓度过高有致癌作用。

10.7.4 硒

硒是类金属元素,地壳中平均含量为 $0.05 \, \mu g \cdot g^{-1}$,大气中约含 $0.05 \, ng \cdot m^{-3}$,水体中含量约为 $0.2 \, \mu g \cdot L^{-1}$。硒与硫的性质相似,在地壳中大部分与硫化物共生。光照对硒的电导性有显著影响,因此硒用来制作光电管、光电池等;硒在玻璃工业中用做褪色和着色剂;在橡胶工业中用来提高橡胶的耐热、耐氧化和耐磨性,还可增加可塑性。此外,硒在石化工业和金属加工工业方面也具有重要用途。

硒的化合物有 -2,$+2$,$+4$,$+6$ 四种价态,在环境中以 $+4$ 价和 $+6$ 价为主。天然水中硒的来源主要是岩石的侵蚀,在微碱性环境中,硒容易被氧化,可溶性和迁移性增加。硒本身无毒,但硒化氢、亚硒酸钠和硒酸钠的毒性较强。硒可以发生甲基化反应,产物为二甲基硒 (CH_3SeCH_3)、二甲基二硒 $(CH_3Se_2CH_3)$ 及二甲基硒氧化物 $((CH_3)_2SeO_2)$,前两种化合物是硒参与地球化学循环的重要形式。对硒而言,其甲基化是部分的解毒机制,因为二甲基硒毒性不强,是生物体排除剧毒的硒氢化物的途径之一。

硒是人和动物必需的微量元素,它是谷胱甘肽过氧化酶的重要组成部分,但在过量时又是危害元素。动物因硒营养缺乏可引起各种硒反应症,例如营养性肌肉萎缩、肝坏死和瘦弱病等。对人体而言,硒具有抗氧化剂的作用,参与多种酶的组成和作用。人体主要从食物中获得硒,我国的克山病区和大骨节病区均是由于土壤和作物中缺硒引起的。克山病是一种心脏充血的疾病,通过服用亚硒酸钠可缓解临床症状,并有效降低发病率。与上述情况相反,我国陕西紫阳地区和湖北恩施地区,则曾由于土壤和食物中存在过量硒而危害人畜。人体慢性硒中毒主要表现为牙釉破坏,并产生黄褐斑,胃肠功能紊乱,肝脏损害,消瘦、无力,指甲脆裂易脱落,脱发等。在美国加州的 San Joaquin Valley 和 Kesterson 水库等地由于水体中存在过量硒,使水生生物和鸟类受到危害。值得注意的是,硒的必需含量和最高容许含量之间的间隔很小,见表 10-2,因此在控制硒的摄入量方面必须十分小心。

表 10-2　人畜对硒的必需含量和最高容许量

	必需含量	最高容许量
饲料(美国 EPA,荷兰,德国)	$0.025\sim0.1$ ppm	$0.1\sim0.6$ ppm
人的每日推荐摄取量	男性：$70\,\mu g\cdot d^{-1}$	$>750\,\mu g\cdot d^{-1}$,有害
	女性：$55\,\mu g\cdot d^{-1}$	$>900\,\mu g\cdot d^{-1}$,脱发、指甲反常

10.7.5　铊

铊的原子序数为 81,价电子构型为 $6s^2 6p^1$,故铊在环境中主要有 +1 和 +3 价两种氧化态,且一价铊化合物比三价铊化合物更稳定。传统认为,铊是一种分散元素,微量分布于 Hg、As、Pb 和 Zn 等矿床中,但近年来陆续发现了汞铊矿、砷铊矿和铊明矿等,使人们开始重新认识铊在环境中的迁移和分布机理。

铊在土壤中的含量一般在 $0.1\sim0.8\,\mu g\cdot g^{-1}$ 的范围内,水体中铊的含量约为 $0.02\,\mu g\cdot L^{-1}$。铊的主要工业来源有燃煤发电厂、铅锌矿冶炼、水泥生产和硫酸生产等。金属铊最早就是从硫酸厂燃烧黄铁矿时产生的烟道灰中分离出来的。大多数情况下,进入大气的铊都是吸附在烟尘上,主要以 Tl_2SO_4 的形式存在。这些烟尘可随气流迁移、沉降,进一步污染周围的水体和土壤。

铊是强淋滤元素。低 pH、高盐和高温都有利于岩矿石中铊的活化、迁移。Tl^{3+} 很容易与 Cl^- 形成配离子 $TlCl_4^-$,它是铊迁移富集的主要形式之一。在低温高硫还原环境中,Tl^{3+} 被还原成 Tl^+,所形成的 Tl_2S 的 K_{sp}(溶度积)值很小(约 10^{-47}),故铊较易达到 K_{sp} 而逐步沉淀,为铊成矿奠定基础。在低硫环境中,铊不能以 Tl_2S 的形式沉淀,但因铊与亲硫元素 Cu、Pb、Fe、Sb、Hg、Ag 和 Zn 等相似,故铊容易进入这些元素的硫化物或硫盐矿物中。

铊的有机配合物可能是铊迁移富集的另一种形式,富铊矿床主要储存于富含有机质的炭质泥岩、粉砂岩和页岩中。铊离子可通过厌氧底泥中的微生物进行生物甲基化过程,惟一的甲基化产物为二甲基铊盐($(CH_3)_2Tl^+$),由于二甲基铊离子的毒性小于相应的无机离子,此过程也是生物解毒的机制。

Tl^+ 与 K^+ 价态相同,且离子半径相近。水溶态的铊可直接被植物吸收,Tl^+ 在植物中对 K^+ 有明显的拮抗作用,因此对植物的营养传输和生长影响显著。铊可由食物链、皮肤接触和烟尘吸入等途径进入人体。Tl^+ 与 K^+ 相似的离子性质使 Tl^+ 在人体内可干扰多种有 K^+ 参与的重要生理过程。例如,Tl^+ 可取代的 (Na^+/K^+)-ATP 酶中的 K^+,竞争结合进入细胞内,并与线粒体表面的巯基结合,抑制氧化磷酸化过程,干扰含巯基氨基酸的代谢,抑制细胞有丝分裂,抑制毛囊角质层生长。此外,铊还可以破坏体内钙平衡。铊主要经肾脏和胆汁排泄,其次经头发、指(趾)甲和乳汁排出。

铊中毒的典型症状是脱发,脱发前常有头皮发痒,头皮和足底灼热的先兆。急性铊中毒的患者开始有恶心、呕吐、腹泻和胃肠道出血等症状,随后有胸痛、呼吸困难、震颤、多发性神经炎和精神障碍等。慢性铊中度患者的症状主要是食欲减退、头痛、全身乏力、消瘦、下肢麻木和疼痛及视力减退等。

我国贵州省铊矿资源丰富,矿区周围的居民受铊污染的问题时有发生,这一问题已引起人们的关注。

10.7.6 锡

锡在地壳中主要以天然锡石(SnO_2)的形态存在。我国的锡矿资源居世界首位。天然大气中几乎检测不到锡,在工业城市空气中的锡含量小于 $1\mu g\cdot m^{-3}$。锡的氧化态有 +2 和 +4 价。水中的 Sn^{2+} 只有在强酸性条件下才较稳定,pH>2 时即形成各种碱式盐及 $Sn(OH)_2$ 沉淀,pH 继续升高难溶盐又重新溶解。$Sn(II)$ 是强还原剂,易被空气中的氧氧化成 +4 价,因而环境中的锡通常以 +4 价形态存在。

$$2SnCl_2 + O_2 + 2H_2O = 2SnCl_2(OH)_2 \qquad (10\text{-}25)$$

因为下述反应的存在,四价锡化合物在酸性或碱性水体中溶解度都较大:

$$Sn(OH)_4 + 4H^+ = Sn^{4+} + 4H_2O \qquad (10\text{-}26)$$

$$H_2SnO_3 + 2OH^- = SnO_3^{2-} + 2H_2O \qquad (10\text{-}27)$$

但在 pH 为 6~9 的天然水体中,$Sn(IV)$ 的溶解度很小。

在缺氧条件下,锡在细菌作用下甲基化,生成的甲基锡较易挥发,易从水中迁移到大气中。

人类使用锡的历史十分久远,自古就用它来制成各种餐具。现代工业上大量的锡用于制造镀锡马口铁和锡箔,用做食品包装材料。未受腐蚀的镀锡食品包装是较安全的。现在备受人们关注的锡污染问题一般都是与锡的有机化合物相关的问题。有机锡化合物如甲基锡、丁基锡和苯基锡等都有一定的毒性,在农业上用做杀菌剂和杀虫剂,在工业上作为油漆、木材、造纸、纺织和电缆等的防霉剂。三丁基锡(TBT)的一个重要用途是用于船体涂层添加剂以防止粘附生物的生长,称为海洋杀生剂。

20 世纪 80 年代中期以来,相继在世界各地的水体中证实了有机锡化合物的存在。作为一种高效的海洋杀生剂,三丁基锡在驱逐或杀死管虫、藤壶、贻贝等船体粘附生物的同时,也对牡蛎等非目标生物构成威胁。1981 年有机锡的污染造成法国沿海的淡菜养殖严重减产。R_3SnX 型有机锡化合物对贝类毒性特别强,且可在鱼、贝中蓄积,间接对人体健康产生危害。环境中的有机锡污染及其控制的研究工作近年来受到世界各国的重视。

有机锡(主要是三丁基锡化合物)除了有很强的致死作用外,在非致死浓度下,可使生物体正常的生化功能、结构形态等发生改变,例如出现大脑水肿、肾毒性和肝胆毒性等。当 TBT 的浓度达到 $1\mu g\cdot L^{-1}$ 以上时,就会对海洋甲壳动物产生有害影响。TBT 对浮游生物的毒性也很大,会破坏其光合作用、呼吸生长等基本生理功能。近年来,以 TBT 为代表的有机锡化合物的环境内分泌干扰作用日益突出,已成为一个热点研究领域。

近年来,重金属污染物之间的复合效应引起越来越多的关注,例如 Mo 和 Cu,在我国江西大余矿区,由于过量 Mo 的存在,结果导致牛和羊缺 Cu。牛表现的症状是腹泻、消瘦、贫血、皮肤发红、背毛脱色(白皮红毛),直至死亡。这种由于过量钼的存在而导致缺铜,可能是因为形成了不溶性的四硫代钼酸铜沉淀。另外研究还发现,当三甲基锑与三甲基胂共存时,锑化合物的毒性变得十分强烈。这方面的研究都在不断进行中。

总之,重金属作为工业生产的宝贵资源,使其大量流失既造成严重的环境危害,又是极大的浪费。因此,加强对含重金属废水、废渣的处理,严格控制重金属进入自然环境,并研究开发重金属的回收再利用技术,不仅有利于人类的生存健康,对重金属资源的保护和充分利用也有重要意义。

第11章 有机物污染

人类活动将大量的有机物释放到环境中,其中既包括一些天然的有机化合物,如淀粉、纤维素、蛋白质、脂肪等,也包括许多人工合成有机物,如洗涤剂、增塑剂、各种有机农药和工业用化学品等。有机物进入环境后,将在环境各介质中发生迁移和转化,天然有机物相对易被微生物降解,而人工合成化学品大多稳定,在环境中不易降解、存留时间较长,可以通过大气、水的输送而影响到区域和全球环境,并可通过食物链富集,最终严重影响人类健康。

由于全球有毒化学品的种类和数量在不断增加,大多数有毒化学品的环境行为和生态效应及对人体健康的危害目前还不十分清楚,它们在环境中的迁移转化行为也难以控制,对人类的环境安全性构成了严重的威胁。

2001年5月23日,联合国环境会议通过了《关于持久性有机污染物的斯德哥尔摩公约》,决定在全世界范围内禁止使用或严格限制使用12种持久性有机污染物(persistent organic pollutants,简称POPs),该公约也称为POPs公约。

目前人类对有机污染物的环境毒性已经有所认识,但这些物质对自然环境、野生动物和人体健康之间的长期影响还有许多不确定的内容。本章将首先介绍有机物在环境中的一般迁移、转化和降解规律,然后分别介绍一些常见的有机污染物和持久性有机污染物各自的来源、用途、分布和污染特性。

11.1 有机污染物在环境中的迁移转化

以水环境为例,进入其中的有机物可通过分配、吸附等作用转移到固相悬浮物或沉积物中,使水中的溶解性成分浓度下降;当周围条件发生变化时,悬浮物或沉积物中的有机物又可重新进入水体中。另外,水中的有机物还可被水生生物富集或发生降解转化作用,挥发性较强的有机物可进入大气中,上述迁移转化过程如图11-1所示。

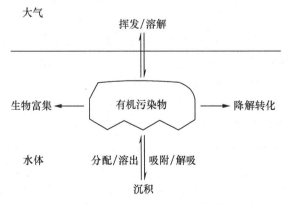

图 11-1 有机物在水环境中的迁移转化模式

11.1.1　挥发作用

挥发作用是有机物在气液两相间迁移转化的一种主要过程。具有高蒸气压、低水溶解度的有机物挥发性较强,例如低相对分子质量的链烃、单环芳香烃等。有机物从水中的挥发程度可用亨利常数来表示,它包含了化合物的溶解度和蒸气压的影响,结合温度、风速和水的搅动等变量可以定量反映出有机物挥发程度的大小。

11.1.2　分配作用和吸附作用

分配作用是有机污染物从水中转移到沉积物或水生生物体中的主要机制,其中起主导作用的是沉积物中的有机质或生物体内的脂肪。它们以有机相的形式把在水中溶解度相对较小的有机物溶解到其中,其作用相当于有机溶剂从水中萃取有机化合物。吸附作用是有机化合物被沉积物或土壤固定化的另一种重要机制,主要发生在土壤或沉积物中的矿物质表面。

与吸附过程不同,分配过程进入固相的量不服从 Freundlich 和 Langmuir 等吸附模式,多种有机溶质之间不存在竞争吸附现象,而是相互独立的转移过程。分配系数与有机物在水中的溶解度密切相关,溶解度越大,分配系数越小,在一定范围内呈线性关系。

对于有机物从水相进入沉积物或土壤究竟是分配作用机理还是吸附作用机理,人们经过了相当长时间的认识过程。众多的研究结果证明,非离子性有机化合物如二氯二苯基三氯乙烷(DDT)、多氯联苯(PCBs)、六氯苯(HCB)等从水相进入沉积物或土壤中时,表现出与一般的表面吸附完全不同的特征,包括低反应热、线性等温线、多种溶质之间不存在相互竞争、转入固相的量随溶解度增加而减小以及分配系数 K_{oc} 与正辛醇-水分配系数 K_{ow} 密切相关等。这些特点反映出表面吸附不是有机物转移过程的主要机制,这可能是由于极性水分子占据了固相表面的吸附位点的结果。因此,目前普遍认为水中的 DDT 等非离子性有机物主要是通过分配作用(即溶解作用)进入沉积物或土壤的有机质中的。

但是,在不含水的环境下,气态有机化合物进入干燥土壤的过程则主要是表面吸附机制,表现出放热强烈、等温线非线性、存在竞争吸附和对粘土矿物有明显依赖性等特点。可见当没有水分子竞争吸附位点时,气态有机化合物主要是被土壤中的粘土矿物强烈吸附的。

对于离子性有机物,一般认为酸性有机物被土壤固定化的机理与非离子性有机物类似,但水中有机碱的固定化过程中吸附机理相对更重要。

11.1.3　生物累积作用

水生生物对有机污染物的累积作用是一个普遍存在的现象,生物浓缩系数(BCF)是研究有机物对水生生物影响的一个重要指标。研究表明有机物的 BCF 与 K_{ow} 之间有一定的相关性。图 11-2 给出了各类有机物(主要是人工合成有机物)的 K_{ow} 范围。一般来说,低相对分子质量和含氧有机物的 K_{ow} 较小,利于水相迁移;而相对分子质量大、C/O 比高的有机物 K_{ow} 较大,容易被水生生物蓄积或转移到水体中悬浮或沉积的有机质中。利用这种相关性,可预测其他已知 K_{ow} 的氯代化合物的 BCF。

许多含氯有机物的化学和生物性质稳定,相对亲脂,易蓄积在生物的脂肪组织中。据测定,贻贝软组织中多氯联苯、DDT 和狄氏剂等的含量都比水中高几个数量级。例如,水中 DDT 的含量为 $1\,ng \cdot g^{-1}$,在贻贝体内的含量为 $300\,\mu g \cdot kg^{-1}$,BCF 高达 300 000 倍。作为一种粗略的估计,一般认为 BCF>10 000 时生物累积作用重要。

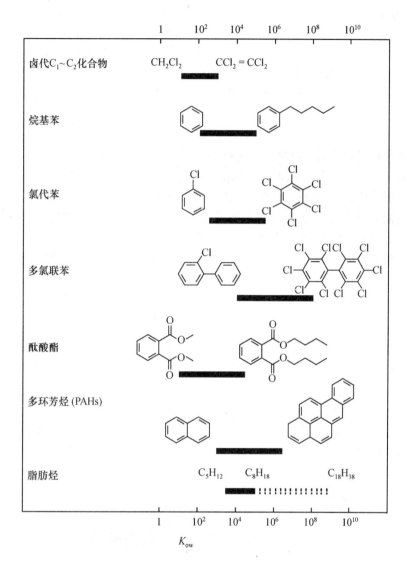

图 11-2　有机物的 K_{ow} 范围

11.1.4　降解转化作用

有机物的降解是指有机物在环境因素的作用下,由大分子转化为小分子,由结构复杂的分子转化为简单分子,最终彻底转化为无机物分子(如 CO_2、H_2O、NH_3、CO_3^{2-}、NO_3^- 和 SO_4^{2-} 等)的过程。

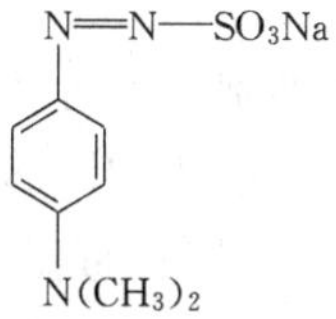

根据导致有机物降解的环境作用的不同,降解方式可分为光化学降解、化学降解和生物降解三种。在土壤表面、植物叶面以及太阳光线能穿透的水体部分,能吸收波长在 290 nm 以上太阳辐射的有机物分子,容易被光分解。影响光解的一个重要因素是物质对光的吸收和自身化学键的稳定性。例如,地可松分子(一种处理土

图 11-3　地可松的结构式

209

壤和拌种用的杀真菌剂,结构式见图 11-3)中所含的偶氮基团能吸收可见光,且 C—N 键相对较弱,因此很容易被光降解。

又如,除草剂氟乐灵在碱性水溶液中可发生光解反应,生成去烷基产物。

$$
\begin{array}{ccc}
\underset{\text{CF}_3}{\underset{O_2N \diagdown NO_2}{\diagup N \diagdown}} \overset{H_7C_3 \quad C_3H_7}{\diagdown N \diagup} & \xrightarrow[\text{H}_2\text{O}]{\text{pH}>7} & \underset{\text{CF}_3}{\underset{O_2N \diagdown NO_2}{\diagup HN \diagdown}} \overset{C_3H_7}{} \longrightarrow \underset{\text{CF}_3}{\underset{O_2N \diagdown NO_2}{\diagup NH_2 \diagdown}}
\end{array} \tag{11-1}
$$

以上反应为有机物直接光降解的例子,许多含氯农药的最大吸收波长在阳光的紫外部分,因而在地表环境不易发生直接光降解。不过,研究发现自然界中还存在着间接光降解的现象。所谓间接光降解是指有机物分子本身不能直接吸收太阳辐射,但当有敏化剂共存时,敏化剂分子可吸收太阳辐射而被激发,若此激发态物种的寿命足够长,则在溶液中它可将能量或一个电子、H 原子或 H$^+$ 传给该有机物分子,使受体分子不必直接吸收辐射而被活化,参与后续反应。鱼藤酮就是一种天然敏化剂,它取自鱼藤的根中,很容易被阳光激发。激发态的鱼藤酮能够将其过剩的能量传给艾氏剂等有机氯化合物导致后者被降解。此外,许多环境物种,包括一些矿物表面和腐殖质,都能起到敏化剂的作用。

化学降解是指在水或其他化学组分的存在下,有机物发生降解转化的过程。2,4-D 是一种广泛使用的除草剂,它既含有羧基,又含有醚官能团,C—O 键容易断裂,水解反应如下:

$$
\text{Cl} \diagdown \bigcirc \diagup \text{O—CH}_2\text{—COOH} + \text{H}_2\text{O} \longrightarrow \text{Cl} \diagdown \bigcirc \diagup \text{OH} + \text{HOCH}_2\text{COOH} \tag{11-2}
$$

有机物在生物作用下分解转化的过程为生物降解,将在 11.2 节中进行详细介绍。

这三种降解方式的相对重要性既与有机物本身的特性有关,也决定于其所在介质的性质。而且,三种过程并非各自孤立存在,在实际环境中经常会同时发生。一般来说,光化学过程在大气环境中最为重要,在土壤中发生的可能性相对较小。而对于水体和土壤中的有机化合物来说,生物降解往往是决定该化合物最终归宿的最重要过程。

11.2 有机污染物的生物降解

环境中分布着数量巨大、种类繁多的微生物。根据微生物的形态、结构和生理性状等特征,可分为许多不同的类群。其中跟有机物降解关系最密切的是环境中的细胞型微生物,而非细胞型微生物主要是病毒和类病毒。细胞型微生物又分为原核微生物和真核微生物两类。原核微生物的细胞壁绝大多数含有肽聚糖,无核膜、核仁,DNA 不与 RNA、蛋白质结合,不进行有丝分裂,细胞质没有分化特异的细胞器,核糖体为 70 S。典型的原核微生物有细菌、放线菌、立克次氏体(*Rickettsia*)、支原体、衣原体、螺旋体、粘细菌、鞘细菌、蛭弧菌和蓝细菌等。真核微生物的细胞壁不含肽聚糖,细胞核有核膜、核仁,DNA 与 RNA、蛋白质结合,进行有丝分裂,细胞质有线粒体、叶绿体、内质网、高尔基体、溶酶体、微管系统等细胞器,核糖体为 80 S。真核微生物有酵母菌、霉菌、原生动物和微型藻类等。微生物能通过自身的代谢活动,使有机物发生氧化还原、水解、脱羧基、脱氨基、脱水、酯化等反应而降解。天然水体的自净过程和污水、废水的处理工艺在很大程度上都是依赖于微生物对有机污染物的降解作用。

11.2.1　生物降解作用的影响因素

有机物的生物降解作用与有机物本身的可降解性、组成和含量及环境中的微生物种类和活体浓度直接相关,同时也受到环境条件如温度、pH、盐度、溶解氧浓度等因素的影响。

1. 有机物的分子结构

研究发现,有机物的分子结构与其生物可降解性之间有一定关系。一般规律是,链烃比环烃容易分解,直链烃比支链烃易分解,不饱和烃比饱和烃易分解;碳原子上的氢被烷基或芳基取代的个数越多,越难生物降解;分子主链上的碳原子被 O、S 和 Cl 等原子取代后更难生物降解;芳香环上的 H 被羟基或氨基取代形成苯酚或苯胺时,生物降解性增强;卤代作用则使生物降解性降低,尤其是间位取代的苯环,抗生物降解性更明显;一级醇和二级醇易被生物降解,但三级醇能抗生物降解。另外,某些结构坚实的高分子化合物,由于微生物及其酶不能扩散到化合物内部袭击其中最敏感的反应键,使生物可降解性降低。

2. 环境因素

环境中的氧气含量是影响有机物降解的一个重要因素。首先,氧气的含量决定了微生物的种群分布,在氧气充足的情况下,好氧微生物是主要群落;而在缺氧或厌氧条件下,是以厌氧微生物为主的群落结构。此外,在不同的供氧状况下,氧化降解的途径是不同的。在有氧条件下,有机物脱去的 H 可以分子态 O_2 作为受氢体,通过细胞色素氧化酶系统把 H 原子传给 O_2,氧化完全彻底,释放的能量较多;在无氧条件下,受氢体为化合态的氧(如 NO_3^-、NO_2^- 等),氧化过程中往往伴随着一些有机物的还原,氧化产物为醇、醛、酮、酸等的混合物,最终代谢产物也还具有一定的能量,因此释放的能量较少。

在有机物的生物降解过程中,还存在协同代谢的现象。它是指一些难降解的有机物本身不能作为惟一碳源或能源被微生物降解,但当其他可作为该微生物的碳源或能源的有机物存在时,这些难降解有机物可在微生物的作用下发生化学结构的改变。另外当几种微生物同时存在时,也有可能产生协同代谢作用。协同代谢作用的存在,使许多难降解有机物的生物降解可能性大大增加。

11.2.2　丙酮酸的氧化降解

大部分有机物降解到一定阶段都会产生丙酮酸,丙酮酸的氧化降解是有机物最终转化为无机物的重要步骤。丙酮酸的降解机制与环境中的供氧情况密切相关。当氧气充足时,丙酮酸在丙酮酸脱氢酶系的催化作用下氧化脱羧形成乙酰辅酶 A,乙酰辅酶 A 经一系列氧化、脱羧反应,最终生成 CO_2 和 H_2O 并产生能量,这一过程称为三羧酸循环(tricarboxylic acid cycle,简称 TCA 循环)。在无氧条件下,丙酮酸不能按照上述过程被氧化,而是本身作为受氢体进行降解,生成醇或酸,这一过程称为酸性发酵。酸性发酵的最终产物取决于环境条件和细菌的种类。下面分别介绍这两种机制。

1. TCA 循环

TCA 循环是乙酸和丙酮酸完全氧化降解的重要路径,而且凡是与循环中某一环节相同的化合物都可以进入此循环得到降解,饱和烃、芳香烃、脂肪、蛋白质等多种有机物的生物降解产物均可以从不同环节进入这一循环,因此 TCA 循环是许多有机物生物降解的最终氧化路径,是极为重要的基本路径。

丙酮酸转化形成乙酰辅酶 A 的反应式为

$$CH_3COCOOH + HS—CoA + NAD^+ \longrightarrow CH_3COSCoA + CO_2 + NADH + H^+ \qquad (11-3)$$

式中,HS—CoA 为辅酶 A,$CH_3COSCoA$ 为乙酰辅酶 A,NAD^+ 为烟酰胺腺嘌呤二核苷酸(辅酶 I),NADH 为 NAD^+ 的还原型。

TCA 循环涉及的化合物和反应路径如图 11-4 所示。

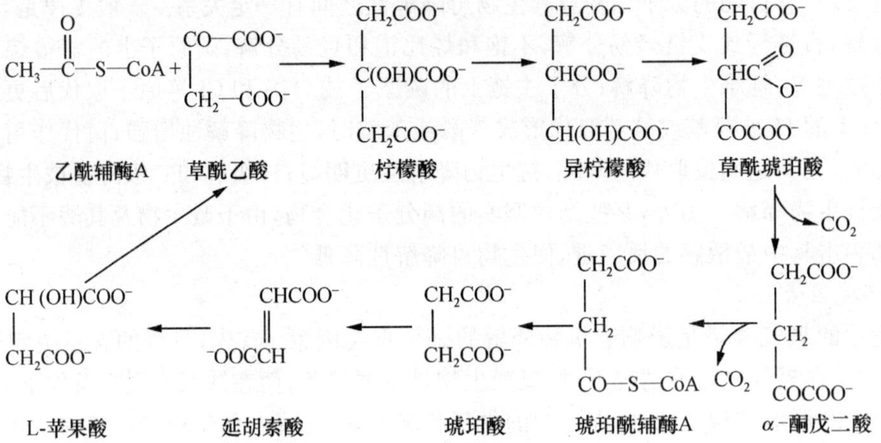

图 11-4　TCA 循环示意图

由图 11-4 可见,TCA 循环的开始步骤是含有两个 C 原子的乙酰辅酶 A 与草酰乙酸结合形成 6 个 C 原子的柠檬酸,在此后的循环过程中,经过两次氧化脱羧反应。第一步脱羧断裂的 C—C 键,正是最初连接乙酰辅酶 A 中乙酰基的两个 C 原子间的键。在一般条件下,此 C—C 键非常稳定,很难断开。但由于乙酰基与草酰乙酸缩合形成了对 β 裂解敏感的 β-酮酸(草酰琥珀酸),使羧基邻近的 C—C 键在酶的作用下断裂,释放出一个 CO_2,反应过程见式(11-4)。

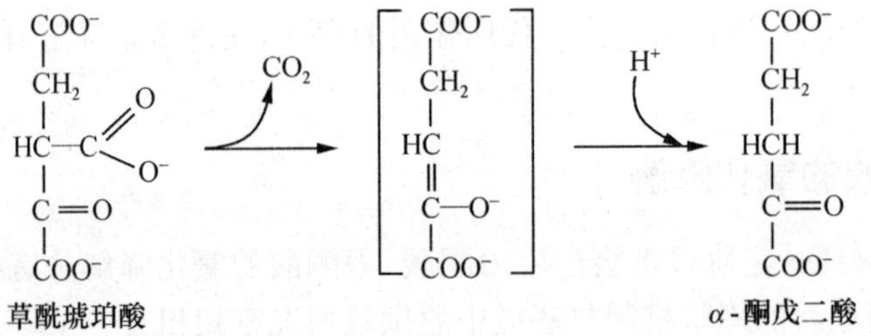

$$(11-4)$$

从 α-酮戊二酸氧化形成琥珀酰辅酶 A 的过程是 TCA 循环中的第二次脱羧,该反应需要 NAD^+ 和辅酶 A 作为辅助因子,反应式见(11-5)。可见,丙酮酸转化为乙酰辅酶 A 后经过 TCA 循环总的结果是被氧化成了两个 CO_2 分子。

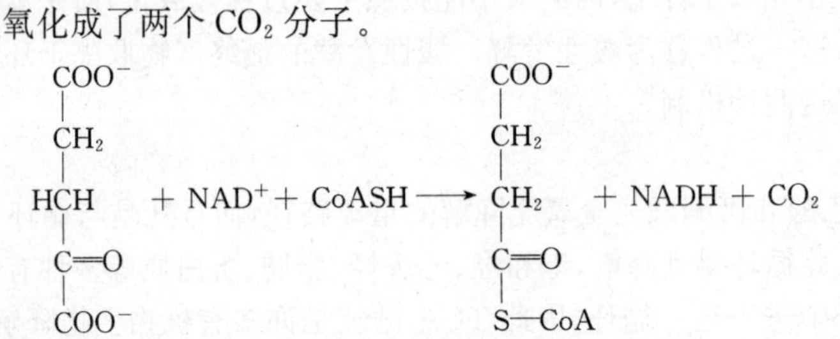

$$(11-5)$$

2. 丙酮酸的厌氧发酵

在不同的环境条件下,丙酮酸的酸性发酵过程产物不同,以下为几种典型的酸性发酵反应:

$$CH_3COCOOH + 2[H] \longrightarrow CH_3CHOHCOOH(乳酸) \tag{11-6}$$

$$CH_3COCOOH + 2[H] \longrightarrow CH_3CH_2OH + CO_2 \tag{11-7}$$

$$2CH_3COCOOH + 4[H] \longrightarrow CH_3CH_2COOH + CH_3COOH + HCOOH \tag{11-8}$$

在一定条件下,酸性发酵生成的有机酸可在甲烷细菌的作用下继续进行降解,最终形成 CH_4 和 CO_2。例如:

$$2CH_3CH_2OH + CO_2 \longrightarrow 2CH_3COOH + CH_4 \tag{11-9}$$

$$2CH_3CH_2CH_2COOH + CO_2 + H_2O \longrightarrow 4CH_3COOH + CH_4 \tag{11-10}$$

$$CH_3COOH \longrightarrow CO_2 + CH_4 \tag{11-11}$$

甲烷细菌是专性厌氧菌,广泛存在于污水和污泥中。甲烷发酵是有机化合物在无氧条件下生物降解的最终阶段,只能在适宜的条件下发生。

11.2.3　脂肪酸的 β 氧化机制

脂肪酸的 β 氧化降解也是有机物降解的一条重要途径。很多有机物先被氧化成为脂肪酸,然后经 β 氧化和 TCA 循环彻底氧化成 CO_2 和 H_2O。研究表明,脂肪酸的氧化一般是从羧基端的 β 位碳原子开始,每次分解出一个二碳片段。对于饱和偶碳脂肪酸,β 氧化反应的主要步骤如下:

(i) 脂肪酸被硫激酶或线粒体脂酰辅酶 A 活化为脂酰辅酶 A 衍生物:

$$\tag{11-12}$$

式中,ATP 为三磷酸腺嘌呤核苷,AMP 为一磷酸腺嘌呤核苷,ppi 为焦磷酸。

(ii) 在脂酰辅酶 A 脱氢酶的催化下,在 α 和 β 位间脱氢,形成 Δ^2 反式烯脂酰辅酶 A:

$$\tag{11-13}$$

式中 FAD 为黄素腺嘌呤二核苷酸,$FADH_2$ 为 FAD 的还原型。

(iii) Δ^2 反式烯脂酰辅酶 A 的水化:

$$\tag{11-14}$$

(iv) L-β-羟脂酰辅酶 A 的脱氢:

$$\tag{11-15}$$

(v) β-酮脂酰辅酶 A 的硫解：

$$R-\overset{O}{\underset{\parallel}{C}}-CH_2-\overset{O}{\underset{\parallel}{C}}-SCoA +HSCoA \rightleftharpoons R-\overset{O}{\underset{\parallel}{C}}-SCoA + CH_3-\overset{O}{\underset{\parallel}{C}}-SCoA \quad (11\text{-}16)$$

在硫解酶的催化下，β-酮脂酰辅酶 A 被第二个辅酶 A 分子硫解，生成乙酰辅酶 A 和比原来脂酰辅酶 A 少两个 C 原子的脂酰辅酶 A。后者可重复上述反应(11-13)～(11-16)的 β 氧化步骤，使碳链继续缩短。反应产生的乙酰辅酶 A 则进入 TCA 循环，最后形成 CO_2 和 H_2O。

β 氧化作用是脂肪酸分解代谢的主要途径，对于不饱和脂肪酸和奇数碳脂肪酸，氧化途径与上述饱和脂肪酸基本一样，但需要有其他酶的参与。

11.2.4 烃类化合物的生物降解

烃类化合物还原性较强，降解反应一般属于氧化反应，需有氧存在并有氧化酶催化引发。

1. 烷烃类化合物

甲烷可被多种甲基营养型细菌氧化，氧化途径为

$$CH_4 \longrightarrow CH_3OH \longrightarrow HCHO \longrightarrow HCOOH \longrightarrow CO_2 \quad (11\text{-}17)$$

从甲烷到甲醇的氧化机理大致为

$$CH_4+2Cyt\text{-}C\text{-}Fe^{2+}+2H^++O_2 \longrightarrow CH_3OH+2Cyt\text{-}C\text{-}Fe^{3+}+H_2O \quad (11\text{-}18)$$

上式中 Cyt-C 表示细胞色素 C。由甲醇到 CO_2 涉及多种脱氢酶系。部分甲烷还参与形成菌体。高级烷烃的氧化有三种可能的途径，第一种跟甲烷类似，生成羧酸；第二种是生成二羧酸；第三种是生成酮类。这三种途径中，第一种最常见，在酶的作用下，一般是正烷烃分子末端甲基在单氧酶作用下生成伯醇，然后通过两步脱氢作用先生成醛再生成脂肪酸，脂肪酸经 β 氧化路径和 TCA 循环最后彻底降解为 CO_2 和 H_2O。

2. 烯烃类化合物

烯烃被微生物降解的途径有多种可能，当双键在中间位置时，可以发生与烷烃类似的降解；当双键在末端位置时，除上述途径外还有另外两种可能：① 先生成环氧化物，再氧化成二醇；② 水加成到双键上形成醇。得到的醇继续氧化成饱和或不饱和脂肪酸，再经 β 氧化路径和 TCA 循环而被完全分解。

3. 环烷烃类化合物

在烃类化合物中，环烷烃类化合物的抗生物降解性最强。以环己烷为例，不能直接被降解，而需在以庚烷为碳源的假单胞菌作用下先被共代谢为环己醇，再被另一种微生物球形诺卡氏菌按图 11-5 所示途径降解。

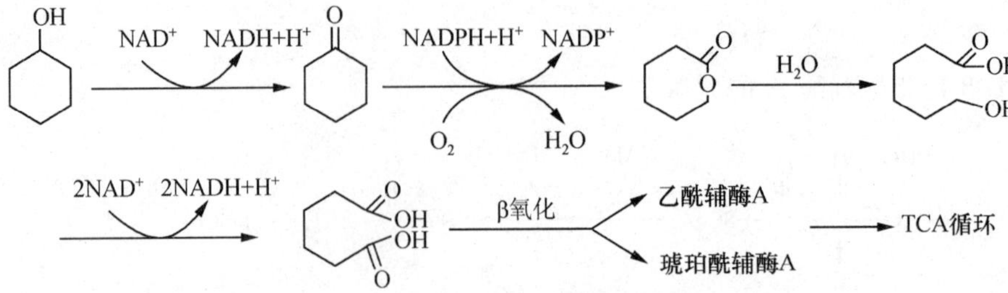

图 11-5 环己醇的生物降解过程

4. 芳香烃类化合物

芳香烃化合物生物降解的共同特点是首先生成邻苯二酚,然后邻苯二酚通过间位开环生成 α-羟粘康酸半醛或邻位开环生成粘康酸(即己二烯二酸),这两种产物再经过一系列反应分别转化为最终可进入 TCA 循环的琥珀酸或丙酮酸等而被完全降解。苯和萘在单氧酶或双氧酶的作用下先在苯环上引入羟基生成邻苯二酚,然后再按上述途径继续完全降解。反应过程示于图 11-6 中。

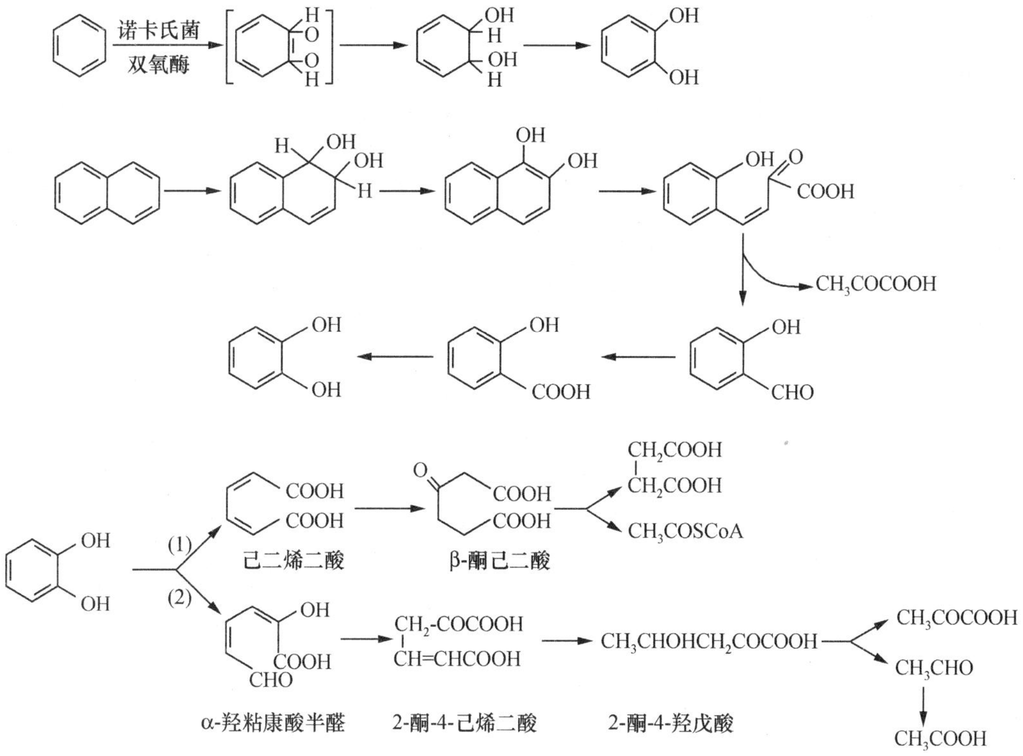

图 11-6　苯和萘的降解反应示意图

11.2.5　生物大分子有机物的生物降解

天然有机化合物主要是一些生物大分子有机物,一般来自食品加工、木材加工、造纸、纺织印染、酿酒、皮革加工等工业废水和生活污水。这类有机物相对容易降解,对环境的影响主要是消耗水体中的溶解氧。

1. 糖类

糖类是有机体重要的能源和碳源。从化学结构上讲,糖类属于多羟基的醛或酮,一般分为单糖、寡糖和多糖三种类型。糖的降解过程包括多糖水解为单糖,单糖进一步酵解生成丙酮酸,再进入 TCA 循环彻底氧化成 CO_2 和 H_2O。

2. 脂类

脂类化合物的主要成分是甘油三酯,甘油三酯在脂肪酶的作用下水解生成甘油和相应的长链脂肪酸。反应如下:

$$\begin{array}{c} CH_2OCOR_1 \\ | \\ CHOCOR_2 \\ | \\ CH_2OCOR_3 \end{array} +3H_2O \xrightarrow{\text{脂肪酶}} \begin{array}{c} CH_2OH \\ | \\ CHOH \\ | \\ CH_2OH \end{array} +R_1COOH+R_2COOH+R_3COOH \qquad (11\text{-}19)$$

水解产生的甘油被磷酸化和氧化生成磷酸二羟基丙酮,再经异构化生成 3-磷酸甘油醛,然后进一步酵解生成丙酮酸,进入 TCA 循环彻底氧化。

水解产物长链脂肪酸在有氧条件下经过多次 β 氧化,链长逐渐缩短,所生成的丙酮酸和醋酸分子都进入 TCA 循环,最后达到完全氧化。在无氧条件下,脂肪酸需通过甲烷细菌的作用,以 CO_2 作为受氢体,逐步分解为较简单的酸,最后完全转化为 CO_2 和 CH_4。

$$2RCH_2CH_2COOH+CO_2+H_2O \longrightarrow 2RCOOH+2CH_3COOH+CH_4 \qquad (11\text{-}20)$$

$$CH_3COOH \longrightarrow CO_2+CH_4 \qquad (11\text{-}21)$$

3. 蛋白质和氨基酸

蛋白质在酶的作用下,水解成为游离的氨基酸,氨基酸的分解一般是先脱去氨基,形成的 α-酮酸再经 TCA 循环继续氧化成 CO_2 和 H_2O。部分氨基酸还可发生脱羧作用形成胺类化合物,此时便不能再进入 TCA 循环,而是通过其他途径继续降解。

11.3 常见的有机污染物

11.3.1 石油污染物

石油的主要化学成分是烃类化合物,包括直链烃(C_7 以上烷烃和烯烃)、环烷烃(环己烷、甲基环己烷等)、芳香烃(苯、甲苯、二甲苯等)和多环芳烃,碳链长度从 C_1 至 C_{24} 以上。此外石油中还含多种重金属(Fe、Ni、V、Cu 等)及带—SH 基团的多种含硫化合物等。不同石油成分的生物可降解性差别很大,溢油污染时的主要污染物是烷烃组分,但造成长期污染的是石油在环境转化后形成的产物。苯、甲基苯、乙基苯和二甲基苯是最常见的石油污染物,它们常被看做石油污染的代表物质,合称为 BTEX。

石油污染问题对海洋来说尤为突出。由于海上石油钻井设备的不完善、油船泄漏及天然的渗流作用,每年全球有数百万吨的石油进入海洋中。由于烃类化合物的密度小于水,石油进入水体后大部分会浮在水面上,其铺展能力取决于石油组分的分子结构和表面张力。一般带有极性基团的分子易在水面铺展,从表面张力看,石油液体的铺展系数为

$$S_{BA} = r_A - r_B - r_{AB} \qquad (11\text{-}22)$$

式中 r_A, r_B, r_{AB} 分别表示水的表面张力、油组分的表面张力和水油间的界面张力。$S_{BA}>0$ 的组分能铺展,如正庚醛、正辛醇、油酸的 S_{BA} 分别为 32.2,35.7 和 24.6,它们都能在水面铺展;而对于 $S_{BA}<0$ 的油分,则在水体中呈滴状分散,例如正庚烷(S_{BA} 为 -0.4)。

大面积的油膜不仅阻挡了太阳光线,影响水中浮游植物的光合作用,而且妨碍了大气与水体的气体交换过程,使水中溶解氧量显著下降。油膜在不断扩展的过程中,由于海浪的作用会与海水混合,其中约占 25% 的低相对分子质量部分很快挥发进入大气成为气态污染物,相对不易挥发又比水轻的部分则漂在水面上,逐渐被微生物降解消耗,这部分大约占 60%,余下的 15% 是相对分子质量较大的重油,相互粘结后逐渐沉入水底。在寒冷的极地水中,石油降解得非常缓慢,有时会被冻结在冰中,几年之后又释放出来。

目前已知有 28 属细菌、30 属丝状真菌和 12 属酵母菌共计 70 属 200 多个种群的微生物能生活在石油中,并能通过生物氧化降解石油。一些海洋细菌、丝状真菌能在自身体内合成并向外界分泌一种乳化剂,使油分在水中分散成微小胶体粒子状态,然后渗入细胞体内发生消解。石油组分的生物降解具有耗氧量大、降解速度缓慢等特点。据估计,1 升原油降解需消耗 32 万升海水中的全部溶解氧,而在低温、低溶解氧或重金属存在等条件下,降解过程会受到抑制。

在挥发和完全降解之前,石油中的化学组分是非常有害的。这种危害性首先体现在对海洋生物和水鸟的生存威胁:石油能阻塞鱼鳃,导致鱼类和软体动物窒息死亡;油膜和油滴能粘住大量鱼卵和幼鱼,造成鱼卵大批死亡、孵化出来的幼鱼也会带有畸形,成长不良;油膜覆盖在水鸟的身上,显著影响了它们的飞行能力,难以抵御恶劣的天气条件;石油通过消化道进入鸟类机体以后,可使水鸟繁殖率下降。另外,石油污染使得鱼、虾等海产品带有煤油味,失去食用价值,更为严重的是,石油中的一些有毒和致癌物质会通过食物链进入人体中,进一步危害人类的健康。1978 年 3 月,在法国西北部海滨旅游地的海岸线外一艘巨型油轮沉没,22 万吨原油入海,旅游地区被迫封闭,数百万头海鸟被毒死,海水养殖场被破坏,其中浮游生物、鱼类等海生动物死亡殆尽。

因此,无论是开发海洋石油资源还是海上运输石油,都应采取相应的保护海洋的措施。例如,在石油钻孔周围和油污海域设置围油栅栏,控制其扩散;在船上安装油水分离器,配置海面溢油回收船等。

对于海面浮油或分散在海涂上的油也可采取一些人工处理的方法,例如:

(i) 吸附法。可用稻草、米壳、软质泡沫聚氨酯塑料及颗粒状石垩作为吸附剂,吸油后沉入水底。

(ii) 吸入法。利用浮动吸油装置,通过其浮于水面的吸口将水面浮油吸入分油器,然后在装置中分去空气和水,回收得油。

(iii) 凝固法。在油面上喷洒固化剂或胶凝剂,使浮油凝成油块回收。

(iv) 磁性分离法。在污染处布洒含铁的油溶性药剂,然后用电磁铁吸除含油磁性物。

(v) 生物法。利用假单胞细菌属可有效降解油中的烃类化合物。

11.3.2　多环芳烃

有关多环芳烃(PAHs)的结构及其在大气中的性质在前面第 5 章中已经介绍。水体中的多环芳烃主要来源于各类工业废水、大气沉降物、沥青道路的径流及污染土壤的沥滤液等。在水体中 PAHs 多被吸附在悬浮粒子上或富集在底泥里。测定水底淤泥不同层次的多环芳烃含量,发现表层 0~4 cm 厚的沉积物中,苯并[a]芘的浓度为 0.3~0.69 ppm,而 50 cm 深处以下的含量只有约 1 ppb。

多环芳烃可被沉积物和海水中的微生物分解,降解反应按一般芳烃化合物的降解机理进行,即先引入两个羟基,使 PAHs 化合物转为二酚类化合物后再开环。三环芳烃蒽和菲的降解代谢过程如图 11-7 所示。三个环以上 PAHs 的生物降解更加困难。苯并[a]芘在微生物作用下可氧化成 7,8-二羟基-7,8-二氢-苯并[a]芘和 9,10-二羟基-9,10-二氢-苯并[a]芘。

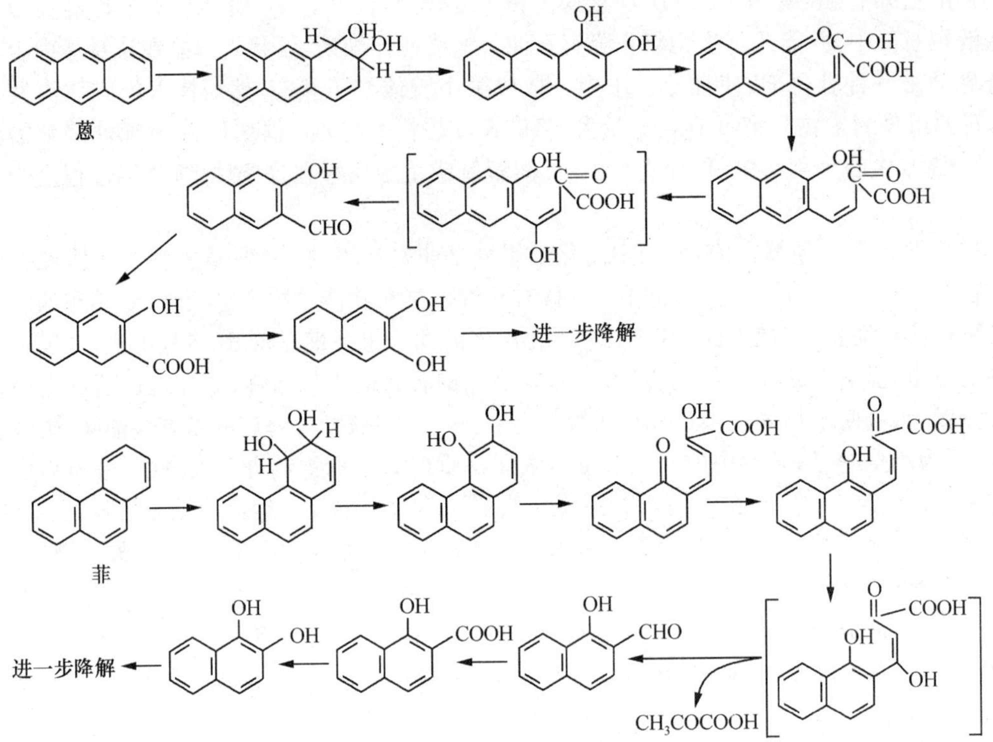

图 11-7　蒽和菲的降解途径示意图

在海鱼和淡水鱼体内都检出了多环芳烃,鱼体对不同多环芳烃化合物的富集能力不同。多环芳烃能抑制水生植物生长,对水生动物也具有毒害性。由于多环芳烃及其取代衍生物脂溶性较强,因此普遍存在于人体脂肪组织(如肝脏)以及乳汁内。

多环芳烃的致癌作用很早就被人们发现,并进行了长期的研究。并非所有的多环芳烃都有致癌性质,而且有致癌作用的多环芳烃其致癌机制也不完全一样。研究认为与多环芳烃的电子结构特点和代谢过程有关。在哺乳动物的肝、脊椎动物或非脊椎动物的其他器官中存在着一种"多功能氧化酶"(MFO),PAHs 化合物能在这种酶的作用下降解,但由此产生的中间产物是具有致癌和致畸性的芳烃氧化物,再进一步降解才可转化为低毒的产物。实验证明,苯并[a]芘在生物体内的代谢过程中生成的二氢二醇环氧化物,是真正具有致癌活性的最终致癌物。

11.3.3　表面活性剂

表面活性剂分子中同时含有亲水基团和疏水基团(也叫亲油基团),因此对界面的亲和力强,能显著降低液体的表面张力,这种性质使得它们被广泛地用做洗涤剂、湿润剂、起泡剂、乳化剂和分散剂等。表面活性剂通常分为四类,即阴离子表面活性剂、阳离子表面活性剂、非离子表面活性剂和两性表面活性剂。表面活性剂是合成洗涤剂的基本成分,其去污原理在于它的亲油基团可以钻到水中的油污中,而另一端亲水基团则仍然留在水相中,这样油污就会被分解,悬浮,进而清除掉。

早期使用的表面活性剂是带甲基支链的烷基苯磺酸钠(ABS),结构式见图 11-8。由于 ABS 的结构中含有多个支链,生物降解速率很慢,使用后残留在水中的部分会形成泡沫污染。

1963 年在美国俄亥俄河上曾出现达半米多厚的泡沫。表面活性剂的存在还给污水处理带来诸多不良影响。有研究指出 1ppm 的 ABS 即可杀死水中的浮游生物和分解污染物的微生物。因此,带支链的烷基苯磺酸钠很快被直链烷基苯磺酸钠(LAS)所取代(图 11-8),后者的生物降解速度大大加快。

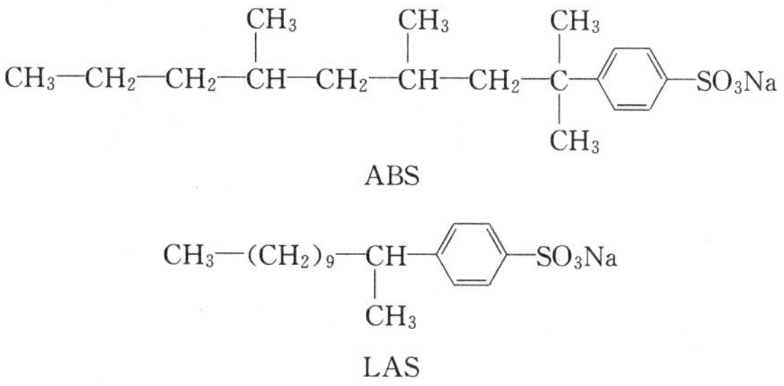

$$CH_3-CH_2-CH_2-CH-CH_2-CH-CH_2-C-C_6H_4-SO_3Na$$

ABS

$$CH_3-(CH_2)_9-CH-C_6H_4-SO_3Na$$

LAS

图 11-8　ABS 和 LAS 的结构示意图

LAS 分子中,最易被微生物降解的是烷基侧链,首先是末端甲基被氧化成相应的醇,进而氧化成醛和羧酸,然后通过 β 氧化使侧链逐步缩短。同时,在脱磺基酶和亚硫酸盐-细胞色素 c 的氧化还原作用下发生脱磺基反应,生成中间产物亚硫酸盐,再进一步氧化为硫酸盐。脱磺基反应有三种可能路径:

(i) 羟基取代脱磺基:

$$RSO_3H + H_2O \longrightarrow ROH + 2H^+ + SO_3^{2-} \tag{11-23}$$

(ii) 酶催化单氢合作用:

$$RSO_3H + O_2 + NADH + H^+ \longrightarrow ROH + H_2O + SO_3^{2-} + NAD^+ \tag{11-24}$$

(iii) 非羟基取代的还原反应:

$$RSO_3H + NADH + H^+ \longrightarrow RH + H_2SO_3 + NAD^+ \tag{11-25}$$

β 氧化和脱磺基反应共同作用的结果使 LAS 降解转化为苯甲酸或苯乙酸。苯甲酸通过邻苯二酚路径降解,苯乙酸的降解途径如图 11-9 所示。

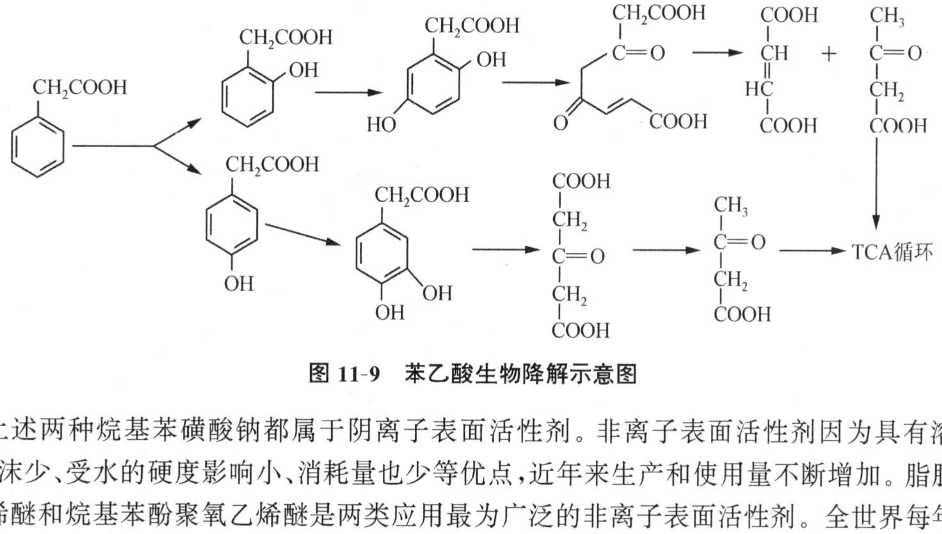

图 11-9　苯乙酸生物降解示意图

上述两种烷基苯磺酸钠都属于阴离子表面活性剂。非离子表面活性剂因为具有溶解性好、泡沫少、受水的硬度影响小、消耗量也少等优点,近年来生产和使用量不断增加。脂肪醇聚氧乙烯醚和烷基苯酚聚氧乙烯醚是两类应用最为广泛的非离子表面活性剂。全世界每年消耗脂肪醇聚氧乙烯醚的数量超过 75 万吨。脂肪醇聚氧乙烯醚容易被生物降解,但烷基苯酚聚氧乙烯醚的降解能力较差,代谢产物相对稳定,为此已有些国家和地区计划逐步淘汰烷基苯酚聚氧乙烯醚的生产和使用。欧美许多国家家用洗涤剂中的烷基苯酚聚氧乙烯醚已完全被脂肪醇聚氧乙烯醚取代,但因烷基酚醚价格低廉,在工业方面的使用量仍相当大。

非离子表面活性剂的生物毒害作用主要在于其对生物膜的影响。脂肪醇聚氧乙烯醚在水体中的浓度达到 $0.1 \sim 100 \, \text{mg} \cdot \text{L}^{-1}$ 时,就会对藻类和鱼类产生急慢性毒害。近年来的研究还发现,烷基苯酚聚氧乙烯醚的主要降解产物壬基苯酚和辛基苯酚有类雌激素的性质,它们不但干扰鱼类等水生生物的繁殖过程,而且还会引起人体乳腺肿瘤细胞增生。在英国、日本等国的河流中都发现了雄性鱼雌性化的现象,在雄性鱼体内检测到了卵黄蛋白原这种需要在雌激素控制下才能生成的卵黄素的前体物,而正常的雄性鱼体内并不含这些物质。在这些河流中同时检测到了高浓度烷基苯酚等物质。通过水生生物的富集,这种类雌激素物质对人体健康造成潜在的威胁。

事实上,人们已在环境中发现有几十种物质具有这种干扰生物体内分泌系统的性质,即所谓的"环境荷尔蒙",也叫"环境激素"或"环境内分泌干扰物"。一般认为它们可通过以下途径干扰正常的内分泌系统:

(i)与受体直接结合。环境激素模仿天然激素,与激素结合位点结合,形成配体-受体复合物,此复合物再结合在 DNA 结合区的 DNA 反应元件上,从而影响人和动物的生殖功能。

(ii)与生物体内激素竞争靶上的受体。通过竞争的结果,环境激素与靶细胞上的受体结合,减少受体对天然激素的吸附,从而增强了天然激素的作用。

(iii)阻碍天然激素与受体结合。天然激素与受体的结合受环境激素的阻碍,进而影响激素信号在细胞、器官和组织的传递,导致机体功能失调。

(iv)影响内分泌系统与其他系统的调控作用。内分泌系统与免疫、神经、生殖等各个系统相互影响、相互制约,内分泌系统的混乱使其他系统受到伤害,从而引发致癌性、免疫毒性和神经毒性等。

(v)协同作用。环境荷尔蒙的种类繁多,存在各化学物质的协同作用,联合作用的强度远远高于单独作用的强度,且它们之间的协同作用因组合的不同而不同,致毒机理十分复杂。

关于环境内分泌干扰物的研究目前已受到全球的普遍关注。

11.3.4 酚类化合物

酚是指羟基直接连在苯环上的一类化合物,种类多达数百种。自然界的许多过程都会产生酚,例如,动植物的体内代谢过程、动植物残体的降解过程以及粪便和含氮有机物的生物分解过程,都会产生一定量的酚类化合物。植物组织中的丹宁和木质素等多酚化合物还可经制革工业和造纸工业的生产废水进入天然水体中。除此之外酚的一个重要来源是煤焦油和各种煤的液化气化产物,是煤加工过程中主要副产物之一。焦化厂、煤气厂的废水中酚含量可达 $0.1\% \sim 0.3\%$,而绝缘材料厂用苯酚和甲醛合成酚醛树脂的过程中,排出的废水含酚高达 $4\% \sim 8\%$。

酚类化合物易溶于水,因而进入水体后主要残留在水相中,在沉积物和生物体内的富集程度不是很高,但苯酚分子被氯取代后,水溶性下降,脂溶性相应增强,并且氯代的程度越高,在生物体内的累积性也越显著。在用氯气氧化处理饮用水时,水中的酚容易被次氯酸氯化生成氯酚,这种化合物具有强烈的刺激性味道,对饮用水的水质影响很大。

酚类化合物在水中易被光降解或通过生物氧化降解,因此天然水体对酚有一定的净化作用。一元酚和二元酚都容易通过活性污泥法分解,氯代或硝基代一元酚也大多易生物降解,五氯苯酚需较长时间才能降解完全,4,6-二硝基-邻甲苯酚较难降解,三元酚也难降解。能降解酚的微生物种类很多,有细菌中的多个属及酵母、放线菌等。苯酚在好氧条件下通过邻苯二酚的途径降解;在厌氧条件下则先还原为环己酮,然后水解成正己酸,最终的降解产物是甲烷。

苯酚从 19 世纪起就被用做杀菌剂,酚的杀菌作用不仅由于其具有弱酸性,而且与其表面活性作用也有很大关系。甲酚是甲苯酚各种异构体的混合物,甲酚与肥皂的混合液即人们平时消毒用的"来苏水"。酚类化合物对人体的毒害作用在于它们能与细胞原浆中的蛋白质发生化学反应,形成不溶性的蛋白质而使细胞失去活性。长期饮用被酚污染的水,可引起头昏、瘙痒、贫血和神经系统障碍等症状。

酚能抑制水体中微生物和藻类的生长和繁殖,从而影响水体生态系统的平衡。水体受酚污染后,还会严重影响鱼类、贝类、海带等水生生物的产量和质量,在被酚污染的水中生长的食用鱼有一种类似汽油的味道。当水中含酚大于 $5\ mg \cdot L^{-1}$ 时,会使鱼中毒死亡。氯酚的毒性通常更大,五氯苯酚可用做棉纤维和羊毛储运过程中的防腐剂、印花浆增稠剂和木材保护剂等。在制造皮革制品时也常用五氯苯酚。20 世纪 60 年代日本九州发生过因五氯酚农药污染近海域,造成贝类大片死亡的事件。酚类化合物中有六种被列为我国水中优先控制的污染物,它们是苯酚、间甲酚、2,4-二氯酚、2,4,6-三氯酚、五氯酚和对硝基酚。

苯酚和大多数氯代酚可能对人体并没有致癌或致畸作用,但对各种细菌和酵母菌有显著的致突变作用。酚的甲基衍生物是致癌和致突变的,多数硝基酚无致癌性但有致突变性。

除上述酚类物质外,近年来另一种酚类化合物——双酚 A (bisphenol A,简称 BPA)引起了人们的广泛关注。BPA 的化学名称为 2,2-双(4-羟基苯基)丙烷,结构式如图 11-10 所示。

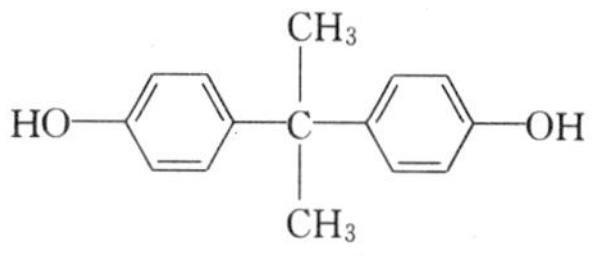

BPA 是由苯酚和丙酮在酸性催化剂存在下缩合制成的,大量用于生产碳酸聚酯、环氧树脂、聚砜、聚芳酯、酚醛树脂、聚苯乙烯树脂以及杀真菌剂、抗氧化剂、染料等,并且还在不断开

图 11-10　双酚 A 的结构式

发新的用途。双酚 A 的急性毒性并不强,但近年来的研究发现它与前文所述烷基苯酚类似,具有类雌激素的性质,是一种环境内分泌干扰物,它对大鼠和小鼠的发育毒性已被实验证实。

11.3.5　酞酸酯

酞酸酯是一种塑料改性添加剂,能增大塑料的可塑性和提高塑料强度,其含量有时可达最终产品的 50%。但这些酞酸酯并未聚合到塑料的基质中,进入环境中后,会逐渐释放出来造成污染,并给人体带来危害。目前世界上酞酸酯的年产量已超过 200 万吨。在我国的大气、湖泊、河流和土壤中都已检出了酞酸酯。酞酸酯由酞酸酐与各种醇类之间的酯化反应获得:

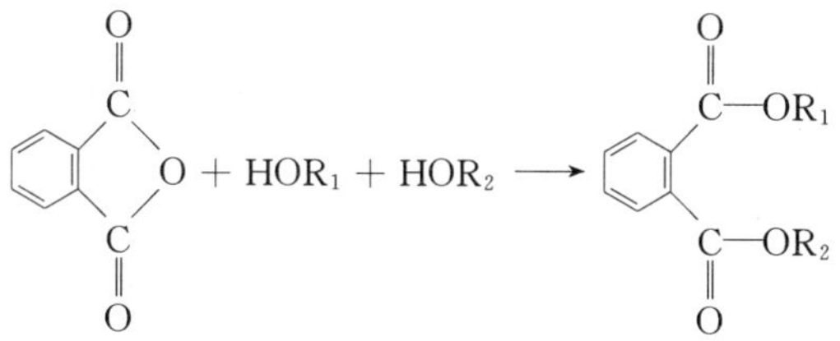

$$(11-26)$$

其中，R_1 和 R_2 代表不同的或相同的烷基或芳基。例如，酞酸二正丁酯的 R_1 和 R_2 均为 —$CH_2CH_2CH_2CH_3$；酞酸苄基丁基酯的 R_1 为 —$CH_2C_6H_5$，R_2 为 —$CH_2CH_2CH_2CH_3$。

短链烷基的酞酸酯在水中溶解度较大，如酞酸二甲酯和酞酸二正丁酯在水中的溶解度为 $5 g \cdot L^{-1}$，但大多数长链的二烷基酯在水中溶解度很小，在标准温度和压力条件下不易挥发。

实验证明，酞酸二异辛酯(DEHP)可导致水体沉积物中微生物活性的降低，引起微生物群体平衡的失调，对整个水生生态系统造成潜在影响。酞酸酯的急性毒性强度不大，但大剂量对动物有致畸胎和致突变作用。动物实验已确证某些酞酸酯对动物有致癌作用。利用小白鼠的实验证明，酞酸酯可导致受孕率下降、早期胎儿死亡率增加。酞酸酯进入人体可引起中毒性肾炎，长期接触酞酸酯类对外周神经系统有损伤作用，可引起多发性神经炎和感觉迟钝、麻木等症状。

11.4　持久性有机污染物

持久性有机污染物也称为难降解有机污染物，一般是指能够长期存在于环境中，通过各种环境介质(大气、水、生物体等)长距离迁移，并对人类健康和环境具有严重危害的天然的或人工合成的有机污染物质。在 POPs 公约中则主要是针对人类合成的具有毒性、生物蓄积性和半挥发性，能在环境中持久存在，并通过食物链(网)累积而对人类健康及环境造成有害影响的化学物质。这些物质可能造成人体内分泌系统紊乱、生殖和免疫系统受到破坏，并诱发癌症和神经性疾病。

公约规定首批受控的 12 种持久性有机污染物是：艾氏剂、氯丹、狄氏剂、异狄氏剂、七氯、灭蚁灵、毒杀芬、滴滴涕、六氯苯、多氯联苯、二噁英和呋喃。其中前 9 种属于有机氯杀虫剂；多氯联苯是工业化学品；二噁英和呋喃为工业生产过程或垃圾焚烧过程的副产品。这些物质之所以被禁用或限制使用，与它们的特性和相应的环境危害有着直接关系。

11.4.1　POPs 的化学名称、结构和毒性特点

1. 艾氏剂、狄氏剂和异狄氏剂

艾氏剂(Aldrin)的化学名称为 1,2,3,4,10,10-六氯-1,4,4a,5,8,8a-六氢-1,4,5,8-二甲撑萘（1，2，3，4，10，10-hexachloro-1，4，4a，5，8，8a-hexahydro-1，4，5，8-dimethanonaphthalene）。狄氏剂(Dieldrin)是艾氏剂的环氧化物，化学名称为 3,4,5,6,9,9-六氯-1a,2,2a,3,6,6a,7,7a-八氢-2,7,3,6-二甲撑萘[2,3-b]环氧乙烯（3，4，5，6，9，9-hexachloro-1a，2，2a，3，6，6a，7，7a-octahydro-2，7，3，6-dimetanonapth[2,3-b]oxirene）。异狄氏剂(Endrin)为狄氏剂的立体异构体。艾氏剂和狄氏剂的结构式如图 11-11 所示。

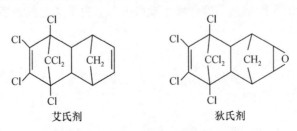

图 11-11　艾氏剂和狄氏剂的结构式

　　艾氏剂、狄氏剂和异狄氏剂均属于氯代环戊二烯类杀虫剂。艾氏剂用于控制苗圃和建筑物中的白蚁,抑制谷仓和农田里害虫的繁殖,是一种极为广效的触杀和胃毒剂,还可用做木材防腐剂。异狄氏剂主要用于控制棉花和谷类等农作物叶子的害虫,也被用做灭鼠剂。

　　艾氏剂在水体、土壤和作物中的生物降解或代谢过程极为缓慢,但气态可与 OH 自由基反应而在数小时内被降解。艾氏剂使用后在环境中可缓慢转化为狄氏剂,因此狄氏剂在环境中的实际含量比其单独使用量要高。艾氏剂和狄氏剂都属于高毒性杀虫剂,对于水生生物和鸟类有很强的毒害作用。少量的狄氏剂暴露就可在蛙类胚胎内造成脊柱畸形,对人的神经系统作用明显。持久性残毒对野生动物带来毁灭性影响。

　　2. 氯丹

　　氯丹(chlordane)又名八氯化茚,化学名称为 1,2,4,5,6,7,8,8-八氯-2,3,3a,4,7,7a-六氢-4,7-亚甲桥茚(1,2,4,5,6,7,8,8-octachloro-2,3,3a,4,7,7a-hexahydro-4,7-methano-1H-indene),其结构式如图 11-12。

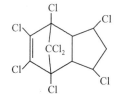

图 11-12　氯丹的结构式

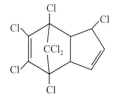

图 11-13　七氯的结构式

　　氯丹是一种广谱接触式杀虫剂,撒在建筑物、农田、苗圃和林场里可控制白蚁和蚂蚁。也可作为杀螨剂和木材防腐剂。还可用做地下电缆的保护措施。氯丹对免疫系统有损害作用。

　　3. 七氯

　　七氯(heptachlor)的化学名称为 1,4,5,6,7,8,8-七氯-3a,4,7,7a-四氢-4,7-甲撑-1H-茚(1,4,5,6,7,8,8-heptachloro-3a,4,7,7a-tetrahydro-4,7-methano-1H-indene),结构式见图 11-13。

　　七氯是一种胃毒和接触型杀虫剂,用于控制棉铃象虫、白蚁、蚂蚁、蝗虫、小麦切根虫、蛆、牧草虫、线虫、苍蝇、蚊子、地下害虫、居室害虫和田间害虫。它具有一定的熏蒸作用,因此除了可直接用于植物本身外,也可用于土壤和种子的处理。在美国七氯曾限用于注入地下以控制白蚁、控制变电器中的火蚁和浸泡非食用性植物的根部和上部。

　　七氯在动物体内可以转化为环氧七氯,毒性跟七氯相似,也可以在动物脂肪中储存。

　　4. 灭蚁灵

　　灭蚁灵(mirex)的化学名称为 1,1a,2,2,3,3a,4,5,5a,5b,6-十二氯-八氢-1,3,4-甲基-1H-环丁[cd]并环戊二烯(1,1a,2,2,3,3a,4,5,5a,5b,6-dodecachloro-octahydro-1,3,4-metheno-1H-cyclobuta [cd] pentalene),结构式如图 11-14 所示。

　　灭蚁灵是一种高度稳定的杀虫剂,用于控制火蚁、黄蜂,也用做塑料、橡胶、油漆、纸张和电器的阻燃膜。

　　灭蚁灵是一种口服型的杀虫剂,有轻微的接触活性。对一般人来说主要污染途径是通过食物,尤其是肉类、鱼类和野味等。

5. 毒杀芬

毒杀芬(toxaphene)又名八氯莰烯,结构式见图 11-15。

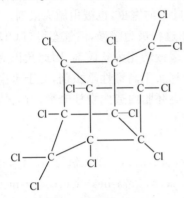

图 11-14　灭蚊灵的结构式 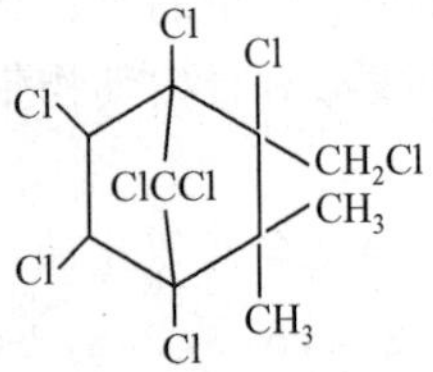　　　　图 11-15　毒杀芬的结构式

毒杀芬由莰烯氯化得到,是一种包含 170 多种不同异构体组分的混合物。毒杀芬为触杀和胃毒杀虫剂,并具有一定的杀螨活性。除葫芦科植物外,对其他作物均无药害。用于谷物、蔬菜、水果等食用性作物,也被用于动物寄生虫、蝗虫、粘虫、毛虫及棉花害虫的防治。它能防治家畜身上的寄生虫,如苍蝇、虱子、扁虱、结痂螨虫等。

毒杀芬挥发性小,在 $100\sim155{}^{\circ}C$ 可缓慢分解放出 HCl。日光、碱类及金属化合物均可促进其分解,故不及其他有机农药稳定。

6. 滴滴涕

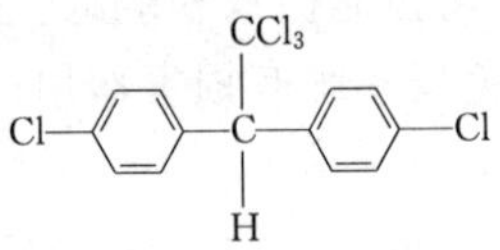

滴滴涕(DDT)的化学名称为 2,2-双(对氯苯基)-1,1,1-三氯乙烷,结构式见图 11-16。

图 11-16　DDT 的结构式

DDT 的主要防治对象为双翅目昆虫(如蝇、蚊等)和咀嚼口器害虫(如棉铃虫),对蚜虫的活性较低,对螨虫几乎无效。DDT 是一种长效触杀药剂,也有胃毒作用,对昆虫等冷血动物有很强的毒性,且药效持久。在二次世界大战期间 DDT 被广泛用来保护军队和平民,防止疟疾、斑疹伤寒及其他疾病的传播。战后,DDT 广泛用于多种农作物,也用于对病菌携带者的控制。由于 DDT 不仅对农作物虫害防治效果极好,而且极大地减少了由于蚊蝇传播造成的疾病,它的发明者因此获得了诺贝尔奖。

DDT 对光、空气、酸都很稳定,但在碱性条件下可失掉一分子的 HCl 得到 1,1-双(对氯苯基)-2,2-二氯乙烯(DDE),强烈水解可得到 α-(4-氯苯基)-4-氯苯乙酸(DDA)。二者的结构式见图 11-17,它们比 DDT 更稳定。

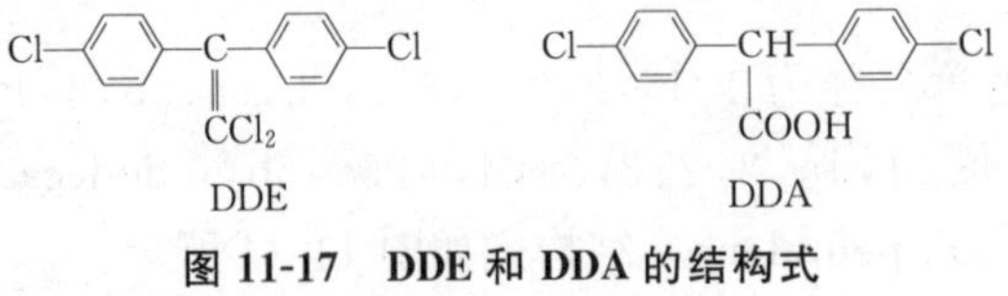

图 11-17　DDE 和 DDA 的结构式

DDT 对温血动物的毒性较低,对大白鼠的口服急性毒性 LD_{50} 为 $250\sim500\,mg\cdot kg^{-1}$,但对水生动物毒性较强,96 小时 LC_{50} 值的范围在 $0.4\,\mu g\cdot L^{-1}$(对小虾)到 $42\,\mu g\cdot L^{-1}$(对虹鳟鱼)之间。它还影响鱼类的习性。DDT 对鸟类有剧烈的毒性,它的短期口试 LD_{50} 值范围在 $595\,mg\cdot kg^{-1}$ 体重(对鹌鹑)到 $1334\,mg\cdot kg^{-1}$ 体重(对野鸡)之间,但最严重的还是它的长期残毒对鸟类繁殖的不利影响,尤其 DDE,会使鸟类的蛋壳变薄,主要原因在于它干扰了鸟体内

的雌激素分解机制,使钙的代谢不能正常完成。研究证实 DDE 在鸟蛋中的残留跟食物中 DDE 的浓度密切相关,而蛋壳变薄的程度跟 DDE 在蛋中的残余量呈对数线性相关关系。蛋壳变薄和其他不利影响使鸟的繁殖率大大下降,在一些地区出现鸟类数量剧减甚至濒临灭绝的现象。

DDT 及其代谢物在世界各地的食物中都能检测到,这一途径很可能是公众受害的主要来源。在许多国家的母乳中都检测到 ppb 水平的 DDT,对婴儿发育造成潜在影响。

7. 六氯苯

六氯苯(hexachlorobenzene,简称 HCB)又称全氯苯(perchlorobenzene),分子式为 C_6Cl_6,结构式如图 11-18 所示。

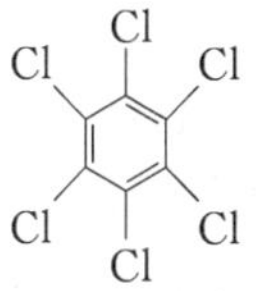

六氯苯可用做杀虫剂和杀真菌剂,同时又是生产五氯酚和氯硝胺等有机氯杀虫剂的前体物,因此在相关产品中以杂质形式存在。另外六氯苯还是四氯化碳、全氯乙烯、三氯乙烯及五氯化苯等工业化学品制造过程中的副产品。在城市垃圾的燃烧过程中也会产生少量的六氯

图 11-18　六氯苯的结构式

苯。六氯苯的化学性质稳定,难以生物降解,在环境中能持久存在。在土壤中的半衰期约为 3～6 年。由于水溶性差,水体中的六氯苯大多在沉积物中。在通常情况下,六氯苯不易蒸发到大气中,但进入大气的六氯苯降解极慢,可远距离迁移,半衰期约为 0.63～6.28 年。

在生产含六氯苯副产物或杂质的化学品的工厂附近以及废弃物堆放场所周围,六氯苯可附着在空气中的颗粒物上传播,对职业人群及周围居民有较大危害。摄入被六氯苯污染的饮食是大部分公众暴露的主要途径,研究发现所有被测试人员的体内脂肪组织中都含有少量的六氯苯。

六氯苯的急性毒性较低,长期慢性的中毒可引起多种疾病。有关六氯苯对人类影响的最著名的事件就是在 1954—1959 年期间发生在土耳其东部的食用六氯苯处理过的谷粒的事件。中毒症状包括:感光性皮肤病变、色素沉着过度、多毛症、疝气、严重虚弱、卟啉尿和衰弱症等。大约有 3000～4000 人患有蝶鞍卟啉症(一种血红素生物合成失调),死亡率达 14%。中毒妇女还通过胎盘及母乳把六氯苯传给后代,患儿很容易患一种"Pembe Yara"病或称粉红色刺痛,据报告死亡率大约为 95%。

六氯环己烷(benzene hexachloride,简称 BHC)是与六氯苯结构类似的另一类有机氯农药,分子式为 $C_6H_6Cl_6$,俗名六六六。工业品六六六是多种异构体的混合物,其中只有 γ-BHC(又称林丹或丙体六六六)是具有杀虫活性的组分。林丹是世界上应用最广泛的一种杀虫剂,用于种子和土壤处理、家庭灭害及纺织品和木材的防腐。林丹在持久性、生物累积性、远距离传输和毒性等方面都符合公约中有关 POPs 的判别标准,目前在许多国家都已被禁用,并成为人们关注的应列入 POPs 公约规定受控名单的物质之一。

8. 多氯联苯

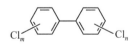

**图 11-19　多氯联苯
(PCBs)的结构式**

多氯联苯(polychlorinated biphenyls,简称 PCBs)是联苯被若干个氯原子取代后的产物,结构式如图 11-19 所示。由于取代位置和氯原子数目的不同,异构体多达 210 个,因此多氯联苯是一类混合物。

PCBs 几乎没有天然源,1881 年首次由德国人合成。PCBs 最大的特点是稳定,具有不易燃烧、绝缘的特性,且热稳定性和化学稳定性都很强,非常适用于一些电力设备、液压设备和导热系统中。这些特性使它们很快进入大批量的工业生产,并被广泛地用做绝缘油、防火剂、导热剂及农药延效剂等,还可作为染料溶剂、增塑剂、电解液、液压液等。PCBs 的商业性生产始于 1930 年,到 20 世纪 60 年代中期,全世界的年产量达 10 万吨。随着 PCBs 被大量地合成和使用,它们的环境影响逐渐显现出来。

1968 年 3 月在日本发生的"米糠油"公害事件就是直接由 PCBs 引起的。米糠油是日本的一种食用油,在生产过程中用 PCBs 作脱臭的热载体,PCBs 因此混入油中,造成上万人中毒受害,约有十万只鸡死亡。PCBs 对人体健康直接的影响是引起皮肤溃疡、痤疮、囊肿、肝损伤和白细胞增加等病症,而且有致畸、致癌的危险。米糠油中毒引起的病症也叫"油症",患者如果是孕妇,则所生婴儿明显体重不足,皮肤色素沉着、脱屑,严重的可长氯痤疮,眼睛分泌物增多,牙齿着色,称为"油症儿"。日本除了本国人民受到 PCBs 的毒害,还把大量的含 PCBs 废渣倾入公海,致使从日本九州到我国东海整个海域都遭到污染。

因 PCBs 的危害日渐突出,1977 年后各国陆续停产。据 WHO 报道,至 1980 年世界各国生产 PCBs 总计近 100 万吨。我国于 1965 年开始生产多氯联苯,大多数厂于 1974 年底停产,到 80 年代初国内已基本停止生产 PCBs,估计历年累计产量近万吨。从 50 年代至 70 年代,在未被通知的情况下,曾由一些发达国家进口部分含有多氯联苯的电力电容器、动力变压器等。目前 PCBs 已逐渐被世界各国禁止用于上述用途,因此通常只在较老的设备和材料中发现它。

人体对 PCBs 的接触主要是通过少量的食物污染。因食用污染的鱼类和水生哺乳动物,北极区居民的 PCBs 接触水平已达到近毒程度。寒冷的气候增加了亲脂性物质在食物链上的生物积累,当地妇女乳水中 PCBs 的含量达到历史最高水平。那里母乳喂养婴儿的血液中所含 PCBs 是导致免疫反应损害及感染率增加的主要原因。

PCBs 亲脂性强,因而环境中 99% 以上的 PCBs 都存在于土壤中。由于其极高的稳定性,在环境中很难降解。起初认为 PCBs 不属于多介质污染,但溢出、土地填埋、铺路沥青及其他源的 PCBs 挥发已产生可测出的大气排放量。大气传输被认为是 PCBs 全球分布的主要方式。目前从南极到北极的生物体内都检测出了 PCBs,可以说其污染已遍及世界的每一个角落。

9. 二噁英(dioxin)和呋喃

多氯代二苯并二噁英(PCDDs)和多氯代二苯并呋喃(PCDFs)是两个系列的三环化合物,结构式如图 11-20 所示。

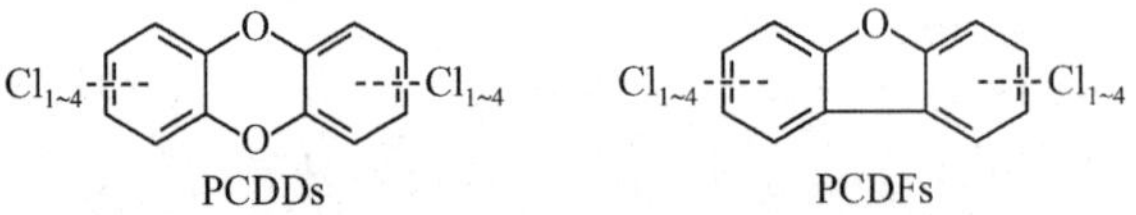

图 11-20 PCDDs 和 PCDFs 的结构式

由图可见,二噁英包含了多种异构体,但通常说的二噁英一般是指 2,3,7,8-四氯二苯并-p-二噁英(TCDD)。在实验室中,TCDD 可在温度高于 180℃ 的条件下,由两个 2,4,5-三氯苯酚盐分子缩合制备而成,其最佳反应温度为 250~300℃,合成路线见图 11-21。

图 11-21 TCDD 的实验室合成路线

由于 TCDD 等 PCDDs 和 PCDFs 类物质并无技术上的用途,所以一般不去生产,但在与氯有关的化工生产,如氯碱工业、有机氯农药生产、纸浆漂白等过程中,可能形成和残留于最终产品及生产废渣中。例如在越南战争中美军使用的橙色落叶剂是 2,4,5-三氯苯氧乙酸(2,4,5-T)和 2,4-苯氧乙酸(2,4-D)的混合物,其中就含有二噁英杂质,战后给当地带来无穷后患。环境中二噁英的另一个主要来源是垃圾焚烧过程中产生的副产物。焚烧物中的含氯塑料等在燃烧过程中经热分解后,分子重排可形成二噁英。

由于二噁英是由三氯苯酚盐缩合而成,故在生产三氯苯酚的过程中,就会有副产物二噁英生成。从理论上讲,在温度低于 153℃ 时不会生成二噁英。温度达到 180℃ 时,每千克三氯苯酚副产的二噁英小于 1 mg。若在 230～260℃ 下持续加热两小时,每千克三氯苯酚副产约 1.6 g 二噁英。

1976 年 7 月 10 日,在意大利米兰市以北 20 km 处的梅达市(Meda),ICMESA 化工厂在合成三氯苯酚的过程中,反应器某处的放热反应失去了控制。当反应器安全阀的压环(隔膜)破裂时,猛增的压力使得液体混合物经阀孔喷出,喷出的烟雾可见部分高约 50 m,然后随风飘落到广阔的地区。塞维索市(Seveso)人口密集区的约 1800 公顷土地遭到污染。该厂附近植物的叶子、家畜和家禽受到严重危害,许多在事故后几天内死去。同时,那些接触了有毒碱性烟雾的人,皮肤受到的损害开始显现出来。事故发生仅 9 天后,发现从该厂附近所采集到的各类样品中都含有二噁英。这就是震惊世界的塞维索二噁英污染事件。另外,在 1971 年美国发生过密苏里跑马场二噁英污染,1999 年爆发的比利时鸡污染事件也是由于二噁英污染引起的。

TCDD 是目前认为毒性最强的化学品,具有神经毒性和生殖毒性,还可破坏免疫机能。它也是目前确认的环境内分泌干扰物之一。

监测数据表明,上述 12 种 POPs 的污染范围已遍布全球,不仅在生产和使用相对密集的北半球热、温带地区,而且在偏远的海洋、沙漠和南北极都可监测到 POPs 的存在,这种全球大范围的迁移和生态危害是 POPs 环境化学行为的典型特征。

11.4.2　POPs 的环境化学行为特征

1. 持久性

从首批受控的 12 种化合物的结构组成可以看出,它们共同的特征是都含有稳定的氯代苯结构。这种结构使 POPs 在环境中对于正常的生物降解、光解和化学分解作用有较强的抵抗能力,因此它们一旦排到环境中,可以在大气、水体、土壤和底泥等环境中长久存在。

一般用化合物在环境中的半衰期作为衡量其持久性的参数,例如在大气中半衰期大于 2 天,在水体中半衰期大于 2 个月,在土壤或底泥中半衰期大于 6 个月的化合物基本可看做是持久性化合物。因为这为其远距离传输提供了条件。不过这种判别方法也不是绝对的,因为化合物的半衰期与温度、光照强度和氧化还原状况等环境因素有关,同一化合物在不同的环境条件下半衰期可以有很大差别,例如,狄氏剂在温和的土壤条件下半衰期约为 5 年,毒杀芬在土壤中的半衰期随土壤类型和气候条件的不同可短至 100 天或长达 12 年以上。

2. 远距离传输

如果 POPs 仅仅是难降解而不发生大范围的迁移,那将只是局地污染问题,不会对全球生态造成威胁。但事实是,POPs 能够从水体或土壤中以蒸气形式进入大气环境或者吸附在大气颗粒物上,随大气中远距离迁移,同时它们又不会长时间停留在大气中,而是会重新沉降到地表,这种特殊的环境化学行为与它们的物理化学特性有密切关系,表 11-1 列出了 POPs 的一些重要物理化学参数。

表 11-1　POPs 的一些重要物理化学参数

POPs 名称	$K_H(25℃)$ /(atm·m³·mol⁻¹)	lg K_{oc}	lg K_{ow}	水中溶解度(25℃) /(μg·L⁻¹)	蒸气压(20℃) /mmHg
艾氏剂	$5.0×10^{-4}$	2.6~4.7	5.2~7.4	17~180	$2.3×10^{-5}$
狄氏剂	$5.8×10^{-5}$	4.1~4.6	3.7~6.2	140	$1.8×10^{-7}$
异狄氏剂	$5.0×10^{-7}$		3.2~5.3	220~260	$7×10^{-7}$
氯丹	$4.8×10^{-5}$	4.6~5.6	6.0	56	10^{-6}
七氯	$2.3×10^{-3}$	4.4	4.4~5.5	180	$3×10^{-4}$
灭蚁灵	$5.2×10^{-4}$	7.4	—	—	$3×10^{-7}$
毒杀芬	$6.3×10^{-2}$	3.2	3.3~5.5	550	0.2~0.4
滴滴涕	$1.3×10^{-5}$	5.1~6.3	4.9~6.9	1.2~5.5	—
六氯苯	$7.1×10^{-3}$	2.5~4.5	3.0~6.4	40	$1.1×10^{-5}$
多氯联苯*			6.7~7.3	0.4~0.7	$(5.3~9.0)×10^{-5}$
二噁英			6.6~7.1	0.02~0.55	0.02~2.1

* 表中数据为六氯联苯的数据。

由表 11-1 中所列的蒸气压数据可见,POPs 大多属于半挥发性物质。我们知道,化合物的蒸气压会随着温度的升高而增大,为了解释在基本上没有工农业生产、基本不使用 POPs 的极地生态系统中检测到较高浓度 POPs 的事实,科学家们提出了全球蒸馏(global distillation)的概念。用"全球蒸馏"可成功地解释 POPs 从热温带地区向寒冷地区迁移的现象。从全球来看,由于温度的差异,地球就像一个蒸馏装置,在低、中纬度地区,由于温度相对高,具有半挥发性的 POPs 挥发速率大于沉积速率,使得它们不断进入到大气中,并随着大气运动不断迁移,当温度较低时,沉积速率大于挥发速率,POPs 又会沉积下来。随着不同季节和纬度温度的变化,POPs 经过多次挥发和沉降的过程,最终在寒冷的极地地区积累下来。可见,全球蒸馏的结果是极地地区成了全球 POPs 的汇。

3. 具有生物蓄积性

从表 11-1 中的溶解度数据可以看到,POPs 的水溶性都很差,这也是由 POPs 本身的分子结构特点决定的。苯及其同系物由于是典型的非极性物质,在极性水溶液中的溶解度本身就比较小,当苯环上部分或全部被氯取代时,在水中的溶解度进一步减小。研究表明苯环上氯代的数目和相对位置对其在水中的溶解度有显著影响,如表 11-2 数据所示。

表 11-2　常温常压下苯和苯酚及其氯代产物在水中的溶解度(单位:mmol·L⁻¹)

化合物	在水中的溶解度	化合物	在水中的溶解度
苯	24.1	1,2,3,4-四氯苯	0.036
1-氯苯	4.3	1,2,4,5-四氯苯	0.0059
1,3-二氯苯	0.83	五氯苯	0.0026
1,4-二氯苯	0.53	六氯苯	0.000017
1,2,3-三氯苯	0.12	苯酚	708
1,2,5-三氯苯	0.029	五氯苯酚	30

由表 11-2 可见,苯环上氯代数目越多,溶解度越小,六氯苯的溶解度比苯减小了几十万倍。而在苯环上引入极性基团则可明显增加化合物在水中的溶解度,如苯酚与苯相比较,五氯

酚和五氯苯相比较都可明显看出这一点。

另一方面,POPs 都具有较高的 K_{ow}(表 11-1),表明这些物质的脂溶性都很强,不仅可被土壤或水体沉积物中的有机质强烈吸附,而且易进入生物体内储存在脂肪中。POPs 还会在食物链中传递和积累,最终流向高级生物体内。研究发现生物放大作用可使最高级的捕食者体内的 POPs 浓度比环境中的浓度高很多个数量级,如多氯联苯浓度能增大 7 万倍之多。

4. 具有毒性

POPs 一般都具有毒性,对人和生物体易造成有害或有毒效应,其毒害效应包括致癌性、生殖毒性、神经毒性和内分泌干扰等作用。最新的研究表明,POPs 能造成婴儿和儿童免疫功能降低、大脑发育异常和神经功能损坏。

11.4.3　POPs 的构效关系

化学物质的外在性质本质上是其分子结构决定的,从化学微观结构和能量特性等理化要素出发,在实验基础上建立相关模型,预测污染物在环境中的分配作用、降解性、生物毒性等,称为定量构效关系(quantitative structural activity relationship,简称 QSAR)研究。这种将实验和计算结合起来进行研究和预测的方法可为化学品安全评价、筛选出有毒化学品及选择相应的控制对策提供有效的科学依据。

一般认为,非离子性有机化合物在环境中的迁移主要是分配作用的结果,遵循相似相溶的原理,这一点对于 POPs 来说尤其明显。因此,准确估算 POPs 的分配性质对深入了解其环境迁移特性及生物毒性具有十分重要的意义。目前已经建立了一些可靠的 QSAR 模型,可以用来估算各种 POPs 的 K_{ow}、亨利常数、土壤吸附系数、与海水中溶解态腐殖质的结合作用以及在鱼体和蔬菜内的生物富集作用等。

1. 土壤吸附系数

土壤吸附系数是最常用定量衡量土壤或沉积物从水相溶液中吸取有机污染物的参数。它的定义是当达到平衡时,给定化学物质被土壤吸附的浓度与在土壤水分中溶解态浓度之间的比值。为了比较土壤的吸附,不同土壤测得的系数必须归一化为土壤的总有机碳含量(K_{oc})或土壤的有机质含量(K_{om})。这是个化学特异性参数,提供了在水相、土壤系统中的迁移性的相对量,总体上讲,此值越高的化合物越不易迁移。

2. PCBs 与溶解的海水腐殖质的结合作用

天然水体中溶解态有机物(DOM)的存在会显著影响疏水性污染物的环境归宿,因为 DOM 对它们的水溶性、蒸发速率、在沉积物上的吸附、在水生生物体内的生物富集作用都有影响。因此,发展 QSAR 模型来预测 PCBs 与水体腐殖质结合常数 K_h 具有重要意义。

QSAR 分析表明,PCBs 与水体腐殖质的结合主要受整个分子大小的影响,即 PCB 分子越大,亲和力越强。二次相关性表明每个新的氯取代基增加结合力的程度小于前一个。另一个控制 K_h' 数量级的因素是邻位取代的程度。随着邻位取代程度的增加结合力减弱。这样,造成的影响是 PCBs 的大小与邻位取代程度间的细微平衡。

3. 表皮-水分配系数

植物叶片和果实表皮是吸收空气中农业化学品进入植物体内的路径之一,它也可能是持久性亲油化合物的蓄积区域。据估测,大气中约 20% 的 TCDD 以蒸气相形式存在,植物摄入这种蒸气是可能进入人体的途径之一。牛消耗的饲料中 TCDD 的 66% 是由大气-植物迁移过程提供,此食物链(尤其是牛肉和奶制品)可能是人类接触 TCDD 的又一重要途径。

表征环境化学物质蓄积在表皮相趋势的参数是表皮-水分配系数 K_{cw}。结构分析结果表明,表皮-水分配系数主要受到分子大小的影响,即分子越大对表皮的亲和力越强,主要贡献来自氯取代基、碳氢链和苯环,而包含氧或氮原子的键对 K_{cw} 的贡献较小。六氯苯、五氯酚、菲、双(2-乙基己基)酞酸酯等都较好地解释了这一点,它们对表皮的亲和力最强,且几乎不含或含很少量的含氧原子键。另一个控制 K_{cw} 数量级的因素是脂肪族羟基存在的影响。它的负相关系数表明与表皮的结合力随脂肪羟基的存在而降低。

4. 微量污染物在鱼体内的生物富集

关于化学品在水生生物中蓄积的能力有很多报道,鱼对疏水性化合物的生物富集因子(BCFs)可高达 100 万倍。这意味着即使这些污染物在水中的浓度很低,在水生生物体内仍有可能达到危险浓度。它们一旦用做食品,对人类健康便构成威胁。因此,建立可靠的定量模式用来快速估算大量化合物的生物富集因子具有十分重要的意义。

进行 QSAR 研究的最大意义还在于可以预测未来合成有机物的环境和分子性质,在化合物被合成前初步了解其可能的环境行为和危险性。

POPs 污染问题现已成为影响人类环境安全的重要因素。联合国环境规划署(UNEP)和国际化学品安全计划处(IPCS)等国际组织都积极采取行动参与了 POPs 物质的判断基准、筛选程序、性质、危害、归趋等的研究和有关控制政策的制定,旨在减少或消除 POPs 的生产和使用,并逐步在全球范围内淘汰 POPs。

我国作为化学品生产和使用大国,面临的 POPs 污染形势十分严峻。虽然我国已于 2001 年 5 月签署了 POPs 公约,但目前履约的任务相当艰巨。根据国家环保总局化学品登记中心公布的数据,《POPs 公约》中规定的首批 12 种受控 POPs 中,艾氏剂、狄氏剂、异狄氏剂、氯丹、七氯、六氯苯、DDT 和多氯联苯等 8 种物质已被列入《中国禁止或严格限制的有毒化学品名录》(第一批)的控制名单中。9 种受控的有机氯农药中,我国除了艾氏剂、狄氏剂、异狄氏剂和灭蚁灵未生产外,曾大量生产和使用过 DDT、毒杀芬、六氯苯、氯丹和七氯 5 种农药。30 多年来,我国累计施用 DDT 约 40 多万吨,占国际用量的 20%。我国生产的 PCBs 总量累计达到万吨,其中约 9000 吨用做电力电容器的浸渍剂,约 5000 吨用于油漆添加剂。此外,在 20 世纪 50~80 年代,我国在未被告知的情况下,还先后从比利时、法国等国进口过大量装有 PCBs 的电力电容器,目前这些设备多数已经报废。我国是氯碱生产大国,五氯酚(用于血吸虫病的防治)的产量也相当可观,加之垃圾处理能力有限,因此二噁英的污染状况也非常令人担忧。

因此,对当前已经存在的 POPs 的污染状况进行详细测量和调查,获取足够的数据资料,同时加强相关基础研究,对 POPs 的环境迁移等过程进行定量描述等都是亟待解决的问题。另外,目前提出的 12 种化合物还只是受控的第一批物质,为了使人工合成化学品使用更加安全,除了对已知毒性较强的物质加强监控外,还十分有必要对新合成的化学物质进行风险评价,筛选可能增加的新的 POPs 物质。相信随着人们认识水平的不断提高,控制进程将会加快,受控的名单也会进一步扩大,人类合成和使用化学品的行为将越来越趋于合理。

第 12 章　废水处理化学

　　由于世界人口的急剧增长,对能源、材料的需求和消耗不断增加,每天都会产生大量的工农业废水和城市生活污水,其中往往含有大量的成分复杂的各种污染物。这些污染物中一部分含量低、易降解的组分可在环境中经物理、化学和生物化学等作用转化为 H_2O、CO_2、N_2 等各种无害或低害无机物,这是环境水体自净能力的体现。但是环境的这种净化能力是有限的,排入环境的废水浓度过高,数量过大,可降解性不好甚至有很强的毒性,是环境难以承受的。有些危害可能会很快显露出来,在周围地区造成严重污染,但也有些要过很长时间才会发生。而后一种情况有时更可怕,因为一旦发生,可能就是一场环境灾难,很难在短时间内使之逆转,像世界上有些湖泊由于严重富营养化而消失的现象就是典型的例证。为了防止不可逆转的环境灾难的发生,必须正视客观存在的污染问题,采取科学有效的方法予以控制。针对各行业产生的废水和其他废物,国家都制定了相应的污水排放浓度标准,各地方政府规定了排放总量控制指标。为了达到这些标准,各种废水在排入环境水体之前必须进行处理,确保其不超过环境的容纳限度。

　　然而,人们已经认识到,废水处理是一项世界性的难题,不同原料和生产过程产生的废水组成和性质都不同,不同来源的废水还有可能混合在一起甚至发生反应生成新的复杂的污染成分。例如,在造纸漂白废水中,常含有难降解、毒性高、致突变的氯代有机物。针织工业染整废水不仅组成复杂,而且可降解性差,并具有较高的色度,使废水的脱色问题成为针织物染整废水处理的难题。抗生素工业废水是一类高色度、含难降解和生物毒性物质多的高浓度有机废水,从 20 世纪 70 年代开始,发达国家将这类大宗常规原料药生产向发展中国家转移,转而开发高技术、高附加值的新药,原因之一就是污染治理问题。

　　一般来说,选煤、建材、钢铁厂等企业排放的废水中无机物含量较高,尤其是电镀、矿山、冶炼、油漆、颜料等工业废水中含有大量重金属。炼油、制糖等企业排放的废水中含有大量有机物,制药厂、焦化厂、氮肥厂、橡胶厂等排放的废水中既含有有机物又含有无机物。原子能反应堆及相关企业排放含有放射性物质的废水。

　　治理工业废水的基本原理主要有三条,即分离、转化和利用。分离是把废水中的悬浮物或胶体微粒、微滴分离出来,使废水得到净化。对于已经溶解在水中,无法分离或不需要分离出来的污染物,可以采用生物化学、化学和电化学的方法,使水中溶解的污染物转化成简单无害的物质(如 H_2O、CO_2、N_2 等)或容易分离的物质(如沉淀物、附着物、上浮物、不溶性气体等)。有些高浓度的废液经过合理处理可以成为有用的资源,用于再制造、再加工等。因此,开发高效、实用、投资少和可废物再利用的废水处理方法是具有重大科学和社会意义的一项任务。

12.1 物理化学法

12.1.1 物理方法

1. 沉砂法

废水中常含有大量固体废弃物,为了保护水处理构筑物(管道、沉淀池和曝气池等),先采用格栅、沙砾箱或滤网等设施去除固体杂物,称为沉砂法。对于废水中可沉降的悬浮固体,可采用重力沉降法,即利用固体悬浮物自身的重力,使其自然沉降,从而使上清液净化。沉降效果与废水的性质、流量、温度和面积等都有关系。

2. 离心分离法

离心分离法可以把废水中的固体悬浮物分离出去,也可以把密度不相同的两种液体分开。离心机有立式、卧式、连续进出料的固液分离机和液液分离机。

3. 气浮法

气浮法是在水中通入空气或其他气体产生微细气泡,使水中的一些细小悬浮油珠及固体颗粒附着在气泡上,随气泡一起上浮到水面形成浮渣,从而完成固、液分离的一种净化水方法。气浮法对疏水性污染物和颗粒密度小于 $1\,g\cdot cm^{-3}$ 的悬浮物比较适用。在水中产生气泡的方法有加压溶气法、电解法等。气浮所需的气泡越小越好,粒径最好是 μm 级的。

目前国内外对气浮法的研究多集中在气浮装置的革新、改进以及气浮工艺的优化组合方面,如浮选池的结构已由方形改为圆形,减少了死角,采用溢流堰板排除浮渣而去掉机械刮泥机构等。

4. 吹脱法

对于废水中挥发性强的有机污染物,可以采用吹脱法加以去除。采用有效传质设备,例如:填料塔、筛板塔、泡罩塔、喷淋塔等,来完成吹脱过程。好氧生化处理的曝气池具有一定的吹脱作用。在焦化厂好氧曝气池的上方空气中,曾检测到较高浓度的氰化物,就是曝气池吹脱出来的。采用吹脱法,必须对吹脱出来的气态污染物进行有效的处理,否则只是污染物的转移而已,有时还会造成更大的危害。

5. 蒸发法和焚烧法

加热使废水汽化,回收利用产生的蒸气,废水中的无机污染物则变为浓缩残渣,有些还可用做饲料。对于高浓度的有机废水,蒸发浓缩后得到的固相物质不宜直接利用,将其焚烧制成的无机盐、氧化物有一定经济价值。造纸黑液的蒸发浓缩焚烧处理,称为"碱回收"。

对于某些高浓度的含酚、醛和醇的废水,其中的有机污染物能与水分子形成共沸物,或者其沸点与水沸点相接近,蒸发浓缩时会与水蒸气一起蒸出,这种情况下利用蒸发法无法将该有机物与水分开。把废水加热到900℃以上焚烧则可以破坏有机物与水分子的共沸物,使有机物被彻底烧尽。这种处理方法能耗高,运行费用较大。

6. 冷冻结晶法

由废水局部冷却生成的冰晶体是较纯净的晶体,通过冰水分离,冰相可回收利用,含有易挥发组分和有机组分的废液,可经过蒸发浓缩进入碱回收系统,这样使处理负荷大大减轻。

12.1.2 溶剂萃取法

溶剂萃取法是分离和净化物质常用的方法。使用这种方法时,要选择有较高选择性的萃取剂和合适的酸度条件。例如,废水中重金属一般以阳离子或阴离子形式存在,在酸性条件下,金属离子与萃取剂发生络合反应,从水相(W)被萃取到有机相(O),然后在碱性条件下被反萃取到水相,溶剂可以循环利用。又如,高浓度的含酚废水通常先采取萃取法回收酚,降低含量后再用化学或生化方法进一步处理。

萃取法可以把某种污染物从废水中萃取出来,但萃取剂总有少量溶于水中,萃取后出水的 COD_{Cr} 多半不能达标,应作进一步处理。另外反萃取再生过程中能源消耗较大,这也是萃取法的局限性。

12.1.3 吸附法

吸附法是利用吸附剂除去废水中重金属离子和有机物的一种方法。不同的吸附剂对不同污染物的吸附具有选择性,其作用机理主要包括物理吸附、化学吸附和交换吸附。常见的吸附剂类型列于表 12-1 中。

表 12-1 常见的吸附剂类型

类　　别	吸　附　剂　种　类
碳质吸附剂	活性炭、煤、焦炭、活化煤、泥炭、乙炔黑、焦化轮胎、煤渣
无机吸附剂	高岭土、粘土、漂土、硅胶、硅藻土、矾土、膨润土、白土、硅酸铝、硅酸镁、麦饭石、蒙脱石、斜发沸石、MgO
有机吸附剂	锯木屑、玉米棒、毛发、离子交换纤维、纤维素吸附剂、水解木质素、聚 N-乙烯吡咯烷酮
复合吸附剂	MgO 或 $Mg(OH)_2$ 的有机聚合物、SiO_2^- 聚乙烯纤维

引自:柳荣展,2002。

活性炭是一种性能优良的吸附剂,它的吸附对象比较广泛,对多种重金属和有机污染物都能有效吸附,例如在 pH 3~4 时,活性炭对 Cr(Ⅵ)的吸附率在 99% 以上。对油的吸附容量可达 $30 \sim 80 \, mg \cdot g^{-1}$。不过,使用活性炭的成本较高,吸附饱和后的再生比较困难,因此一般只用于废水的深度处理。无机吸附剂除吸附作用外还兼有絮凝和离子交换作用,且资源丰富,价廉易得。有机吸附剂的研究多集中于天然纤维的接枝改性。

吸附剂的再生问题是限制吸附处理法应用的关键因素。根据临界状态氧化的原理,近年来超临界流体 CO_2 萃取法再生活性炭的研究发展较快。CO_2 在超临界状态($T > 31.05 \, ℃, p > 7.29 \, MPa$)下,密度高达 $0.468 \, kg \cdot L^{-1}$,且由于温度相对较高,其粘度很小,具有许多有机溶剂的溶解性能,可以浸入到活性炭的微孔之中,把活性炭吸附了的有机物溶解出来,使活性炭得以再生。溶解了有机污染物的临界状态的 CO_2,只要脱离临界状态,会立即变成气体,与萃取出来的有机物分离。由于采用超临界条件,实际操作压力(12.2 MPa)要高于临界压力。要求活性炭吸附装置能制成耐 13~15 MPa 高压的可密闭的结构。超临界流体 CO_2 再生活性炭,活性炭的床层不需要翻动,而且再生过程中活性炭几乎没有损失,可以长期反复利用。不过再生后的活性炭吸附容量会下降 10%~15%。

12.1.4 离子交换法

离子交换法是利用离子交换剂分离废水中有害物质的方法,对于废水中的贵金属还可达到回收利用的目的。已应用的离子交换剂有离子交换树脂、磺化媒和沸石等。离子交换树脂分为阳离子交换树脂和阴离子交换树脂,二者的交换机理如下所示:

阳离子交换树脂: $nRSO_3H + M^{n+} \rightleftharpoons (RSO_3)_nM + nH^+$ (12-1)

阴离子交换树脂: $nRNOH + X^{n-} \rightleftharpoons (RN)_nX + nOH^-$ (12-2)

式中 M^{n+} 表示阳离子,X^{n-} 表示阴离子,上述反应的逆反应即为树脂的再生过程。离子交换服从质量作用定律,影响离子交换能力的主要因素是离子间浓度差和交换剂上的功能基对离子的亲和能力。浓度高的易将浓度低的置换下来,浓度相近时交换顺序的一般规律是离子电荷越高,半径越小,越容易被吸附固定;而电荷越低、半径越大的离子,则越容易被交换下来。常见的阳离子交换顺序为:$Fe^{3+} > Al^{3+} > Ca^{2+} > Mg^{2+} > Na^+ > H^+$。常见的阴离子交换顺序为:$Cr_2O_7^{2-} > SO_4^{2-} > CrO_4^{2-} > Cl^- > OH^-$。

多数情况下离子是先被吸附,再被交换,具有吸附、交换双重作用。当废水中含有大量络合剂和其他阳离子时,由于络合和竞争吸附作用会给重金属的回收带来困难。

离子交换剂饱和时用酸或者碱进行再生,H^+ 和 OH^- 把截留的离子再置换下来,离子交换剂又可以反复使用。原废水中的污染物最后转移到再生液中,必须进一步妥善处理。

12.1.5　膜分离法

膜分离法是利用特殊的膜材料,在不改变组分化学形态的基础上,将溶质与溶剂进行分离或浓缩的方法。

1. 电渗析

电渗析是在直流电场作用下,利用不同离子交换膜对溶液中阴阳离子的选择透过性使水溶液中重金属离子与水分离的方法。

利用离子可以自由扩散通过半透膜的原理,在半透膜的两侧加上直流电压,使离子加速通过,达到除去水中离子的目的。半透膜为离子交换膜,阳离子交换膜只允许阳离子通过,阴离子交换膜只允许阴离子通过。

电渗析法可用于海水淡化和回收盐,也可用于回收重金属,由于对电解质溶液浓度要求较高,此法作为废水的初步处理较合适。

2. 反渗透

反渗透法是在浓溶液的一边加上比自然渗透压更大的压力,使渗透方向与自然渗透方向相反,将浓溶液中的水分子压到膜的另一边去,盐分子则被截留下来,从而达到除盐的目的。

不同的膜工作 pH 范围不同,醋酸纤维素膜为 4～7.5,聚酰胺膜为 4～10,聚砜膜为 1～12。反渗透法已广泛应用于海水淡化和处理重金属废水(如电镀废水)。

3. 分离膜萃取

分离膜萃取是使用疏水材料制成的膜(如聚丙烯膜),水分子不易透过这种疏水性的膜孔,而废水中挥发性有机物(如氰、酚)和其他挥发性物质(如氯),由于与疏水材料相浸润,在疏水材料膜孔处表面张力降低,在浓度差推动下,可通过疏水膜孔。以含酚废水为例,废水中的酚在疏水膜孔处表面张力降低,能透过膜孔。在膜孔的另一侧用 NaOH 溶液吸收透过来的酚,形成酚钠。形成盐的苯酚便不会再反向穿透,这样废水中的酚便被 NaOH 所萃取。这种疏水分离膜,可用于净化含挥发性有机物的废水,也可用于净化饮用水中的氯,提高饮用水的水质。

4. 超滤

超滤的原理与一般过滤并无不同,只是滤膜孔径比一般滤料小得多。在进行超滤之前,一般应先用普通滤料过滤除去较大的颗粒。当前超滤技术在工业发达国家应用较广,在我国处理羊毛洗涤废水、金属切削液、电泳漆废水和印钞废水方面已有所采用。如聚砜膜可对废水中微溶性或相对分子质量较大的染料组分进行超滤处理,使染料彻底去除。随着膜技术的发展,纳滤膜的问世为回收一些水溶性较好的染料(如活性染料等)提供了可能。

5. 液膜萃取

液膜萃取由制乳、萃取和破乳三个主要过程组成,是利用表面活性剂与煤油制成的液体膜进行萃取分离。用于处理含有机物(例如苯酚、氰)的废水时,用碱液(如 NaOH)水溶液作萃取剂。首先用成膜剂(表面活性剂和煤油)制成粒径若干微米的小球,把萃取剂(NaOH)包在球中,成为油包水型的乳状液,此过程称为制乳。然后让废水与这种油包水的大量微型小球(乳液)充分接触,废水中有机物(苯酚或氰)透过液膜扩散进入小球内部,与球内的 NaOH 生成盐(酚钠或 NaCN)。有机污染物在球内形成盐,便不会通过液膜从球内渗透至膜外,从而使废水中有机物浓度降低乃至被彻底去除。此过程称为萃取。去除了有机污染物的废水与乳化液因密度不同而分层,相互分开,完成了废水净化。这种乳化液的小球内包藏着有机物的盐(酚钠或 NaCN),在这种乳液两侧加上高电压静电场,乳液在高压静电场作用下,液膜破裂,放出有机盐溶液,与成膜剂分层,成膜剂再循环使用。这一过程称为破乳。此项技术已用于处理含氰废水、含酚废水、三氯乙醛废水、含氨氮污水、邻苯二酚废水、无机阴离子(NO_3^-、PO_4^{3-})废水、重金属废水等。

用来处理重金属废水和污水中氨氮时,乳液小球内相则用酸(如 H_2SO_4)水溶液作萃取剂。

12.1.6　絮凝沉淀法

粒径在 $1\sim100\ nm$ 间的细微颗粒或液滴在溶液中能形成稳定的胶体而不易除去,通过投加絮凝剂,使细小微粒凝聚、吸附、架桥而形成较大的絮状沉淀从废水中除去的方法称为絮凝沉淀法。常用的絮凝剂分为无机絮凝剂和有机絮凝剂两大类。

1. 无机絮凝剂

无机絮凝剂包括金属盐类和无机高分子聚合电解质,以铁、铝、硅、磷、钙、镁等元素的化合物为主,其中无机高分子聚合物电解质的研究和发展较快,见表 12-2。

表 12-2　无机高分子聚合物电解质混凝剂的种类

类　别	混 凝 剂 种 类
聚铝类	聚合氯化铝(PAC)、聚合硫酸铝(PAS)、聚合硫酸氯化铝(PACS)、聚硫酸铝硅(PASSi)、聚合磷酸铝(PAP)、聚硅氯化铝(PASC)、聚硅硫酸铝(PASS)、聚铝硅(PACSi)
聚铁类	聚合硫酸铁(PFS)、聚合氯化铁(PFC)、聚合磷酸硫酸铁(PFPS)、聚合硫酸氯化铁(PFCS)
聚硅酸及聚硅酸金属盐	聚硅酸(PS)、聚硅酸铝(PSA)、聚硅酸铁(PSF)、聚合硅酸铝铁(PSAF)、聚硅酸硫酸铁(PFSS)
复合型	聚合氯化铝铁(PAFC)、聚合硫酸铝铁(PAFS)、聚铝铁硅(PACFSi)、硅钙复合型聚合氯化铝铁(SCPAFC)、聚合硫酸氯化铝铁(PAFCS)

引自:柳荣展,2002。

无机高分子絮凝剂是通过压缩双电层、吸附电中和、吸附架桥和沉淀网捕等作用去除废水中以胶体或悬浮状态存在的各种污染物。例如,对染整废水中相对分子质量较大的水溶性染料处理效果较好,形成的絮体易于分离,但对相对分子质量较小的水溶性染料如酸性、活性染料等混凝脱色的效果较差。无机絮凝剂的处理速度较快,但投药量大,污泥生成量多。

2. 有机絮凝剂

有机高分子絮凝剂一般为带有多种活性基团的水溶性高分子,通过活性基团与污染物的亲水基之间发生离子型的疏水反应,生成不溶性内络物,达到吸附去除。按分子的电荷特性,有机高分子絮凝剂分为非离子、阳离子、阴离子及两性型四类。目前国内出现的有机高分子絮凝剂的种类见表 12-3。其中阴离子与阳离子型高分子有机絮凝剂适用最广,在酸性介质和碱性介质中均可适用,可处理带不同电荷的废水。采用聚环乙亚胺和用阳离子改性淀粉所组成的复合混凝剂,除污效率高,操作简便,投资少,但存在运行费用高及物化污泥的处置问题。

表 12-3　有机高分子絮凝剂的种类

类　别	絮 凝 剂 种 类
非离子型	聚丙烯酰胺(PAM)、聚氧化乙烯(PEO)
阳离子型	聚二甲基氨甲基丙烯酰胺(APAM)、絮凝剂 MG、絮凝剂 Wx、絮凝剂 SFC、木素季铵盐、改性淀粉絮凝剂 SCAM、聚二甲基二烯丙基氯化铵(PDADMA)
阴离子型	部分水解聚丙烯酰胺(HPAM)、聚苯乙烯磺酸钠(PSS)、阴离子聚丙烯酰胺(PHP)、改性纤维素絮凝剂 CG-A
两性型	羧甲基壳聚糖(CM-CHO)、改性聚丙烯腈(PAN-DCD)

有机高分子絮凝剂主要是通过吸附架桥作用去除废水中的污染物,对针织物染整废水还具有较好的脱色效果。近年来,我国对有机高分子絮凝剂的研究十分活跃,且多集中于阳离子型絮凝剂,主要作为天然高分子化合物的接枝改性剂及人工合成新型高分子絮凝剂。此类絮凝剂对含阴离子染料的染整废水都有较好的处理效果。用阳离子型高分子絮凝剂季胺化聚丙烯酰胺和聚乙烯亚胺等对由十二烷基磺酸钠等阴离子表面活性剂稳定的大豆油/水乳状液进行絮凝处理,去浊率达到 99.5％以上,且污泥颗粒大而密实。有机高分子絮凝剂成本较无机絮凝剂高,目前的研究方向是将有机与无机絮凝剂通过多种方法进行复合,以达到提高处理效率并降低处理成本的目的。

12.2　化　学　法

12.2.1　化学中和法

化学中和法是利用酸碱中和调节废水的 pH,使水达到中性,为进一步处理提供条件。利用酸碱性废水相互中和是最简单的处理措施,但有时废酸、废碱需要量很大,难于满足需要,而使用工业品的酸、碱成本又太高。在条件合适的地区,碱性废水可以使用烟道气中的 SO_2 来中和,酸性废水可用石灰石中和。

12.2.2　化学沉淀法

根据废水中污染物的性质,投加合适的沉淀剂,并控制温度、催化剂、pH、压力、搅拌条件、反应时间和配料比等条件,使废水中污染物生成溶解度很小的沉淀物或聚合物从废水中去除的方法称为化学沉淀法。

在含重金属的废水中加碱进行中和,可使重金属生成不溶于水的氢氧化物沉淀而分离去除。但废水中有些阴离子,如卤离子、CN^-、腐殖质等,有可能与重金属形成络合物,因此在中和之前需进行预处理。预先分离或氧化分解废液中的络合剂及缓冲剂后,再进行化学沉淀分离,效果较好。对于颗粒细小、不易沉降的金属氢氧化物沉淀,可加入絮凝剂辅助加速沉降。例如,在镀镍废液中投入石灰乳或氢氧化钠,使废液的 pH 升高至 11～12,废液中绝大部分镍离子和重金属离子就会发生沉淀反应。然后再加入高分子絮凝剂,可加速不溶物的沉降过程。

除石灰乳和氢氧化钠外,常用的无机沉淀剂还有硫酸亚铁、硫酸铝、硫化钠和硫代乙酰胺等。重金属硫化物的溶解度比其氢氧化物的溶解度更低,而且反应的 pH 在 7～9 之间,处理后的废水一般不用中和。但硫化物沉淀法的缺点是沉淀物颗粒小,易形成胶体,另外硫化物沉淀剂本身在水中残留,遇酸生成硫化氢气体,可能造成二次污染。

铁氧体共沉淀法是向需要处理的含重金属离子的废水中投加铁盐,通过工艺控制,达到有利于形成铁氧体的条件,使污水中的多种重金属离子与铁盐生成稳定的铁氧体共沉淀,再通过适当的固液分离手段达到去除重金属离子的目的。铁氧体实质是 Fe_3O_4 中的 Fe 部分地被其他 +2 价或 +3 价金属取代所形成的以 Fe 为主体的具有尖晶石结构的复合氧化物,可用通式 $M_xFe_{3-x}O_4$ 表示,其中 M 表示离子半径与 Fe^{3+} 或 Fe^{2+}(离子半径为 0.06～0.1 nm)相近的 +2 价或 +3 价金属。例如,在 pH<4.0 时,用 $FeSO_4$ 还原 Cr(Ⅵ),再加 NaOH 将 pH 调到 8～10,并加热保持 60～80℃,同时通空气搅拌,加速 Fe(Ⅱ)的氧化,先是生成暗绿色混合氢氧化物,最后慢慢形成一种黑色的水合铁氧体沉淀,将混合沉渣经高温灼烧即可形成磁性复合氧化物。铁氧体共沉淀的优点是可一次去除废水中多种重金属离子,形成的沉淀颗粒大,容易分离,颗粒不会再溶,不会产生二次污染。

为使生成的铁氧体具有磁性,$FeSO_4$ 的投料量需为 Cr 量的 25 倍,否则会因 Fe 含量过低而不易形成尖晶石结构,使磁性很弱或没有磁性。另外,反应温度不应低于 60℃,因为形成 Fe_3O_4 的最佳温度条件是 60～80℃,在 50℃ 以下生成的主要是 α-FeOOH 和 α～γ 混合型 FeOOH。因而铁氧体法的主要缺点是能量消耗多。

与铁氧体法相关的一种特殊分离方法为高梯度磁分离法(HGMS)。它是将含有铁磁性悬浮微粒的工业废水通过高梯度磁分离器,使磁性颗粒被截留下来,废水得以净化的方法。由于高梯度磁分离器场强梯度很高,不仅强磁性微粒能被其截留,弱磁性微粒也能被截留。轧钢废水中含有大量细微的氧化铁微粒。炼钢厂烟尘中含有大量 Fe_2O_3 微粒,经湿法除尘成为血红色废水,其中悬浮大量 Fe_2O_3 微粒。这些废水均可用高梯度磁分离器、磁过滤器加以净化。对于不含铁磁性物质的其他金属废水,可采用生成铁氧体的方法。含 Mn、Zn、Cu、Co、Ni、Cr 等金属离子的废水,均可以与 $FeSO_4$ 制成铁氧体。例如,电镀厂的含铜氨络离子 $[Cu(NH_3)_4]^{2+}$ 的废水,是蓝色透明的水溶液,长期存放无沉淀物形成。在碱性条件下,60℃ 左右,与 $FeSO_4$ 能生成铁氧体,通过高梯度磁分离器,Cu 的去除率在 99.9% 以上。

对于含有油类、无机悬浮物、色素和细菌等不含金属的有机废水,可投加絮凝剂产生矾花,同时投加磁种。例如粒径在 10 μm 以下的 Fe_3O_4 粉末可作磁种,投加量 200～1000 mg·L^{-1},通过高梯度磁分离器,几秒钟便可使污水净化,油、细菌和色素的去除率可达 70%～90% 甚至更高。这种方法称为磁种混凝法。用磁种混凝法处理多氯联苯废水,投加水量 0.3% 的 Fe_3O_4 粉,通过高梯度磁分离器,1 次可去除 96%,2 次则可去除 99.9% 以上。

HGMS 总的特点是消耗化学药品少,净化效率高,但投资成本较高。

近年来,有机沉淀剂的研究和应用发展很快。例如往高浓度含酚废水(含酚在 1.0% 以上)中投加适量甲醛,可生成酚醛树脂沉淀,酚的去除率在 99.9% 以上。不溶性淀粉黄原酸酯(ISX)和二烷基二硫代氨基甲酸盐(DTC)是两类新型有机沉淀剂。DTC 可在较宽的 pH 范围(3～10)内使用,能有效地沉淀镍离子,使废液中的镍离子降低到 1×10^{-6} 以下。这两类有机沉淀剂去除金属的效率很高,使用也很方便,但价格较高,主要用于处理低浓度的废水。另外,高分子重金属捕集剂是一种水溶性高分子,高分子基体上具有亲水性的螯合形成基,与水中的重金属离子选择性地反应生成不溶于水的金属络合物,在电镀废水处理中得到广泛应用。

化学沉淀法总的来说工艺比较成熟,操作费用较低。其缺点是在处理过程中会产生大量废渣,必须妥善处理或综合利用,否则会造成二次污染。有研究证明,含有较高浓度的苯酚、甲醛和部分树脂的废水,投加适量尿素,在一定工艺条件下可制成木材粘结剂。如果工艺条件控制得好,所产粘结剂的性能甚至好于正式生产的木材粘结剂,不再有任何剩余废水,从而将废水彻底综合利用。

12.2.3 化学氧化法

化学氧化法是利用化学氧化剂处理废水中的有机物,使其转化为无害或危害性较小的物质。常用的氧化剂有臭氧、Fenton 试剂和含氯化合物等。Fenton 试剂是由 H_2O_2 溶液和 $FeSO_4$ 按一定比例混合而成的强氧化型药剂。用臭氧时,可与紫外线(UV)配合。化学氧化法既可作为生物处理的前处理方法,提高废水的可生化性,又可直接氧化降解废水中的有机物。

我国目前常用的氧化剂主要有 ClO_2、$NaClO$、$Ca(ClO)_2$、Cl_2 和 $KMnO_4$ 等。ClO_2 是采用含氯无机盐与酸性活化剂在催化剂作用下电解生成的,溶于水生成次氯酸和氯酸,氧化效果较好。其他含氯氧化剂,在使用时往往与有机污染物生成少量有害的副产物,逐渐减少使用。化学氧化还具有较好的杀菌作用,所以目前化学氧化法同时用做消毒剂,用于医院污水处理、游泳池水消毒、饮用水消毒和城市污水处理排放前的消毒。在染整废水氧化处理过程中,化学氧化剂的氧化作用能破坏染料的发色体系,是脱色处理的有效方法。

光催化氧化和超临界氧化法是两种新型的氧化处理技术。

1. 光催化氧化法

光催化氧化法分为非均相光催化氧化法和均相光催化氧化法。

非均相光催化氧化法是利用光照射某些具有能带结构的半导体光催化剂如 TiO_2、ZnO、CdS、WO_3、Fe_2O_3 等诱发产生 OH 自由基。其主要机理是:用能量大于导带宽度的光照射半导体催化剂时,满带上的电子被激发跃过禁带,进入导带,同时在满带上形成电子空穴,在光的作用下产生的空穴又可夺取半导体粒子上所吸附的化学物质的电子(主要为 H_2O 分子的电子)产生自由基,从而降解有机物质。最常用的半导体氧化物为 TiO_2。

均相光催化氧化法是将 Fenton 试剂与 UV 联用,产生氧化性极强的自由基 O 和 OH 等,大大提高了催化效果,可对针织物染整废水有效脱色,是对化学氧化法的进一步发展。与非均相半导体光催化氧化法相比,不存在催化剂的固定、回收以及催化剂的污染和活化问题,是十分简便的废水处理技术。

2. 超临界氧化法

水在超临界条件($T>374℃$,$p>22.1$ MPa)下气液态界限消失,废水中的水分子和所有的污染物质分子都能与空气中的 O_2 分子充分接触发生氧化反应。由于进行的氧化反应是均相反应,反应速率快、时间短,只要供氧充足,废水中所有的有机物均能被氧化成 CO_2 和 H_2O,无机物则生成无机氧化物沉渣,从而使有机废水得到了最彻底的处理。这种处理方法也叫湿式氧化法或湿式燃烧法。

超临界氧化设备可以做成深井式,其形式和一般好氧生化的深井曝气法的深井相类似。这种形式安全、保温,特别是可节省动力,但在高温高压下反应器存在比较严重的腐蚀问题,这也是超临界水氧化技术工业化需要解决的主要障碍之一。

12.2.4　化学还原法

利用重金属多价态的特点,在废水中加入合适的还原剂,使重金属转化为易分离除去的形式,称为化学还原法。常用的还原剂有 Fe 屑、Cu 屑、$FeSO_4$、$NaHSO_3$ 和 $NaBH_4$ 等。与化学氧化法相比,化学还原法应用相对较少。但对镀铬废水中的六价铬,还原处理是最适宜的一种方法,$FeSO_4$、$NaHSO_3$、$Na_2S_2O_3$ 和水合肼($N_2H_4 \cdot H_2O$)等都可用做还原剂,其中,水合肼与 $Cr(Ⅵ)$ 反应迅速,不会引入中性盐,尤其是对含铬工件的钝化膜没有影响,因此是化学漂洗处理法中一种较为理想的还原剂。其基本反应如下:

$$4CrO_3 + 3N_2H_4 = 4Cr(OH)_3 + 3N_2 \uparrow \qquad (12-3)$$

生成的 $Cr(OH)_3$ 沉淀从废水中分离除去。

催化硼氢化物化学还原法是以硫化硼作催化剂,用硼氢化物还原络合金属离子,以降低金属氧化物的离子价态,从而使金属离子不易产生络合作用。金属的沉淀不是金属氢氧化物的形式,而是金属的低价还原态和单质状态,减少了污泥量及对操作人员的影响。

把经过酸洗后的铁粉镀上极少量的钯,制成 Pd-Fe 双金属系统,可对水中低相对分子质量的氯代烃进行还原脱氯。氯代烃通过作用力极强的 Pd—Cl 键被吸附到钯的表面,铁被氧化而产生氢,氢再与氯代烃作用取代氯。通过这种方法,氯乙烯类和四氯化碳均在几分钟内迅速降解为相应的烃类和氯离子,此法在漂白废水的应用研究上还处于起步阶段。

在化学镀镍废液中,趁热加入适量氯化钯溶液,诱导化学镀镍废液进行自发分解。反应生成黑色镍微粒,约 90% 镍沉降分离后,可回收利用。处理后的废液,镍离子浓度可降低数十倍,使后续的化学沉淀和废渣处理相对较容易,但此法费用较高。

若升高废液的 pH 和温度,然后滴加少量还原剂 $NaBH_4$ 等,也是一种诱导自发分解镀液的方法。经过沉降后,可大大降低废液中镍离子的含量。目前国外还出现了几种回收化学镀液中金属的商品,如具有极高比表面积($260 m^2 \cdot g^{-1}$)的碳微粒和纤维素等,经过特殊的表面催化活性处理后,表面活性大大提高。当碳微粒或纤维素与热的废液混合接触时,镍离子迅速被吸附而沉积,然后经液、固分离,镍即可回收利用而碳微粒也可重新使用,废液中镍离子浓度可降至很低。催化还原法的优点是能有效回收镍资源,使废液中镍含量大大降低,有利于保护环境。

12.2.5　电化学法

1. 电解法

电解法是利用电解过程中废水中的金属离子或非金属离子发生氧化还原反应,形成沉积物或气体,从而由废水中分离出去的方法。铁板是常用的阳极,例如在处理含 Cr 电镀废水时,阳极铁失去电子形成 Fe^{2+} 进入溶液,将 $Cr_2O_7^{2-}$ 还原为 Cr^{3+},同时阴极 H^+ 被还原为 H_2,逸出溶液。随着电解液中 H^+ 浓度的降低,Fe^{2+}、Fe^{3+} 和 Cr^{3+} 都形成氢氧化物沉淀,即所谓的阳极泥。以上主要反应过程如下:

$$阳极: \qquad Fe - 2e \longrightarrow Fe^{2+} \qquad (12\text{-}4)$$

$$阴极: \qquad 2H_2O + 2e \longrightarrow H_2 + 2OH^- \qquad (12\text{-}5)$$

电解液中的反应为

$$6Fe^{2+} + Cr_2O_7^{2-} + 14H^+ \longrightarrow 6Fe^{3+} + 2Cr^{3+} + 7H_2O \qquad (12\text{-}6)$$

除铁板外,铝板、石墨等也可用做阴极。例如含氰电镀废水可用不溶性阳极,阳极反应为

$$2CN^- + 8OH^- - 10e \longrightarrow N_2 + 2CO_2 + 4H_2O \qquad (12\text{-}7)$$

2. 微电解法

将活性炭微粒与某些绝缘材料(如沸石)微粒均匀混合在一起作为填料,填充于正负电极所形成的电场之中。废水通过填料时,污染物被活性炭吸附。活性炭是导体,它被绝缘材料隔开,在电场中只能在活性炭小颗粒两端形成小的电极,构成许多微型电解池,使污染物发生电化学氧化还原反应或者被极化,大分子断裂成为小分子,使得本来难于生化降解的物质提高了可生化性。此法可用于提高大分子有机废水的可生化性。

3. 铁炭微电解法

铁炭微电解法是用焦炭颗粒与铸铁铁屑作为填料,不需外加电场,但要把废水调成酸性,废水中 H^+ 与铁屑作用生成铁离子,在焦炭粒内部同样构成微电解池。铁离子进入废水中,出水用碱调成碱性,生成 $Fe(OH)_2$ 和 $Fe(OH)_3$ 絮凝沉淀。为了使 Fe(Ⅱ)更多地转化成 Fe(Ⅲ),可向废水中鼓气。这种将电解与吸附、絮凝相结合的方法,目前多用于提高废水的可生化性。

4. 电催化氧化法

电催化氧化法是通过阳极反应直接降解有机物或通过阳极反应产生 OH 自由基、臭氧等氧化剂间接氧化降解有机物,这种降解途径使有机物分解更加彻底,不易产生毒害中间产物。另外,利用在电解液和阳极之间通过接触发热放电电解(CGDE)产生的等离子体引导苯胺降解,可将苯胺 100% 转化为无机物。

12.3 生物处理法

12.3.1 生物化学法

利用微生物的吸附凝聚和氧化分解作用对废水中污染物进行处理,使之为微生物所利用或转化为简单无机物,从而使废水得到净化的方法称为生物化学法。生物化学法可分为好氧和厌氧处理法两大类。一般好氧条件(aerobic)指水中富含 O_2,是典型的氧化性环境;厌氧条件(anaerobic)是指完全的无氧状态,水中既无游离态氧也没有结合态氧;另外还有一种缺氧条件(anoxic),是指水中无分子 O_2 存在,但含有一定量的 NO_3^- 和 SO_4^{2-} 等结合态氧。根据微生物在污水中的存在状态,生化处理法也可分为活性污泥法和生物膜法。

1. 厌氧法

厌氧法中利用的微生物分为兼性微生物和甲烷菌两类。兼性微生物在含微量 O_2 的水中生存繁殖,可把大分子有机物断裂成小分子有机物,并进一步使这些小分子有机物转变成有机

酸,即所谓酸性发酵。另一类甲烷菌是绝对厌氧菌,只能在完全没有 O_2 的水中生存繁衍。它们能把有机酸进一步分解为 CH_4、CO_2 以及少量的 NH_3、H_2S 等气体产物,称为碱性发酵。这两种微生物往往处于同一设施之中协同作用。

厌氧法主要用来处理高浓度有机废水,如酒精精馏液、造纸黑液、印染废水、含酚废水、制药废水以及污水处理厂产生的剩余污泥等。厌氧生化反应可以在三种不同温度下进行,高温厌氧 $50\sim55℃$,中温厌氧 $30\sim38℃$,低温厌氧 $10\sim25℃$。如果在 $45℃$ 左右,其处理效果反而不好。厌氧生化反应的反应速度一般较慢,往往需要 $2\sim4$ 天甚至更长的时间。随着厌氧技术的发展,目前某些废水的厌氧周期可以缩短到 $8\sim12$ 小时,甚至可以更短一些。

厌氧技术的操作方法有活性污泥法和生物膜法。所采用的设施构型有许多种,并且在不断改进,例如升流式厌氧污泥床、挡板式厌氧反应池、厌氧膨胀床、厌氧流化床、厌氧滤池、厌氧生物转盘、二级厌氧反应池等等。

由于厌氧碱性发酵周期很长,甲烷菌对生存条件的要求又非常苛刻,所以许多时候只让厌氧过程进行到酸性发酵为止。酸性发酵能使大分子有机物水解、断裂成低相对分子质量有机物,生成有机酸,从而提高了该废水的可生化性,然后转入好氧生化处理。这种方法称为水解工艺、酸化工艺或 H/O 工艺。厌氧处理过的废水称为厌氧出水,一般达不到排放的要求,还需要采用其他处理方法作进一步处理。对于处理量很少的废水,厌氧出水也有可能使 COD_{Cr} 降到 $100\,mg\cdot L^{-1}$ 以下,但是用过的厌氧微生物需经过较长的恢复期才能重新使用。

研究表明,氯代芳香族化合物中的氯原子具有强烈的吸电子性,使芳环上电子云密度降低,在厌氧条件下,环境的氧化还原电位较低,电子云密度较低的有机物在酶催化下易受到还原剂的亲核攻击,发生氯原子的亲核取代,显示出较好的生物降解性。氯化有机物在厌氧条件下还原脱氯是一种重要的脱毒反应,且这种还原反应是由非甲烷菌产生的,随着氯代程度的增加,还原脱氯速度加快,释放的能量增多。但由于有机氯化物和树脂酸的阻碍作用,漂白废水厌氧处理中的甲烷化作用常常受到限制,高负荷厌氧反应器可大大缩短反应时间,能成功地降解漂白液中氯酚等有毒物,在 20 种常规检测到的氯化酚化合物里,有 10 种去除率达 90% 以上。

2. 好氧法

好氧微生物必须在水中溶解氧含量丰富的条件下才能生存繁殖。好氧微生物以废水中的有机物作为它们进行新陈代谢的营养物,把有机物转化为 H_2O、CO_2 以及少量的 NO_3^-,从而达到净化废水的目的。好氧生化处理的废水,有机物浓度不能太高。如果是高浓度有机废水,最好先经过厌氧处理再进入好氧池,也可以用好氧池出水(好氧处理过的废水)来稀释,以保证进入好氧池的废水 COD_{Cr} 在 $1000\,mg\cdot L^{-1}$ 左右为宜。好氧池的出水,一般能达到污水排放的浓度标准($COD_{Cr}<100\,mg\cdot L^{-1}$)。

好氧生化反应随温度升高反应速度加快,处理废水效率也提高。好氧生化反应过程中,好氧微生物大量消耗水中的溶解氧,因而必须不间断地向废水中供给氧,称为曝气。向废水中供氧的方法有许多种,如鼓风曝气、表面曝气、纯氧曝气、生物转盘、生物滤塔、氧化沟以及深井曝气、射流曝气等等。鼓风曝气就是把压缩空气送入曝气池的底部,使之分散成许许多多的细微气泡。在这些气泡从废水底部上升的过程中,气泡中的氧气溶解到废水中去。因此,希望气泡越微小越好。但是曝气头孔眼越小,越容易被污泥堵塞,所以研制高效不堵塞的曝气装置对好氧生化技术有重要的作用。

好氧生化法是应用最为广泛的废水治理技术。它可以处理可生化性好的废水,也可以在大量可生化性好的废水中,混合一部分可生化性不好的工业废水,如各种芳香族的有机化合物废水,然后一起处理。好氧生化法的主要缺点是能耗较大。

微生物对废水中石油烃类的降解,主要是在加氧酶的催化作用下将分子氧结合到基质中,先是形成含氧中间体,然后再转化成其他物质。可见,氧是影响好氧微生物生长和有机污染物降解的重要因素。有机物的可降解性可用微生物好氧速率来表征。当密封体系中有活性污泥和有机物存在时,溶液中溶解氧的减少与反应时间呈线性关系。反应开始时,微生物自身呼吸和有机物氧化分解的耗氧速率为

$$\frac{d[O_2]}{dt} = kS[O_2] \tag{12-8}$$

式中$[O_2]$为水中溶氧量$(mg \cdot L^{-1})$,S为活性污泥中微生物的质量,k为反应速率常数。

当S量一定时,

$$\frac{d[O_2]}{dt} = k'[O_2] \tag{12-9}$$

从而有

$$\ln \frac{[O_2]_t}{[O_2]_0} = k't \tag{12-10}$$

式中$[O_2]_0$和$[O_2]_t$分别为水溶液中起始含氧量和t时刻的含氧量。微生物耗氧速率与有机物的结构和化学稳定性有关。芳香烃类化合物需先转化成脂肪烃化合物再逐步分解,所以微生物降解速率比直链脂肪烃类化合物慢。对于有机物结构与微生物可降解性之间的关系,一般认为有机物渗透到微生物细胞是反应的速率控制步骤,例如同系物中支链烷烃化合物比直链烷烃化合物难降解,主要是由于"空间效应"造成的。而实验表明苯和环己烷时的降解耗氧速率常数k值相近,也可用它们的"空间效应"的相似性来解释。

自然界中能氧化硫化物的微生物很多,大部分属于化能营养型,主要分为丝状硫细菌、光合硫细菌和无色硫细菌三类。采用好氧生物膜反应器进行生物脱硫。其硫化物的去除率可达90%以上,被去除的硫化物几乎全部转化为单质硫,有机物的去除率在10%左右。

国内外对厌氧-好氧系列生物处理技术也进行了研究,例如采用厌氧流化床与好氧滴滤池联合处理工艺,发现厌氧-好氧工艺可提高氯代有机物的还原脱氯能力,对漂白废水的处理十分有效。在运行负荷大时更能显示出其优越性。

建造或者利用一个原有的面积广大的水塘,废水放于其中,让塘中繁殖起的微生物以及植物来净化废水,称为稳定塘。水深在2.5m以上的是厌氧塘;水深在0.5~2.5m之间的是兼性塘,既有厌氧作用,也有一定的好氧作用;水深在0.5m以下的是氧化塘,具有一定的降解有机污染物的能力。稳定塘运行费用低,但是占地面积大,在某些特殊地域较为适用。

12.3.2 生物物理法

1. 微生物絮凝法

微生物絮凝法是利用微生物或微生物产生的代谢物进行絮凝沉淀的一种废水净化方法。微生物絮凝剂是由微生物自身产生的、具有高效絮凝作用的天然高分子物质,它的主要成分是糖蛋白、粘多糖、纤维素、蛋白质和核酸等。一般来讲,相对分子质量越大,絮凝活性越高。线性结构的大分子絮凝效果较好,而支链或交联结构的大分子絮凝效果较差。处于培养后期的絮凝

剂产生菌,细胞表面疏水性增强,产生的絮凝剂活性也越高。对微生物絮凝剂引起絮凝的机理目前较为普遍接受的是"架桥作用"。该机理认为絮凝剂大分子表面具有较高电荷或较强的亲水性和疏水性,能与颗粒通过离子键、氢键和范德华力同时吸附多个胶体颗粒,在颗粒间产生"架桥"现象,形成一种网状三维结构而沉淀下来,从而表现出絮凝能力。

用微生物絮凝法处理废水安全、方便,不产生二次污染,絮凝范围广,絮凝活性高,生长快,絮凝作用条件粗放,大多不受离子强度、pH 及温度的影响,易于实现工业化等。此外,微生物可以通过遗传工程,驯化或构造出具有特殊功能的菌株,因而应用前景十分广阔。

2. 微生物吸附法

利用微生物或微生物体衍生物从溶液中分离去除金属离子的方法称为生物吸附法。可用做生物吸附剂的主要是菌体、藻类及一些细胞提取物。生物吸附的机理十分复杂,按是否消耗能量可分为活细胞吸附和死细胞吸附。

海洋赤潮生物原甲藻的活体和死体均对 Cu^{2+}、Pb^{2+}、Ni^{2+}、Zn^{2+}、Ag^+ 和 Cd^{2+} 具有吸附能力,其中,藻体对 Pb^{2+} 的富集作用最大,对 Zn^{2+} 和 Cd^{2+} 的富集作用相对较小。菌体对金属也具有相当强的吸附能力。利用活体和非活体假丝酵母菌对 Cu^{2+}、Cd^{2+} 和 Ni^{2+} 的吸附速率研究结果表明,30 min 时吸附量已达到总吸附量的 90% 以上。在实际吸附过程中,活体吸附并不因为有能量代谢系统的参与而比死体吸附的吸附量大。

微生物对重金属的吸附与很多因素有关,如光、温度、pH、重金属浓度及化学形态、其他离子、螯合剂的存在和吸附剂的预处理等。例如对酵母进行预处理(如加酸煮沸、加碱煮沸、高压蒸汽、甲醛浸泡等)后吸附 Cd^{2+}、Zn^{2+} 的能力增强。生物吸附剂具有来源广、价格低、吸附能力强、易于分离回收重金属等特点,应用日趋广泛。

微生物的高效富集作用在核工业废水的处理中也得到应用。例如,从核工厂的废水污泥中分离、筛选和培养获得的净化回收废水中放射性元素 ^{239}Pu 的高效 OR 功能菌,在 pH 6,30℃下,每升含 Pu 废水中加入 50 g OR 菌,振荡富集 5 min,可去除 99% 的 ^{239}Pu。用 200 mL 0.5 mol · L^{-1} NaHCO$_3$ 振荡解吸 10 min,解吸 2 次,可回收 95% 以上的 ^{239}Pu。OR 菌富集 ^{239}Pu 的机理是菌的细胞壁对 ^{239}Pu 粒子俘获形成表面吸附,同时发生絮凝,使废水中 ^{239}Pu 得以去除。向解吸后的 OR 菌加以培养基,可使其复壮生长。用 OR 菌净化回收核工业废水中的 ^{239}Pu,投资小,运行费低,操作简单,管理方便,不存在二次污染,该法可替代现行的离子交换-水泥固化法。由于处理速度快,并可避免后者不能回收 ^{239}Pu 的缺点,有重大的应用价值。

12.3.3　植物富集法

研究发现,一些植物可以选择性地吸收和富集某些金属离子,称为金属累积植物或金属超累积植物。利用这些植物从废水中吸取、沉淀或富集有毒金属,减少重金属被淋滤到地下或通过空气载体扩散,并通过收获或移去已积累和富集了重金属的植物,降低水体中的重金属浓度的方法称为植物富集法。

能用于富集重金属的植物既有草本植物,也有木本植物。凤眼莲是一种常用水生漂浮植物,它生长快,对温度变化适应性强,能迅速大量地富集废水中 Cd^{2+}、Pb^{2+}、Hg^{2+}、Ni^{2+}、Ag^+、Co^{2+} 和 Sr^{2+} 等多种重金属,并对放射性核素具有选择性吸收的特点,对 ^{60}Co 和 ^{65}Zn 的吸附率分别为 97% 和 80%,并较长时间保持在植物体内。香蒲也是一种净化重金属废水的优良植物。我国韶关凡口铅锌矿废水香蒲植物净化塘系统的研究表明,该废水净化系统对铅、锌、铜、镉的去除率都在 90% 以上,净化后的废水重金属含量达到国家排放标准。其他草本植物还有喜莲子草、水龙、水车前、刺苦草、浮萍、印度芥菜、海州香薷、鸭跖草和酸模等。木本植物由于处理量大,净化效果好,受气候影响小,也越来越引起人们的注意。当年生加拿大杨幼苗在 15 kg 50 mg·kg^{-1}的汞处理土中的消减效率为 0.9%,最高富集浓度为 233.77 mg·kg^{-1}。红树植物能将大量的汞吸收储藏在植物体内,汞浓度为 1 mg·kg^{-1}时仍无明显受害现象。木本植物吸收较大量的汞储存于体内不易被动物啃食的茎、根部位,分解后的有机碎屑生成的腐殖质有较强的吸附汞的能力,能避免汞的再次污染。用植物处理污水的优点是成本低,不产生二次污染,可以定向栽培,在治污的同时还可以美化环境。

与物理化学方法相比,生物处理法具有一系列特点。由于污染物的生化转化过程不需要高温、高压,在温和的条件下经过酶催化即可高效并相对彻底完成,因此,处理费用低廉。微生物具有来源广、易培养、繁殖快和对环境适应性强、易实现变异等特性,适当地对其加以培养繁殖,特别是在一定特定条件下进行驯化,就能使之很好地适应各种有毒的工业废水环境。通过有针对性地对菌种进行筛选、培养和驯化,可以使大多数的有机物质实现生物降解处理,因此对废水水质的使用面越来越宽。废水生物处理法不加投药剂,可以避免对水质造成二次污染。另外,生物处理效果良好,不仅去除了有机物、病原体、有毒物质,还能去处臭味,提高透明度,降低色度等。因此生物处理法在废水处理中得到越来越多的应用。

12.4　工业废水的综合防治

以上介绍了各种工业废水的处理方法,但要实现从根本上解决废水污染的问题,仅靠生产末端的处理是不够的,它是一项系统工程,需要从源头抓起,采取综合防治的策略。所谓综合防治是指由政府各个有关部门与各相关企业共同行动,从工业结构、厂矿布局、原料供应、协作关系、设备型号、生产工艺到排水去向、废水治理、综合利用、企业管理等各个方面,通过深入的科学研究与论证,做出相对合理的安排,使得各有关企业污染物排放量降到最低的限度。这种综合防治的概念,正是目前推行的清洁生产的理论基础,是实现可持续发展战略的必经之路。

12.4.1　改进工艺,减少排放

改进工艺是实现清洁生产的关键所在。在原材料准备、生产制造、深度加工过程中,往往包括许多工序,在若干工序中产生各种不同的副产物。这些副产物一部分可能是有使用价值的副产品,但大多是以废水、废气、废渣形态排出来的废弃物。改进工艺的目的是尽可能减少乃至完全杜绝这些杂质、副产物的产生。简化生产过程,减少生产工序,往往可以减少副产物的排放量,但最根本的还是要从生产技术路线来解决问题。例如:由硝基苯制造苯胺,从前采用铁粉还原,产生大量的铁泥和含苯胺、硝基苯的废水。后来改为用镍催化剂,直接加氢还原,便大大减少了这些污染物的排放。还有,电镀废水本来含有剧毒的氰化物,后来改为无氰电镀便完全杜绝了氰化物的产生。再如:蒽醌废水,有一种蒽醌(蒽醌有多种不同的衍生物,如羟基蒽醌、氨基蒽醌等)原来有十多道生产工序,后来大大减少了生产工序,产生的废水量也随之大大减少。如此等等,都是通过改进生产工艺解决或部分解决了废水问题。所以应重视清洁生产,从源头减少污染,减轻末端处理压力。

12.4.2　综合利用,化害为利

1. 努力减少废物的比例

要使社会生产活动不产生任何废物是不可能的,但是人们通过不断的努力,可以使生产过程产生的流程废物和最终的制品废物所占比例逐步减少。要减少流程废物,主要通过改进生产工艺来实现。要减少制品废物,关键在于提高产品质量,努力延长产品的使用寿命。

2. 努力增大社会物流的三个内循环的比例

再制造、再使用和再加工这三个循环,统称为社会物流的三个内循环。应努力增大这三个内循环的比例份额,尽量使一切可以进入社会物流内循环的废物不直接排入环境之中。这样就可以节约资源,减轻环境消化废物的负担。

3. 努力提高排入环境的废物的可再生性

环境具有一定的容纳各种废物的能力,并且能使其中一部分废物再生为新的有使用价值的资源。

12.5　城市污水的处理

随着城市化的加快和经济建设的发展,城市污水排放量迅速增长,大量未经处理的城市污水任意排放,不仅造成水环境的污染,更加剧了水资源的紧张,同时制约了城市经济的发展,危害人民身体健康。而经过净化的污水可以作为一种再生的水资源,具有量大、集中、水质和水量都较稳定的特点,能够用于农业、工业和市政用水,不仅可以缓解城市水资源的供需矛盾,而且还可减少对水环境的污染。

城市污水处理的技术发展大致经历了三个阶段。在早期,人们认识到有机污染物对环境生态的危害,把有机物即碳源生化需氧量(BOD_5)和悬浮固体(SS)的去除作为污水处理的主要目标。到 20 世纪 60~70 年代,人们发现仅仅去除 BOD_5 和 SS 是不够的,氨氮的存在依然导致水体的黑臭或溶解氧浓度过低,这一问题的出现使二级生化处理技术从单纯的去除有机物发展到有机物和氨氮的联合去除,即污水的硝化处理。到 20 世纪 70~80 年代,由于水体富营养化问题的日益严重,二级生化处理技术进入了具有除磷脱氮功能的深度处理阶段。采用物理、化学方法对传统二级生化处理出水进行除磷除氮处理及去除有毒有害有机化合物的处理过程通常被称做三级处理或深度处理。图 12-1 为典型的城市污水处理工艺流程图。

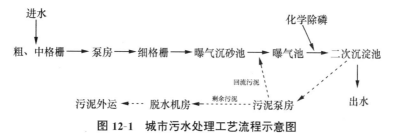

图 12-1　城市污水处理工艺流程示意图

由图 12-1 可见,初始处理阶段主要是物理过程,废水先后通过粗、中、细格栅装置滤去固体物质后进入曝气沉砂池。二级处理过程是生化处理过程,在好氧曝气池中,利用活性污泥进行处理(activated sludge process,简称 ASP)。为制造好氧条件,可通过鼓气或搅动水面使其与

大气充分接触。在这些条件下,异养型好氧细菌以废水中的有机物作为 C 源进行呼吸和生长,部分 C 成为组成微生物的生物质,其他则被氧化为 CO_2。同时,一部分 N、P 营养物被消耗。污水中的部分金属离子可被微生物物理俘获或与细胞外官能团形成络合物除去。此后,经过缺氧脱氮和生物除磷等步骤,沉降分离后的出水可排入自然水体中。图 12-2 为北京某污水处理厂进出水的水质变化图。

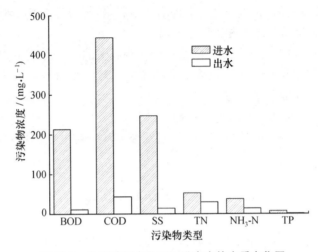

图 12-2 北京某污水处理厂进出水的水质变化图

目前城市污水处理厂的主要出水指标规定 $BOD_5 \leqslant 20\,mg \cdot L^{-1}$,$SS \leqslant 20\,mg \cdot L^{-1}$,$COD \leqslant 60\,mg \cdot L^{-1}$,磷酸盐 $\leqslant 0.5\,mg \cdot L^{-1}$,氨氮 $\leqslant 15\,mg \cdot L^{-1}$。可见,图 12-2 中市政污水经过该污水处理厂的处理后出水水质达到了排放标准。这对改善周围河流的水质及居民生活环境,缓解城市水资源紧缺发挥了至关重要的作用。

第13章　土壤环境化学

　　组成地球的固体部分称为地圈,人类从地圈获取粮食、矿产和能源,因此地圈是人类赖以生存的宝贵资源。地圈由土壤和岩石构成,土壤是地表岩石经亿万年风化和生物活动形成的产物。土壤具有提供和调节水、气、热和营养元素的能力,为植物的生长提供了必要的条件。目前人类需求的绝大多数作物都是在土壤上栽培,土壤环境的质量直接关系到粮食作物的产量和质量,并通过土壤→植物→人这样一条食物链途径对人类的安全和健康造成影响。在过去近一个世纪的时期内,土壤化学家们的研究兴趣都是围绕着土壤的组成、粒径和结构,土壤的物理化学性质,土壤中营养元素的循环,土壤中的元素分布与植物对它们的吸收利用之间的关系等方面的问题。

　　近年来,新环境问题的不断出现对土壤环境化学提出了新的要求。首先,土壤在整个环境系统中的作用重新被人们所认识,很多土壤化学过程如有机物的降解、硝化、反硝化、磷的固定化和硫化物的氧化等无疑是全球碳、氮、磷、硫循环的关键环节,一方面,土壤化学过程影响着释放到水圈和大气圈中的元素的形态和数量,反过来,土壤又是其他环境要素输出物的汇集地,使土壤自身的性质也受到影响。例如,降水流经土壤后化学组成就发生了变化,流进河流、湖泊甚至进入地下水的部分跟降水原本的组成会有很大差别,而通过与降水的相互作用,土壤的性质也发生了变化。

　　虽然上述过程并不是现在才有的,但现代人类活动在很大程度上干扰了它们,甚至有些特殊的化学反应只是近些年来才开始在土壤中发生,典型的例子就是农药、化肥的使用和固体废弃物的处置。在此影响之下,土壤的性质和土壤中的化学过程变得异常复杂,土壤-植物系统、大气-土壤-水体系统间的相互作用都将相应改变,这正是当今土壤环境化学需要深入研究的重要问题。

　　本章将主要介绍天然土壤环境的组成和物理化学特性以及土壤污染物的主要来源和类型。由于土壤污染物的环境影响是通过土壤-植物系统发生并进一步威胁到人类,污染物在这一系统中的环境化学特性和相应的治理方案将在第14章中详细介绍。

13.1　土壤的结构和组成

13.1.1　土壤的形成过程

　　土壤学中一般将母质、气候、生物、时间和地形归纳为五个主要的成土因素,其中的母质即是指地球表面的岩石。从根本上讲,土壤是由地球表面的岩石在自然条件的作用下经过长期的风化作用形成的。

　　岩石是多种矿物的集合体,在风化过程中既包括坚硬的岩石由大块逐渐破碎成大小不等的颗粒物的过程,又不可避免地伴随着组成和性质的改变,前一种风化作用称为物理风化,后者则为化学风化过程。

物理风化作用实际上是一种机械崩解。引起的原因很多,例如,当地球表面的温度发生变化时,岩石中的各种矿物由于热膨胀系数不同而在交界面上产生的张力作用;浸入岩石缝隙中的水在结冰时的体积膨胀;风力、流水和人类活动等外力作用等都可导致岩石崩裂破碎。需要特别指出的是,地表生物对岩石的风化作用具有不可低估的贡献。植物根系的穿插作用及穴居动物的挖掘作用等都可以促进岩石的破裂。

化学风化作用主要包括溶解、水解、CO_2 侵蚀和氧化还原作用等过程。例如正长石($KAlSi_3O_8$)经化学风化形成高岭石的过程为

$$2KAlSi_3O_8 + 2CO_2 + 3H_2O \longrightarrow H_2Al_2Si_2O_8 \cdot H_2O + 2KHCO_3 + 4SiO_2 \tag{13-1}$$

高岭石的化学式也可写成 $2SiO_2 \cdot Al_2O_3 \cdot 2H_2O$,它是比较稳定的铝硅酸盐次生矿物,但在高温多雨的条件下,可以进一步水解生成水铝矿:

$$H_2Al_2Si_2O_8 \cdot H_2O + 9H_2O \longrightarrow Al_2O_3 \cdot 3H_2O + 2SiO_2 \cdot 4H_2O \tag{13-2}$$

氧化还原作用在自然界中也是普遍存在的,当含有低氧化态元素的岩石暴露在空气中时,尤其是在潮湿的条件下,很容易发生氧化反应,例如黄铁矿:

$$4FeS_2 + 15O_2 + 2H_2O \longrightarrow 2Fe_2(SO_4)_3 + 2H_2SO_4 \tag{13-3}$$

生成的 H_2SO_4 可使土壤的 pH 降到 1.5~2.0,并可进一步加剧矿物的风化。

在很多情况下,螯合作用对化学风化过程有不容忽视的促进作用。以上述 Al 和 Fe 两种元素为例,二者在非络合态形式下的溶解度非常小,但在很多土壤中都观测到了它们显著的溶解迁移现象,这表明它们形成了可溶性的络合物。在土壤中,90%以上的溶解性 Fe 和 Al 都是以络合物的形式存在,其中有少量的无机配体,其余绝大部分是植物和微生物腐败降解过程中产生的有机质,如柠檬酸、富里酸和腐殖酸等。

由上可见,在风化过程中物理、化学和生物等作用并非孤立存在,而是密切相关甚至彼此促进的,它们共同造就了今日的土壤,而且这些过程还将继续不断地进行下去。

13.1.2 土壤的基本结构和粒径分布

土壤具有典型的层状结构,图 13-1 是常见的土壤分层情况。

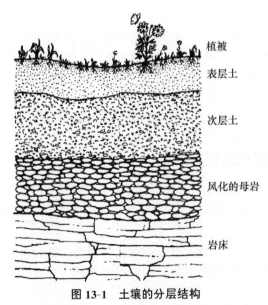

图 13-1 土壤的分层结构

从微观结构看,土壤并非简单的固体物质,而是包括了固体颗粒、土壤溶液和土壤空气三部分,如图 13-2 所示。固体颗粒构成了有大小孔隙的土壤结构,土壤溶液占据颗粒间的中小孔隙,而土壤空气则占据土壤中的较大孔隙。

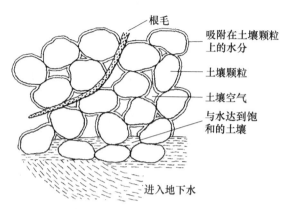

图 13-2　土壤的基本结构示意图

土壤颗粒由于是在自然条件下随机形成的,因此是一些大小不等、形状各异的固体微粒。它们有的呈单粒,有的结合成复粒存在。根据单个土粒的当量直径(即假定土粒为圆球形时的直径)大小,可将土粒分为若干组,称为粒级(或粒组)。我国土壤粒级划分标准列于表 13-1 中。

表 13-1　我国土粒的分级标准

颗粒名称		粒径/mm	颗粒名称		粒径/mm
石块		>10	粉粒	粗粉粒	0.01～0.05
石砾	粗砾	3～10		细粉粒	0.005～0.01
	细砾	1～3	粘粒	粗粘粒	0.001～0.005
砂粒	粗砂粒	0.25～1		细粘粒	<0.001
	细砂粒	0.05～0.25			

粒径在 1～100 nm 范围的固体颗粒称为土壤胶粒。根据各级土粒含量的不同,可将土壤分为三种类型:砂粒含量特别多的为砂土;粘粒含量特别多的为粘土;而砂粒、粉粒、粘粒三者比例相近的为壤土。砂土往往气多水少,温度易偏高。粘土则水多气少,温度易偏低,紧实粘重。壤土的水气比例最易达到理想范围,土壤温度状况也较易保持和调整,因此,壤土的土壤物理性质最适于耕种。

13.1.3　土壤的化学组成

土壤中含量最丰富的前 10 种元素是 O、Si、Al、Fe、Ca、Mg、Na、K、Ti 和 C 等,它们占去土壤总质量的 99% 以上。

1. 土壤中的矿物质

岩石是多种矿物质的集合体,由岩石风化而来的土壤中矿物质占了土壤固体部分总质量的 90% 以上。土壤矿物质分为原生矿物与次生矿物。原生矿物是岩石只经过物理风化的产物,成分没有发生改变,仍然保持母岩中的原始部分。原生矿物的颗粒粒径较大,如土壤中的砂粒和粉粒,晶格稳定坚实,不透水也不膨胀。原生矿物主要是硅酸盐类,如石英、长石、云母和橄榄石等。土壤中的砂粒主要为石英。次生矿物是岩石经历了化学风化形成的新产物,粒径较小,大部分以粘粒与胶体分散状态存在。许多次生矿物具有活动的晶格、较强的吸收能力,遇水膨胀,具有明显的胶体特征。

次生矿物分为晶型和无定形两大类。无定形的次生矿物主要包括水合的氧化锰、氧化铁、氧化铝和氧化硅等。晶型次生矿物主要是铝硅酸盐类粘土矿物。

在电子显微镜下可观察到铝硅酸盐粘土矿物的晶体结构多数为鳞片状,有少数为管状或纤维状。铝硅酸盐的基本组成单元是硅氧片和水铝片。硅氧片由硅四面体连接而成,每个硅四面体中 Si 和 O 的原子数之比为 1：4,构成一个三角锥形的晶格单元,共有四个面,故称为硅四面体,如图 13-3(a)所示。水铝片是由铝八面体连接而成,铝八面体为一个铝原子与六个氧原子或 OH 原子团组成的具有八个面的晶格单元,如图 13-3(b)所示。

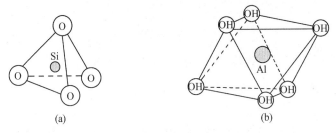

(a)   (b)

图 13-3　硅氧四面体和铝氢氧八面体的结构示意图

在硅酸盐层中,每个硅四面体分别以四个角氧与其他四个硅四面体相连,因此化学式为 SiO_2。硅氧片和水铝片相互重叠时,共用氧原子而形成稳定的晶层。不同铝硅酸盐粘土矿物的晶层结构中硅氧片与水铝片的数目和排列方式都各不相同,下面举几个常见的例子。

高岭石是最常见的一种铝硅酸盐粘土矿物。它的晶层由一层硅氧片与一层水铝片组成,属 1：1 型的二层粘土矿物,如图 13-4 所示。高岭石晶层的一面是氧原子,另一面是 OH 原子团,晶层与晶层之间通过氢键相连接。晶层之间的距离很小,仅 0.72 nm,水分子和其他离子难以进入层间。

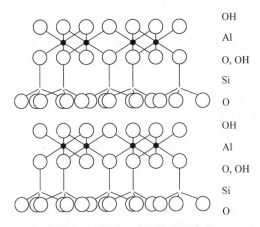

OH

Al

O, OH

Si

O

OH

Al

O, OH

Si

O

图 13-4　高岭石晶层结构示意图

蒙脱石($(AlFe)_2Si_8O_{20}(OH)_2$)是另一种常见的铝硅酸盐粘土矿物。它的晶层由两层硅氧片中间夹一层水铝片组成,属 2：1 型的三层粘土矿物(见图 13-5)。蒙脱石的晶层表面都是氧原子,没有 OH 原子团,晶层与晶层之间没有氢键结合力,只有松弛的联系,晶层间距离为 0.96～2.1 nm,水分子或其他交换性阳离子可以进入层间。

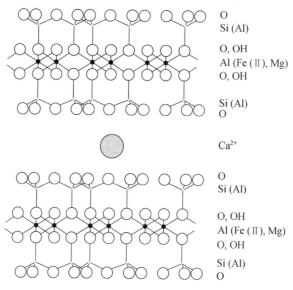

图 13-5　蒙脱石晶层结构示意图

　　另外三种常见的铝硅酸盐粘土矿物白云母、蛭石和绿泥石的晶层结构示于图 13-6 中。白云母的晶层结构与蒙脱石相似,也是由两层硅氧片中间夹一层水铝片组成,属 2∶1 型晶格。不同之处是白云母矿物中有一部分硅被铝所替代,由于取代而造成的正电荷不足,由处于两个晶层间的 K^+ 所补偿。在此结构中,K^+ 结合得十分牢固,晶层间距减小至约 1.0 nm,粘土遇水不易溶胀。蛭石的晶层结构与蒙脱石也基本相似,只是在水铝片层中既有二八面体结构又有三八面体结构,晶层间距较大(约 1.3 nm),水合阳离子可以自由通过。绿泥石为 2∶1∶1 型粘土矿物,在两个典型的 2∶1 型晶层中夹着一层三八面体水铝片层,两个 2∶1 型晶层的间距约为 1.4 nm。

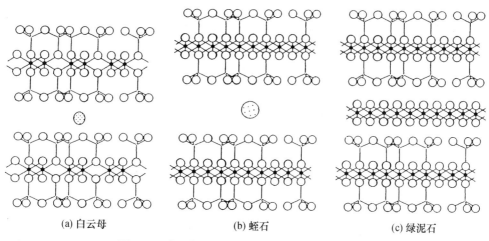

(a) 白云母　　　　　　　　(b) 蛭石　　　　　　　　(c) 绿泥石

图 13-6　白云母、蛭石和绿泥石的晶层结构示意图

粘土矿物胶体中蒙脱石类的表面积很大($600～800\,m^2 \cdot g^{-1}$),不仅有外表面,而且具有巨大的内表面。高岭石的表面积相对较小($7\sim30\,m^2\cdot g^{-1}$)。粘土矿物具有胶体颗粒所特有的膨胀性和高吸水能力,粘结性良好,吸附能力强,是土壤颗粒中最活跃的部分。粘土矿物进一步风化分解的终端产物是硅、铝、铁的水合氧化物。

2. 土壤中的有机物

仅从岩石风化而来的土壤成分基本都是无机物,但实际的土壤中除了无机物外还含有一定的有机物,通常占土壤质量的($<1\%$)$\sim5\%$。森林土壤的表层有机物含量非常高,而沙漠土壤几乎是纯的无机物体系。土壤中的有机物主要来自植物的分解和微生物活动等。土壤有机物中的一小部分($10\%\sim15\%$)是一些相对易降解的有机物,如蛋白质、脂类、碳水化合物、蜡、树脂和有机酸等。占土壤有机物总量$85\%\sim90\%$的部分是腐殖质,包括富里酸、腐殖酸和胡敏素等。腐殖质结构十分复杂,除含有大量苯环外,还具有大量官能团,如—OH、—COOH、$\rangle C=O$、—NH$_2$、—CH$_3$、—SO$_3$H、—OCH$_3$等。图 13-7 为土壤中腐殖酸的一种可能的结构式。

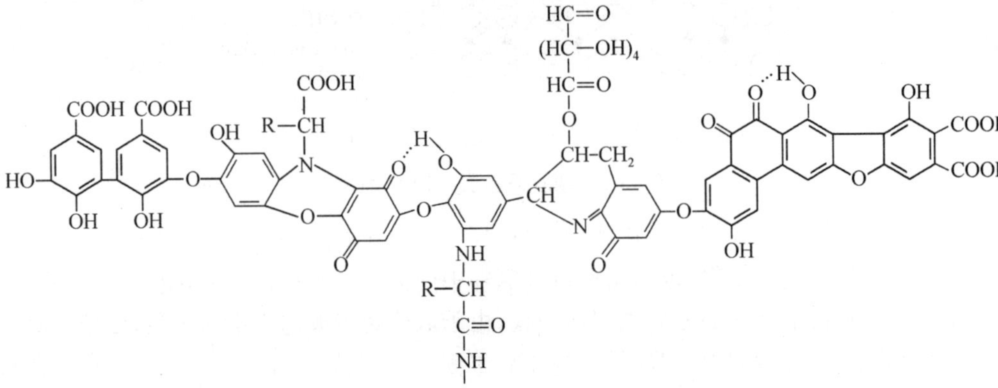

图 13-7 土壤中腐殖酸的可能结构

与矿物质相比,土壤有机物含量虽然不高,但对土壤的一系列物理化学性质有很大影响。有机物在土壤中有助于形成良好的土壤结构,增加土壤疏松性、通气性、透水性和保水性。腐殖质具有的芳香族多元酚官能团,能增加植物的呼吸作用,提高细胞膜的渗透性,促进根系的生长。腐殖质具有巨大的外表面(约 $700\,m^2\cdot g^{-1}$,与蒙脱石相当),还可强烈吸附土壤中的可溶性养分,保持土壤的肥力。有机物的两性胶体,则可缓冲土壤溶液的 pH,防止介质变化对植物的生长带来不良影响。我国土壤中的有机质含量多在 $1\%\sim2\%$ 之间,高的可达 20%。人类向土壤中施用的有机肥料是现代土壤中有机物质的重要来源之一。

除上述层状粘土矿物胶体和腐殖质胶体外,凝胶硅酸盐、氧化物和腐殖质可通过物理的或化学的方式与层状铝硅酸盐相连接,并团聚起来,形成土壤中有机-无机复合胶。事实上,土壤中很多生物体也参与了土壤胶体的团聚作用,如真菌类微生物的菌丝、轮虫类所分泌的粘液都有维系无机矿物粒子的作用。因此土壤胶体是无机胶体、有机胶体和生物体三者的有机结合体系。

3. 土壤溶液

土壤中的水分主要来源于降水和灌溉。在地下水位接近于地面($2\sim3\,m$)的情况下,地下水也是上层土壤水分的重要来源。水分进入土壤以后,由于土粒表面的吸附力和微细孔隙的毛细管力而把水保持住。土壤固体保持水分的牢固程度,在相当程度上决定了土壤中的水分的运动和植物对水分的利用。

土壤中的水分并不纯净。当水分进入土壤中后,即和土壤其他组成物质发生作用,土壤中的一些可溶性物质,如盐类和空气都将溶解在水里。这种溶有盐类和空气的土壤水,称为土壤溶液。土壤溶液能将土壤和大气中的养分输送到植物根部,最大限度地提供给植物体,是植物吸收养料的主要媒介。

4. 土壤气体

土壤是一个多孔体系,在水分不饱和的情况下,孔隙中总是有空气的。这些气体主要是从大气透进来的,其次是土壤中进行的生物化学过程所产生的气体。

由于土壤中的生物活动,使土壤气体的组成与大气组成有较大差别。首先,土壤空气是不连续的,由于存在于被土壤固体隔开的土壤孔隙中,使它们的组成在土壤的各处都不尽相同。其次,土壤空气一般比大气有较高的含水量。在土壤含水量适宜时,土壤空气相对湿度接近 100%。再次,土壤空气的 CO_2 含量一般远比大气的含量高,氧的含量则低于大气。这是土壤中的各种生物,如植物根系和动物、微生物的呼吸作用,以及有机质的分解消耗了氧而产生大量的 CO_2 所致。在通气不良的情况下,厌氧细菌活动产生的少量还原性气体如 CH_4、H_2S 和 H_2 等也会积累在土壤空气中。

总之,土壤以其丰富的化学组成和良好的结构为植物的生长提供了必需的物质基础,成为联结自然环境中无机界和有机界、生物界和非生物界的中心环节。

13.2　土壤的物理化学性质

土壤是环境的各个组成部分相互作用的界面,物质交换频繁,性质也是多方面的。

13.2.1　土壤的荷电性

1. 粘土矿物的荷电性

如前所述,铝硅酸盐粘土矿物是由上千个硅氧四面体层和铝氧八面体层交错叠合而成的晶型结构。由于 Al 也能形成 $[AlO_4]$ 四面体,铝硅酸盐矿物中 Al 的离子半径为 0.050 nm,与 Si(Ⅳ) 的离子半径 0.041 nm 十分接近,因此 Al(Ⅲ) 可以局部取代 Si(Ⅳ) 的位置,而整个晶体结构保持不变,这种现象称为同晶置换作用。13.1 节中的白云母就属于这种情况,置换的结果是在晶体中产生了永久负电荷。除 Al(Ⅲ) 可以取代 Si(Ⅳ) 外,Mg(Ⅱ) 和 Fe(Ⅱ) 等离子也可取代 Al(Ⅲ),造成粘土矿物负电荷增多。通常情况下,这些负电荷由处于层状结构外部的 Na^+、K^+ 和 Ca^{2+} 等阳离子平衡,如长石 $(KAlSi_3O_8)$ 和灰长石 $(CaAl_2Si_2O_8)$ 等。

2. 水合氧化物的可变电荷

有些矿物的晶层表面是由—OH 原子团组成的,当周围溶液的 pH 升高时,—OH 基团中的 H^+ 会解离出来,使氧化物表面带负电荷;而当周围溶液的 pH 降低时,溶液中的 H^+ 会与氧化物表面的—OH 基团以氢键结合,使氧化物表面带正电荷。因此类电荷的产生是随周围环境 pH 的变化而改变的,故而被称为可变负电荷。在某一 pH 条件下,氧化物既不带正电荷,也不带负电荷,这一 pH 即为氧化物的等电点 (pI)。

3. 土壤有机物的可变电荷

土壤中的腐殖质分子中含有大量羧基、羟基和氨基等官能团,随周围溶液 pH 的改变,这些官能团会释放或结合溶液中的 H^+,从而带有负电荷或正电荷。因此,土壤有机物所带电荷也属于可变电荷。在通常的土壤 pH 条件下,土壤有机物一般带负电,因所含官能团丰富,其荷负电量大大高于粘土矿物。

13.2.2 土壤的离子交换性质

土壤胶体的巨大比表面和荷电性使其具有从土壤溶液中吸附和交换离子的特殊能力,其吸附交换量既与胶体的比表面积大小有关,也与胶体所带电荷量的大小有关。因此,土壤胶体的种类和数量以及介质的 pH 影响其吸附的特性和交换量的大小。在通常的土壤 pH 条件下,土壤胶体表面带负电荷,通过静电作用吸附阳离子是普遍现象;但在少数地区酸性较强的土壤中,也有带正电荷的胶体,可以进行阴离子交换吸附。

1. 阳离子的吸附交换

带负电的土壤胶体对不同阳离子的吸附能力不同,胶粒表面吸附的阳离子将与土壤溶液中的阳离子不断进行交换,达成动态平衡。

$$土壤胶粒\text{-}Na^+ + K^+(aq) \rightleftharpoons 土壤胶粒\text{-}K^+ + Na^+(aq) \qquad (13\text{-}4)$$

交换反应的方向与胶粒自身性质,胶粒附近溶液中阳离子的种类、浓度和性质有关。根据静电引力公式,离子所带电荷越多,水化离子半径越小,吸附能力越强。表 13-2 列出了土壤溶液中常见阳离子的离子半径大小。这些阳离子的交换能力一般顺序为: $Fe^{3+} > Al^{3+} > H^+ > Ca^{2+} > Mg^{2+} > K^+ > NH_4^+ > Na^+$。其中 H^+ 的情况较为特殊,因其离子半径特别小,运动速度快,故交换能力反而强于 Ca^{2+} 和 Mg^{2+}。在 pH 较低的环境中,Al^{3+} 和 H^+ 成为土壤溶液中的重要物种,容易占据土壤胶粒表面的吸附位点。

表 13-2 土壤溶液中常见阳离子的离子半径

阳离子	非水合离子半径/nm	水合离子半径/nm
Al^{3+}	0.051	
Ca^{2+}	0.099	0.96
Mg^{2+}	0.066	1.08
K^+	0.133	0.53
NH_4^+	0.143	0.56
Na^+	0.097	0.79

除离子本身的性质外,离子浓度也是决定交换反应进行方向的一个重要因素。当交换能力较小的离子浓度增加时,能够把交换能力大的离子从胶体上置换下来。另外如果及时移走产物,使生成物浓度降低,也有利于交换反应向右进行。

土壤胶体吸附交换阳离子能力的大小,通常用阳离子交换量(cation exchange capacity,简称 CEC)来表示,即在一定 pH 下,100 g 土壤所含有的全部交换性阳离子的毫摩尔数。交换量的大小与土壤的结构、组成情况及土壤溶液的 pH 有关。一般来说,腐殖质胶体的交换量远大于无机胶体,例如,腐殖质为 200 mmol·$(100\,g)^{-1}$,而蒙脱石和高岭石分别只有 100 和 6 mmol·$(100\,g)^{-1}$。另外,pH 升高,H^+ 离解增强,胶体负电荷增加,阳离子的交换量也会明显增加。实际测定时,通常是用 pH=7 的提取液处理土壤。

在各种阳离子中,K^+、Na^+、Ca^{2+}、Mg^{2+}、NH_4^+ 称为盐基性离子。在土壤胶体吸附的全部阳离子中,盐基性离子所占的百分数称为盐基饱和度。当土壤胶体吸附的阳离子全部是盐基离子时,土壤呈盐基饱和状态,称为盐基饱和土壤。

盐基饱和度大的土壤,一般呈中性或碱性。若盐基离子以 Ca^{2+} 为主,土壤显中性或微碱性;若以 Na^+ 为主,则呈较强的碱性。盐基饱和度小的土壤一般呈酸性。正常土壤的盐基饱和度通常保持在 70%～90%。

离子交换量大、盐基饱和度高的土壤有利于养分的保存和积累,施肥或通过其他途径进入土壤溶液的养分阳离子大多先被土壤胶粒吸附,待植物根系吸收利用掉溶液中的养分阳离子后,被吸附的交换性阳离子再逐渐解吸释放进入土壤溶液,补充被吸收的部分。通过交换吸附,土壤还可固定有害的重金属离子,对轻度的重金属污染有一定净化作用。但在某些时候,离子交换又会加剧污染。例如,蒙脱石对 Ca^{2+} 的吸附能力是对 Cd^{2+} 的两倍,当土壤溶液中的 Ca^{2+} 浓度增加时,被固定在蒙脱石上的 Cd 会被交换而进入溶液中,使得 Cd^{2+} 更容易迁移或被植物吸收,增加了危险性。

2. 阴离子的吸附交换

尽管土壤在大多数情况下主要带负电荷,但在酸性土壤中,也有带正电荷的胶体,可以进行阴离子交换吸附。常见阴离子的吸附交换能力顺序为:$C_2O_4^{2-}>C_6H_5O_7^{3-}$(柠檬酸根)$>PO_4^{3-}>SO_4^{2-}>Cl^->NO_3^-$。

以上是实验测定的结果,不像阳离子那样有规律。

13.2.3　土壤的酸碱性

根据土壤 pH 的大小,人们把土壤划分为强酸性(pH<4)、中等酸性(pH=4～5)、微酸性(pH=5～6)、中性(pH=6～8)、微碱性(pH=8～9)、中等碱性(pH=9～10)和强碱性(pH>10)七种类型。土壤酸碱度直接或间接地影响污染物在土壤中的迁移转化,因此土壤 pH 是土壤的重要指标之一。

1. 土壤酸度的来源

在土壤形成过程中,化学风化是造成土壤酸性增加的一项重要因素,反应(13-3)就是一个典型的例子。一般降水量越多的地区,土壤酸化的程度越高。土壤中微生物在降解有机物的过程中产生的有机酸以及植物和微生物呼吸过程中释放出的 CO_2 都会使土壤酸性增加。此外,土壤的酸碱性还取决于吸附在胶体表面上的阳离子的种类。当土壤胶体吸附的 H^+(或 Fe^{3+}、Al^{3+})被土壤盐溶液中的阳离子代换时产生的酸称为代换性酸或潜在酸。

例如,使土壤与中性盐溶液如 KCl 相互作用,则 H^+ 被代换入溶液,等当量的 K^+ 则被胶体吸附。

$$\text{土壤胶粒-}H^+ + KCl \longrightarrow \text{土壤胶粒-}K^+ + HCl \tag{13-5}$$

从胶体中置换出的 H^+ 越多,则土壤的代换性酸度越大。

大气酸沉降和农业氮肥的使用是土壤酸性的两大重要人为来源。在土壤中 NH_4^+ 的氧化可生成强酸。无论 NH_4^+ 是来自土壤中的有机质,还是化肥,或是大气气溶胶的沉降,都可以通过以下反应释放出 H^+。这可能是农业土壤中最大的酸性来源。

$$NH_4^+ + 2O_2 \xrightarrow{\text{微生物}} NO_3^- + 2H^+ + H_2O \tag{13-6}$$

2. 土壤酸化的影响

土壤酸化的第一个不利影响是使营养元素的有效性下降。常见的营养元素中除 Fe 元素最有效的 pH 范围相对较低(约为 5.0)外,N、P、K、S、Ca 和 Mg 有效性的最佳 pH 范围都是 6.5~7.5,Mo 有效性的最佳 pH 范围是 7.5~8.5,而 Mn、B、Cu、Zn 的有效性的最佳 pH 范围为 5.5~6.5。土壤 pH 过低,会使这些重要营养元素的利用率大大下降,作物产量明显降低。

另一个与土壤酸化相关的问题是 Al^{3+} 的溶出。Al^{3+} 是土壤颗粒中普遍存在的阳离子成分,图 13-8 显示了 Al^{3+} 的各种形态和总 Al 在水中的溶解度随 pH 的变化情况。由图可见,在 pH 为 6~7 的近中性条件下,Al 的溶解度最低,pH 过高或过低,都会导致溶解态 Al 的浓度升高。实测表明,pH<5.5 时,固定在土壤胶粒中的铝即开始溶出进入土壤溶液中,随着 pH 的继续降低,铝的溶出量急剧增加,pH<4 时,溶液中溶解态 Al 的含量可高达 $20\ mg \cdot L^{-1}$ 以上。Al^{3+} 进入植物根部后会再次形成胶状的氢氧化铝,堵塞根部的传输管道,抑制植物生长,造成多种农作物(如大豆、玉米等)的产量明显下降。研究发现土壤溶液中溶解态 Al^{3+} 的浓度达到 $1\sim5\ mg \cdot L^{-1}$ 时,就会对作物产生毒害作用。土壤中溶解性铝的增加还会污染周围水体,对水生生物造成危害。进入饮用水的 Al^{3+} 则直接威胁到人体的健康。过量的铝会影响人体磷的代谢,并对中枢神经系统有影响,老年性痴呆和其他神经障碍性疾病被认为与铝的过量摄入有密切关系。

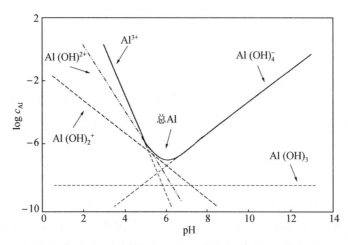

图 13-8 Al^{3+} 的各种形态和总 Al 在水中的溶解度随 pH 的变化情况

除以上两方面的影响外,土壤酸化还可能抑制土壤中微生物的活性,如豆类植物的根瘤菌活性受到抑制后,固氮能力明显下降,为提高产量则不得不人为施用大量的氮肥。

严重酸化的土壤需要采用投加石灰的方法进行治理,在中和土壤酸性的同时还可以起到补充钙营养元素的作用。

3. 土壤的碱性

土壤碱度主要来自于土壤中的碳酸钠、碳酸氢钠、碳酸钙及土壤胶粒上的交换性钠离子,它们经水解后显碱性。例如:

$$Na_2CO_3 + 2H_2O \Longrightarrow 2NaOH + H_2CO_3 \tag{13-7}$$

$$土壤胶粒 \text{-}Na^+ + H_2O \Longrightarrow 土壤胶粒 \text{-}H^+ + NaOH \tag{13-8}$$

一般情况下,含碳酸钠、碳酸氢钠土壤的 pH 多大于 8.5,为强碱性土壤;含碳酸钙的石灰性土壤,pH 约在 7.0~8.5 之间,为弱碱性土壤。强碱性土壤除了含易溶的钠盐外,胶粒上吸附的交换性 Na^+ 贡献更为可观。强碱性土壤对大多数植物和微生物都是有害的,还能使微量元素沉积起来,恶化土壤的物理化学性能。

尽管从整体看来,土壤的 pH 变动范围很宽,但从局部来看,土壤具有很强的缓冲能力。这是土壤的重要特性之一,也是植物和土壤生物在一个比较稳定的环境里生活和生长所必需的,pH 过高或过低都对植物的生长不利。

土壤溶液中的 H_2CO_3、H_4SiO_4、H_3PO_4、腐殖酸和其他多种有机酸及其盐类,构成一个良好的缓冲体系。另外,土壤胶体因带有负电荷,能吸附各种阳离子,也能对酸碱起到缓冲作用。一般来说,土壤的可变电荷越多,则缓冲能力越大,大致顺序是:腐殖土>粘土>砂土。

13.2.4　土壤的氧化还原性

土壤中的许多元素都具有多种可变价态,像 N、S、Fe、Mn 等元素都有各自的氧化还原体系,O_2-H_2O 体系和 H^+-H_2 体系是土壤氧化还原体系的两个极端情况,其他各体系的氧化还原变化介于二者之间,它们综合作用的结果决定了土壤的氧化还原性质。土壤中氧化还原作用的强度可用氧化还原电位(E)表示。土壤中游离氧、高价金属离子和 SO_4^{2-} 等为氧化剂,低价金属离子、土壤有机质及其在厌氧条件下的分解产物等为还原剂。如果游离氧占优势,则以氧化作用为主;如果有机质起主导作用,则以还原作用为主。

影响土壤氧化还原性的最主要因素是土壤的通气状况。通气良好则土壤溶液中溶解氧充足,土壤氧化还原电位正常,而如果长期在浸水的条件下,土壤的氧化还原电位会下降。所以,旱地以氧化作用为主导,E 值较高;向土壤深处,E 随之降低;水田淹水条件下还原作用占优势,E 可降至负值。另外,土壤酸碱度的改变和突然性地施入氧化性或还原性极强的物质,都会显著影响土壤的氧化还原性。对同一种土壤而言,pH 升高,氧化还原电位会下降。

土壤的氧化还原性质对污染物的转化、迁移和养分供应都有直接的影响。在氧化还原电位较高的土壤中,重金属主要以高价态存在,对于 Fe、Mn、Sn、Co、Pb、Hg 等金属来说,高价态氢氧化物的 K_{sp} 一般都小于相应的低价态氢氧化物,因而容易被固定下来,在一定程度上减轻了危害。在氧化还原电位很低的土壤,例如长期水淹的稻田中,SO_4^{2-} 会被还原成 S^{2-},这时 Cu、Hg、Zn、Cr 和 Cd 等离子将形成极难溶的硫化物沉淀,从某种程度上讲也减轻了重金属的危害,不过大量 H_2S 的存在对植物根系生长是有害的,可能影响植物对水分和 K^+ 等养分的吸收。同时在强还原性条件下,还会产生大量的 Fe^{2+},在南方常出现锈水田就是这个原因。Fe^{2+} 可阻碍植物吸收营养元素,对植物生长也是有害的。

一般地,土壤的氧化还原电位在 $200\sim700\,mV$ 之间时,养分供应基本正常。超过 $700\,mV$,有机质会被迅速氧化分解,造成养分贫乏;而低于 $200\,mV$,还原作用过于强烈,产生的 NO_2^- 和 S^{2-} 都对植物有毒害作用。

我国幅员辽阔,各地的土壤性质差别很大。例如北京的褐壤,pH=$7.5\sim8.0$,氧化还原电位在 $460\sim510\,mV$ 之间;广东的砖红壤,pH=$4.5\sim5.0$,氧化还原电位在 $630\sim690\,mV$ 之间;江苏的棕壤则介于二者之间,pH=$5.5\sim6.0$,氧化还原电位在 $550\sim600\,mV$ 之间。

13.2.5　土壤中的配位、螯合作用

土壤中存在许多有机、无机配位体,它们能和金属离子发生配合、螯合作用。

有机配位体主要是腐殖质大分子结构的各种官能团。不同配位基与金属离子亲和力的大小顺序是:$-NH_2$>$-OH$>$-COO^-$>$\diagdown C=O$。

土壤中常见的无机配位体有 Cl^-、SO_4^{2-}、HCO_3^-、OH^- 等。它们均能取代水合金属离子中的配位水分子,而与金属生成配离子,如 $Cu(OH)^+$、$Cu(OH)_2$、$CuCl^+$、$CuCl_2$、$CuCl_3^-$ 等。

生成的配合物、螯合物的性质影响着土壤金属离子的迁移活性。

13.2.6　土壤中的生化过程

土壤中存在由土壤动物、原生动物和微生物组成的生物群体。特别是在土壤表层即腐殖质层中,每克土壤含有数以亿和十亿计的细菌、真菌、放线菌和酵母等微生物。它们能产生各种专性酶,因而在土壤有机质的分解转化过程中起着主要作用。土壤之所以对有机污染物具有强大的自净能力,即生物降解作用,就是由于微生物和其他生物共同作用的结果。

生物有机残体进入土壤后,在微生物的作用下朝两个方向转化。一是把复杂的有机物分解成简单的无机物,如 CO_2、NH_3、H_2O、SO_4^{2-} 等,称为矿化过程;另一是在矿化过程中形成的某些中间产物,经缩合变成新的复杂有机物,即腐殖质。土壤有机质的矿化和腐殖化,是两个相互对立又彼此联系的过程,也是土壤中最重要的生物化学过程。土壤中的各种有机质大都可经微生物降解,例如脲酶可将尿素 $(NH_2)_2CO$ 水解成碳酸铵,然后很快分解为氨、二氧化碳和水。

$$(NH_2)_2CO + 2H_2O \xrightarrow{\text{尿素细菌}} (NH_4)_2CO_3 \longrightarrow 2NH_3 + CO_2 + H_2O \qquad (13-9)$$

土壤中有机态氮和无机态氮之间的转化,也完全是由生物控制的,硝化细菌和反硝化细菌在其中起了关键的作用。有趣的是,大部分土壤微生物总是吸收 NH_4^+ 或氨基酸,少数固氮菌可吸收 N_2,但它们都不能直接吸收 NO_3^-;而土壤中的植物根系,既可以吸收 NH_4^+,又可以吸收 NO_3^-,这样,土壤中的动物和植物相互配合,共同完成了土壤中 N 的生物转化。

13.2.7　土壤的自净作用

在土壤中,由于有空气中的氧作氧化剂,有水作溶剂,有大量的胶体表面,能吸附各种物质并降低它们的反应活化能。此外,还有各种各样的微生物,它们制成的酶对各种结构的分子分别起到特有的降解作用。这些条件加在一起,使得土壤具有优越的自身更新能力,而无需借助外力。土壤的这种自身更新能力,称为土壤的自净作用。当有污染物进入土壤后就能经生物和化学降解变为无毒害物质;或通过化学沉淀、配合和螯合作用、氧化还原作用变为不溶性化合物;或是被土壤胶体吸附较牢固,植被较难加以利用,而暂时退出生物小循环,脱离食物链或被排至土壤之外。

土壤的自净能力主要决定于土壤的物质组成或其他特性,同时也与污染物质的种类和性质有关。不同土壤的自净能力(即对污染物质的负荷量或可容纳污染物质的容量)是不同的。土壤对不同污染物质的净化能力也是不同的。一般来说,土壤自净的速度是比较缓慢的。

13.3　土壤污染的主要来源、类型和特点

土壤的自净能力是有限的,当进入土壤的有毒有害物质积累到一定程度,超过了土壤的容纳能力和自净速度时,就会导致土壤的性质、组成和性状等发生变化,使土壤的正常功能受到破坏,农作物的产量和质量下降,有毒有害物质还可能残留在农作物中通过食物链危害到人体

健康,这种状况即为土壤污染。

13.3.1　土壤污染物及其主要来源

土壤污染物可分为无机污染物和有机污染物。无机物主要有酸、碱、盐、重金属(如 Hg、Cd、Cr、As、Pb、Ni、Zn 和 Cu 等)和 ^{137}Cs、^{90}Sr 等放射性元素;有机物主要包括有机农药、石油类、酚类、氰化物、苯并[a]芘、有机洗涤剂、病原微生物和寄生虫卵等。

土壤污染的来源主要有大气沉降物、工业与城市废水和固体废物、农药、化肥、农业废弃物和生物残体等。表 13-3 列出了土壤中常见的污染物及其主要来源。

表 13-3　土壤中常见的污染物及其主要来源

污染物类型	名　称	主　要　来　源
有机污染物	有机农药	农药生产和使用
	酚	炼油、合成苯酚、橡胶、化肥、农药等工业废水
	氰化物	电镀、冶金、印染等工业废水,肥料
	苯并[a]芘	石油、炼焦等工业废水
	石油	石油开采、炼油、输油管道漏油
	有机洗涤剂	城市污水、机械工业
	有害微生物	厩肥、城市污水、污泥
	塑料	塑料大棚、城市垃圾
重金属污染物	Hg	制碱、汞化物生产等工业废水和污泥,含 Hg 农药,金属汞蒸气
	Cd	冶炼、电镀、染料等工业废水、污泥和废气,肥料杂质
	Cu	冶炼、铜制品生产等废水、废渣和污泥,含 Cu 农药
	Zn	冶炼、镀锌、纺织等工业废水、污泥和废渣,含 Zn 农药,磷肥
	Cr	冶炼、电镀、制革、印染等工业废水和污泥
	Pb	颜料、冶炼等工业废水,汽油防爆燃料排气,农药
	As	硫酸、化肥、农药、医药、玻璃等工业废水和废气,含 As 农药
	Se	电子、电器、油漆、墨水等工业的排放物
	Ni	冶炼、电镀、炼油、染料等工业废水和污泥
放射性污染物	^{137}Cs	核爆炸沉降物、放射性废水和废渣排放、核电站或其他核设施的泄漏
	^{90}Sr	核爆炸沉降物、放射性废水和废渣排放、核电站或其他核设施的泄漏
其他	F	冶炼、氟硅酸钠、磷酸和磷肥等工业废气,肥料
	盐、碱	纸浆、纤维、化学等工业废水
	酸	硫酸、石油化工、酸洗、电镀等工业废水,大气

13.3.2　土壤污染的发生类型

1. 大气污染型

大气中的污染物通过干、湿沉降过程进入土壤,有些可被植物利用或被土壤中的微生物降解为无害物,但相当一部分可进一步引起土壤污染问题。例如酸性物质可加剧土壤酸化;重金属污染物可影响作物生长,甚至经由食物链危害人类健康;硝酸盐和氨盐可进一步引起土壤周围水体富营养化;放射性元素 ^{90}Sr(半衰期 28 年)和 ^{137}Cs(半衰期 30 年)等可在土壤中长期残留和积累。大气污染型的特点是以大气污染源为中心呈椭圆状或条带状分布,长轴沿主风向伸长,扩散距离和污染面积取决于污染物的性质、排放量和排放形式。大气污染型土壤的污染物质主要集中于表层(0～5 cm),耕作土壤则集中于耕作层(0～20 cm)。

2. 水污染型

利用工业废水和城市污水进行灌溉常使土壤受到重金属、无机盐、有机物和病原体的污染。长期使用污水灌溉,还可使污染物质从土壤表层转移至土壤深层,甚至危及地下水。这是土壤污染的最主要发生类型,它的特点是沿河流或干渠呈树枝状或片状分布。

3. 农业污染型

污染物质主要来自农药、化肥和厩肥等。污染物的种类和污染程度与土壤的利用方式、耕作制度及农用化学品的使用情况都有关。污染物质主要集中于表层或耕层,分布比较广泛。

4. 固体废弃物污染型

固体废弃物主要包括城市垃圾、污水处理厂处理污水过程中产生的污泥等。固体废弃物在土壤表面堆放或填埋处理,通过大气扩散或降水淋滤,可使周围地区的土壤遭受污染。

在实际情况中,土壤污染往往是多种污染源和污染途径综合作用的结果,在某一地区可能以其中某一种或两种污染源的影响为主。

13.3.3 土壤污染的特点

土壤污染是污染物在土壤中长期积累的结果,其现象是通过作物的生长状况和摄入所生产的作物对人畜造成的健康影响反映出来的。因此,土壤污染具有长期性和隐蔽性的特点。此外,污染物进入土壤环境后,将与土壤组成物质发生一系列吸附、置换或结合作用,同时伴随着氧化还原及生化降解过程,其中许多过程是不可逆的,有些金属污染物可形成难溶化合物沉积在土壤中。多数有机污染物需要相当长的降解时间,因此,土壤污染治理的难度大,有时甚至是不可逆的。

第14章　土壤-植物系统的污染和防治

　　土壤-植物系统是生物圈的基本结构单元,具有把太阳能转化为生物化学能储存起来的特殊功能,是连接植物和动物的桥梁。当土壤-植物系统受到污染,尤其是污染负荷超过其容量时,其生物生产力就会下降,甚至全部丧失,而且污染物还会进入植物体,通过食物链危及人类的生命和健康。土壤-植物系统的污染及其生态效应的发生过程具有隐蔽性、长期性和不易恢复性的特点。因此系统了解污染物在土壤-植物系统中的迁移转化规律和防治措施对于保护这一系统,提高生产力,保障人类的健康和安全具有十分重要的意义。

14.1　土壤-植物系统中的重金属污染

　　通过各种途径进入土壤中的重金属种类很多,其中影响较大、目前研究比较深入的有 Hg、Cd、Pb、As、Cr、Cu、Zn、Se、Ni 等。这些重金属元素各具不同的特性,因而造成的污染危害也不尽相同。一般将重金属能被生物吸收或对生物产生毒性效应的性质,称为重金属的生物有效性,因此重金属的生物有效性实际包括了生物可利用性和毒性两个方面。重金属的生物有效性与重金属的种类、存在形态以及共存的其他物质都密切相关。

　　首先,植物对各种重金属的需求不同,有些重金属是植物生长发育中并不需要的元素,对植物危害比较明显;另一些是植物正常生长发育所必需的元素,具有一定的生理功能,只有含量过高时,才产生危害。其次,重金属的形态不同,迁移转化特性不同,造成的危害也不相同。土壤中的重金属或类金属的存在形态可按可给态、代换态和不溶态三种形式划分。以土壤中的 Cd 为例,水溶性的 $CdSO_4$、$Cd(NO_3)_2$ 和 $CdCl_4^{2-}$ 等离子或络离子形态为可给态;粘土矿物表面由于离子交换作用吸附固定的 Cd 为代换态;而 CdS、$Cd(OH)_2$ 和 $CdCO_3$ 等矿物中的形态为不溶态。显然,不溶态的重金属相对是安全的,溶解性越强,生物可利用性越大,危害也越严重。另外,土壤中重金属污染物的危害还与重金属之间、重金属与其他常量元素之间以及重金属与其他污染物之间的交互作用有关,因此需要综合考虑多方面因素,才能全面了解土壤-植物系统中重金属污染的特点。

14.1.1　重金属在土壤中的迁移转化

1. 土壤中重金属的背景值

　　重金属元素广泛存在于岩石和土壤中,了解土壤中重金属的背景值(也称本底值),是判断重金属污染程度的基本依据。土壤中重金属的本底含量主要与成土母质类型有关,表 14-1 列出了镉在各类岩石和沉积物中的平均含量(ppm)。

表 14-1 镉在各类岩石和沉积物中的平均含量

岩 类	含镉量/ppm	岩 类	含镉量/ppm
火成岩	0.20	石陨岩	0.11
超基性岩	0.05	沉积岩	0.30
基性岩	0.19	页岩	0.30
玄武岩	0.22	砂岩	0.05
花岗岩类	0.13	石灰岩	0.035
正长岩	0.13	海底的粘土质	0.42

从表 14-1 中的数据不难看出,来源于不同岩石的土壤中镉含量会有很大差别。对其他重金属元素也存在类似的情况。表 14-2 给出的是世界土壤中一些重要元素的含量范围及平均值(ppm)。

表 14-2 世界土壤中元素含量范围及平均值

元 素	含量范围/ppm	平均值/ppm	元 素	含量范围/ppm	平均值/ppm
Cu	2~200	15~40	As	1~15	5
Be		6	Se	0.1~2	0.2
Zn	10~300	50~100	Cr	5~1000	100~300
Cd	0.01~0.7	0.5	Mo	0.2~5	1~2
Hg	0.03~0.3	0.03~0.1	Mn	200~3000	500~1000
La	1~5000	30	Co	1~40	10~15
Pb	2~200	15~25	Ni	5~500	40

引自:刘静宜,1987。

2. 重金属在土壤中的迁移

重金属在土壤中的物理迁移主要是由浓差扩散引起的,可用 Fick 扩散定律来描述。一般来说,进入土壤中的重金属离子大部分被土壤颗粒所吸附,主要积累在表层,向底层迁移较少。在土壤剖面中,重金属无论是总量还是各种形态,均表现出明显的垂直分布规律。在表层 30 cm 以内的含量最高,使耕作层成为重金属的富集层。不过,在低 pH 和污泥施用率高的土壤里,有可能移动到 2~3 m 深处的土层中。

土壤中的重金属有向根际土壤迁移的趋势,且根际土壤中重金属的有效态含量高于土体,主要是由于根系生理活动引起根-土界面微区环境变化引起的,与植物根系的特性和分泌物有关。这将在后面详细介绍。

3. 土壤酸度对重金属迁移转化的影响

土壤 pH 的大小显著影响土壤中重金属的存在形态和土壤对重金属的吸附量。由于土壤胶体一般带负电荷,而重金属在土壤-植物系统中大都以阳离子形式存在,因此,pH 越低,重金属被吸附得越少,迁移能力越强。pH 升高,土壤对重金属的吸附量增加,植物的吸收量相应下降。例如 pH=4 时,土壤中 Cd 的溶出率超过 50%;pH>7 时,Cd 很难溶出。但类金属元素 As 的情况有所不同,因其在溶液中主要以阴离子形态存在,pH 越高,溶解度反而增加,迁移性越强。由于根能分泌有机酸,根际周围的土壤溶液 pH 小于一般土壤溶液,而根毛处的 pH 又小于主根处。另外,施用化肥和土壤中的微生物活动都会使土壤的酸性增加。例如,NH_4^+-N 肥的硝化作用、根瘤菌和蓝藻的固氮、根对营养元素的吸收和根呼出的 CO_2 等都会产生酸。

4. 土壤的氧化还原性质对重金属迁移转化的影响

许多重金属元素具有可变价态,如 Fe、Mn、Cr、As、Hg 等。在不同氧化还原条件下,它们的存在形式不同,相应的溶解度和植物毒性也不相同。另外在强还原条件下,由于 Cd、Zn、Ni、Co、Cu、Pb 等重金属都能与 S^{2-} 形成难溶性的硫化物,使它们的迁移性和生物可给性降低,生物毒性大大减轻。

土壤的氧化还原电位影响重金属的存在形态,从而影响其化学行为、迁移能力和生物有效性。以 Cd 为例,CdS 是难溶物,而氧化条件下的 $CdSO_4$ 溶解度大得多。而对砷,还原条件下 As(V) 转化为 As(Ⅲ),而亚砷酸盐的溶解度大于砷酸盐,使土壤溶液中的砷浓度增高。另一方面,与砷酸盐结合的 Fe^{3+} 被还原为 Fe^{2+},使与 Fe^{3+} 结合的砷酸盐溶解。在含砷量相同的土壤中,水稻易受害,而对旱地作物几乎不产生毒害,原因就在于渍水条件下土壤呈还原态环境,还原态 As(Ⅲ) 比氧化态 As(V) 溶解度高 4~10 倍,其毒性也显著高于 As(V)。对 Cr 元素而言,Cr^{3+} 是农作物需要的微量元素,但 Cr^{3+} 溶解度较小;Cr(Ⅵ) 溶解度大,但对农作物有害。

5. 有机质对重金属迁移转化的影响

有机质对土壤中重金属的吸附作用影响十分显著,它们可改变土壤溶液中重金属的存在状态或改变土壤胶体的表面性质而影响重金属的吸附。土壤中的天然有机质一般主要为腐殖质,其中的腐殖酸和胡敏素与重金属形成的络合物是不易溶的,这可减轻重金属的危害。但富里酸(FA)与重金属的络合物溶解度较大,并与[FA]/[M]的比例有关。

除腐殖质外,人工施用有机肥和污水灌溉等也会增加土壤中有机质的含量。其中所含的一些有机络合剂能与铜、镉和汞等络合,减轻了游离重金属离子的危害,同时也能使一些金属离子的沉淀溶解,提高金属的有效性。在农业生产上,常利用这一原理改进土壤中 Fe 或 Zn 等的短缺。

6. 施用磷肥对重金属迁移转化的影响

施用磷肥对土壤-植物系统中重金属迁移转化的影响机制十分复杂,不同研究得出的结论不一致。有研究认为磷酸根能与 Cd 形成沉淀而降低 Cd 的有效性,用磷肥可以治理土壤 Cd 污染,但也有报道指出磷肥会增加 Cd 的生物有效性,原因是磷肥减低了土壤对 Cd 的吸附作用,增强了其迁移性。对于 As,与 P 同属一族,性质相似,二者之间存在竞争吸附,施用 P 肥能有效促进土壤中 As 的释放和迁移,使 As 不易富集在植物的根际土壤中,从而降低了 As 的生物有效性。

14.1.2　重金属在根际环境中的迁移转化机制

根际(rhizosphere)是指土壤中受植物根系及其生长活动影响较大的微域环境。根际的物理、化学和生物环境与作物生长发育、抗逆性和生产力等都直接有关,同时,根际作为污染物进入植物的门户,是污染物在各圈层中的迁移转化和归趋的关键环节。由于植物根系分泌作用的存在,根际环境的酸碱性、氧化还原性和微生物组成等都与非根际环境有明显差异,使重金属在根际与非根际环境中的含量、分布和迁移转化机制都表现出不同的特点。

1. 根系分泌物

植物生长过程中,根系除了分泌 H^+ 和其他无机离子外,还不断地向根际环境中释放大量的有机物质,其数量可以占到植株光合作用产物的 15%~40%。这些物质不仅提供了丰富的能源物质,而且对根际微域环境中土壤理化性质的改变、根际微生物活性和重金属的固定活化等都具有十分重要的作用。

根系分泌的有机物成分主要包括糖类、有机酸、氨基酸、少量的酶和甾类化合物等,见表 14-3。这些物质对重金属的根际形态转化有重要影响。另外根系还可分泌出高分子凝胶物质,对重金属产生吸附、络合作用,从而使其固定,减轻其生物毒性,因此被认为是重金属向根系迁移的"过滤器"。除上述直接的化学反应外,根分泌物还通过改变微生物的活动状态和土壤的理化性质等间接影响重金属在根际环境中的迁移和转化。

表 14-3　根系分泌物的有机成分

有机物类别	根系分泌物成分
糖类	葡萄糖、果糖、蔗糖、木糖、麦芽糖、鼠李糖、阿拉伯糖、棉子糖、低聚糖
氨基酸	亮氨酸、异亮氨酸、缬氨酸、γ-氨基丁酸、谷氨酰胺、α-丙氨酸、天冬酰胺、色氨酸、谷氨酸、天冬氨酸、胱氨酸、半胱氨酸、甘氨酸、苯丙氨酸、苏氨酸、赖氨酸、脯氨酸、蛋氨酸、丝氨酸、β-丙氨酸、精氨酸
有机酸	酒石酸、草酸、柠檬酸、苹果酸、乌头酸、丁酸、戊酸、琥珀酸、延胡索酸、丙二酸、乙醇酸、乙醛酸、乙酸、丙酸、羟基乙酸、羟基丁酸
酶	磷酸酶、转换酶、淀粉酶、蛋白酶、多聚半乳糖醛酸酶、吲哚乙酸酶、硝酸还原酶、蔗糖酶、脲酶、接触氧化酶
生物毒素	苯丙烷类、乙酰配基类、萜类、甾类、生物碱类
其他化合物	生物素、硫胺素、泛酸(盐)、烟酸、胆碱、次黄(嘌呤核)苷、氨基末端甲基烟酸、吡哆酸、生长素、脱氧-5-黄酮、类黄酮、异类黄酮

2. 根际环境的 pH

植物根系对阴阳离子吸收的不平衡、根系呼吸和微生物代谢产生的 CO_2 以及根系分泌的有机酸等都对根系环境的 pH 产生影响,使根际的 pH 状况与土体明显不同,其变化范围可比土体宽 1~2 个 pH 单位。

根际环境 pH 的变化,将直接或间接地改变重金属在根际环境中的固定和活化状况。通常情况是,pH 的降低可导致碳酸盐和氢氧化物结合态重金属的溶解、释放,同时也使吸附态重金属的释放趋于增加。因此,根际的酸化将导致重金属的活化,使其毒性增强;反之,pH 的增加则有利于重金属的固定,使其迁移能力降低,毒性减弱。

研究发现,植物在一些逆境条件下可以改变根系对 H^+ 的分泌,这些逆境条件包括营养状况的改变和重金属的胁迫等,这也是植物对外界影响产生抗性的主要机制之一。例如,一些耐低营养的基因型植物在养分贫瘠的条件下,植物根系往往分泌出大量的有机酸,使得根际环境酸化,从而使根际铁、磷等养分得到活化。外部施入肥料也可导致植物根际 pH 发生变化。禾本科植物对氮肥的形态比较敏感,吸收 NH_4^+-N 时根际 pH 下降,吸收 NO_3^--N 时则根际 pH 上升。而一些豆科植物无论是吸收 NH_4^+-N 还是 NO_3^--N,都会导致根际 pH 下降。荞麦则是当根系吸收 NO_3^--N 时,先使根际 pH 升高,上升到一定程度时又迅速下降,以保持根系生长的最适 pH 条件,推测其体内存在一种自动调节根际 pH 变化的机制。

重金属胁迫对根际 pH 也有较大的影响。例如,禾本科植物在缺铁胁迫下可诱导根系分泌质子作用加强,造成根际 pH 下降,铁元素得到活化,但与此同时,也提高了根际环境中其他重金属的迁移活化性能,使得重金属的毒性增强。在金属胁迫条件下植物 H^+ 分泌量发生改变的另一个典型例子是作物的抗 Al 机制。实验证明,植物耐 Al 能力与维持生长介质较高的 pH 密切相关,这一点在小麦、黑麦、大麦和豌豆等作物上均已得到证实。在 Al 胁迫下,耐 Al 小麦品种可以吸收和利用大量的 NO_3^-,相应地分泌较多的 OH^-。用含 NH_4^+-N 和 NO_3^--N 的混合液培养,耐 Al 品种比 Al 敏感品种吸收较多的 NO_3^-,而吸收的 NH_4^+ 较少。同时,耐 Al 品种吸收的阳离子较少,相应地减少 H^+ 的分泌,从而使根际环境中的酸度下降。例如,Al 暴露使拟南芥耐 Al 品种根尖 H^+ 的净内流量比对照组增加 2 倍,导致根表 pH 上升 0.15 个单位。较高的 pH 可使 Al^{3+} 转化为氢氧化物沉淀,将 Al^{3+} 阻滞于根外,从而使作物免于吸收过量的 Al^{3+} 而中毒。而不耐 Al 的品种则不具备改变 H^+ 分泌的能力。

另据研究发现,Cd^{2+} 对根系 H^+ 分泌存在抑制作用,在培养液中 $50\,\mu mol \cdot L^{-1}$ 的 Cd^{2+} 能使质子泵(根系质子的原初主动分泌)受抑 60%,而质子泵为细胞膜上的 ATP 酶所催化,是阴阳离子透过质膜的次级运转的动力来源,这表明了 Cd 等重金属可通过影响根系对阴阳离子的吸收平衡来影响根系代谢,进而影响根际环境特征。

3. 根际环境的氧化-还原状况

在植物根系的作用下,根际的氧化-还原状况与非根际环境也存在显著差异。研究表明,由于根系和微生物的呼吸作用以及根系分泌物中还原物质的作用,旱作植物的根际氧化-还原电位一般可比土体低 $50\sim100\,mV$。植物类型的差异、生育期的不同以及营养元素状况也都对根际的 E 具有一定的影响。如果在生长于还原性基质上的植株根际产生氧化态微环境,那么当土体中还原态的离子穿越这一氧化区到达根表时,游离金属离子的活度由于能够被氧化成为溶解度低的氧化态而明显下降,从而降低了其毒害能力。例如,水稻一般生长在含有大量 Fe^{2+} 和 Mn^{2+} 的渍水土壤中,为了保证正常生长,它的根系具备了向根际环境释放氧气和氧化物的能力,使渍水土壤中大量的 Fe^{2+} 和 Mn^{2+} 在水稻根表被氧化而形成铁锰氧化物胶膜,从而把根表包被起来以防止根系对 Fe^{2+} 和 Mn^{2+} 的过度吸收。该膜具有特殊的电化学性质,对土壤中的其他重金属离子有极强的富集能力,又紧密包被在根表,可发生离子的吸附与解吸反应,保护根系免受其他重金属离子的危害。不同品种水稻根系对根际环境的氧化能力有所不同,因而抗金属离子污染的能力不同。在一定含铁量范围内,水稻根膜含铁量增加,使水稻地上部分含 Cd 量增加,但随着根表淀积的铁膜数量的进一步增加,水稻地上部分的含 Cd 量反而下降。

温度的季节性变化会影响盐沼植物根际的氧化还原反应,这一影响在温带环境中尤为显著。春夏之际,植物生长活跃,在根系泌氧作用下,根际处于一种氧化状态;秋冬季为植物休眠期,土壤处于厌氧条件,氧化作用明显降低。目前,对重金属在植物体内季节性浓度变化的研究日益增多,有结果指出从春季到秋季,Zn、Ni 等在植物体中的浓度有上升趋势。从较短时间尺度来看,有研究已检测到根际中存在氧化还原条件的微小日变化。

4. 根际微生物效应

由于根系的分泌作用为根际微生物提供了大量的碳水化合物、氨基酸、维生素等能源物质,使根际环境成为微生物活动旺盛的区域。研究表明,根际中微生物的数量一般为非根际的 $5\sim40$ 倍左右。同时,随着根系分泌物组成的改变,根际微生物的组成和活性也受到重要影响。人们对从豆科植物分泌物中分离出的黄酮类物质的研究发现,这种物质能诱导根瘤菌的结瘤,并且可以促进有益微生物在根际的繁殖。而假单胞菌的某些菌株能在马铃薯、甜菜和胡萝卜根际迅速繁殖。对水葫芦的研究表明,其根分泌物对金色葡萄球菌具有抑制作用,而对藤黄八叠球菌则表现出促进作用。根际微生物的活动对根际土壤性质的改变、养分的有效性以及重金属的固定活化等都具有重要的影响。

重金属对微生物有毒害作用,但某些微生物在较高浓度的重金属污染环境中,仍能存活和生长,表现出了一定的"耐受性",也就是说微生物也具有对重金属的抗性和解毒机制。从目前的研究来看,微生物主要是通过胞外的沉淀和络合作用、金属离子的主动分泌、细胞内束缚以及转化等作用达到减轻重金属伤害的目的。研究表明,一些微生物和某些藻类能够产生胞外聚合物,其主要成分是多聚糖、糖蛋白、脂多糖等,这些物质具有大量的阴离子基团,从而与重金属离子结合解毒。某些微生物能代谢产生柠檬酸、草酸等物质,这些代谢产物能够与重金属产生螯合或是形成草酸盐沉淀,从而减轻了重金属的伤害。

研究发现金黄色葡萄球菌体内具有一种特殊的排镉系统,在 ATP 的作用下,以 $Cd^{2+}/2H^+$ 对输方式将体内 Cd^{2+} 排到环境中。近年来,有关细菌体内金属硫蛋白(MT)的研究也引起了人们极大的关注。金属硫蛋白是一种对重金属具有很强螯合力的特殊蛋白质。其相对分子质量很低,一般为 $2000\sim10\,000$,且富含有半胱氨酸。这类物质在蓝藻细菌、酵母菌以及粗糙脉孢菌中均有发现,并被认为是微生物抵御环境中重金属伤害的重要机制之一。此外,微生物还可以通过体内的代谢过程将重金属生物转化为无毒或是低毒的形态排出体外。

环境中重金属对微生物种类、活性产生影响的同时,微生物也通过自身的生命活动积极地改变着环境中重金属的存在状态。根际微生物可以通过改变土壤溶液 pH,产生 H_2S、微生物铁载体和各种有机物来影响重金属的化学行为,其细胞壁及粘液层可直接吸收固定重金属或通过分解代谢重新把污染物释放到环境中去。此外,根际微生物也可通过改善土壤的团粒结构、改变根际环境理化性质和根系分泌的组成等过程间接地作用于重金属的迁移转化过程。

大多数微生物细胞壁都具有结合污染物的能力,这种能力与细胞壁的化学成分和结构有关。例如革兰氏阳性菌的主要成员芽孢杆菌属的菌都具有固定大量金属的能力。因为其细胞壁有一层很厚的网状肽聚糖结构,在细胞壁表面存在的磷壁酸和糖醛酸磷壁酸连接到网状的肽聚糖上。磷壁酸的磷酸二酯和糖醛酸磷壁酸的羧基使细胞壁带负电荷,能够与金属离子结合。这是细胞壁固定金属的主要机制。

微生物不能降解金属离子,只能使其发生形态间的相互转化及分散和富集过程。因此,微生物作用于金属离子主要是改变它们在环境中的存在状态,从而改变它们的毒性。

环境中金属离子长期存在的结果使自然界中形成了一些特殊微生物,它们对有毒金属离子具有抗性,可以使金属离子发生转化。对微生物而言,这是一种很好的解毒作用。Hg、Pb、Sn、Se、As 等金属或类金属离子都能够在微生物作用下通过氧化、还原等作用而失去毒性,从而减轻有毒金属对植物根造成的危害。

5. 重金属在根际环境的生物有效性

植物吸收重金属有随土壤中重金属浓度增加的趋势,表 14-4 列出了在不同土壤含镉条件下植物对 Cd 的吸收和累积情况。植物根系对重金属的吸收主要与重金属的形态有关,除残渣态外,其余形态的重金属都可被直接或间接地吸收。根系活动能活化根际中的重金属,促进其生物有效性。据研究,红壤中的氧化铁大多处于老化状态,但在植稻后,可使土壤中原有的铁被活化,在根际这一现象更为明显。

对重金属在植物根、茎、叶组织中分布状况的研究结果表明,重金属在植物根系和地上组织中的含量和分布与植物品种和重金属种类均有关。已有研究表明,Cd、Pb、Cu、Zn、As 在水稻植株各组织中的含量分布为根≥茎叶>籽实。As、Cd、Cr、Cu、Pb、Mn、Hg、Ni、Se 等在湿地植物根系中的浓度为植物嫩枝中浓度的 $5\sim60$ 倍。但也有些元素主要富集于植物的地上组织

266

中,例如 Cu、Zn、Pb、Cd 在木本植物地上部分的累积量要大于地下部分。

表 14-4 植物对 Cd 的吸收和累积

植 物	土壤含镉量/ppm		植 物	土壤含镉量/ppm	
	0.1	10		0.1	10
水稻	<0.1	<0.1	胡萝卜	1.4	38.0
小麦	<0.1	11.6	西红柿	2.6	71.0
大豆	0.4	16.0	菠菜	3.6	160.0
旱稻	0.4	0.9	甜玉米	3.9	27.0
南瓜	0.6	13.0	萝卜	4.2	40.0
莴苣	0.8	62.0	甜菜	0.8	47.0

6. 植物对重金属的抗性机制

大量研究表明,当植物吸收了有害金属或对某些金属吸收量过大,并可能对植物体内环境产生毒害时,植物可以通过体内的代谢调整,如细胞区间化隔离金属、金属结合蛋白或植络素缔合金属、代谢性排除等机制,把金属的毒性降低到最低程度。从 20 世纪 90 年代以来,人们还发现,当植物的外部环境有大量的金属聚集,并可能对植物产生毒害时,在其体外环境中,特别是根际环境中,就开始进行能动的生理反应,降低金属的有效性,减少植物对金属的吸收。这种在体外建立起来的抗性作用比在体内的抗性更为积极主动。目前对植物体外抗性机制建立的研究主要集中在根分泌物的研究上。

7. 根的吸收机制

从生理角度出发,根对重金属污染物的吸收可分为离子的被动吸收和主动吸收。离子的被动吸收包括扩散、离子交换和 Donnan 平衡等,这时无需耗费代谢能。离子的主动吸收可以逆梯度进行,这时必须有呼吸作用供给能量。

主动吸收可用图 14-1 说明。从图中可见,污染金属是否被吸收取决于 $L_1 \sim L_4$ 的浓度和各

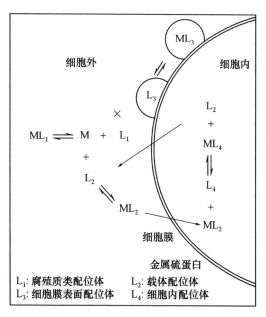

图 14-1 根对金属离子的吸收

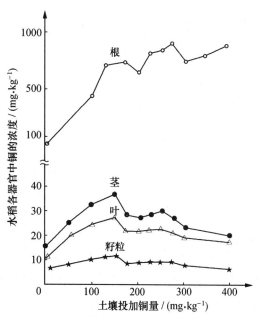

图 14-2 水稻各器官中铜的浓度与土壤投加铜量的关系

种络合物的稳定性,而 pH 和 E 都影响 M 或 L 的浓度。一般细胞内的 pH 和 E 都较细胞外环境低,这样将使金属离子保持易溶态。例如,在低 E 时,铁为 Fe^{2+},比 Fe^{3+} 易溶。

对进入植物内部的金属离子,从根部向上运输时,常受到种种阻碍。故一般的累积规律是:根＞茎＞叶＞籽粒。

图 14-2 不仅说明了上述累积规律,而且显示出当外界铜投加量增大到一定值时,除根外其他器官内的累积量会达到一个极限。超过这一极限,当继续增加外界铜浓度时,茎、叶和籽粒内铜的累积量不再继续增加。这可能与植物体内的 L_4 已被耗尽,不能再置换生成载体配位体 L_2 有关。

14.1.3 重金属之间的复合污染

实际上,在土壤-植物系统中,重金属元素以单一成分存在的情况较少,多数情况下是多种重金属元素共存,研究结果已经揭示出重金属之间存在着复合污染现象,使重金属的迁移转化机制和生物有效性变得更加复杂。表 14-5 总结了目前研究发现的土壤-植物系统中几种常见的重金属复合污染。

表 14-5 土壤-植物系统中几种常见的重金属复合污染

相互作用的类型	重金属组合	对象或介质
拮抗作用	Zn/As	大豆根
	Zn/Cd	玉米籽实
	Cu/Cd	辣椒
	Hg/Cd	土壤蚯蚓
	Ag/Hg	苜蓿
	Pb/Cd	冬瓜
协同作用	Pb/Zn	小白菜根系
	Cu/Pb/Zn	水稻
	Cd/Zn	大豆籽实
	Cd/Pb/Cu/Zn/As	土壤
	Cu/Zn	土壤溶液
	As/Pb	大豆
加和作用	V/As/Mo/Se/Zn	土壤原生动物
	Cu/Cd	土壤菌根
	Cd/As	苜蓿

引自:周启星,2003。

由于 Zn 和 Cd 两种元素在结构和性质方面的相似性,在环境中常常共存,对土壤-植物系统中二者之间的复合作用问题研究得较多,有结果指出,Zn-Cd 之间的复合作用与 Zn 含量有关,当 Zn 含量为 $100\ mg \cdot kg^{-1}$ 时,表现为协同效应;Zn 含量为 $200 \sim 400\ mg \cdot kg^{-1}$ 时,为拮抗作用,可能是高浓度的 Zn 与 Cd 的竞争作用占优势的结果。此外,复合作用还与作物品种和作用部位有关。例如在玉米籽实中,Zn-Cd 之间表现为抑制作用,而在大豆籽实中则表现为协同作用。同时,Zn-Cd 之间的交互作用还与植物的部位有关,水稻叶组织中的吸收和积累,Zn-Cd之间表现为拮抗作用;而根组织中的吸收和积累,Zn-Cd 之间呈加和效应。可见复合污染的结果与共存重金属的种类、环境浓度、作物品种、部位和暴露方式等因素都有密切关系。

对 Cd、Pb、Cu、Zn 和 As 等五种元素间的交互作用研究认为,五种元素共存能促进 Cd、

Pb、Zn 的活化而增加植物对它们的吸收,而对 As 的吸收反有所抑制。而土壤中 Pb、Cu、Zn、As 浓度增大有利于土壤中 Cd 的解吸,有 70% 以上的吸附态 Cd 可以被解吸下来进入土壤溶液,增加了 Cd 的生物有效性。当 Cd-Pb 交互作用时,Pb 可能会取代 Cd 在土壤的吸附位点而提高土壤中 Cd 的有效性,或者取代根中吸附的 Cd 使其活性增加,进一步向茎叶中迁移。据水培研究结果,Zn 能促进 Cd 向地上部分转移,As 有促进苜蓿吸收 Cd 向地上茎叶运转的功能。另有研究表明,活性硅能显著增加土壤对 Cd 的吸附量,而活性铁、铅和锰含量增加可使土壤对 Cd 的吸附量显著减少。

除以上影响因素外,重金属之间的复合作用还与周围溶液的 pH 有关,当 pH 较低时,土壤中重金属可溶态含量增加,元素间相互作用增强。另外,土壤的营养成分含量、氧化还原作用、温度及时间等因素也会不同程度地影响重金属之间的复合作用结果和各种金属的生物有效性。

14.1.4　土壤中重金属污染的防治

为了严格控制土壤中重金属的污染问题,世界各国根据本国的实际情况制定了相应的土壤重金属的环境标准,如表 14-6 所列。

表 14-6　一些国家和地区土壤重金属浓度的环境标准(最大允许浓度,$\mu g \cdot g^{-1}$)

国家	镉(Cd)	铅(Pb)	铜(Cu)	锌(Zn)	汞(Hg)
德国	1.5	100	60	200	2
英国	1.75	550	55	200	1
美国	3.56	—	73	730	5.34
加拿大	1.6	60	150	300	0.5
中国	0.3~1.0	30~500	50~400	200~500	0.1~1

引自:孟凡乔,2000。

由于土壤-植物系统自身的特点,重金属污染的治理是一项难度极大的工作。据估算,在切断外部输入源的条件下,已进入土壤的重金属,只通过植物吸收使其从土壤中消失所需的时间 As 和 Cd 约为 100 年,Cu、Mn、Mo 和 Zn 约为 1000 年,Co、Pb、Ni、V 和 Cr 约为 10 000 年。可见,防治土壤-植物系统污染,必须以"预防为主",尽可能减少重金属的输入。对已经发生的污染,目前治理的思路一般是从土壤和植物两个方面去考虑。从土壤的角度出发,主要是改变重金属在土壤中的存在形态,使其迁移能力减小,生物有效性降低,并设法从土壤中清除重金属,降低其含量。从植物角度考虑,可在重金属污染区种植非食用农作物或对该重金属具有耐性的农作物品种。另外一些超累积植物的发现为重金属污染的治理提供了新的途径。

1. 物理及物理化学方法

常用的物理和物理化学方法有稀释法、热解吸法、提取法和电解法等。

稀释法主要包括客土、换土、翻土和去表土等四种方式。客土是在污染土壤上加入未污染的新土;换土是将已污染的土壤移去,换上未污染的新土;翻土是将污染的表土翻至下层;去表土是将污染的表土移去。这些方法能使耕作层土壤中重金属的浓度下降或减少重金属污染物与植物根系的接触,可在一定程度上减小危害。据日本学者研究,在镉污染土壤去表土 15 cm 并压实心土,在连续淹水条件下生产的稻米含镉量可低于 $0.4\ \mu g \cdot g^{-1}$;去表土后再客土

20 cm,间歇灌溉也不会产生镉超标的稻米;如客土厚度超过 30 cm,无论水分条件如何均能生产合格的稻米。据此,日本从 1980 年起对痛痛病发源地——神通川流域的镉污染土壤进行了有效治理。

热解吸法适用于挥发性较强的重金属元素及其化合物,例如采用加热的方法可将汞从土壤中解吸出来,收集后再进行回收或处理。常用的加热方法有蒸气、红外辐射、微波和射频等。热解吸法除 Hg 外通常包括将土壤挖掘后破碎、添加加剂、土壤加热和活性吸附回收四个步骤。为防止 Hg 的意外散发,操作系统采用双层空间,中存负压。试验表明,在粉碎的土壤中混入促使难溶 Hg 分解的物质,然后分两个阶段分别向土壤通入低温和高温蒸气,并收集挥发出来的 Hg 蒸气,可使砂性土、粘土和壤土中的 Hg 含量分别从 1500,900 和 200 $\mu g \cdot g^{-1}$ 降至 0.07,0.12 和 0.5 $\mu g \cdot g^{-1}$。通过气体净化装置收集的 Hg 蒸气纯度可达 99%。此方法已成功地用于现场治理,治理后土壤含 Hg 量均小于 1 $\mu g \cdot g^{-1}$。

提取法的原理是利用外加试剂与土壤中的重金属作用,使吸附固定在土壤颗粒上的重金属形成溶解性的重金属离子或络合物,然后从提取液中回收重金属,并循环利用提取液。提取法分为冲洗法、洗土法和浸滤法等方式。日本将 EDTA(0.3 $kg \cdot m^{-2}$)撒在稻田或旱地(土壤含 Cd 量分别为 10.4 和 27.9 $\mu g \cdot g^{-1}$),采用淹水或小雨淋洗(水量以能达到根层以外而又未到达地下水为宜),清洗一次可使耕作层土壤含 Cd 量降低 50% 左右。美国曾对被 As、Cd、Cr、Cu、Pb、Ni 和 Zn 污染的土壤用酸淋洗法进行治理也取得了良好的效果。近年来的研究表明,表面活性剂对土壤中某些重金属阳离子具有良好的解吸效果,例如羧甲基-β-环糊精(CMCD)分子外侧的羧甲基可以螯合重金属离子,它不仅可将污染土壤中的重金属离子洗脱出来,而且对土壤盐分和 pH 不敏感,本身无毒,可被生物降解,有较好的应用前景。

电解法也称电动修复法(electroremediation),是一种原位修复污染土壤的方法,其原理是在水分饱和的污染土壤中插入一些电极,然后通低强度的直流电,金属离子在电场的作用下定向移动,在电极附近富集,从而达到清除重金属的目的。试验表明,每天通电 10 h,43 天后泥炭土中的 Cu 和 Pb 分别被除去 80% 和 70%。在阴极区加入 I_2/KI,使土壤中的难溶汞化合物转化为 HgI_4^{2-} 络离子向阳极迁移,结果土壤中 99% 以上的 Hg 被除去。电解法采用的电极最好是石墨,因为金属电极本身易被腐蚀,可能引起二次污染。电极的多少、间距、深度及电流的强度一般根据实际需要而定。由于本法具有水流慢、金属离子电迁移速度不够大等缺点,因此不适用于渗透性好、传导性差的砂性土壤,而对低渗透性的粘土和淤泥土较为适用。此外,某些到达阴极的重金属离子会与阴极产生的 OH^- 生成沉淀,不利于重金属从土壤中除去。将电解法和淋洗法联用可大大提高 Zn、Mn 和 Pb 等的去除率。

采用上述几种方法治理重金属污染的土壤,具有效果彻底、稳定等优点,是一类治本的措施。但同时存在治理费用高和易引起土壤肥力减弱等缺点,因而一般适用于小面积、污染严重的土壤。

2. 生物学方法

生物学方法是利用特殊的动物、微生物或植物来去除土壤中的重金属或降低重金属毒性的方法。土壤中的某些低等动物(如蚯蚓和鼠类)能吸收土壤中的重金属,因而能一定程度地降低污染土壤中重金属的含量。研究发现,蚯蚓对 As、Cd、Hg、Cu 和 Zn 等都有较好的富集作用。如在重金属污染的土壤中放养蚯蚓,待其富集重金属后,采用电激、灌水等方法驱出蚯蚓集中处理,对重金属污染的土壤有一定的治理效果。

微生物治理是利用土壤中的某些微生物对重金属具有吸收、沉淀、氧化和还原等作用来降低土壤中重金属的毒性。据报道,向污染土壤接种专性微生物能促进微生物吸收重金属。一些细菌的分泌物能使许多重金属生成难溶硫化物、磷酸盐沉淀,无色杆菌和假单胞菌能使亚砷酸盐氧化成砷酸盐而降低砷的毒性,假单胞菌和大肠杆菌体内存在的基质金属蛋白酶(MMP)系能将甲基汞、乙基汞和硝基汞还原为单质汞。此外,微生物细胞内的金属硫蛋白对 Hg、Zn、Cd 和 Cu 等重金属具有强烈亲和性,能起到富集和抑制重金属毒性的作用。

植物修复是近年来兴起的备受关注的一项新型土壤污染治理技术,它是利用有些植物能忍耐和超量累积某种或某些重金属的特性来清除污染土壤中的重金属。修复用植物能在污染土壤上正常生长,不会破坏土壤的结构和微生物活性,因而植物修复也称绿色修复。可用来修复土壤的植物种类很多,如野生的草、蕨以及栽培的树木、草皮和作物等。植物修复的机理通常包括以下几个方面:

(i) 植物萃取作用(phytoextraction):是指利用重金属超累积植物(hyperaccumulator)从土壤中吸取一种或几种重金属,并将其转移、储存到地上部分,随后收割地上部分并集中处理。连续种植这种植物,可使土壤中重金属含量降低到可接受水平。

(ii) 植物挥发作用(phytovolatilization):是利用植物将污染物吸收到体内并转化为气态释放出来,对土壤中一些挥发性污染物(如 Hg 和 Se)适用。释放出的气体再进一步收集处理。

(iii) 根际过滤作用(rhizofiltration):是植物通过改变根际环境(如 pH, E),使重金属的形态发生改变,通过在植物的根部积累和沉淀,减少重金属在土壤中的移动性。

(iv) 植物固化技术:是利用耐重金属植物降低重金属的活性,以减少重金属被淋滤进入地下水或通过空气进一步扩散污染环境的可能性。

可见,植物治理的关键是寻找合适的超累积或耐重金属植物。迄今已发现能富集重金属的超积累植物达数百种,表 14-7 列出了在世界各地发现的一些对重金属具有强富集能力的超积累植物。一般认为,在镉污染土壤可种植柳属的某些品种、羊齿类铁角蕨、野生苋和十字花科植物天蓝褐蓝菜,最后一种植物体内镉富集量可高达 $5\sim7\,mg\cdot g^{-1}$;在 Pb、Zn 污染土壤可种植紫叶花苕;在 Pb 污染土壤可种植蒿属和芥菜;在 Ni 污染土壤可种十字花科和庭芥属植物;在 Cu 污染土壤可种植酸模草,其植株含 Cu 量可达 $1.85\,mg\cdot g^{-1}$。此外,研究发现,植物对重金属的吸收与电渗滤有关,对重金属的螯合与磷营养有类。因此,向植物根系通直流电能加强植物对重金属的吸收,向污染土壤施硫酸盐和磷酸盐能提高植物枝干部分对 Cr、Cd、Ni、Zn 和 Cu 的富集系数。

表 14-7　在世界各地已发现的重金属超积累植物

植物种类	发现地	重金属含量/$(mg\cdot g^{-1})$				
		Cd	Pb	Cu	Zn	Cr
天蓝遏蓝菜(*Thlaspi caerulenscens*)	欧洲中西部	2.13	2.74		43.71	
春米努草(*Minuartia verna*)	南斯拉夫		11.4			
圆叶遏蓝菜(*Thlaspi rotundifolium*)	奥地利/意大利		8.2		17.3	
藿香属(*Aeollanthus biformifolius*)	非洲			3.92		
蒿莽草属(*Haumaniastrum robertii*)	非洲			2.07		
半卡马菊(*Dicoma niccolifera*)	津巴布韦					1.5
玄参科(*Sutera fodina*)	津巴布韦					2.4

引自:Baker,1989.

与寻找超积累植物相反的一条途径是筛选和培养以体外抗性为主导机制的重金属排异植物,特别是农作物,减少其向可食用部位的转移和累积,从而降低重金属在食物链中的数量。有研究表明,根际分泌物在根际环境中具有降低 Cd 的有效性、减少植物对 Cd 吸收的作用。这是为污染土壤的再利用,同时又能保证生物产品的安全性开创的一条新途径。

总之,生物治理方法的优点是实施较简便、投资较少和对环境扰动少。如植物原位修复技术可广泛应用于矿山的复垦、重金属污染土壤的改良,是目前最清洁的污染处理技术之一,但其缺点是治理效率低(如超积累植物通常都矮小,生物量低,生长缓慢且周期长)、高耐重金属植物不易寻找和被植物摄取的重金属因大多集中在根部而易重返土壤等。

3. 化学改良法

化学改良法是向污染土壤投加改良剂,增加土壤有机质、阳离子交换量和粘粒的含量,以及改变 pH,E 和电导等理化性质,使土壤中的重金属发生形态转化,以降低重金属的生物有效性。主要包括沉淀法、有机质法、吸附法和抑制法等。

大多数重金属(除 As、Sb、Mo 和 Mn 外)在土壤溶液中主要以阳离子形式存在,能提高土壤 pH,使大多数重金属生成氢氧化物沉淀。此外,向重金属污染土壤投加石灰、碳酸钙、硅酸钙炉渣、钢渣、粉煤灰、钙镁磷肥、硅肥、石灰硫磺合剂和硫化钠等改良剂,均能降低重金属污染土壤的毒性和危害。例如,在 Cd 污染的土壤上施用石灰,一方面随着 pH 升高,可增加土壤表面负电荷对 Cd^{2+} 的吸附;另一方面由于生成 $CdCO_3$ 沉淀,使其活性逐渐降低。实验证明每公顷土壤施用 750 kg 石灰,可使土壤中有效态 Cd 含量降低 15% 左右。

有机质法对重金属污染土壤的治理主要是利用腐殖质中的腐殖酸和胡敏素等能络合重金属离子并生成难溶的络合物,从而降低重金属离子的生物有效性。腐殖酸和一些重金属形成络合物的稳定常数大小顺序依次为 $Cu > Fe > Mn \approx Co > Zn$。但要注意,当腐殖质中的富里酸含量高时,可与重金属形成易溶的络合物,这又增加了重金属的活性。另外,加入有机质可以改良土壤结构,有利于耕作、通气及土壤水分的运动和保持,对植物生长有促进作用。

用改良措施来治理重金属污染土壤,治理效果和费用都适中,对污染不太重的土壤较为适用。但需加强管理,防止重金属的再度活化。

4. 农艺调控措施

作物从土壤中吸收重金属,不仅取决于其在土壤中的含量,还受土壤的性质、水分条件、施肥的种类和数量、栽培的植物种类、栽培方式以及耕作制度等农艺措施的影响。因此,可以通过调节土壤水分、施肥或改变作物种类等措施降低重金属的生物有效性,减少从土壤向食用作物的转移。

(1) 调节土壤水分

土壤的氧化还原电位(E)是影响植物吸收重金属的一个重要因素,通过控制土壤的水分来调节其氧化还原电位,可达到降低重金属危害的目的。当土壤在淹水还原态时,有机质不易分解,产生硫化氢,同时 SO_4^{2-} 还原为 S^{2-}(特别是当 $E < -150$ mV 时),使 Cu、Pb、Zn、Cd 和 Hg 等重金属离子生成硫化物沉淀而降低其生物有效性。不过,As 的情况不同,土壤 E 降低时,As 可由毒性低的 +5 价转化为毒性高的 +3 价,因此,对 As 污染的土壤最好的改良措施是水田改旱田、节水栽培和畦作等。

水稻盆栽试验结果表明,在抽穗后进行落干,籽实的含镉量比正常灌水的高出 12 倍。在水田灌溉时,由于水层覆盖形成了还原性的环境,Cd(Ⅱ)转化为溶解度很小的 CdS 沉淀,Fe^{3+} 还

原成 Fe^{2+} 并与 S^{2-} 生成 FeS 沉淀,二者形成共沉淀,使镉的活性降低,减小了对植物的危害。

（2）施肥

不同形态的 N、P、K 肥对土壤的理化性质和根际环境有不同的影响。研究表明,能降低作物体内 Cd 浓度的 N、P、K 肥的形态顺序分别是:

氮肥　$Ca(NO_3)_2 > NH_4HCO_3 > NH_4NO_3$、$CO(NH_2)_2 > (NH_4)_2SO_4$、$NH_4Cl$

磷肥　钙镁磷肥＞磷酸二氢钙＞磷矿粉、过磷酸钙

钾肥　$K_2SO_4 > KCl$

这些不同形态的化肥对土壤重金属的溶解度,特别是在根际土壤中的溶解度,会产生明显的差异。所以,在不影响土壤供肥的情况下,应选择最能降低重金属毒性的肥料。

（3）改变作物种类

改变作物种类通常有两个途径,一是不要在重金属（特别是 Hg、Cd、Zn、As 和 Pb 等）污染的土壤上种植蔬菜、粮食等,可改种苎麻等不进入食物链的植物;二是选育种植抗污染植物,例如,叶菜、块根类蔬菜易吸收重金属,而瓜果类蔬菜和果树则不易吸收重金属。

用农业措施来治理重金属污染土壤,具有可与常规农事操作结合起来进行、费用较低、实施较方便等优点,但存在时间长和效果不显著等不足,适合于中、轻度污染土壤的治理。

在选择重金属污染土壤的治理方法时,应根据污染土壤的理化性质,污染重金属的性质、形态、含量和组合,污染程度,预期的治理目标,经费和时间限制等因素进行综合考虑,以选择最适的治理方法或多种方法结合使用。

14.2　土壤-植物系统中的化学农药污染

农药是人类控制病、虫、草等农害的重要手段。人类使用农药的历史十分悠久,我国古代就有用石灰、硫剂和植物性杀虫剂（巴豆、百部、鱼藤、苦楝等）等天然药物来防治病虫害的传统。由于这些药物都来自生态系统本身,大多在环境中比较容易分解,加之使用量有限,对环境生态并未造成重大影响。进入 20 世纪以后,随着化学合成农药的问世,农药的用量和种类都以惊人的速度增加。据统计,目前世界上生产和使用的农药有几千种。我国在 1988 年统计有 1791 种,发达国家的农药品种更是远远超过这个数字。全世界每年的农药产量按有效成分统计,约在 500 万吨以上。根据防治对象的不同,农药可分为杀虫剂、杀菌剂、除莠剂、杀螨剂、杀线虫剂、杀鼠剂、杀软体动物剂、植物生长调节剂和其他药剂等。按农药的化学组成成分,农药又可分为有机氯农药、有机磷农药、氨基甲酸酯农药、有机汞农药、有机胂农药、苯酰胺农药及苯氧羧酸类农药等。表 14-8 给出了农药的系统分类方法。

表 14-8　农药的系统分类

杀虫剂	按作用方式	胃毒剂、触杀剂、熏蒸剂、内吸剂、诱致剂、驱避剂、阻食剂、不孕剂
		昆虫激素：保幼激素、蜕皮激素、性信息素、追踪信息素
	按化学组分	有机类：有机氯制剂、有机磷制剂、有机氮制剂和氨基甲酸酯类、有机硫制剂、拟除虫菊酯类
		无机类：无机砷制剂、无机氟制剂、无机硫制剂
		植物性
		矿物油
		微生物：细菌性毒素、真菌性毒素、抗菌素类

（续表）

杀菌剂	按防治原理	化学保护剂、化学治疗剂、化学免疫剂
	按使用方法	土壤消毒剂、种子处理剂、普通喷洒剂
	按化学组分	硫制剂、铜制剂、汞制剂、有机磷制剂、有机胂制剂、有机锡制剂、取代苯类、二氯甲硫基类、醌类、杂环化合物类、抗菌素等
除莠剂	按对植物作用	灭生性、选择性
	按在植物中行为	触杀性、内吸传导性
	按化学组分	氯苯氧羧酸、取代苯酚、氯代脂肪酸、苯醚、取代脲、均三氮苯、酰胺及酰基苯胺、氨基甲酸酯、硫代氨基甲酸酯、联吡啶、苯腈、苯乙酸、苯甲酸、三氮杂茂、芳基邻氨羰基苯甲酸、氯苯氧酸酯、酮、醇、醛类、有机胂、磷、锡类等
杀螨剂		有机氯、有机磷、二硝基杀螨剂、其他含氮杀螨剂
杀线虫剂		有机硫类、卤化烃类、硫代异硫氰酸甲酯类、有机磷类、氨基甲酸酯类
杀鼠剂		抗凝血药、无机磷、有机磷、有机氟、氰熔体
杀软体动物剂		四聚乙醛、N-酰化芳基吡咯类等
植物生长调节剂		多效唑、赤霉素、乙烯利、调节膦等
其他药剂		杀病毒剂等

引自：樊德方等，1982。

14.2.1 有机合成农药的结构组成和毒性作用机理

1. 杀虫剂

自然界的昆虫多达上百万种，其中家蚕、蜜蜂等属于益虫，而蝗虫、蚜虫等为农业害虫。按照对农作物破坏机制的不同，农业害虫又分为咀嚼式口器害虫和刺吸式口器害虫两大类。其中咀嚼式是指害虫吃作物的根、茎、叶或果实，使作物发生残缺、蛀孔、折倒或断根，这类害虫有蝗虫、菜青虫、螟虫和粘虫等。刺吸式是指害虫将针样嘴刺入作物的某一部位，吸收细胞汁液，使作物发生叶卷曲、皱缩、枯黄等现象，甚至造成落蕾、落果和瘪谷。对第一类害虫，常用胃毒剂杀灭；对第二类，则用内吸剂或触杀剂。另外一般昆虫腹部有呼吸气门，可以采用熏蒸的方法，使药剂以气体的形式被害虫吸到体内发挥作用。

有机合成杀虫剂经过了几个发展阶段，以 DDT、六氯苯等为代表的有机氯杀虫剂为第一代化学合成杀虫剂，后来又相继出现了有机磷杀虫剂、氨基甲酸酯类杀虫剂和合成除虫菊酯类杀虫剂等，并成为当代杀虫剂的主体部分。

有机氯杀虫剂主要是以苯、环戊二烯和莰烯等为原料合成的氯代衍生物，一些重要的有机氯杀虫剂的结构在 11.4.1 节中已作过介绍，这里着重介绍有机磷杀虫剂和氨基甲酸酯类杀虫剂的结构组成特点。

有机磷农药大多为磷酸的酯类或酰胺类化合物，常见的有磷酸酯、硫代磷酸酯、膦酸酯和硫代膦酸酯等。磷酸酯是磷酸中的三个 H 原子被有机基团取代后的产物，如 2,2-二氯乙烯基二甲基磷酸酯，俗称敌敌畏。若磷酸中的一个羟基被有机基团取代，即在分子中形成 P—C′ 键，则称为膦酸。膦酸中羟基的 H 原子再被有机基团取代后的产物即为膦酸酯，如 O,O-二甲基-(2,2,2-三氯-1-羟乙基)膦酸酯，俗称敌百虫。敌百虫在碱性条件下可分解转化为敌敌畏，反应如下：

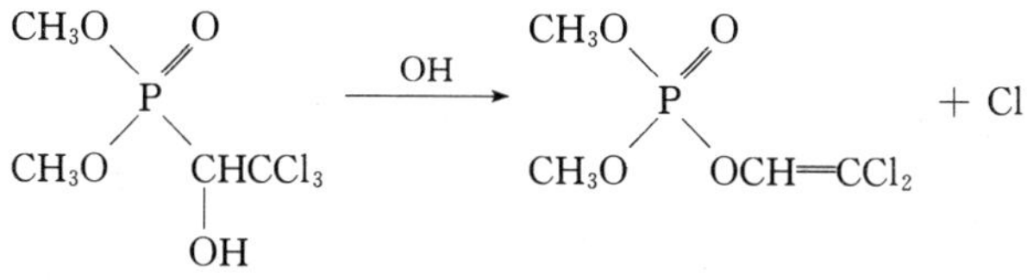

$$\underset{\text{敌百虫}}{\overset{\displaystyle CH_3O\quad O}{\underset{\displaystyle CH_3O\quad\underset{\displaystyle OH}{CHCCl_3}}{P}}} \quad\xrightarrow{OH}\quad \underset{\text{敌敌畏}}{\overset{\displaystyle CH_3O\quad O}{\underset{\displaystyle CH_3O\quad OCH=CCl_2}{P}}} \quad+\ Cl^- \qquad (14\text{-}1)$$

当磷酸酯或膦酸酯中的一个或多个氧原子被硫原子取代后,得到的产物为硫代磷酸酯或硫代膦酸酯,常用的有机磷农药乐果就是一种硫代磷酸酯,全称为 O,O-二甲基-S-(N-甲基氨基甲酰甲基)二硫代磷酸酯,结构式见图 14-3。

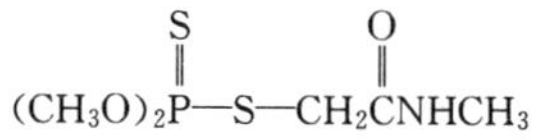

图 14-3　乐果的结构式

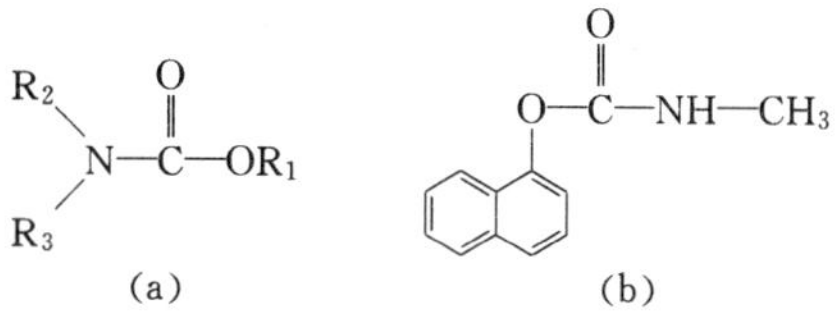

图 14-4　氨基甲酸酯类农药及其
代表物西维因的结构式

氨基甲酸酯类农药是氨基甲酸分子中的 H 原子被不同基团取代后的衍生产物,其结构通式如图 14-4(a)所示,图 14-4(b)为氨基甲酸酯类农药的代表物西维因(carbaryl)的结构式。

杀虫剂的作用机理一般是使虫体细胞质或神经系统中毒,致使害虫窒息或代谢紊乱而死亡。有机氯农药主要损害中枢神经系统。有机磷杀虫剂也是一种神经毒物,在害虫体内可与胆碱酯酶(ChE)结合形成稳定的磷酰化胆碱酯酶,使胆碱酯酶失去分解乙酰胆碱的能力,导致乙酰胆碱在害虫体内积聚起来,一系列以乙酰胆碱为传导介质的神经失去控制,最终麻痹瘫痪,直至死亡。

有机磷农药进入哺乳动物体内存在类似的毒性机制,因此对人体的急性毒性作用较强。

2. 杀菌剂

杀菌剂的作用原理是影响菌体内生物氧化过程,导致孢子不能萌发,阻碍蛋白质、核酸、类酯、几丁质等的合成,破坏细菌的细胞壁、细胞膜并对核酸合成产生影响,使病菌生命活动受阻。而对鸟类,同样会对核酸的合成产生影响,引起代谢紊乱。据研究证明,克菌丹、灭菌丹、五氯硝基苯等杀菌剂可分别导致鸡胚、鹌鹑和小鼠畸胎。此外,赛力散、西力生等有机汞农药对动物(包括鸟类在内)的神经系统有明显的毒害作用,能导致中毒性脑脊髓病和多发性神经炎,还可以引起间质性心肌炎及肝、肾损害。对皮肤和粘膜也有强烈的刺激和腐蚀作用,引起炎症性变化。

3. 除草剂

除草剂的作用机理主要是抑制植物的光合作用和呼吸作用,干扰植物激素,干扰核酸、蛋白质与脂肪的合成等。如有机氯除草剂具有类植物生长激素的作用,可促进植物接触部位异常生长,导致其机能失调而迅速死亡,从而达到去除杂草的目的。有些除草剂虽然本身对人、畜毒性不大,但在生产过程中混入的少量副产物杂质可能具有很强的毒性,如 2,4-D、2,4,5-T 中常含有二噁英杂质。另外,有些除草剂的降解中间产物具有毒性,如敌稗等在土壤中水解产生的偶氮苯化合物,一般认为具有致癌性。部分除草剂如五氯酚钠等对温血动物的毒性较高,能引起甲状腺肿瘤和其他肿瘤。

4. 毒鼠剂

毒鼠剂类农药根据化学合成的成分不同可分为抗凝血药(如敌鼠、灭鼠灵)、无机磷(磷化锌)、有机磷(毒鼠磷)、有机氟(氟乙酰胺、甘氟)、氰熔体(如氰熔合物)和安妥等类型。因成分不同,毒理作用也不同,其中以抗凝血药鼠药最为常用,其作用原理是阻止合成凝血酶原,导致动物体内或皮下出血而死亡。对于鸟类也有同样的毒理作用。

现阶段,我国农药急性毒性分级标准是根据农药对大白鼠半数致死量(LD_{50})的大小,以$mg \cdot kg^{-1}$体重来表示,见表 14-9。

表 14-9　农药的急性毒性分级

毒性级别	经口 LD_{50} /(mg·kg^{-1})	经皮 LD_{50} 4 h /(mg·kg^{-1})	吸入 LD_{50} 2 h /(mg·kg^{-1})
剧毒	<5	<20	<20
高毒	50~50	20~200	20~200
中等毒	50~500	200~2000	200~2000
低毒	>500	>2000	>2000

常见的农药中,属于高毒性的有 DDT、艾氏剂、狄氏剂、甲氧-DDT、氯丹、谷硫磷、对硫磷、马拉硫磷、内吸磷、毒杀芬等。其中的内吸磷可以被植物吸收,害虫不必直接接触杀虫剂,只要吃进含杀虫剂的植物即可被杀死。中等毒性的农药包括甲基对硫磷、西维因、双硫磷和敌敌畏等。稻瘟净、灭草隆、杀虫双等农药毒性相对较低。茅草枯、三氯代乙酸钠等则被认为是基本无毒的。

我国在 1983 年以前生产的农药是以高残留的有机氯农药(如六六六)为主,占总量的58%。但因毒性大、残效期长、致癌作用等原因,欧美和日本等发达国家从 20 世纪 80 年代起,就已限制使用或禁止生产。我国也在 1983 年 4 月 1 日起停止生产六六六。接着又限制了对硫磷等有机磷类杀虫剂,目前使用较多的是低毒的呋喃丹、乐果、马拉硫磷、杀螟松等杀虫剂。作为杀菌剂,20 世纪 60 年代起用得最多的本来是稻瘟净、硒酸钙和硒酸钠等,但因这几种农药在大米中的残留和异味,又逐渐被异稻瘟净、克菌丹、百菌清、西力生等所替代。除草剂方面,20世纪 50 年代以促生灵作为第一代除草剂问世,70 年代以后,作为水田除草剂的五氯酚类在我国农村被应用,但因对鱼类的毒性较大,现已逐渐被西玛津、百草枯和除草醚等所替代。

14.2.2　有机农药在环境中的迁移转化规律

有机农药在土壤中的扩散方式与重金属污染物类似,除不规则运动引起的横向迁移外,更重要的是受流水或重力作用下渗,并在土壤中逐层分布。在下渗过程中不断发生着吸附与解吸、迁移转化、降解和挥发等环境行为。

土壤的理化性质是影响有机农药在土壤中迁移转化的重要因素,如矿物组成、有机质含量、密实度、水分含量和温度等。土壤质地对农药的吸附能力有影响,土壤越粘重,其表面能越大,对农药的吸附能力相应越强。

1. 吸附作用

由于有机农药分子大多为非极性分子,因而对土壤中的有机质(主要是腐殖质)具有很强的亲和性。而粘土矿物表面极性较强,与水分子结合紧密,只有极性较大的有机农药分子才有可能吸附到粘土矿物表面。

土壤中的腐殖质与有机农药之间可以通过几种不同的机制相互作用,除普遍存在的范德华力外,还有以下几个方面的作用:

(1) 静电作用

以除草剂阿特拉津为例,在 pH<8 的典型环境条件下,阿特拉津分子由于杂环上的一个 N 原子的质子化作用而带正电荷,可与腐殖质的羧基相互作用。反应为

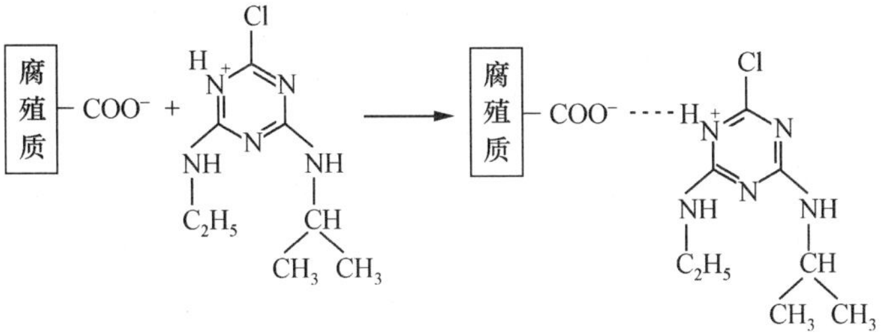

$$(14-2)$$

(2) 氢键作用

腐殖质和有机农药分子中都有含 N、含 O 基团,相互之间可以氢键结合。例如西维因可利用分子中的 N、O 分别与腐殖质分子形成氢键,反应可表示为

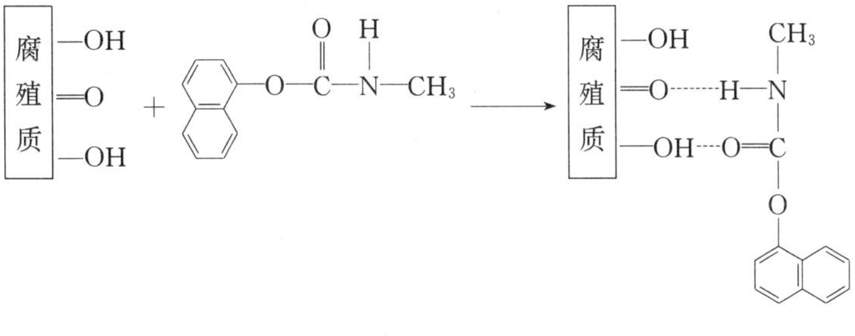

$$(14-3)$$

(3) 形成金属盐桥

在 pH 6~8 的中性条件下,除草剂 2,4-D 由于羧基解离释放出 H^+ 而溶于水中,腐殖质也是同样的情况。通过过渡金属离子或 Ca^{2+} 形成一个金属盐桥,可使除草剂与溶解态或颗粒态的腐殖质分子结合在一起,反应为

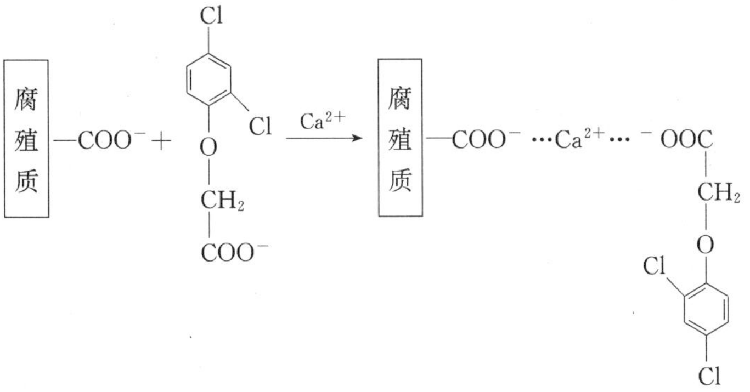

$$(14-4)$$

(4) 疏水作用

非极性分子如 DDT,与腐殖质分子的 HC 区域匹配,可以疏水作用相结合。反应为

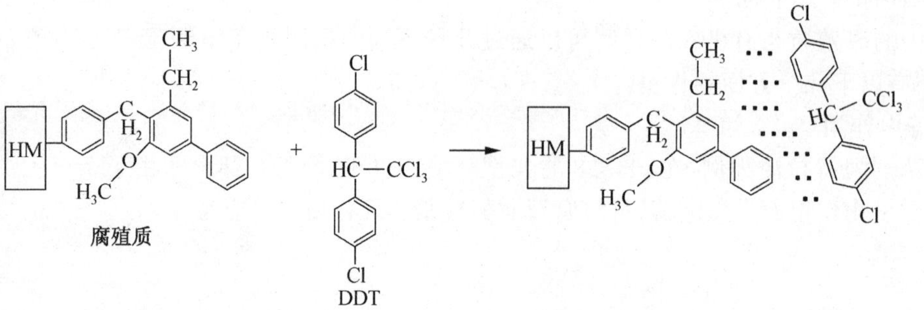

$$(14-5)$$

有机农药分子与腐殖质结合后,溶解性和反应活性都会发生变化。例如,随着周围溶液 pH 和离子强度等条件的变化,腐殖质可能变得不溶,将有机质一起载带沉积下来。又如,阿特拉津的水解反应,由于与腐殖质结合,降解性增强,而对 DDT,与腐殖质结合后碱性水解被抑制。

在低浓度条件下,有机污染物在土壤表面的吸附可以观察到线性关系。土壤对有机农药的吸附量随有机质的增加和含水量的减少而增加。这是因为当有机质含量增加时,吸附位点相应增加,有机农药的吸附量增大。含水量的多少影响有机农药的吸附是由于水是极性分子,会抑制有机农药在土壤上的吸附。

2. 挥发作用

挥发作用是土壤中有机农药迁移转化的重要过程,对于易挥发的有机农药,在进入土壤后的 3 天内,因挥发造成的损失可达 90%。有机农药挥发受自身的蒸气压、扩散系数、水溶性、土壤的吸附作用、有机农药的喷洒方式以及气候条件等因素的影响。

3. 降解作用

有机农药在土壤表面可发生光解反应。如西维因光解生成 1-萘酚和异氰酸甲酯,反应为

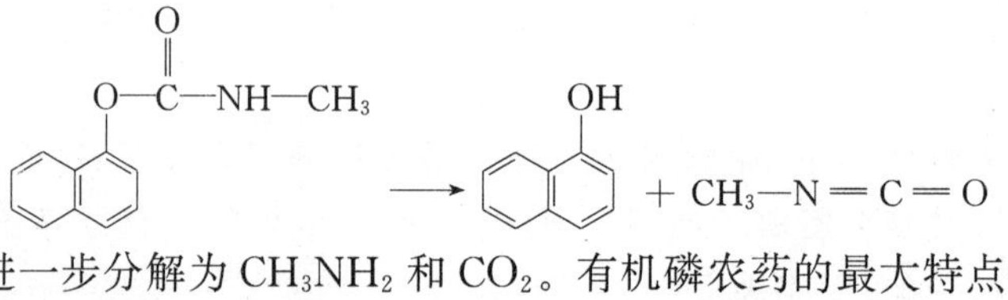

$$(14-6)$$

异氰酸甲酯可进一步分解为 CH_3NH_2 和 CO_2。有机磷农药的最大特点是能直接发生水解降解,降解速度一般随介质碱性的增加和温度的升高而加快。例如,图 14-5 为对硫磷的水解反

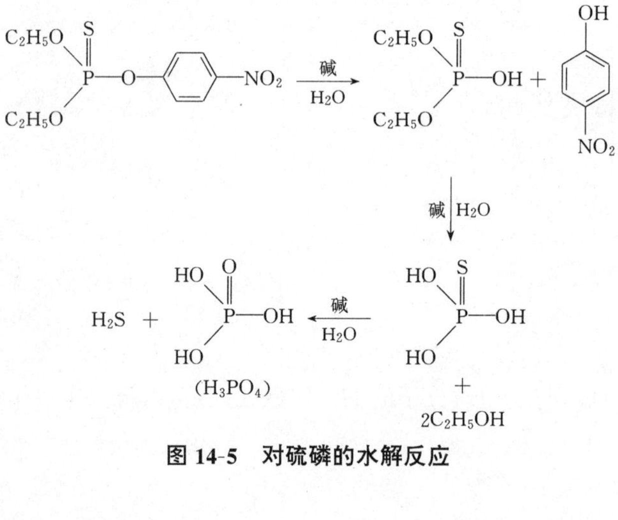

图 14-5 对硫磷的水解反应

应。有机磷杀虫剂的这一特点使其在植物体内可经水解而失去毒性,而不致残留在作物中引起人畜中毒,而且水解后还可以转化成为植物生长所必需的磷肥。

农药还可以被土壤中的微生物降解。仍以西维因为例,土壤中的细菌可将其逐步降解为1,2-二羟基萘,经过一系列步骤进一步降解得到邻苯二酚,其余过程与大多数有机物的降解机制基本一样,最终由丙酮酸进入三羧酸循环彻底分解成二氧化碳和水。反应过程见图 14-6。

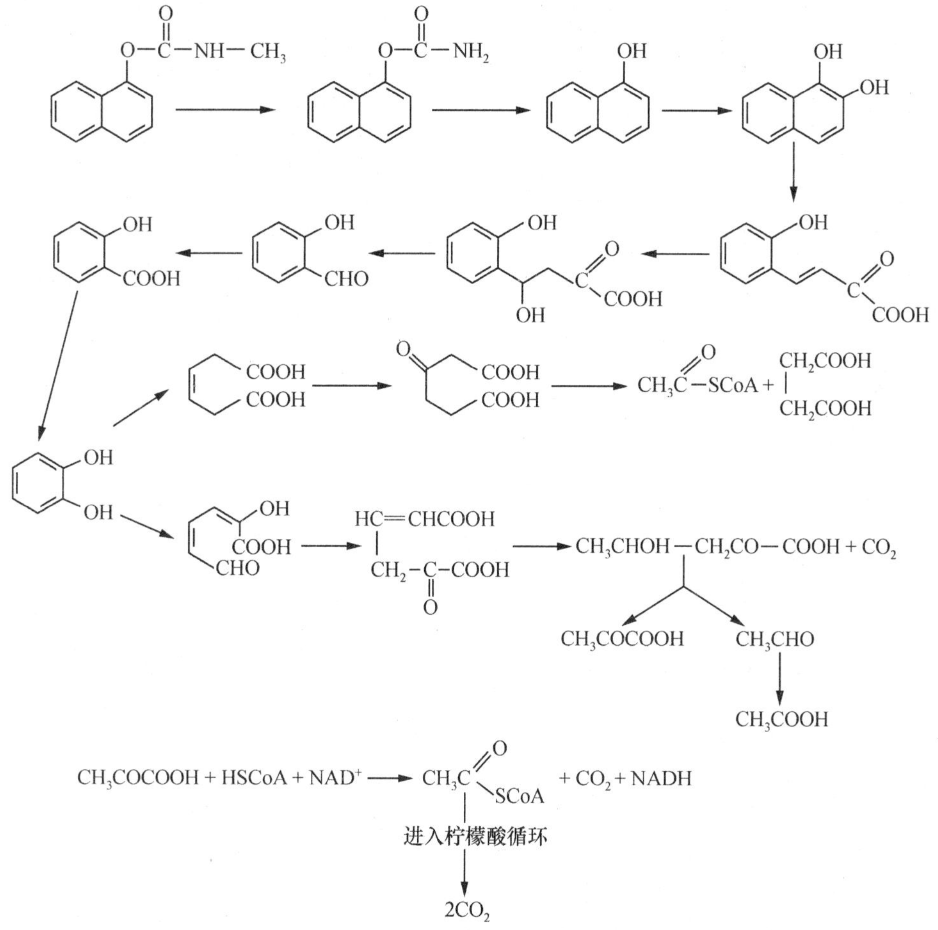

图 14-6　西维因的微生物降解机制

微生物对有机农药的降解在很大程度上受到土壤的含水量、酸度、营养条件、有机物含量、供氧条件等因素的影响。如二嗪农在厌氧条件下能很快被降解,可能是由于降解二嗪农的细菌(如节细菌属、黄杆菌属、链霉属等)属于厌氧菌类,在水淹条件下能大量繁殖,从而加速了二嗪农的微生物降解。

总之,在常用的各类化学农药中,有机氯农药是最难降解的,有机磷农药相对容易降解,氨基甲酸酯类农药最容易降解。

4. 污染物之间的复合作用

土壤-植物系统中除了存在前文所述的重金属之间的复合污染现象外,还存在有机污染物之间以及有机物-重金属之间的复合污染问题。研究发现,有机污染物在土壤环境中的毒性效应往往是非单一性的行为,如各种杀虫剂、除草剂、石油烃、多环芳烃、多氯联苯、有机染料等之

279

间的相互作用,由于能够形成毒性更大的降解产物或中间体,因此要比无机污染物之间的相互作用更为复杂,其结果也更难以预测。表 14-10 概述了几种典型有机污染物之间的相互作用类型和生物学效应。

表 14-10　土壤-植物系统中几种典型有机农药之间构成的复合污染

有机农药	相互作用	生物学效应
DDT 与对硫磷	拮抗作用	DDT 影响对硫磷在生物体内的积累
对硫磷与利眠宁	协同作用	增强急性毒作用
对硫磷与艾氏剂	拮抗作用	降低脑中胆碱酯酶活性
乐果与阿托品	拮抗作用	毒性减弱
西维因与甲基对硫磷	协同作用	使肝脏产生营养不良或坏死
甲基对硫磷与敌百虫	协同作用	毒性增强
灭草隆与阿特拉津	协同作用	毒性增强
十一烷、癸烷、丁烷与 BaP*	加和作用	促癌作用
十六烷与 BaP	抑制作用	对 BaP 的致癌作用有轻微的抑制作用
丁基羟基苯甲醚与 BaP	拮抗作用	对 BaP 引起的胃癌有拮抗作用
毒杀芬与 BaP	拮抗作用	对 BaP 引起的肺癌有降低效应
西维因与 BaP	协同作用	增加肺癌的发病率
涕灭威与十二烷基苯磺酸钠	拮抗作用	SDS 能促进涕灭威降解,加速其解毒

　　引自:周启星,2003。
　　* BaP 表示苯并[a]芘。

　　在土壤-植物系统中还往往同时存在一些难降解的有机污染物和重金属,它们除了自身的毒性效应外,相互之间还可能发生交互作用。例如,重金属离子能与土壤微生物中酶的活性基团—OH、—NH$_2$、—COOH 或—SH 等形成牢固的共价键,从而使酶的立体结构变形,酶活性部位封闭,间接增大了有机污染物的毒性效应。

14.2.3　农药污染对人类和生态环境的危害

　　农药作为有毒的化学物质,由于生产企业对废弃物的处置不当,农药使用中的不合理行为和人类对农药认识程度的局限性以及某些病虫草害所特有的性质,使得农药在为人类做出巨大贡献的同时,也将危险带给了人类。

　　在美国,曾发生过一起轰动全世界的农药公害事件,即拉芙运河污染案。20 世纪 40 年代,胡克化学公司将上百个装有农药废渣的大圆桶堆放到尼亚加拉瀑布附近已经废弃的拉芙运河中,河道填满后,卖给所在地政府并兴建了中学、运动场及住宅区。后来,这里开始出现地面塌陷和儿童生皮疹的现象,到 1978 年春天,许多房屋变坏,而且渗进了剧毒的化学物质。从当地的空气、地下水和土壤中检测出了六六六、氯仿、三氯苯酚、二溴甲烷和三氯乙烯等 80 多种有毒化学物质,其中 11 种被确认为致癌物。头痛、癫痫、溃疡、直肠出血、肝障碍、新生儿生理缺陷等病症困扰着居民们。更为严重的是,该化学公司还在 1947 年至 1972 年期间曾把 3700 吨三氯苯酚废渣在尼亚加拉县到处掩埋,其中含有剧毒的二噁英。为此,当地居民不得不立即疏散,由此引起的健康和经济损失的赔偿纠纷持续了几十年。

　　其实,早在 1962 年,美国的女生物学家 Rachel Carson 就关于农药对环境的污染和对生物毁灭性的危害写下了著名的《寂静的春天》一书。书中通过揭露美国一些地区滥用农药带来的恶果,力图唤起人们对保护生态环境的重要性的认识。尽管在书刚刚出版的时候曾遭到有些人的强烈反对和猛烈攻击,指责作者只不过是编造了一些耸人听闻的故事,但随着时间的推移和化学农药污染问题的日益普遍和加重,人们不得不承认这一严酷的现实。

1. 农药使用中出现的问题

农药使用中较普遍的问题是利用率低、选择性差和害虫的抗药性等。据估算,农药施用后大约 10%~20% 的部分附着在作物茎、叶和果实的表面上,80% 以上的部分在喷洒过程中散落在土壤和空气中,经风吹雨淋广泛传播,严重污染了周围的水体,甚至造成鱼类死亡。

另外,很多广谱型杀虫剂在杀死害虫的同时,也杀死许多益虫,有时甚至杀死了某些害虫的天敌,使害虫反而更加猖獗。

化学农药使用过程中的另一个重要问题就是害虫的抗药性问题。不同的害虫对农药的耐抗性差别很大,例如,烟草害虫中的黑夜盗蛾、杂色夜盗蛾和黑边夜盗蛾,在用艾氏剂和七氯防除它们时,前两种很容易被控制住,但第三种的忍耐性非常强,会立即扩散到前两种原来栖息分布的地方,作为替代种迅速繁殖起来。另外,在农药的长期使用过程中,许多害虫还会渐渐产生抗药性。从 20 世纪 50 年代至今的四五十年中,抗药性害虫种类增加约 10~20 倍,特别是近十年来,棉铃虫、蚜虫、小菜蛾、斜纹夜蛾等多发性害虫对有机磷类、菊酯类化学农药的抗药性增加了几百至数千倍。人们被迫增大使用量、更换农药品种,研制更新、毒性更强的药品,而害虫也在不断适应,一旦有了耐抗力它们便会疯狂地反扑,甚至有些害虫再度复发后的数目比原来还要大。在我国,棉铃虫、稻飞虱、甜菜夜蛾等害虫已几乎成了无药可治的农业害虫。

2. 农药污染对野生鸟禽的影响

农药可经由食物链对野生鸟禽造成毒害,如鸟类食用带农药的昆虫、小动物或有毒种子都会导致中毒。

鸟类对 ChE 抑制剂的敏感程度是哺乳类的 10~20 倍,特别是小鸟感受性更高。鸟类血浆中正常 ChE 值在 2000 IU·L^{-1} 以上。据报道,鹌鹑在喷洒有机磷农药 6 h 后,血浆内 ChE 活性减低 27%。此外,有机磷对机体内的酶还会诱发迟发性的末梢神经障碍。所以,有些鸟类虽然已经中毒仍能存活,在中毒 17~21 天以后才出现症状,多表现为精神沉郁、运动失调、肌肉麻痹和行动障碍等,严重者可进一步产生阵发性痉挛和呼吸困难而死亡。

据报道,我国的河南、山东等棉花产区,采用甲拌磷拌种,虽然杀死了地下害虫蝼蛄等,但喜鹊和猫头鹰因食用带毒的昆虫而大量死亡。在农田施药后,土壤中的蚯蚓体内会积累大量农药,知更鸟吃带农药的蚯蚓而中毒死亡。研究证明,由于食物链的原因,直接威胁鸟类的繁殖率,最明显的是鸟类的卵壳变薄,孵化率下降,特别是那些大型鸟类和猛禽(如鹰、鹫等)。这与这些鸟处于食物链的顶点,而 DDT、狄氏剂等易生物富集有关。

在野生鸟禽中,由于野鸟的种类、栖息场所、食性、生育阶段、营养条件等不同,受危害的程度也不相同。据研究报道,体重和个体大的抗性比个体小的鸟类抗性强。此外,处于饥饿状态的个体也容易引起中毒。这是因为体内脂肪的含量与抗性有密切的关系,而已进入到体内的农药,仅仅是溶解于脂肪体中,直接的毒害作用不大。但是因迁飞或产卵、饥饿必须要消耗储藏的脂肪时,溶解于脂肪中的农药则可以通过血液流入脑等敏感性组织,甚至引起生命危险。生育阶段的鸟类,对农药的抵抗性最差。我们知道,鸟类要产出卵壳厚度正常的卵,需要足够的钙量,其中大部分从食物中摄取,其余部分由母体中储存的钙来补充。正常情况下,生物体内钙的代谢是由雌性激素控制的,而 DDT 等有机氯化合物有促进雌性激素分解酶的作用,使雌性激素被大量分解,钙的代谢不能充分完成,造成卵壳变薄,易破损,同时有些母鸟因自身缺钙还会啄食自己产的卵,两方面共同的影响使得幼鸟的成活率大大降低。

在自然界中鸟类与昆虫是一对矛盾的关系,鸟类是昆虫的天敌,可以起到调节昆虫数量和改变其分布区系的作用。昆虫的生长和繁殖是相当迅速的,如果没有鸟类对它们的控制作用,地球恐怕早就被昆虫淹没了,因此,鸟类其实是人类防治虫害的得力助手,大部分鸟类对林业、牧业都有益处。人类在用化学农药防治虫害的同时,使得一些鸟类也跟着受害,鸟类数目的减少使危害农作物的害虫反而多起来,于是人们不得不更大量地使用农药来消灭害虫,结果更多的鸟类受到毒害,从此进入一个恶性循环中,自然界的生态平衡遭到严重破坏。

3. 农药污染对人类健康的影响

事实上,全球化学农药的使用量一直在逐年增加,从 20 世纪 70 年代到 90 年代的二十年间,基本上翻了一番,达到每年 25 亿公斤。由于农药施用不当,直接造成人中毒死亡的事故时有发生。更普遍的问题是,由于大量化学农药的施用,使农产品中农药的残留量过高,对公众的健康造成了巨大的危害。

我国是世界上农药污染最严重的国家之一,食品中农药检出率相当高。出口的农产品也因农药残留问题而遭受巨额损失。对农药污染进行全面的控制和治理已成为社会和经济发展的迫切要求。

14.2.4 农药污染的综合防治

目前人们还无法完全摆脱对化学农药的依赖,这就需要对化学农药进行严格管理和合理使用,对已经发生化学农药污染的土壤进行科学修复,同时大力开发生物农药(绿色农药),从根本上消除或减少化学农药的生产和使用量。

1. 合理使用农药

在使用农药时,必须了解害虫特点,掌握农药性能,做到"对症下药"。同时,还应注意用药的浓度和剂量,剂量太低达不到杀虫目的,剂量太高则不仅造成浪费,而且还会危害环境。用药时间也是很关键的一点。各种病虫在一年中或每一代的发生过程中都有薄弱时期,掌握了病虫的发生规律,抓住时机,可以起到事半功倍的效果。

另外,长期在一个地区使用同一种农药,会使害虫产生抗药性,单凭增大用量非但不能解决问题,而且还会加重污染,所以应交替使用不同类型的农药,还应注意混用,以增加药效。

在施用农药时还应结合考虑周围环境的具体特征,例如,附近有自然水体,应选用对鱼类影响不大的药剂;若靠近养蚕区则应避免污染桑叶引起蚕中毒等等。只有合理使用农药才能既有效消除病虫害,保证粮食作物丰收,又降低对环境的影响。

有机磷农药和氨基甲酸酯农药在环境中容易降解,在生物体内也容易排泄,这是它们的主要优点,但同时也带来一些缺点,一是急性毒性较高,二是在环境中分解速度太快,药效持久力有限。为了避免这一缺点,目前越来越多地使用一种新的施药方法——缓释技术,即把农药放入一种高效储存体中,施用到农田后,控制农药释放的速度与其在环境中降解的速度相当,这样既充分发挥了药效,又避免对环境造成大的危害。

缓释控制技术分物理型和化学型两种。物理型技术是将农药封入微小的胶囊中,施放到农田后农药慢慢从胶囊的壁孔中渗透出来,发挥药效;化学型控制释放技术则是将带有羧基、羟基或氨基等活性基团的农药与一种有活性基团的载体经化学反应结合为一体,施用后农药从载体上缓慢释放出来,发挥作用。这些技术都延长了农药的有效期,同时也使农药的使用更为安全。

2. 污染土壤的修复

(1) 物理修复法

常见的物理修复法有挖掘填埋法和通风去污法两类。挖掘填埋法是将受污染的土壤人工挖掘出来后运送到指定地点填埋,然后再将清洁土壤填回,使土地可继续利用。此法费用高,只对小范围、污染特别严重的土壤才适用。土壤通风去污法是在受污染地区打井,引发空气流经污染土壤区,使污染物加速挥发而被清除。通风去污效果主要与空气的速率和进气井形状等因素有关。

(2) 化学修复法

化学修复法主要包括化学清洗、光化学降解和化学栅防治等方法。化学清洗法是用化学溶剂将有机污染物从土壤中洗脱去除的方法。由于表面活性剂能改进疏水性有机物的亲水性和生物可利用性,在土壤及地下水有机物污染的化学和生物治理中经常使用,使用较多的有非离子表面活性剂(如乳化剂 OP、Triton X-100 等)、阴离子表面活性剂(如十二烷基苯磺酸钠等)、阳离子表面活性剂(如溴化十六烷基三甲铵、CTAB)和生物表面活性剂等。

生物表面活性剂是由微生物、植物或动物产生的天然表面活性剂。由于其化学结构更为复杂而庞大,临界胶束浓度(CMC)低,清污效果好,且易降解,在清除土壤有机物方面具有独特的优点。

光化学降解法在 20 世纪 80 年代后期开始用于环境污染控制领域,与传统处理方法相比具有高效和污染物降解完全等优点。光降解用于土壤污染的治理主要集中在农药的降解研究上。

化学栅是一种既能透水又具有较强的吸附或沉淀污染物能力的固体材料(如活性炭、泥炭、树脂、有机表面活性剂和高分子合成材料等),放置于废弃物或污染堆积物底层或土壤次表层的含水层,使污染物滞留在固体材料内,从而达到控制污染物的扩散并对污染源进行净化的目的。

根据化学材料的理化性质不同,化学栅可分为沉淀栅、吸附栅和沉淀-吸附混合栅。在实际应用中可根据需要分别选用。一般对有机污染物适合用吸附栅;对重金属污染宜采用沉淀栅;当重金属和有机污染物都有时,采用混合栅更为有效。化学栅在使用过程中存在老化的问题,即沉淀或吸附达到了饱和。另外化学栅的去污效果还与地下水的流向、流速、流量等紧密相关,因此对化学栅饱和能力进行预测和建立地下水模型等都是使用化学栅过程中需解决的问题。

化学修复方法的不足之处主要在于费用较高、有对环境造成二次污染的可能及大范围土壤可操作性差等。

(3) 微生物修复法

微生物修复法的主要原理是微生物利用有机农药作为碳源、磷源及氮源完成自身的新陈代谢过程,使农药在土壤中残留量及毒性减小。它有别于微生物净化,不是生态系统中生物自发清除过程,而是人为控制条件下的生物利用。微生物修复法具有费用低、效果好和操作简单等优点。根据实际操作模式的不同,微生物修复法分为原位治理法和异位治理法。

原位治理法包括投菌法、生物培养法、生物通气法和农耕法等。投菌法就是直接向遭受污染的土壤中接入外源的污染物降解菌,并提供这些细菌生长所需的营养物质,从而达到将污染物就地降解的目的。就地定期向土壤投加过氧化氢和营养物,使土壤中微生物通过代谢将污染物完全矿化为二氧化碳和水的方法称为原位生物培养法。生物通气法的基本原理是人工向污染土壤内通入气流,改善土壤的水/气比,激活土壤中的微生物使污染土壤得以修复。农耕法是对污染土壤进行耕耙处理,在处理过程中施入肥料,进行灌溉,用石灰调节酸度,以使微生物得到最适宜的降解条件。使用该方法时污染物易扩散,但该方法费用低,操作简单,适用于土壤渗透性差、土壤污染较浅、污染物又易降解的污染区。

异位治理法有预制床法、堆肥法、生物反应器法和厌氧处理法等。预制床法是在不泄漏的平台上铺上石子和砂子,将受污染的土壤以 15~30 cm 的厚度平铺在平台上,加上营养液和水,必要时加表面活性剂,定期翻动充氧,并将处理过程中渗透的水回灌于土层上,以达到完全清除污染物的目的。该方法实质上是农耕法的一种延续但是它降低了污染物的迁移。

堆肥法是生物治理的重要方式,是传统堆肥和生物治理的结合。它依靠自然界广泛存在的微生物使有机物向稳定的腐殖质转化,是一种有机物高温降解的固相过程。一般方法是将土壤和一些易降解的有机物如粪肥、稻草和泥炭等混合堆制,同时加石灰调节酸度,经发酵处理可将大部分污染物降解。影响堆肥法效果的主要因素有水分含量、碳氮比、氧气含量、温度和酸度等。

生物反应器法与预制床法原理相近,只是把污染土壤移到生物反应器中进行处理,降解完成后快速过滤脱水。该方法处理效果和速度都优于其他方法,但是费用很高。

对于三硝基甲苯、多氯联苯等好氧处理效果不好的一些有机物,可采用厌氧处理的办法。厌氧处理的条件相对难于控制,因而应用比好氧处理少。

(4) 植物修复法

植物对有机污染物的去除机制有三个方面:一是植物对有机污染物的直接吸收;二是植物释放的分泌物和酶刺激微生物的活性加强其生物转化作用或由酶直接分解有机污染物;三是植物根区及其与之共生的菌群增强根区有机物的矿化作用。

植物对有机物的直接吸收是植物将有机物吸收进体内,再将其无毒的中间产物储存于植物组织中,或通过代谢和矿化等作用将其转变为二氧化碳和水,这是污染物去除的重要机制。

植物根部的分泌物有利于降解有毒的化学物质,能刺激根区微生物活性。植物的分泌物包括多种酶和有机酸,这些酶和有机酸为微生物提供了营养物质,从而加快了微生物的繁殖。植物根部分泌的酶有些是能直接降解某些有机化合物的。有研究表明,硝酸盐还原酶能降解军火废物的 TNT。脱氯酶可降解含氯溶剂使之生成氯离子、二氧化碳和水。因此,利用植物分泌酶的特性筛选具有去污能力的植物可能有一定的指示意义。

植物修复可以在污染土壤上进行原位修复,具有工程量小、费用低、易操作、有一定经济与生态效益及美学效果等优点。植物可以利用土壤中的有机农药作为营养源,从而改变农药的化学性质与毒性,其修复效率受植物的种类、农药浓度、农药性质、降解时间、土壤理化性质等多方面因素的影响。

14.2.5 生物农药的开发和利用

随着 POPs 公约的签署,一些危害严重的有机氯农药已经被列入禁用或限制使用的名单。另外,其他一些高毒的有机磷农药等也已被禁止用于农作物生产,因此,要想保证农作物的优质高产,同时又减少对化学农药的依赖,必须大力发展"无公害农药",做到真正从源头控制农产品的农药残留超标问题。在现阶段,生物农药是最有发展前途的一类农药产品。

生物农药又称为生物源农药,一般指直接利用自然界的活体生物或从某些生物中获取的具有杀虫、防病作用的活性物质及人工模拟合成的与天然化合物结构相同的农药产品。生物农药包括微生物农药、生物化学农药、植物源农药、转基因农药、天敌生物农药等,目前国内外实现大规模产业化的农药主要是微生物农药。

1. 微生物农药

微生物农药是利用细菌、真菌、病毒等微生物有机体或其代谢产物作为活性成分的农药,是生物农药中最大的一类,包括细菌类、真菌类、病毒类、抗生素类和原生动物类等。下面介绍几种主要的微生物杀虫剂。

（1）细菌杀虫剂

目前,研究历史最长、应用最广泛的细菌杀虫剂是苏云金芽孢杆菌（*Bacillus thuringiensis*,简称 Bt）,Bt 的不同亚种和株系均能产生一种由不同蛋白质组成的毒素,该毒素能结合到昆虫幼虫的内脏受体上,破坏内脏使昆虫致死,只需 1～3 天时间。据不完全统计,世界上已生产的Bt 制剂有 91 种,用于防治危害柿类、苹果等的 150 多种鳞翅目及其他多种害虫。其他正在开发的细菌杀虫剂还有球形芽孢杆菌、金龟子芽孢杆菌、缓弛芽孢杆菌和绿粘帝霉菌等。

（2）病毒杀虫剂

病毒是一类形体比细菌更加微小,没有典型的细胞结构,但有遗传、变异等生命现象的微生物。目前应用较广的是核型多角体病毒、颗粒体病毒和质型多角体病毒。试验表明,斜纹夜蛾多角体病毒、舞毒蛾核多角体病毒和棉铃虫核多角体病毒等的应用效果良好。

核型多角体病毒的杀虫机理是当被昆虫的幼虫吃进后,在消化道内多角体外部的蛋白质被分解,很快释放出病毒粒子。病毒粒子穿过肠壁进入体腔,在被感染的细胞中继续增殖,形成新的多角体,使昆虫发生病毒病,直到病重而死。这样,在杀死害虫的同时,还以害虫为营养源生产出了大批新的病毒。实际生产中也是利用这一方法,先饲养大量昆虫,然后用病毒感染,再将病虫、死虫收集起来,回收多角体,就制成了病毒制剂。

（3）真菌杀虫剂

利用虫生真菌防治害虫的研究工作已有近百年的历史,真正用于田间防治害虫的是 1890年美国堪萨斯州第一次用白僵菌防治麦长蝽。白僵菌寄生的虫体,患病死亡后呈白色僵硬状,体表长满菌丝和白粉状孢子,故称为白僵菌。其他重要的真菌杀虫剂还有绿僵菌、赤僵菌和虫生藻等。真菌的杀虫机理是,真菌孢子接触虫体后,在适宜环境下萌发,长出菌丝,穿过害虫体壁,并在虫体内大量繁殖,使害虫染病而亡。

微生物杀虫剂由于能专一杀死害虫,不易使害虫产生抗药性,且对人、畜和农作物安全无害,也不残留毒性,所以被称为"无公害农药"。目前人们除了研究如何提高微生物杀虫剂的应用技术外,还在进行基本理论的研究,以进一步了解微生物杀虫剂的致病机制、传染途径,并查明其化学结构,将微生物防治发展到分子水平,为进一步的开发利用打好基础。

2. 植物性农药

植物性农药是来自植物的提取物,故称为"绿色农药"。例如,从除虫菊中提取的除虫菊素,是一种化学结构十分复杂的酯类化合物,剧毒,能在几秒钟内迅速杀死害虫,但缺点是没有持久性。又如：从鱼藤中提取出的鱼藤酮有很强的杀虫力,既可以通过胃部吸收后毒杀,又可以触杀,它可消灭 800 多种害虫,100ppm 浓度的溶液即可杀死蚜虫。从喜树中分离得到的喜树碱是目前发现的最有效的植物性昆虫不育剂。苦皮藤根皮中分离出的苦皮藤素 Ⅳ 是一种昆虫麻醉剂,广泛用于杀灭害虫。

植物性农药的推广面临的问题之一是提取过程复杂,提取率也很低。据估算,几吨相关的植物中只能提取几百毫克。因而化学家们正在试图找出合成的办法。

3. 昆虫激素

许多动物活性物质也具有杀虫抑菌作用。昆虫信息素就是常用的一种,它在病虫害防治中发挥着重要的作用。性外激素能够影响昆虫交配,还可将害虫引诱到有病原细菌、真菌、病毒和原生动物的地方,被引诱来的害虫将病菌带回种群使疾病在种群中蔓延从而消灭更多的害虫。保幼激素和蜕皮激素也能成功抑制害虫生长繁衍或加速其衰亡。某些真菌产生的几丁质酶能分解线虫、软体动物、节肢动物的外骨骼、昆虫的肠道、真菌细胞壁和藻类中的几丁质,从而杀灭害虫,是一种优良的生化杀虫剂。

4. 转基因植物农药

转基因植物农药是利用分子生物学技术将某些生物特定的基因转入其他作物中,从而使作物获得特定抗病虫害性状,培育出多种优良品种。例如,将苏云金杆菌杀虫蛋白的基因提取出来植入植物基因组,该植物就能产生代替 Bt 杀伤害虫的物质。这类植物有 Bt 转基因玉米、Bt 转基因烟草、Bt 马铃薯和 Bt 棉等。又如,几丁质酶具有良好的杀虫、杀菌性能,其活性基因已经测定,经转基因后已成功获得了有抗性的植物。

转基因农药自 1983 年问世以来,发展十分迅速。世界转基因作物种植面积现已占到世界总耕地面积的约 2%,种类达 120 种左右,其中四种主要的转基因作物是玉米、棉花、大豆和加拿大油菜籽。在部分国家和地区,转基因作物已成为农作物种植的主流,大大减少了除草、杀虫农药的使用。随着技术的不断完善,转基因作物还会有更好的发展。

与化学农药相比,生物农药主要有下面几方面的优势:第一,生物农药高效,用量少,且具有专一性,只对靶标病虫产生作用,不会影响到其他有益的生物;第二,生物农药的毒性通常比传统农药低,对作物没有影响,无残留,保证产品质量;第三,病虫害不易产生抗药性,这是由生物农药复杂的作用机制决定的。

因此,生物农药从总体上避免了由传统的化学农药带来的污染问题,对保护生态环境和人体健康十分有利。但从目前来看,生物农药在实际推广应用方面还相对较为迟缓,主要与生物农药需要一定的专业使用技能,且成本相对较高等因素有关,这有赖于进一步改进生物农药的生产和使用方法,使之更加经济和简单易行,另外也需要在政策和管理方面有所引导和加强。

总之,全面限制高毒化学农药的生产和使用,加大污染土壤的治理力度和加快研究及推广无公害生物农药的步伐,提高农产品质量的安全水平,是突破国际市场上众多"绿色壁垒",保障我国社会和经济可持续发展的必经之路。

第 15 章　室内环境问题

"室内"包括居家、办公室、交通工具、教室、商场、医院、宾馆和娱乐场所等相对较为封闭的场所。人一生中约 70%～80% 以上的时间是在室内环境中度过的,因此,从污染物的人体暴露(personal exposure)来看,室内环境状况是关系到每个人的健康和生活质量的重大问题。

一些密闭或通风不良的建筑物内的空气可刺激人体的粘膜和皮肤,甚至使人出现乏力、头晕、头痛和不安等症状,而大部分患者离开建筑物后不久症状即很快缓解和消失,这种建筑物被称为致病建筑物,相应的症状称为致病建筑物综合征(sick building syndrome,简称 SBS)。据调查,我国目前有近 4 亿人不同程度地患有气喘及过敏性鼻炎,不良的室内空气质量是主要原因之一。

近年来,由于现代新型建筑材料逐渐取代传统的砖木结构,同时为了减少能源消耗,建筑物的密闭性越来越强,加之室内装饰、家具制品、家电和办公用品的现代化等,使得室内环境问题日益突出。目前各类室内环境问题中最受关注的是室内空气质量(indoor air quality,简称 IAQ),另外还有噪声、电磁辐射、居室设计不合理、室内色彩不和谐和房间不整洁等问题,对人的身体健康和情绪都有可能造成不良影响。

15.1　室内环境问题概述

15.1.1　室内环境质量的主要影响因素

1. 室外空气质量

室内和室外空气质量的特征不尽相同。在外场条件下,空气质量与污染物的排放、传输、转化和沉降等过程密切相关。在室内更多地关注污染物排放后的扩散与室内空气质量之间的关联,由于缺乏太阳光和风的驱动,化学转化不如室外环境时的过程活跃和复杂。但室外仅仅是相对封闭的环境,室内和室外的环境质量具有十分密切的关系。

室外空气通过渗透、自然通风和人工通风等方式进入室内。在渗透过程中,室外空气经空气通道以及墙壁、屋顶和地板等的缝隙等进入室内。在自然通风过程中,空气通过敞开的门窗等进入室内。在这两个过程中,空气的流动是由室内外的温差或风力驱动的。为了加强空气流通,室内往往装备许多机械通风设备,这些设备将室内(如浴室、厨房等)的空气送到室外,从而增大室外空气向室内的补充。当渗透、自然通风和人工通风能力差时,室内的污染容易累积到较高的浓度水平。

当然,无论快慢,室内外空气总是在不断交换,因此室内空气的质量会受到室外空气质量的影响。机动车尾气、固定源的 SO_2 排放及转化后的颗粒物、扬沙浮尘等都会对室内空气质量产生影响。对某些污染物而言,室外空气是惟一来源。我们已经知道臭氧的生成是紫外线照射下光化学过程的产物,因此除非室内有复印机或静电除尘器等可能产生放电的电器设备,否则在通常情况下室内不会产生臭氧。但事实上测得室内的臭氧浓度一般都在 $5\sim15\,\mu\mathrm{g\cdot m^{-3}}$ 的浓度水平。大部分情况下这些室内空气中的臭氧都是来自室外。

2. 空气交换速率

建筑物的空气交换率是指单位时间内室内空气与室外空气的换气次数,用次·$\mathrm{h^{-1}}$ 表示,也可简化为 $\mathrm{h^{-1}}$。计算方法如下:

空气交换率($\mathrm{h^{-1}}$)＝单位时间进入室内的空气体积($\mathrm{m^3\cdot h^{-1}}$)/室内空气总体积($\mathrm{m^3}$)

$$(15\text{-}1)$$

空气交换率与建筑物的结构设计、使用方式及天气条件等有关。开放式设计的建筑室内外空气交换充分。在气压低的阴雨天气,室内外空气对流较弱。在夏季使用空调或冬季取暖期间,空气交换速率大大下降,约为 $1\,\mathrm{h^{-1}}$,而对于密封节能的建筑物则只能达到 $0.5\sim0.1\,\mathrm{h^{-1}}$。在这些室内外交换受限的情况下,室外大气对室内空气质量的影响较小,但由室内源产生的各种化学物质易蓄积达到较高浓度。

3. 室内材料

室内建筑材料、装饰材料和家具制品等既是室内空气的主要污染源,又能通过表面吸附和再释放改变污染物在室内空气中的时空分布,对室内空气质量造成显著影响。

室内材料可释放出多种有毒有害气体,例如,水泥、粘土、砖瓦和煤渣等建筑材料中都不同程度地含有痕量放射性元素,这些放射性元素可衰变产生氡气(Rn),成为 α 辐射的来源。又如许多现代合成的高分子聚合物用做建筑和室内装饰材料,可连续不断地释放出甲醛,对人体健康造成极大危害。

对于排放速率相近的不同气态污染物,由于在室内材料表面的吸附程度不同,空气中的浓度会有很大差别。吸附较弱的污染物在空气中的浓度主要取决于排放速率,在排放过程中浓度较高,排放停止后浓度也很快下降。吸附较强的污染物在排放过程中空气浓度并不高,但在排放停止后会通过重新释放使空气中浓度升高。吸附作用的大小与气态污染物本身的性质和材料的性质及数量有关。

4. 室内活动

人在建筑物内进行的活动是影响室内空气质量的另一项重要因素。一是为烹调或取暖的燃烧过程,会释放出多种无机气体、挥发性有机物以及颗粒物质。燃烧产物与燃料组成、燃氧比及其他燃烧条件有关。燃料的类型多种多样,我国城市家用燃料主要是煤炭,包括原煤和型煤,约占燃料总量的 $50\%\sim80\%$。其次是煤气和液化气,约占 $20\%\sim50\%$。在农村地区,燃料仍以煤和生物性燃料,如木柴、畜粪和庄稼秸秆等为主,这和发达国家的燃料结构有显著的不同,后者使用的几乎都是商品性燃料,尤以电和天然气为主。因此,由燃料燃烧带来的室内污染问题在我国显得更加突出。

不同地区的煤质地差别很大,燃烧产物也不尽相同。一般来说,煤除了富含基本的组成元素碳和氢外,还常含有少量的硫、氮、氟、砷、铁、钙、镍等元素。这样在燃烧过程中除生成主要产物二氧化碳外,还会同时释放二氧化硫、氮氧化物、氟化物等气体和不同量的煤烟,燃烧不完全时,还会产生一定量的一氧化碳。生物性燃料常因含有复杂的有机化合物,燃烧效率低时可产生甲醛、乙醛和有机酸等刺激性很强的气体,同时还产生大量的以碳粒、杂酚油、焦油等为主的悬浮颗粒物质。焦油中所含的多种多环芳烃都属于致癌物质。

燃烧产物排放到室内的程度还取决于燃具的设计。高效能的燃气炉将氧气吸入,将废气直接排到室外,可有效减少室内空气污染,而敞开式的燃具则把大量的气体和颗粒物直接排到室内,若室内通风状况不好,则空气质量急剧恶化。

另一个燃烧过程是吸烟,吸烟的产物是多种挥发性有机物和颗粒物的混合物,典型的组分有尼古丁、3-乙烯基吡啶、1,3-丁二烯、苯、苯酚、甲酚、萘、甲基萘和丙烯醛等,在密闭场所吸烟造成的影响尤其严重。此外,所有的清洁活动,包括机械清扫导致的扬尘和使用挥发性清洁剂等,都会改变室内空气的组成。

5. 污染物的性质

对于化学性质较稳定的化合物,其在室内外浓度的稳态方程可用下式表示:

$$R_i = k_e c_i - k_e c_o \tag{15-2}$$

式中 R_i 为该化合物在室内的净产生速率(浓度·次$^{-1}$);c_i 和 c_o 是化合物的室内和室外浓度;k_e 是大气交换的一级速率常数,定义为空气交换速率,单位:次$^{-1}$。在稳态下,室内浓度为

$$c_i = c_o + R_i/k_e \tag{15-3}$$

在室外贡献可忽略的情况下,$c_i = R_i/k_e$;而若室内不产生该化合物,则 $c_i = c_o$。

但对有些化合物,在从室外进入室内时可能会通过反应转化为其他物质。以大气中重要的气溶胶物种硝酸铵(NH_4NO_3)为例,近年来的实时测定发现,室内硝酸铵浓度明显低于室外,比考虑了穿透和沉降造成的损失后还要低很多。这种额外的损失可归因于硝酸铵在室内转化成了氨和硝酸气体,然后通过沉降和吸附到室内表面除去。反应如下:

$$NH_4NO_3(s) \rightleftharpoons HNO_3(g) + NH_3(g) \tag{15-4}$$

$$NH_4^+(aq) + NO_3^-(aq) \rightleftharpoons NH_3(g) + HNO_3(g) \tag{15-5}$$

采用考虑了硝酸铵蒸发动力学的质量平衡模式,可以解释室内测得的硝酸铵和硝酸浓度,结果表明室内硝酸铵的暴露并不严重。因此在某些情况下,采用室外测得的总粒子质量评价暴露水平可能会与实际情况存在较大差别。

建筑物可看做是嵌在室外大气环境中具有不同表面体积比、温度和停留时间的小化学反应箱,与外界相互作用并受到外界影响。若化合物在室内的反应时间极长,则并不特别重要。相变化可能影响浓度,在建筑物内的表面蒸气吸附或反应对半挥发性组分在蒸气和粒子相之间的分配十分重要。例如反应(15-4)和(15-5)的平衡常数与环境温度和相对湿度密切相关。而且温度和湿度还会影响 NH_4NO_3 粒子的物理状态,在相对湿度大约 60% 时,该粒子在常温下就会溶解。

15.1.2　室内环境污染的主要类型

1. 放射性污染

主要包括由建筑用地质材料释放出的氡气及其衰变子体,以及大理石、洁具和地板等释放的 γ 射线等。

2. 化学污染

包括从建筑材料、装饰材料、家具制品、家用洗涤与化妆等化学品和燃烧过程释放出的各种有机和无机污染物。典型的无机污染物有氮氧化物、硫氧化物、碳氧化物、臭氧和氨等;典型的有机污染物包括甲醛、苯和甲苯等挥发性有机污染物。此外还有组成十分复杂的颗粒物污染物,如石棉、多环芳烃等。

3. 物理污染

包括家用电器和现代办公用品产生的电磁辐射,以及噪声、灯光、温度和湿度过高或过低等引起的相关问题。

当室内环境温度高于体表温度时,人的体温调节系统处于高负荷状态,人体通过排汗、蒸发散热来调节体温,大量出汗会使体内水分、盐分快速流失,新陈代谢失调,引起循环、消化、泌尿和神经系统功能变化而诱发中暑和皮肤病等热病,可导致心脑血管、糖尿病的发病率和死亡率上升。另一方面,当气温过低时,人体皮肤血管收缩,体内热量减少,内脏负担加重,血流量增加,可导致心率加速、呼吸急促,并引发哮喘和循环系统疾病等。

4. 生物污染

包括人体新陈代谢排出的各种气体、病菌携带者在咳嗽、打喷嚏时喷出的病毒、细菌等。此外,在通风差、湿度大的角落里会产生真菌等微生物,某些室内花卉产生的花粉有时也成为威胁健康的隐患。

15.2 室内放射性污染

在建筑物中,大多数高于室外背景水平的放射性都与氡有关。氡(Rn)的原子序数为86,是一种无色、无味、具有放射性的惰性气体。氡是铀和钍衰变过程的产物,这两种放射性同位素广泛存在于许多地质材料中,半衰期分别为 4.5×10^9 年和 14×10^9 年。由于寿命较长,在建筑物的地基和周围土壤中都存在,甚至在与这些岩石土壤相接触的水体中都有一定含量。另外,建筑材料,如花岗岩、砖沙、水泥、石膏以及卫生洁具等,若原材料取自放射性同位素含量高的地区,也会成为室内空气放射性污染的重要来源。

铀和钍的衰变过程都涉及复杂的放射化学反应,释放出 α,β 和 γ 射线,产物分别为 ^{222}Rn 和 ^{220}Rn,反应如下所示:

$$^{238}U \xrightarrow{\alpha} {}^{234}Th \xrightarrow{\beta} {}^{234}Pa \xrightarrow{\beta} {}^{234}U \xrightarrow{\alpha} {}^{230}Th \xrightarrow{\alpha} {}^{226}Ra \xrightarrow{\alpha} {}^{222}Rn$$

$$^{232}Th \xrightarrow{\alpha} {}^{228}Ra \xrightarrow{\beta} {}^{228}Ac \xrightarrow{\beta} {}^{228}Th \xrightarrow{\alpha} {}^{224}Ra \xrightarrow{\alpha} {}^{220}Rn$$

$$(15-6)$$

从建筑材料中直接释放出的 α 粒子往往在到达周围空气之前大部分已被材料基体吸收了,只有少数粒子能够逸出材料表面进入空气中,这些粒子构成建筑物内背景放射性的一部分。α 粒子也很容易被空气吸收,很少能移动到离固体或液体源 $30 \sim 40$ cm 以上的距离,在此过程中遇到生物组织时,会被强烈吸收,但不会穿过表面。而氡气的情况不太一样,它作为一种气体从建筑物的缝隙、周围土壤和水体中释放到空气中,可被人体呼吸道吸入体内。在氡的两种同位素中,^{220}Rn 的半衰期仅为 55.6 s,几乎来不及进入空气或在空气中蓄积就很快进一步衰变了,因此在空气中的含量很小,不如 ^{222}Rn 重要。^{222}Rn 的半衰期为 3.8 天,可被吸入体内并继续发生衰变,衰变产生的 ^{218}Po、^{214}Pb、^{214}Bi 和 ^{214}Po 等称为氡子体,半衰期都很短,为重金属同位素的固体颗粒,最终的衰变产物为铅。Rn 的衰变过程中释放出更多的 α 粒子,可沉积在体内组织上,甚至会与细胞分子直接作用。Rn 在空气中的衰变产物如钋-218 和钋-214 也可吸附在颗粒物上,随呼吸进入体内。

室内空气中 Rn 的产生和清除之间的半定量关系可用式(15-2)推导出来。设室内放射性衰变的稳态速率为 A_i,用单位时间内单位体积空气的活度表示,单位为 $Bq \cdot m^{-3}$。这也是衡量放射性元素浓度的一种方法。在建筑物外的衰变速率是常数 A_o(Bq·m^{-3})。k_e(h^{-1})是空气交换速率,k_d(h^{-1})是 Rn 的放射性衰变常数。这样式(15-2)就转变为

$$R_i + k_e A_o = k_e A_i + k_d A_i \tag{15-7}$$

上式左边包含了 Rn 的内部和外部来源,右边是通过交换和放射性衰变的清除。整理后得

$$A_i = (R_i + k_e A_o)/(k_e + k_d) \tag{15-8}$$

^{222}Rn 的半寿命为 3.83 天,相当于衰变常数

$$k_d = \ln 2/t_{1/2} = 0.00754 \ \mathrm{h}^{-1}$$

假定建筑物内放射性活度的产生速率为 $R_i = 10 \ \mathrm{Bq \cdot m^{-3}}$,则外部放射性活度 $A_o = 4 \ \mathrm{Bq \cdot m^{-3}}$,这是与氡有关的室外放射性活度的全球平均水平。当空气交换速率为 20 h^{-1}(开放型建筑物,空气交换性良好)时,A_i 为 4.5 Bq·m^{-3};但当空气交换速率为 0.1 h^{-1}(密闭型高节能建筑物,空气交换性较差)时,A_i 为 97 Bq·m^{-3}。显然,Rn 的室内产生速率和室外活度均是影响室内活度的重要因素。

一般放射性活度水平小于 10 Bq·m^{-3} 被认为较低,100 Bq·m^{-3} 左右为正常,大于 4000 Bq·m^{-3} 为高放射性。我国《室内空气质量标准》规定室内空气中氡的限值为年平均 400 Bq·m^{-3}。

15.3　室内挥发性有机污染物污染

室内空气中挥发性有机物的来源十分复杂,已确认的几个主要方面包括:

(i) 建筑材料:如人造泡沫隔热材料、塑料板材、地砖等;

(ii) 室内用品:如地毯、挂毯、化纤窗帘、壁纸等;

(iii) 化学品:如油漆、含水涂料、粘合剂、化妆品、洗涤剂和捻缝胶等;

(iv) 办公用品:如油墨、复印机和打印机等;

(v) 化石燃料燃烧和吸烟;

(vi) 人体排泄物;

(vii) 室外输入等。

就室内源而言,新材料的排放量尤其大,一般在前几个月中排放速率快速下降,然后缓慢减少。按化学结构不同,挥发性有机化合物可分为烷烃、烯烃、芳香烃、卤代烃、醛类、酮类和酯类等,沸点一般在 50~250℃之间。燃烧产生的挥发性有机物的数量和性质与燃料类型和燃烧条件有关,煤、木材和其他生物质燃料比天然气和汽油倾向于排放出更多的气态碳氢化合物和部分氧化的挥发性有机物。当前者在无通风设备的条件下燃烧时,室内这些气体的浓度会急剧升高。

挥发性有机化合物对人体健康的影响主要是刺激眼睛和呼吸道,引起皮肤过敏,使人感到头痛、咽痛与乏力等。值得指出的是,研究发现挥发性有机物之间存在协同作用,即当多种挥发性有机物共存时,尽管每个化合物的含量都低于限值,但它们之间有相互增强和促进作用,仍会对人体造成严重危害。因此总挥发性有机物(TVOC)是反映室内空气中挥发性有机物的污染程度的一个重要综合性指标。

TVOC 指利用 TenaxGC 或 TenaxTA 采样,用非极性色谱柱(极性指数小于 10)进行分析,保留时间在正己烷和正十六烷之间的挥发性有机化合物。在非工业性的室内空气中,已检

测到上百种挥发性有机化合物,成分复杂,单个化合物的浓度一般不超过 $50\ \mu g \cdot m^{-3}$。我国《室内空气质量标准》规定室内空气中 TVOC 的限值为 $0.60\ mg \cdot m^{-3}$。

下面具体介绍甲醛、苯及其同系物、酞酸酯、三氯乙烯和尼古丁等污染问题较为突出的几种典型的室内挥发性有机污染物。

15.3.1 甲醛

甲醛(HCHO)为无色易溶于水的液体,挥发性很强,有刺激性气味。室内甲醛主要来源于建筑材料、家具、人造板材、各种粘合剂涂料和合成纺织品等等。矿物燃料燃烧排放的甲醛量很小,但吸烟是甲醛的一个重要排放源。据测定每支烟可排放约 $2.4\ mg$ 甲醛,而从香烟直接吸入体内的烟气中的甲醛浓度可能超过警戒浓度 400 多倍。

目前各类人造板材及其家具在制作中通常采用脲醛树脂作为胶粘剂,我国人造板材 80% 以上使用脲醛树脂,年消耗量接近 10 万吨。脲醛树脂聚合物有多种形式,可能是甲醛的最大排放源。若这些聚合物制成的是高密度模块或压合塑料,其表面积相对较小,释放出甲醛的速率相对较慢。但脲醛聚合物还有很多是制成泡沫形式使用的,这是一种海绵状多孔固体,具有巨大的表面积。这些脲醛树脂是高效、方便的绝缘材料,在寒冷地区被大量用做建筑材料。然而它们也被发现释放大量的甲醛,释放速率有快有慢,与甲醛是以游离态还是结合态形式存在有密切关系。

新材料在初始阶段快速释放的是游离甲醛,树脂末端的 N-羟甲基也可以快速反应,释放出甲醛:

$$RNHCONHCH_2OH \longrightarrow RNHCONH_2 + HCHO \tag{15-9}$$

当这些源消耗完毕,连续、近似稳态的缓慢释放过程就开始了,大多是由于聚合物骨架上的亚甲基桥基的水解反应产生的:

$$RNHCONHCH_2NHCONHR + H_2O \longrightarrow 2RNHCONH_2 + HCHO \tag{15-10}$$

在高温下,释放速率加快。另外,因为反应是水解反应,在稳态过程中若遇潮湿条件则速率会明显增加。图 15-1 是建材中含甲醛的新建筑物中 HCHO 释放过程的时间曲线。

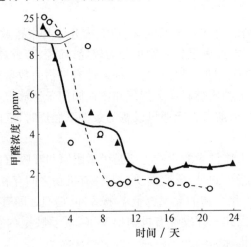

图 15-1 新建筑物中 HCHO 释放过程的时间曲线
室温保持 33℃,采样 30 min 测定;▲ 对应高湿度条件, ○ 对应低湿度条件

空气中甲醛的清除反应在第 3 章中已介绍过,甲醛分解反应的第一步是一个光化学过程,需要吸收 UV-B 和 UV-A 低波段的辐射才能发生,荧光灯发射大量的 UV-A,但白炽灯发出的光大多是在可见光和近红外区。

$$HCHO + h\nu(\lambda < 330\,nm) \longrightarrow HCO + H \tag{15-11}$$

以上光解产生的两个自由基继续与氧反应,生成过氧氢自由基:

$$H + O_2 \longrightarrow HOO \tag{15-12}$$

$$HCO + O_2 \longrightarrow HOO + CO \tag{15-13}$$

过氧氢自由基是反应活性很强的物种,可通过一系列反应消除,例如氧化 NO:

$$HOO + NO \longrightarrow OH + NO_2 \tag{15-14}$$

室外清洁大气中甲醛的浓度通常在 10 ppbv 以下,但在含有许多甲醛排放源的建筑物内,经常能观测到 100～500 ppbv 的浓度。浓度比这个范围再高出几倍的情况也不少见。一般将混合比 100 ppbv 作为警戒浓度。

甲醛对眼、鼻、喉的粘膜有强烈的刺激作用,甲醛暴露最普遍的症状就是眼睛受刺激和头痛,严重的可引起过敏性皮炎和哮喘。美国 EPA 最近的一项研究指出甲醛是导致某种罕见类型喉癌的强烈可疑物。由于甲醛可与蛋白质反应生成氨次甲基化合物而使细胞中的蛋白质凝固变性,因而可抑制细胞机能。据分析,前文提到的致病建筑物综合征主要就是由于甲醛和其他挥发性有机物作用引起的。此外,甲醛还能和空气中的离子性氯化物反应生成二氯甲基醚,而后者是一种致癌物质。

如果室内有大量的高比表面材料,例如书架上的书和纸、地毯、布料和其他纺织品等,甲醛等有机物还会被吸附在这些材料表面,当人多、室内温度升高的时候又重新释放出来,加剧污染效应。

甲醛作用含量一般认为在 0.12 mg·m^{-3}。我国《室内空气质量标准》规定室内空气中甲醛的限值为 0.10 mg·m^{-3}。

15.3.2　苯、甲苯和二甲苯

苯(C_6H_6)、甲苯(C_7H_8)和二甲苯(C_8H_{10})都是常用溶剂,挥发性较强,有芳香气味,不溶于水,溶于乙醇等有机溶剂。在汽油、油墨、涂料、塑料和橡胶中都含有苯,另外在洗涤剂、炸药、药物和染料的生成过程中也用到苯。室内空气中的苯主要来自吸烟烟雾、装饰材料、人造板家具、各种涂料的添加剂、稀释剂和空气消毒剂等。甲苯和二甲苯的主要排放源是建材、装饰材料及人造板家具的溶剂和粘合剂。新装修的房间中苯及甲苯、二甲苯的含量往往很高。

苯的健康效应表现在血液毒性、遗传毒性和致癌性三方面。苯能对呼吸道产生麻醉和刺激作用,并在体内神经组织及骨髓中蓄积,破坏造血功能。据文献报道,室内苯浓度超过 2.4 mg·m^{-3}时,人在短时间内就会出现头痛、胸闷、恶心、呕吐等症状;在 64.8～162 mg·m^{-3}的苯蒸气浓度下暴露 1 年,可导致急性非淋巴白血病(ANLL);浓度为 64.8～324 mg·m^{-3}时,可导致染色体变异;浓度达 810～1620 mg·m^{-3}时,暴露 1 h 即会破坏中枢神经系统,引起头晕、倦睡、恶心等症状;在浓度高达 64 800 mg·m^{-3}的苯蒸气中暴露 5～10 min 即可致死。

甲苯和二甲苯对健康的危害主要是对中枢神经系统的损伤和引起粘膜刺激。甲苯、二甲苯的浓度达到 423～2000 mg·m^{-3}时,可刺激眼睛、鼻腔及咽喉。

我国《室内空气质量标准》规定室内空气中苯的限值为 $0.11\,\mathrm{mg\cdot m^{-3}}$,甲苯和二甲苯的限制均为 $0.20\,\mathrm{mg\cdot m^{-3}}$。

15.3.3 酞酸酯

酞酸酯在聚氯乙烯(PVC)等多种塑料中用做增塑剂,常见的室内塑料材料中酞酸酯的含量为壁纸 $30\%\sim40\%$,涂漆 $20\%\sim40\%$,瓷砖 $5.0\%\sim15\%$,电线包皮 $30\%\sim50\%$ 和合成革 $60\%\sim80\%$。这些增塑剂分子并不是化学键合到树脂链上,而是通过较弱的分子间力与聚合链相连接。因此随着时间的推移,酞酸酯分子会逐渐从塑料中释放出来进入周围环境,使室内空气受到污染。Uhde 等用排放测定箱测得在 14 天内含聚氯乙烯涂层的壁纸释放出酞酸二正丁酯(DBP)和酞酸二乙基己基酯(DEHP)的浓度分别为 $0.83\sim5.1\,\mathrm{mg\cdot m^{-3}}$ 和 $0.050\sim0.94\,\mathrm{mg\cdot m^{-3}}$。Fujii 等采用被动采样技术研究了合成革、壁纸和乙烯基地板材料等三种普遍使用的塑料材料表面排放酞酸酯的通量及其与温度的相关性。测得 $20\,\mathrm{℃}$ 下,酞酸二乙酯、酞酸二丁酯和酞酸二乙基己基酯从这些材料中的最大排放速率分别为 $0.89,0.77$ 和 $14\,\mathrm{mg\cdot m^{-2}\cdot h^{-1}}$。$80\,\mathrm{℃}$ 下,三者的最大排放速率分别为 $2.8,4.5\times10^2$ 和 $1.5\times10^3\,\mathrm{mg\cdot m^{-2}\cdot h^{-1}}$。合成革大量用于装饰汽车的座位和挡泥板。在热带气候下或在夏天,太阳照射下的汽车内部温度可达 $80\,\mathrm{℃}$。研究发现酞酸酯的排放速率对温度的依赖性主要取决于化合物本身的结构和性质,而与材料类型关系不大。

许多动物研究和体外测试结果表明酞酸酯具有生殖毒性和发育毒性,还可引起肝肾异常。日本厚生省依据酞酸酯的毒性数据规定 DBP 和 DEHP 的室内限值分别为 $220\,\mathrm{mg\cdot m^{-3}}$ 和 $120\,\mathrm{mg\cdot m^{-3}}$。

15.3.4 尼古丁

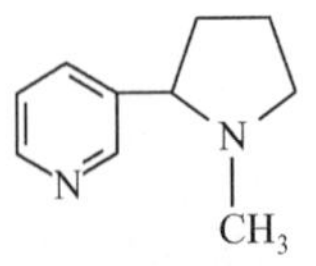

图 15-2 尼古丁的结构式

尼古丁是烟碱的别称,结构式见图 15-2,它是吸烟烟雾中的标志化合物。研究发现尼古丁和苯酚、萘酚等吸烟产物在室内空气中的浓度受到室内通风和室内材料两种因素的共同影响,由于墙壁、地板和家具等材料对这些化合物的显著吸附和再释放,使之在空气中的滞留时间大大延长,甚至在单次吸烟后的数周至数月内,都能检测到尼古丁等化合物的残留。

15.3.5 三氯乙烯

三氯乙烯(trichloroethylene,简称 TCE)是一种用途广泛的工业化学品,90%以上用于金属除油污和干洗行业,另外还用在印刷油墨、油漆、涂料、清漆和粘合剂中。TCE 是一种潜在的致肝癌化学品。

15.4 无机有害气体污染

15.4.1 氮氧化物

室内空气中的 NO 主要来自燃烧过程,其中既包括燃料中的结合态 N 的燃烧氧化,也包括高温燃烧时空气中 N_2 的氧化,前者称为燃料型 NO,后者称为温度型 NO。木材和其他生物质燃料中含有可观的 N 元素,而石油产品和天然气中含 N 量很少,因此木材燃烧排放的燃料型 NO 较多。温度型 NO 的产生速率与火焰温度直接相关,天然气燃烧火焰温度高达 2000℃以上,而木材的燃烧温度一般小于 1000℃,因而天然气燃烧产生的温度型 NO 比木材燃料多。NO 在空气中进一步氧化成 NO_2 的反应只有在 HO_2 基等活性自由基的存在下才能较快进行。

NO_2 对上呼吸道有刺激作用,毒性为 NO 的 4～5 倍,浓度达 4.1～12.3 mg·m^{-3} 时即可嗅出,20.6 mg·m^{-3} 时吸入 10 min 可引起人呼吸道阻力增加;53.4 mg·m^{-3} 时鼻腔和呼吸道粘膜出现明显刺激反应,可引起咳嗽及喉头、胸部的烧灼感;在 411～617 mg·m^{-3} 下暴露 30～60 min,可发生喉头水肿,导致呼吸道阻塞,出现呼吸困难、紫绀等症状,甚至窒息死亡。

我国《室内空气质量标准》规定室内空气中 NO_2 的限值为 0.24 mg·m^{-3}。

15.4.2　二氧化硫

室内 SO_2 的污染问题在以石油和天然气为主要能源的发达国家和地区一般不必考虑,但在我国不少地区,居民仍以烧原煤、煤饼、煤球以及蜂窝煤来做饭和取暖,煤中的硫元素在燃烧过程中转化为 SO_2,当炉灶结构不合理时,有相当一部分可随同烟气排放到室内空气中。

空气中 SO_2 含量大于 10 mg·m^{-3} 时,可闻到明显的硫臭味;在 SO_2 浓度达 14.3 mg·m^{-3} 的空气中暴露 3 h,肺功能轻度减弱,不过粘膜分泌和纤毛运动能力尚未改变;当 SO_2 含量增加到 28.6～42.8 mg·m^{-3} 时,呼吸道纤毛运动和粘膜分泌功能均受到抑制;吸入 SO_2 浓度达 1142～1428 mg·m^{-3} 时,可危及生命。

流行病学调查结果表明,空气中 SO_2 的平均浓度超过 0.28 mg·m^{-3} 时,城市居民中慢性支气管炎患病率上升。我国《室内空气质量标准》规定室内空气中 SO_2 的限值为 0.50 mg·m^{-3}。

15.4.3　一氧化碳

室内空气中 CO 的来源与燃料的不完全燃烧有关。CO 可与血液中的血红蛋白(Hb)结合形成羰基血红蛋白(carboxyhaemoglobin,简称 COHb),降低血液输送氧的能力,造成低氧血症,引起组织缺氧,损害大脑与心肌。

根据世界卫生组织推荐,空气中 CO 含量应以人群血液中 COHb 生成不超过 2.5% 为主要限制指标。我国《室内空气质量标准》规定室内空气中 CO 的限值为 10 mg·m^{-3}。

15.4.4　二氧化碳

室内空气中的 CO_2 主要来自于人体呼出、燃料燃烧、吸烟、生物发酵和植物呼吸等。室内 CO_2 受人群活动、容积和通风状况等的影响,含量超过一定范围后会对人体产生危害,且存在协同作用。CO_2 含量增加与室内细菌总数、甲醛含量增加有关,使室内空气污染更加严重。

正常空气中 CO_2 的含量约为 549～915 mg·m^{-3}(300～500 ppm)。CO_2 属呼吸中枢兴奋剂,为生理所需,人体呼出气体中 CO_2 含量约为 7320 mg·m^{-3}(4000 ppm),因此一般意义上 CO_2 不是有毒物质。根据研究结果,9800 mg·m^{-3} CO_2 被认为是人体对 CO_2 长期耐受含量的极限,29 400 mg·m^{-3} 是 CO_2 毒性的起始含量,CO_2 对人的最小致死含量为 164 700 mg·m^{-3}。我国《室内空气质量标准》规定室内空气中 CO_2 的限值为 0.10%。

15.4.5 氨

主要来源于建筑水泥,冬季施工使用的混凝土防冻剂中含有大量尿素,另外室内装饰材料和木制板材也会释放少量的氨。

氨可强烈刺激和伤害人的感官系统、呼吸系统和皮肤组织,急性氨中毒使人出现流泪、眼结膜充血、咽痛、声音嘶哑、咳嗽、呼吸道炎症等症状,重者发生中毒性肺水肿,呼吸窘迫,剧烈咳嗽,咳大量粉红色泡沫痰,甚至引起反射性呼吸停止。反复低剂量接触则可引起支气管炎和皮炎等。我国《室内空气质量标准》规定室内空气中 NH_3 的限值为 $0.2\ mg \cdot m^{-3}$。

15.5.6 臭氧

室内臭氧(O_3)主要来源于电视机、复印机和激光打印机,此外负离子发生器、紫外灯、电子消毒柜等在使用过程中也都能产生 O_3。当室内不存在 O_3 发生源时,室内空气中的 O_3 主要来源于室外大气。研究发现,室内 O_3 由于活性界面的存在分解速率较室外高,并且当室内温度和湿度增加时更可促进臭氧的分解。

O_3 的毒性主要表现在对呼吸系统的强烈刺激和损伤方面,其呼吸系统毒性比氮氧化物大 $10\sim15$ 倍。急性 O_3 中毒症状为咽喉干燥、咳嗽、呼吸异常、呼吸道发炎。在活动量大的状况下毒性更加明显。我国《室内空气质量标准》规定室内空气中 O_3 的限值为 $0.10\ mg \cdot m^{-3}$。

15.5 室内可吸入颗粒物污染

室内矿物燃料的燃烧、吸烟、空调系统、机械扬尘、花粉和室外输入等都会使得室内空气中的颗粒物浓度增加。粒径在 $10\ \mu m$ 以下的颗粒物由于能进入人体呼吸道而被称为可吸入颗粒物(IP)。可吸入颗粒物随空气进入呼吸道后,由于粒径大小不同,在呼吸道内滞留的部位不同,造成的危害也不同。粒径在 $5\sim10\ \mu m$ 的颗粒物易被上呼吸道阻留,部分可经咳嗽、吐痰排出体外,但对局部粘膜产生刺激作用,可引起慢性鼻炎和咽炎。粒径小于 $5\ \mu m$ 的颗粒物可进入呼吸道深部,沉积在肺泡内的颗粒物,可促进肺泡壁纤维增生。

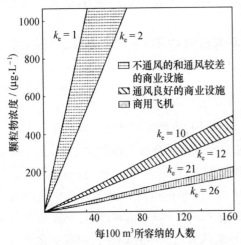

图 15-3 在吸烟的室内环境中可吸入颗粒物的浓度水平

图 15-3 显示出在有吸烟者存在的室内环境中人们暴露于可吸入颗粒物下的浓度水平,用密闭空间中可吸入颗粒浓度对单位体积的人群密度作图。在这个理论计算中,假设任何时候人群中有三分之一是吸烟者,在一天中的任何时间,对每三个吸烟者,有一支烟在连续燃烧。通常在办公室是每 $100\ m^3$ 有 4 个人,在餐馆里是每 $100\ m^3$ 有 25 个人,而在影剧院、火车上和飞机上等拥挤场所可达每 $100\ m^3$ 有 50 人。空气交换速率 k_e 的值通常在 $1\ h^{-1}$(不通风的建筑)到 $26\ h^{-1}$(通风较好的商业飞机)。显然吸烟者越多、空气交换速率越小,或两者同时存在时,密闭空间的可吸入颗粒物浓度会大大超标。

室内空气中的可吸入颗粒物化学成分复杂,含有二氧化硅、石棉等无机物和多种金属元素及其氧化物,另外还可吸附苯并[a]芘等多环芳烃化合物。

15.5.1　石棉

石棉是几种硅酸镁盐矿物的总称,具有纤维性结构,广泛用做保温、绝缘、耐火和装饰材料。这些材料在老化、磨损过程中,会使室内空气中的石棉浓度升高。

长期接触石棉的工人和受石棉污染的居民,支气管癌和胸膜-腹膜间皮瘤患病率较高。市售的许多类型的石棉具有致癌性。此外,石棉与吸烟之间还有明显的协同作用。

15.1.2　多环芳烃

多环芳烃(PAHs)与煤和生物质燃烧排放出的气体和颗粒物有关。例如,苯并[a]芘就是含碳燃料及有机物在温度高于 400℃ 时经热解环化和聚合作用生成的产物。苯并[a]芘最适宜的生成温度是 600～900℃,当温度高于 1000℃ 时则分解为 CO_2 和水。

室外 PAHs 的浓度通常在 $1\,ng \cdot m^{-3}$ 以下,但室内有生物质燃烧过程存时,浓度可高出几倍。吸烟也是 PAHs 化合物和颗粒物的来源。据估测,一支未经过滤的香烟可使吸烟者摄入 $25\,ng$ 苯并[a]芘,假定呼吸速率为 $23\,m^3 \cdot d^{-1}$,吸一支烟相当于呼吸一天含 $1\,ng \cdot m^{-3}$ 苯并[a]芘的空气。

苯并[a]芘是已确定的致癌物。我国《室内空气质量标准》规定室内空气中苯并[a]芘的限值为 $1.0\,ng \cdot m^{-3}$。

据调查,长期暴露在可吸入颗粒物含量为 $0.20\,mg \cdot m^{-3}$ 的环境下,可引起人群呼吸道患病率、人群就诊率增加,造成小学生呼吸和免疫功能下降、鼻咽喉患病率增加,并能诱导孕妇胎盘芳香烃羟化酶(arylhydrocarbon hydroxylase,简称 AHH)活性增加。

我国《室内空气质量标准》规定室内空气中可吸入颗粒物的限值为 $0.15\,mg \cdot m^{-3}$。

15.6　生物污染

室内生物污染主要包括细菌、真菌、病毒、螨虫等,通常划分为非致病性的腐败微生物和病原微生物两类。例如,芽孢杆菌属、无色杆菌属、细球菌属、放线菌和酵母菌等属于非致病性腐败微生物;而结核杆菌、白喉杆菌、溶血性链球菌、金黄色葡萄球菌、脑膜炎球菌、流感和麻疹病毒等都是来自人体的病原微生物。

这些微生物可散布在室内的地毯、窗帘、卧具等处,在阴暗潮湿的角落繁殖尤其迅速,因而室内不整洁、通风不良和居住拥挤等均可导致室内空气中微生物含量升高。一般空气中的细菌总数越多,存在致病性微生物的可能性越大,因此可用细菌总数作为衡量室内空气质量的微生物指标。

细菌数通常用菌落形成单位(colony forming units,简称 cfu)表示,指细菌培养后由一个或几个细菌繁殖而形成的细菌集落。室内空气中细菌总数的计量单位是 $cfu \cdot m^{-3}$,即每立方米空气落下的细菌数。我国《室内空气质量标准》规定室内空气中细菌总数的限值为 2500 $cfu \cdot m^{-3}$。

15.7 室内空气质量的控制

室内空气污染问题现在已成为全球普遍关注的环境问题之一。许多危害性极大的室内空气污染物,尤其是一些致癌性物质,如不能及时有效地加以控制,极有可能成为人们身边的"隐形杀手"。

我国自 2002 年开始实施《民用建筑工程室内环境污染控制规范》,从 2003 年 3 月 1 日起,我国第一部《室内空气质量标准》(见表 15-1)正式在全国范围内开始实施,这些法规和标准的制定和实施为有效控制室内空气质量、保障公众的健康提供了可靠的法律依据。

表 15-1 国家室内空气质量标准(GB/T 18883—2002)

序 号	参数类别	参 数	单 位	标准值	备 注
1	物理性	温度	℃	22~28	夏季空调
				16~24	冬季采暖
2		相对湿度	%	40~80	夏季空调
				30~60	冬季采暖
3		空气流速	$m \cdot s^{-1}$	0.3	夏季空调
				0.2	冬季采暖
4		新风量	$m^3 \cdot h^{-1} \cdot 人$	30*	
5	化学性	二氧化硫(SO_2)	$mg \cdot m^{-3}$	0.50	1h 均值
6		二氧化氮(NO_2)	$mg \cdot m^{-3}$	0.24	1h 均值
7		一氧化碳(CO)	$mg \cdot m^{-3}$	10	1h 均值
8		二氧化碳(CO_2)	$mg \cdot m^{-3}$	0.10	日平均值
9		氨(NH_3)	$mg \cdot m^{-3}$	0.20	1h 均值
10		臭氧(O_3)	$mg \cdot m^{-3}$	0.16	1h 均值
11		甲醛(HCHO)	$mg \cdot m^{-3}$	0.10	1h 均值
12		苯(C_6H_6)	$mg \cdot m^{-3}$	0.11	1h 均值
13		甲苯(C_7H_8)	$mg \cdot m^{-3}$	0.20	1h 均值
14		二甲苯(C_8H_{10})	$mg \cdot m^{-3}$	0.20	1h 均值
15		苯并[a]芘(BaP)	$ng \cdot m^{-3}$	1.0	日平均值
16		可吸入颗粒物(PM10)	$mg \cdot m^{-3}$	0.15	日平均值
17		总挥发性有机物(TVOC)	$mg \cdot m^{-3}$	0.60	8h 均值
18	生物性	细菌总数	$cfu \cdot m^{-3}$	2500	依仪器定
19	放射性	氡(^{222}Rn)	$Bq \cdot m^{-3}$	400	年均值(行动水平)**

＊ 新风量要求(标准值;除温度、相对湿度外的其他参数要求≤标准值;

＊＊ 达到此水平建议采取干预行动以降低室内氡浓度。

室内空气污染的控制方法主要包括控制污染源、增加空气交换速率、利用天然植物净化和使用空气净化器等。

15.7.1 控制污染源

选用零排放或低排放的建材、室内装饰材料、家具制品和洗涤用品,尽量减少室内污染物的产生和排放。同时,加大力度治理室外大环境,减少由于工业生产和汽车尾气排放到室外大气中的污染物。

15.7.2　增加室内外空气交换

通风换气是消除室内空气污染的简单有效的方法。对于刚装修完毕的房子,不宜立即入住,新材料排放出的有害气体数量尤其可观,最好通风一段时间,让材料中的有害气体尽可能地散发出来。入住新房后,也应多开窗户,保证室内外空气流通。另外,在排放严重的室内污染源处应当安装废气通风系统。

15.7.3　天然植物净化

在室内种植能吸收有害气体的绿色植物,是一种天然的净化空气方法,同时还具有美化居室环境的效果。根据美国 NASA 的初步研究结果,喜林芋(philodendron)、吊兰(spider plant)和黄金葛(*Golden pothos*)等可有效清除甲醛分子,而雏菊、菊花等花卉植物清除苯的效果非常好。此外,常青藤、冬青树和盆菊等也都能有效吸收室内的空气污染物。

实验室研究结果表明,植物的叶片、根和土壤在室内空气污染物的去除过程中都起着重要作用。将人工技术与天然植物的吸收作用相结合,还可进一步提高清除效率。例如将植物的根植在活性炭中,可以缓慢降解被活性炭吸附的污染物。这种装置被称为有生命的空气净化装置。

15.7.4　人工空气净化器

在依赖于空调系统的密闭空间,保证室内空气质量的有效方法是安装使用空气净化器,减小室内空气中的污染物浓度。

传统的空气净化器主要是使用过滤装置除去空气中的颗粒物质或使用吸附材料(如粒状活性炭)吸附除去气体或异味等,这类净化器的应用范围较小,而且还需进一步处置滤料。后来发展了静电除尘、负离子发生器和臭氧发生器等,它们不仅能消除烟尘,而且具有消毒、杀菌、除异味、清除 CO 气体的功能,但这些技术仍不能将空气中的有机污染物分解清除。近年来发展迅速的光催化空气净化器,是目前较理想的室内空气净化方法。

15.8　室内空气污染的治理——光催化氧化净化空气法

自从 1970 年 Fujishima 和 Honda 发现在 TiO_2 电极上发生的光致水裂解现象后,光催化氧化(photocatalytic oxidation,简称 PCO)方法迅速建立和发展起来。在过去二三十年中,对环境污染物的光催化降解进行了深入系统的研究。PCO 早期主要用于废水处理,后来更多用于清除办公室、家居、汽车、工厂和太空船舱内的痕量有机污染物。PCO 可以在室温条件下操作,能将空气中很大一部分有机污染物降解为 CO_2 和 H_2O 等无害物。

15.8.1　PCO 反应原理

在 PCO 反应中,TiO_2、ZnO、CdS 和涂有 TiO_2 的 Fe(Ⅲ)等常用做光催化剂。光催化反应的一个重要的步骤是形成空穴-电子对,这需要有足够的能量克服价带和导带的带间距。当照射光的能量足够高时,在半导体中形成空穴-电子对,电荷即在电子-空穴对间转移并将物种(反应物)吸附到半导体表面,随后光氧化过程就开始了。常用的光源是紫外线,在空气或氧气存在的条件下,UV 激发的 TiO_2 能彻底破坏许多有机污染物分子。

TiO_2 被紫外线活化的反应式可表示为

$$TiO_2 + h\nu \longrightarrow h^+ + e^- \tag{15-15}$$

在此反应中,空穴(h^+)和电子(e^-)分别为强的氧化剂和还原剂。氧化反应为

$$OH^- + h^+ \longrightarrow OH \tag{15-16}$$

还原反应为

$$O_2(吸附) + e^- \longrightarrow O_2^-(吸附) \tag{15-17}$$

在有机物的降解过程中,OH 自由基来自吸附水的氧化或吸附的 OH 基,是主要的氧化剂;O_2 的存在能防止空穴-电子对重新结合。对于一个反应完全的 PCO 过程,最终产物为 CO_2 和 H_2O。

$$OH + 污染物 + O_2 \longrightarrow 产物(CO_2、H_2O 等) \tag{15-18}$$

PCO 反应过程中会生成各种中间产物,其中一些已被检测到。例如,1-丁醇的反应中间产物为丁醛和 1-丁酸。而以乙醇作为反应物,可得到以下中间产物:乙醛、乙酸、甲醛和甲酸。通常情况下中间产物可继续被完全降解,在出口气流中检测不到。但有时中间产物可从催化剂表面释放到气流中成为污染物。另外,中间产物可能会占据催化剂的活性位点,减弱其催化活性。图 15-4 是使用 TiO_2 作为催化剂的 PCO 过程示意图。

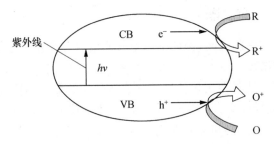

图 15-4　TiO_2 紫外线激发过程示意图

R＝还原;O＝氧化

15.8.2　光催化剂

TiO_2 是应用最广泛的一种光催化剂,它具有以下优良特性:

(i) 成本低、安全性好、稳定和光催化效率高;

(ii) 可有效促进常温下重要室内空气污染物的氧化;

(iii) 很宽范围内的污染物在一定条件下都能完全降解;

(iv) 无需其他化学添加剂。

TiO_2 的晶体结构和所用异相载体材料对 PCO 的效率有影响。一些研究指出 TiO_2 薄膜的光催化活性比市售活性最强的 TiO_2 粉末还高很多。薄膜结构的稳定性和实用性使其在空气污染物的光氧化处理中得到普遍应用。TiO_2 有两种结晶变体,即锐钛矿和金红石。二者的能带间距分别为 3.23 和 3.02 eV。在 PCO 应用中,锐钛矿优于金红石,这是因为锐钛矿导带的位置在推进电子参与的共轭反应方面更有利,并且在光氧化过程中锐钛矿表面可形成十分稳定的过氧化物基团,而金红石不可。目前已商品化的 Degussa P25 的 TiO_2 结晶配比为 70% 的锐钛矿

和 30%的金红石,粒径为 300 nm,表面积为 50 m² · g⁻¹。据研究这种配比的光催化活性较高。

TiO₂ 一般通过浸渍涂覆和溶胶-凝胶的方法均匀固定在球珠、空管、织物纤维和硅胶上。除 TiO₂ 外,WO₃、α-Fe₂O₃、SrTiO₃、ZnO 和 ZnS 等材料也具有光催化活性,但它们都不如 TiO₂ 应用普遍。

近来,对超细粒子(即纳米粒子)光化学特性的研究工作比较引人注目。纳米粒子比 P25 TiO₂ 等大粒子的优越之处体现在以下几个方面:

(i) 这些粒径在 1~10 nm 之间的小粒子表现出介于分子和半导体之间的特性;

(ii) 在这些纳米粒子的 UV 吸收中,带间距的蓝移可以提高光产生的电子和空穴的氧化还原电势;

(iii) 高表面积/体积比可增加表面限制反应的有效性。

已有研究证实纳米尺度的 TiO₂ 比 P25 TiO₂的光催化活性高。对 PCO 来说,催化剂的失活是一个必须考虑的问题。可能造成失活的原因有反应残余物导致表面活性位点损失和污物堵塞小孔使催化剂表面发生变化等。

反应物浓度高时消耗的 OH 自由基相对较多,对光催化剂的寿命影响较大。根据光催化反应机制,催化剂的稳定性和光活性受到类型和 OH 自由基数量的强烈影响。随着反应的进行,催化剂表面 OH 基的浓度逐渐下降,因而催化剂活性也逐渐降低。例如,甲苯光氧化后表面测不到 OH 基,结果表明强烈化学吸附的中间产物占据催化剂表面的活性位点,导致光催化活性下降。催化剂再生的方法包括在空气中烧掉化学吸附的含碳物种和在紫外线照射下用水洗。目的在于除去中间产物,使 OH 基再生。

15.8.3　动力学实验

动力学实验的目的之一是获得数据,为设计最佳反应器提供依据。因此,反应速率与湿度、光源强度、氧浓度、污染物浓度的关系需要研究。甲醛、甲苯等室内空气污染物常被用做反应物。

1. 反应器和光源

反应器和光源是实现 PCO 不可缺少的部件。用于处理室内空气污染物,要求反应器能够适应相当高的气流速率。因此,需要大体积和低压降反应器配置。为使转换速率快,反应器应提供有效的 UV 光子接触、固体催化剂和气态污染物。在现有的多种反应器类型中,蜂窝整体型、流化床型和环型是三种有代表性的类型。

蜂窝整体型反应器用于汽车尾气排放控制和发电厂废气中 NOₓ 的削减。此反应器包含一些通道,每个通道内径约 1 mm。通道交叉是方形或圆形,催化剂薄层涂覆在通道内壁上。这种类型的优点是低压力降和高表面积/体积比。图 15-5 是蜂窝整体型反应器的结构示意图。

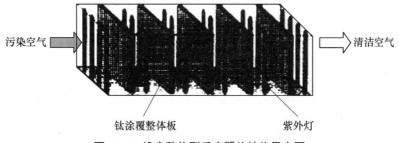

图 15-5　蜂窝整体型反应器的结构示意图

流化床反应器的设计适应相当高的气体流入速率,在反应器中气流直接通过催化剂床。反应器构型压力将较小,能同时有效接触 UV 光子、固体催化剂和气体反应物。图 15-6 为流化床反应器结构示意图,所用催化剂为 TiO_2-硅胶。近年来还出现了一些流化床反应器的改进类型。

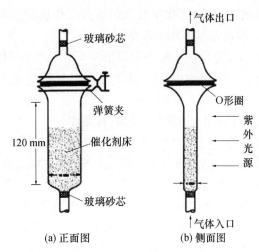

(a) 正面图   (b) 侧面图

图 15-6   流化床反应器的结构示意图

环型反应器主要由两个同心圆筒组成,形成有一定空隙的环形区。催化剂涂在外筒的内壁上,光源位于中心,涂在反应器表面的催化剂膜的厚度非常薄,确保所有的催化剂都能接受到紫外线的照射。当光源在反应器外面时,催化剂涂在两个同心圆筒的表面。一般,环型反应器的交叉部分较小,从而可获得较高的气流速度,保证表面解吸下来的产物能被快速清除。图 15-7 是一种环型反应器的结构示意图。

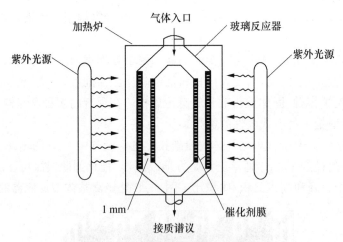

图 15-7   环型反应器的结构示意图

作为能量的提供者,紫外线辐射对反应物的光降解有至关重要的影响,光催化剂的活性强烈依赖于光辐射(单位面积的能量)或催化剂表面的光子通量。通常使用波长范围在 300~370 nm 之间的紫外线来提供能量,引发光敏过程,而避免使用对生物有害的 UV 254 nm。一般选择经济、易得的光源。研究用到的光源有氙灯、汞灯、汞-氙灯和黑光灯等。

在不同实验条件下研究了紫外线波长对 PCO 化学计量学的影响。例如,黑光灯的波长范围为 320～400 nm,主峰在 356 nm 处,光谱包括可见和紫外区。另外使用一杀菌灯作为对照。以 TCE 为反应物,发现最明显的差别在于用杀菌灯比用黑光灯产生的中间产物多。紫外灯的强度对降解速率有影响,强度越大,降解速率越快。

2. 反应速率和影响因素

PCO 反应速率反映出光氧化反应的效率,与湿度、光强、污染物浓度、流速和氧浓度等有关。

(1) 水蒸气的影响

TiO_2 表面总是或多或少地含有一些分子水及由化学吸附的水解离产生的 OH 基。在无水蒸气的条件下,一些化合物(如甲苯和甲醛)的光催化降解被严重阻碍,无法实现向 CO_2 的完全矿化。不过,催化剂表面过多的水蒸气也会导致反应速率下降,这是因为水分子会占据表面反应物的活性位点。甲苯、TCE、甲醛和苯是有害的室内空气污染物,被广泛用做 PCO 动力学研究的反应物。发现水蒸气的影响与化合物本身的性质有关。例如甲苯,当甲苯-空气混合物中完全不含水分时甲苯的光降解反应不能发生;甲苯(浓度 0～800 ppmv)的氧化速率在水蒸气含量小于 1650 ppmv 的条件下随水蒸气浓度增加而加快;当水蒸气浓度超过 4000 ppmv 时,甲苯的氧化速率开始下降;而当水蒸气浓度达到 6000 ppmv 时,甲苯的降解被抑制。

又如 TCE,湿度增加,TCE 反应速率下降,反映出在所用实验条件下水分的抑制作用。甲醛的结果跟甲苯类似,湿度从低到高增加时,氧化速率增大到一个最高点后开始下降。

(2) 紫外光强的影响

半导体吸收的光阈值波长能够提供能量克服价带与导带之间的带间距。对 TiO_2,300～365 nm 间的紫外线足以提供能量克服带间距(3.2 eV)。光强增加,速率加快但量子产率降低。在另一项以甲醛、甲苯和 1,3-丁二烯为反应物的研究中,结果显示氧化速率与紫外光强间的函数关系。光照水平远大于日照水平(太阳发射出大约 1～2 mW·cm^{-2},波长 350～400 nm 的光)时,氧化速率与光强的平方根成正比;当紫外光强小于日照水平时,氧化速率与光强线性相关。

(3) 污染物初始浓度的影响

浓度越大,反应速率越快,浓度大于一定值时,速率增加不明显甚至下降。对照甲醛和乙醛的结果,在低浓度范围(<1200 ppmv),甲醛的降解速率比乙醛高,因为催化剂表面对甲醛的吸附更强。这表明在低浓度条件下反应动力学是质量传输限制的,反应速率取决于催化剂表面对污染物的吸附。

除以上因素外,反应物的流速低于某一界线时,对反应速率也有影响。在低流速下反应受质量传输的限制,流速高时,这种影响即被消除了。

3. PCO 反应的中间产物

一项以 TCE 为反应物的研究在产物混合物中检测到以下物质:二氯乙酰氯(DCAC)、$COCl_2$、CO_2、CO 和 HCl。推测 DCAC 是一中间产物,在 TCE 分子的破坏过程中形成,但在光催化反应器中不稳定。

研究水在 TCE 主要中间产物和产物光催化降解过程中的作用,发现 TCE 的降解速率、反应中间产物和产物的形成反应都与相对湿度和氧浓度有关。反应形成的中间产物和产物包括:四氯化碳、氯仿、六氯乙烷、五氯乙烷和 PCE(C_2Cl_4)。二次污染问题值得引起重视,有待进一步研究和改进。

短式反应器结果：氯仿的浓度在相对湿度(RH)为12％下较低,相反,其他四种产物和中间产物增加,且在RH为6％～12％时达到最大。长式反应器结果：RH增加到约20％,TCE转化保持在97％～98％；在RH近100％下,逐渐降到9％。净氯仿形成长式大于短式,在RH水平大于20％的条件下。相反,其他四种中间产物和产物的浓度开始增加,在RH 20％～40％下达到最大。

4．PCO的动力学模式

异相催化反应包括下列过程：

(i) 反应物(污染物)向催化剂表面的传质；

(ii) 反应物吸附到催化剂表面；

(iii) 表面光化学反应；

(iv) 产物从表面解吸；

(v) 产物从表面传质到流体(空气)中。

动力学模式就是用数学描述其中的一个或几个过程。在实际研究中,动力学实验用来研究目标化合物的光降解,即降解速率与光强、反应物浓度、氧浓度、水蒸气含量和温度等因素的关系。PCO过程的动力学模式对优化实验条件和设计大型光催化反应器十分有意义。

总之,异相光催化氧化是一项前景较好的室内空气净化技术。

出于降低人类环境风险的考虑,建筑设计的理念已经发生了极大的更新,人们盼望绿色、生态的概念能够替代目前的一些建筑和装饰装修时尚。设计师开始立足环境功能考虑建筑结构、加热和制冷系统,从室内空气质量和室内人群健康的角度考虑建筑材料装饰、装修材料的使用,以及充分利用自然光,加强通风、建筑内物质的处理处置和建筑与自然生态的协调。着眼未来的绿色建筑应该在节能和利用再生能源、室内空气质量、物质的循环利用方面有根本性的变化,成为使水泥构筑的城市向生态城市转变的一个推动力。

各章思考题

第 1 章

1. 你对化学与环境之间的关系是如何认识的?

2. 解释下列概念:(1)点源和面源;(2)天然源和人为源;(3)一次污染物和二次污染物;(4)急性毒性和慢性毒性;(5)协同作用和拮抗作用。

3. 环境化学常用的研究方法有哪些?

4. 举例说明全球性环境问题、区域性问题和局地性环境问题各有何特点,它们之间的相互关系是怎样的。

第 2 章

1. 地球大气演化过程中最显著的化学性质变化是什么?

2. 什么是三体反应?举例说明第三体的作用是什么?

3. 解释下列概念:(1)大气逆温现象;(2)大气储库分子;(3)大气停留时间;(4)永久性气体。

4. 对照讨论对流层大气和平流层大气的物理化学性质特点?

5. 对流层大气和平流层大气之间存在哪些物质和能量的相互作用?

6. 浓度换算题:(1)若大气中 O_3 浓度为 200 ppb,以 $\mu g/m^3$ 为单位表示是多少?(2)若大气中 SO_2 浓度为 150 $\mu g/m^3$,以 ppm 为单位表示是多少?

7. 大气中的含硫物种主要包括哪些?它们的主要来源是什么?

8. 简述大气中主要的含氮物种及其来源。

9. 简述大气中主要的含碳物种及其来源。

10. 简述大气中主要的含卤素物种及其来源。

11. 大气中的化学反应与溶液体系中的化学反应相比有哪些特点?

12. 大气中重要的光吸收物质有哪些？

13. 简述 NO_2 光解反应的特点及其重要性。

14. 简述 SO_2 在对流层大气中的光吸收特性。

15. 简述大气中 OH 自由基的主要来源和化学反应特点。

16. 什么是 $NO\text{-}NO_2\text{-}O_3$ 基本光化学循环？大气中的基本光化学过程包括哪些重要反应？

第 3 章

1. 植物向大气中排放哪些挥发性有机化合物？其排放规律有何特点？

2. 机动车尾气中的挥发性有机物组成有何特点？

3. 城市大气中氮氧化物的主要来源有哪些？

4. 分别写出乙烯、乙烷与 OH 自由基反应的历程。

5. 分别写出乙烯、丙烯与 O_3 反应的历程。

6. 解释下列概念：(1) 挥发性有机化合物(VOC)；(2) 光化学污染；(3) 过氧乙酰硝酸酯；(4) 光化学烟雾箱；(5) EKMA 曲线。

7. 如何定量评价挥发性有机物的大气化学反应活性？

8. 简述城市光化学烟雾污染的形成机制。

9. 观测发现某地区大气中臭氧浓度明显升高，试分析可能的原因有哪些。

10. 如何定量评估大气的氧化性？

11. 有效防控大气光化学烟雾污染主要有哪些措施？

第 4 章

1. 简述大气中氨的主要来源及其在降水中的化学行为和环境影响。

2. 解释下列概念：(1) 酸沉降；(2) 干沉降；(3) 湿沉降；(4) 酸沉降临界负荷。

3. 测得北半球大气中 CO_2 的浓度在工业革命前约为 280 ppm，目前约为 380 ppm，若不考虑大气中其他物种的影响，计算与这两个 CO_2 浓度水平相平衡的降水 pH 各为多少。根据计算结果评价，大气中 CO_2 浓度的持续上升对降水酸化的贡献程度。(已知 $H(CO_2)=3.4\times10^{-2}$ $mol \cdot L^{-1} \cdot atm^{-1}$；$H_2CO_3$：$K_{a_1}=4.3\times10^{-7}$，$K_{a_2}=5.6\times10^{-11}$)

4. 请写出三条以上大气中形成 HNO_3 的化学途径，用反应方程式表示。

5. 比较讨论大气中 SO_2 的各种液相氧化路径与 pH 的关系，评价在不同大气条件下各种氧化剂的相对重要性。

6. 简要总结大气酸沉降的环境危害和防控措施。

第 5 章

1. 解释下列概念：(1) 大气颗粒物；(2) 可吸入颗粒物；(3) 二次有机气溶胶(SOA)；(4) PM2.5；(5) 大气颗粒物的谱分布。

2. 空气中可吸入颗粒物监测仪经过 24 h 采样后，采样滤膜增重 0.46 g，在采样开始和结束时的空气流速分别为 1.13 和 1.09 m^3/min，求采样点空气中的可吸入颗粒物浓度是多少？

参照课本中提供的数据表，计算当地的空气污染指数(API)，并根据 PM10 的 API 确定当地的空气质量状况。

3. 在飞灰中，测得 Pb 和 Cr 在 4 个粒径范围内的分布情况分别为：

粒径/μm	Pb 含量/$\mu g \cdot g^{-1}$	Cr 含量/$\mu g \cdot g^{-1}$
>10	870	330
6~10	990	760
2~6	1100	1800
<2	1300	2700

请解释造成这种分布趋势的主要原因和潜在的健康危害性。

4. 简述我国最新的大气环境质量标准对居民区各重要污染物的浓度限值。

第 6 章

1. 什么是 Chapman 机制？简要叙述其主要贡献和不足之处。

2. 试分析不同纬度大气层中臭氧浓度分布的差异及其成因。

3. 请写出 CFC-114 和 CFC-115 对应的化合物分子式。已知 CFC-114 的对流层寿命为 236 a，你预期 CFC-115 的对流层寿命比 CFC-114 更长还是更短，为什么？

4. 南极上空的臭氧损耗为什么比地球上其他地区更加严重？

5. 臭氧层损耗有哪些不利影响？如何应对全球性臭氧层损耗问题？

第 7 章

1. 简述地球-大气系统的能量平衡关系。

2. 解释下列概念：(1) 温室效应；(2) 阳伞效应；(3) 辐射强迫。

3. 对照讨论对流层大气中的温室气体和颗粒物对气候变化的不同影响机制。

4. 不同卤代烃类物质在对流层和平流层中对气候变化的影响有哪些特点？

5. 试分析全球气候变化与区域大气污染之间的关系。

6. 简要讨论全球气候变化可能带来的影响。

第 8 章

1. 构成天然水矿化度的 8 种主要离子是什么？

2. 试解释海水和淡水中含量最高的阴、阳离子为何不同。

3. 计算 $25\,℃$，$1.0\ \text{atm}$ 下，纯水和海水中溶解氧的含量（mg/L）（海水盐度按 35‰ 计算）。

4. 影响天然水体中溶解氧量的主要因素有哪些？

5. 什么是腐殖质？自然界水体中的腐殖质对污染物的环境迁移有何重要意义？

6. 简要分析铁元素在天然水体中的分布特点。

7. 举例说明生物富集作用的概念和环境意义。

8. 饮用水中 F^- 的适宜浓度范围是什么？氟缺乏和氟过量对人体健康有哪些危害？

9. 简要叙述含氟废水和高氟地下水的有效处理方法。

10. 试完成漂白粉氧化法去除氰法镀镉废水中有毒的 $Cd(CN)_4^{2-}$ 的化学反应方程式：

$$Ca(ClO)_2 + Cd(CN)_4^{2-} + OH^- \longrightarrow$$

11. 水体中的污染物主要包括哪些类型？各有什么特点？

12. 解释下列概念：（1）水体矿化度；（2）腐殖质；（3）化学需氧量；（4）生化需氧量；（5）总有机碳。

第 9 章

1. 简述 N 元素在水体环境中的迁移转化特点。

2. 试分析水体 pH 和 DO 含量对磷的存在形态的影响机制。

3. 水生植物对营养元素的吸收利用有何特点？

4. 如何判断水体是否发生了富营养化？

5. 合成洗涤剂无磷化的主要替代技术是什么？

6. 试分析我国一些代表性湖泊和海水近年来的富营养化污染状况和变化趋势。

第 10 章

1. 简述金属元素的电子构型与其环境分布和生物有效性之间的关系。

2. 水环境中的重金属污染物主要有哪些来源?

3. 金属元素在水环境中的迁移转化有哪些基本类型?

4. 金属元素的毒性与其形态之间的关系是怎样的?

5. 写出 Hg(Ⅱ)、Sn(Ⅱ)和 As(Ⅲ)在环境中的甲基化反应方程,并比较不同反应机理的特点。

6. 什么是水俣病事件? 它留给后人的教训有哪些?

7. 造成骨痛病事件的原因是什么?

8. 简述铅元素在环境中的迁移转化和生物毒性特征。

9. 简述铬元素在环境中的迁移转化和生物毒性特征。

10. 砷在天然水中有两种价态存在,其氧化还原反应为

$$AsO_4^{3-}+H_2O+2e \Longrightarrow AsO_3^{3-}+2OH^-$$

该反应的标准电位 $E^\ominus = 0.21$ V,设海水 pH=8.0,氧的饱和度为 90%, $t_w=25℃$,试求海水中砷的主要存在形式。(已知 $O_2+4H^++4e \Longrightarrow 2H_2O$ $E^\ominus=1.23$ V)

11. 含汞废水应当如何处理才能实现安全排放?

12. 现需回收处理含较高浓度下列金属离子的废水,试提出可能的方案。要求能设法回收该金属资源,并写出所涉及的化学反应方程式。

(1) 含 Pb^{2+} 废水;(2) 含铬废水;(3) 含 Ni^{2+} 废水。

第 11 章

1. 试根据结构特征预测下列苯乙腈类化合物在水中溶解度的大小顺序:苯乙腈、对甲基苯乙腈、对氯苯乙腈、对甲氧基苯乙腈。

2. 写出下列有机污染物的结构(通)式、英文缩写或全称:2,3,7,8-TCDD、多氯联苯、多溴联苯醚。

3. 什么是米糠油事件? 其主要污染物及其危害性如何?

4. 有机物在环境中的降解途径主要有哪些? 各有什么特点?

5. 指出下列有机物中哪个相对最容易降解：

(1) 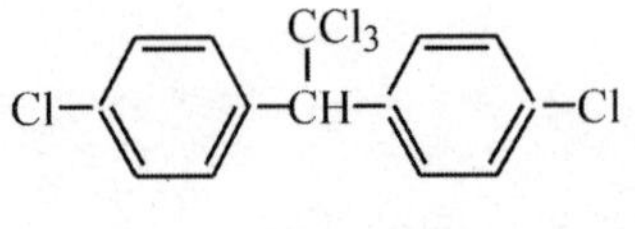 (2)

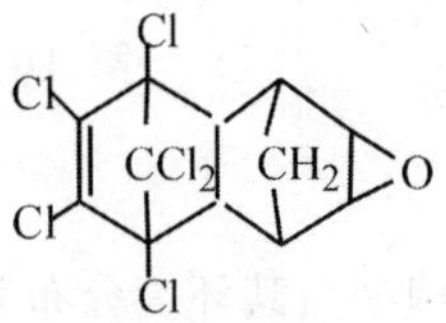

(3) 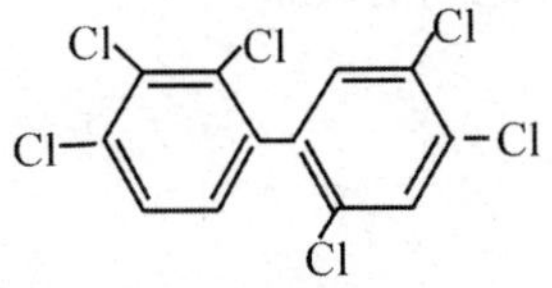 (4)

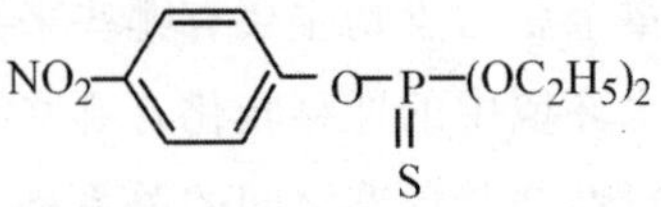

6. 指出下列有机物中哪个最容易生物降解：

(1) $CH_3(CH_2)_{10}CO_2H$ (2) $(CH_3)C(CH_2)_2CO_2H$

(3) $CH_3(CH_2)_{10}CH_3$ (4) 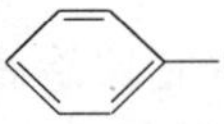 $(CH_2)_{10}CH_3$

7. 什么是辛醇-水分配系数(K_{ow})？它在定量研究持久性有机污染物的环境化学迁移行为方面有哪些重要应用？

8. 什么是环境内分泌干扰物？目前已确定的环境内分泌干扰物主要包含哪些类型？

9. 发生于 1984 年的印度博帕尔毒气泄漏事件留给世人的教训有哪些？

第 12 章

1. 废水处理的物理方法主要有哪些类型？通常适合处理哪些污染物？

2. 简述膜分离法用于处理废水的基本原理和特点。

3. 解释下列概念：(1) 铁氧体共沉淀法；(2) 高梯度磁分离法；(3) 非均相光催化氧化法；(4) 均相光催化氧化法；(5) 超临界氧化法。

4. 简述城市污水处理的基本流程和主要检测指标。

5. 简述城市污水中含氮化合物的去除方法和原理。

6. 简述城市污水中含磷化合物的去除方法和原理。

第 13 章

1. 简述土壤形成过程中物理化学性质变化的主要特点。

2. 解释下列概念：(1) 同晶置换作用；(2) 阳离子交换量；(3) 盐基饱和度。

3. 简要讨论土壤带电荷的主要原因及其环境意义。

4. 试分析土壤中过度施用氮肥对环境可能会产生哪些影响？

5. 试分析造成土壤酸化的主要原因及其危害。

6. 土壤污染问题主要包括哪些类型？其主要来源是什么？

第 14 章

1. 解释下列概念：(1) 金属的生物有效性；(2) 根际环境。
2. 土壤中重金属污染物的存在形态主要包括哪些基本类型？
3. 什么是金属超累积植物？将它用于修复土壤重金属污染有哪些优势和不足？
4. 写出对硫磷水解的反应方程式。
5. 简述土壤重金属污染的常用治理方法。
6. 简述土壤有机物污染的常用治理方法。

第 15 章

1. 室内空气质量的主要影响因素有哪些？
2. 解释下列概念：(1) 空气交换速率；(2) 室内总挥发性有机物(TVOC)。
3. 室内环境污染主要包括哪些类型？
4. 分别写出铀和钍衰变生成氡的反应历程。
5. 比较讨论氡的两种同位素 ^{220}Rn 和 ^{222}Rn 的性质及环境危害特点。
6. 室内挥发性有机污染物主要有哪些来源？
7. 简述室内空气中甲醛的主要来源及其在空气中的清除机制。
8. 简述光催化氧化法净化室内空气的基本原理和主要影响因素。

主要参考文献

[1] vanLoon G W and Duffy S J. Environmental Chemistry: A Global Perspective. New York: Oxford University Press, 2000

[2] Seinfield J H, Pandis S N. Atmospheric Chemistry and Physics: From Air Pollution to Climate Change. New York: John Wiley & Sons, Inc, 1998

[3] Wallington T J, Dagaut P and Kurylo M J. Ultraviolet-absorption cross-sections and reaction-kinetics and mechanisms for peroxy-radicals in the gas-phase. Chem Rev, 1992, 92(4): 667~710

[4] Lightfoot P D, Cox R A, Crowley J N, Destriau M, Hayman G D, Jenkin M E, Moortgat G K and Zabel F. Organic peroxy radicals: kinetics, spectroscopy and tropospheric chemistry. Atmos Environ, 1992, 26A: 1805

[5] 戴树桂主编. 环境化学. 北京: 高等教育出版社, 1997

[6] Chiras D D. Environmental Science(4th edition). The Benjamin/Cummings Publishing Company, Inc, 1994

[7] 樊邦棠编著. 环境化学. 浙江: 浙江大学出版社, 1991

[8] 龚书椿, 陈应新, 韩玉莲, 张静珍. 环境化学. 上海: 华东师范大学出版社, 1991

[9] Greadel T E, Crutzen P J. Atmosphere, Climate, and Change. Scientific American Library, 1994

[10] 李政禹等编译. 有毒化学品和有害废物的安全与控制(下册). 化工部北京化工研究院环保所, 1993

[11] Nielsen T. Reactivity of polycyclic aromatic hydrocarbons towards nitrating species. Environ Sci Technol, 1984, 18: 157~163

[12] Pankow J F and Bidleman T F. Interdependence of the slopes and intercepts from log-log correlations of measured gas-particle partitioning and vapor pressure. I. Theory and analysis of available data. Atmos Environ, 1992, 26A: 1071~1080

[13] Manahan S E. Environmental Chemistry (4th edition). Willard Grant Press, 1984

[14] Masterton W L, Slowinski E J 编著; 华彤文等译. 化学原理. 北京: 北京大学出版社, 1980

[15] 彭安, 王文华. 环境生物无机化学. 北京: 北京大学出版社, 1991

[16] 彭崇慧, 冯建章, 张锡瑜, 李克安, 赵凤林. 定量化学分析简明教程(第二版). 北京: 北京大学出版社, 1997

[17] 邵敏. "现代补天"——大气臭氧层保护. 科学中国人, 1997, 25~26: 24

[18] 斯塔姆 W, 摩尔根 J J 著; 汤鸿霄等译. 水化学——天然水体化学平衡导论. 北京: 科学出版社, 1987

[19] 唐孝炎. 大气环境化学. 北京: 高等教育出版社, 1990

[20] 周祖康, 顾惕人, 马季铭. 胶体化学基础. 北京: 北京大学出版社, 1991

[21] Travis C C, Hester S T. Global chemical pollution. Environ Sci Technol, 1991, 25(5): 815~819

[22] 王宏康. 土壤中金属污染的研究进展. 环境化学, 1991, 10(5): 35~41

[23] 王毓秀. 在太湖流域污染治理实用技术信息交流会上的报告. 南京理工大学, 1999

[24] 奚旦立, 孙裕生, 刘秀英. 环境监测(修订版). 北京: 高等教育出版社, 1995

[25] 薛山涛, 薛文山, 董红艳, 韩晓辉, 吕秀琳. 电镀厂周围环境与人群血、尿、发六价铬水平调查. 环境与健康杂志, 1999, 16(1): 31~32

［26］张远航,邵可声,唐孝炎.中国城市光化学烟雾污染研究.北京大学学报(自然科学版),百年校庆纪念专刊,1998

［27］赵美萍,邵敏,白郁华,李金龙,唐孝炎.我国几种典型树种非甲烷烃类的排放特征.环境化学,1996,15(1):69～75

［28］赵云英,马永安.天然环境中多环芳烃的迁移转化及其对生态环境的影响.海洋环境科学,1998,17(2):68～72

［29］赵振华.酞酸酯对人与环境潜在危害的研究概况.环境化学,1991,10(3):64～68

［30］周秀骥.中国地区大气臭氧变化及其对气候环境的影响(一).北京:气象出版社,1995

［31］严宣申,王长富.普通无机化学.北京:北京大学出版社,1987

［32］廖自基.环境中微量重金属元素的污染危害与迁移转化.北京:科学出版社,1989

［33］廖自基.微量元素的环境化学及生物效应.北京:中国环境科学出版社,1992

［34］廖亮,孙彦富,吴一飞,陈鼎孙.循环化学漂洗法处理电镀废水工艺研究.环境技术,1999,17(1):35～39

［35］史家樑,徐亚同,张圣章.环境微生物学.上海:华东师范大学出版社,1993

［36］Sabljic A. QSAR models for estimating properties of persistent organic pollutants required in evaluation of their environmental fate and risk. Chemosphere, 2001, 43: 363～375

［37］宋广生.室内空气质量标准解读.北京:机械工业出版社,2003

［38］刘天齐.三废处理工程技术手册(废气卷).北京:化学工业出版社,1999

［39］Singer B C, Hodgson A T, Nazaroff W W. Gas-phase organics in environmental tobacco smoke: 2. Exposure-relevant emission factors and indirect exposures from habitual smoking. Atmospheric Environment, 2003, 37: 5551～5561

［40］Uhde E, Bednarek M, Fuhrmann F, Salthammer T. Phthalic esters in the indoor environment-test chamber studies on PVC-coated wallcoverings. Indoor Air, 2001, 11: 150～155

［41］Fujiia M, Shinoharab N, Limb A, Otakeb T, Kumagaib K, Yanagisawab Y. A study on emission of phthalate esters from plastic materials using a passive ux sampler. Atmospheric Environment, 2003, 37: 5495～5504

［42］Zhao Juan, Yang Xudong. Photocatalytic oxidation for indoor air purification: a literature review. Building and Environment, 2003, 38: 645～654

［43］Sparks D L. Elucidating the fundamental chemistry of soils: past and recent achievements and future frontiers. Geoderma, 2001, 100: 303～319

［44］Cess R D, Zhang M-H, Potter G L, Barker H W, Colman R A, et al. Uncertainties in CO_2 radiative forcing in atmospheric general circulation models. Science, 1993, 262: 1252～1255

［45］Daniel J S and Solomon S. On the climate forcing of carbon monoxide. J Geophys Res, 1998, 103: 13 249～13 260

［46］Dlugokencky E J, Masarie K A, Lang P M and Tans P P. Continuing decline in the growth rate of the atmospheric methane burden. Nature, 1998, 393: 447～450

［47］Hansen J. Can we defuse the global warming time bomb? Natural Science, 2003, 8: 1～6 (http://naturalscience.com/ns/articles/01-16/ns_jeh.html)

［48］Houghton J T, Meira Filho L G, Callander B A, Harris N, Kattenberg A, Maskell K. Climate Change, The Science of Climate Change. Cambridge University Press, 1996

［49］IPCC, 2001, Climate Change 2001, the Scientific basis, by Intergovernmental Panel on Climate Change (IPCC), Cambridge University Press

［50］IPCC, the Second Assessment of Climate Change, 1995

［51］Hansen J, Sato M. Trends of measured climate forcing agents. Science, 2001, 98: 14 778～14 783

[52] Tangley L. High CO$_2$ levels may give fast-growing trees an edge. Science, 2001, 292(5514): 36~37

[53] Ramanathan V, Cicerone R, Singh H, and Kiehl J. Trace gas trends and their potential role in climate change. J Geophys Res, 1985, 90: 5547~5566

[54] Runeckles V C and Krupa S V. The impact of UV-B radiation and ozone on terrestrial vegetation. Environ Pollut, 1994, 83: 191~213

[55] Streets D G, Jiang K, Hu X, Sinton J E, Zhang X-Q, Xu D, Jacobson M Z, and Hansen J E. Recent reductions in China's greenhouse gas emissions. Science, 2001, 294: 1835~1837

[56] Anderson J G, Toohey D W, Brune W H. Free radicals within the Antarctic vortex: the role of CFCs in Antarctic ozone loss. Science, 1991, 251(4989): 39~47

[57] Bates D R and Nicolet M. The photochemistry of atmospheric water vapor. Journal of Geophysical Research, 1950, 55: 301

[58] Crutzen P J. Influence of nitrogen oxides on atmospheric ozone content. Quarterly Journal of the Royal Meteorological Society, 1970, 96: 320

[59] Shindell D T and Grewe V. Separating the influence of halogen and climate changes on ozone recovery in the upper stratosphere. J Geophys Res, 2002, 107 (D12): 4144, doi: 10.1029/2001 JD000420

[60] Johnston H. Reductions of stratospheric ozone by nitrogen oxide catalysts from supersonic transport exhaust. Science, 1971, 173: 517

[61] Molina M J and Rowland F S. Stratospheric sink for chlorofluoromethanes: chlorine atom-catalysed destruction of ozone. Nature, 1974, 249: 810

[62] Schoeberl M R, Hartmann D L. The dynamics of the stratospheric polar vortex and its relation to springtime ozone depletions. Science, 1991, 251: 46~53

[63] Solomon S. The hole truth. Nature, 2004, 427(22): 289~291

[64] Stolarski R S and Cicerone R J. Stratospheric chlorine: a possible sink for ozone. Canadian Journal of Chemistry, 1974, 52: 1610

[65] WMO, UNEP, The Scientific Assessment of Ozone Depletion, 2002

[66] 徐光宪. 21 世纪化学的前瞻今日化学. 北京: 高等教育出版社, 2001

[67] 陈晶中, 陈杰, 谢学俭, 张学雷. 土壤污染及其环境效应. 土壤(Soils), 2003, 35(4): 298~303

[68] 高太忠, 李景印. 土壤重金属污染研究与治理现状. 土壤与环境, 1999, 8(2): 137~140

[69] 王学锋, 朱桂芬. 重金属污染研究新进展. 环境科学与技术. 2003, 26(1): 54~56

[70] 陈建斌. 水体中重金属离子的形态及其对生物富集影响. 微量元素与健康研究, 2003, 20(4): 46~49

[71] 杨晔, 陈英旭, 孙振世. 重金属胁迫下根际效应的研究进展. 农业环境保护, 2001, 20(1): 55~58

[72] 郭观林, 周启星. 土壤-植物系统复合污染研究进展. 应用生态学报, 2003, 14(5): 823~828

[73] 宋书巧, 吴欢, 黄胜勇. 重金属在土壤-农作物形态中的迁移转化规律研究. 广西师院学报(自然科学版), 1999, 16(4): 87~92

[74] 常学秀, 段昌群, 王焕校. 根分泌作用与植物对金属毒害的抗性. 应用生态学报, 2000, 11(2): 315~320

[75] 毕春娟, 陈振楼, 郑祥民. 根际环境重金属研究进展. 福建地理, 2000, 15(3): 29~32

[76] 丁园. 重金属污染土壤的治理方法. 环境与开发, 2000, 15(2): 25~28

[77] 顾继光, 周启星, 王新. 土壤重金属污染的治理途径及其研究进展. 应用基础与工程科学学报, 2003, 11 (2): 144~151

[78] 吴德峰. 农药污染与鸟禽类农药中毒. 生态科学, 2000, 19(2): 47~52

[79] 陈刚才, 甘露, 万国江. 土壤有机物污染及其治理技术. 重庆环境科学, 2000, 22(2): 45~62

[80] 陈志良, 罗军, 王成刚, 廖华, 胡月玲. 土壤有机农药污染的降解机理与生物修复技术. 环境污染治理技术与设备, 2003, 4(8): 73~77

［81］刘静宜,汪安璞,彭安,徐瑞薇,周定.环境化学.北京:中国环境科学出版社,1987

［82］黄润华,贾振邦.环境学基础教程.北京:高等教育出版社,1997

［83］Baker A J M and Brooks R R. Terrestrial higher plants which hyperaccumulate metal elements:A review of their distribution,ecology and phytochemistry. Biorecovery,1989,1:81~126

［84］孟凡乔,史雅娟,吴文良.我国无污染农产品重金属元素土壤环境质量标准的制定与研究进展.农业环境保护,2000,19(6):356~359

［85］孙杰,李海燕,左志军.化工废水处理技术进展.武汉科技学院学报,2001,4:7~10

［86］谢磊,胡勇有,仲海涛.含油废水处理技术进展.工业水处理,2003,7:4~7

［87］郭玲德.工业废水处理技术综述.东北水利水电,1994,116:30~32

［88］屠振密,黎德育,李宁,潘莉,张景双.化学镀镍废水处理的现状和进展.电镀与环保,2003,2:1~5

［89］聂永平,邓正栋,袁进.苯胺废水处理技术研究进展.环境污染治理技术与设备,2003,3:77~81

［90］张建梅.重金属废水处理技术研究进展.西安联合大学学报,2003,6(2):55~59

［91］柳荣展.我国针织工业染整废水的处理现状及技术进展.针织工业,2002,4:83~88

［92］陈元彩,肖锦,詹怀宇.造纸漂白废水处理技术的研究进展.中国造纸学报,2000,115:103~108

［93］全学军,林治华,周跃钢.微生物在废水处理中的应用进展.重庆工学院学报,2003,17(1):8~11

［94］苏丽敏,袁星,赵建伟,杨萍.持久性有机污染物(POPs)及其归趋研究.环境科学与技术,2003,26(5):61~64

［95］王文雄,潘进芬.重金属在海洋食物链中的传递.生态学报,2004,24:600~604

［96］刘稷燕,江桂斌.金属和非金属元素的甲基化行为及其在环境化学研究中的意义.化学进展,2002,14:231~235

［97］唐志华,索其良.金属的生物甲基化作用和环境输送.广东微量元素科学,1999,6:1~5

［98］Howard J N. Proc I R E,1959,47:1459

［99］Robinson G D. Quart. J Roy Meterorol Soc,1951,77:153

［100］吴颖娟,陈永亨,王正辉.环境介质中铊的分布和运移综述.地质地球化学,2001,29:52~56

［101］张锡贞,张红雨.生物农药的应用与研发现状.山东理工大学学报(自然科学版),2004,18:96~100